生 命 传

[英] 菲利普·鲍尔 /著
（Philip Ball）
王乔琦 /译

A User's
Guide to the
New Biology

How Life Works

中信出版集团 | 北京

图书在版编目（CIP）数据
生命传 /（英）菲利普·鲍尔著；王乔琦译．
北京：中信出版社，2025. 7. --ISBN 978-7-5217
-7624-9
I. Q1-0
中国国家版本馆 CIP 数据核字第 2025CE5007 号

生命传
著者：　［英］菲利普·鲍尔
译者：　王乔琦
出版发行：中信出版集团股份有限公司
（北京市朝阳区东三环北路 27 号嘉铭中心　邮编　100020）
承印者：　北京联兴盛业印刷股份有限公司

开本：787mm×1092mm 1/16　　印张：30.5　　字数：398 千字
版次：2025 年 7 月第 1 版　　印次：2025 年 7 月第 1 次印刷
京权图字：01–2024–6623　　书号：ISBN 978-7-5217-7624-9
定价：88.00 元

服务热线：400–600–8099
投稿邮箱：author@citicpub.com

目录

CONTENTS

推荐序

科学与类比

基因组是生命的“蓝图”，是生命的“说明书”，生命科学通过基因技术破译着生命的“密码”……这些都是我们耳熟能详的类比。但菲利普·鲍尔的这部《生命传》正是要批判这些类比。

除了“蓝图”“密码”等经常用于公众宣传的宏大类比，生命科学家在内部交流中也经常使用各种类比，例如“细胞工厂”“生物机器”“神经通信”等。正如鲍尔所说：依赖类比“这个现象在所有科学领域（实际上是所有语言，甚至所有思想中）都存在，但生物学或许比其他学科更需要比喻，原因正是生物学原理似乎难以掌握和阐释”。

科学不仅包括各种数学计算，更包括如何理解数学符号和公式。在计算的层面我们可以力求精确，但在理解的层面我们总是难免使用类比。

物理学也不例外。例如，量子力学发端于普朗克公式，这个公式精确预测了黑体辐射的各种现象，但是其物理意义却有待理解。最终，普朗克用“能量子”，即能量存在最小单元来理解方程中的某个符号。然而，公式解释通了，能量子的引入又造成了一系列更诡异的理解难题：电子既是粒子又是波（波粒二象性），一个粒子既在此处又在彼处（双缝干涉实验），猫既是死的又是活的（薛定谔的猫），等等。

以尼尔斯·玻尔为代表的哥本哈根学派给出了量子力学的标准解释，这个解释中最关键的一点，就是强调“类比的有限性”。

玻尔说道：“我们人类从根本上依赖于什么？……我们依赖于我们的言词。……认为物理学的任务是去探求大自然是怎样的想法是错误的。物理学讨论的是我们对于大自然可能说些什么。”[①]沃纳·海森伯则说：“人们能够谈论原子本身吗？这是一个物理学问题，同时也是一个语言学问题……”[②]哥本哈根诠释的要点就是破除了相信“我们能够描述世界，或者至少能够描述世界的某些部分，而丝毫不用牵涉到我们自己”这一经典物理学的“幻想”。[③]

换言之，电子既是粒子又是波，这一悖谬并不是电子或海森伯提出的不确定性原理出了问题，而是我们的类比出了问题——我们压根儿就不该使用“粒子”或“波”这样的概念去想象基本粒子的样子。但问题是，所有我们熟悉的概念都来自日常生活的宏观世界的经验，所以我们根本找不到帮助我们理解微观量子世界的恰当概念。

就科学公式而言，把粒子和波改成包子和粥，把牛顿力学改成“牛炖力学”，其实都无关宏旨，它们只是一个称呼罢了。但是对可怜的人类来说这有点儿太刺激了，为了保护我们的大脑不致过于混乱，我们仍然在使用粒子和波等概念讨论物理学，即便这些概念或多或少地带来混乱。

物理学是如此，生物学当然也不例外：我们不得不使用类比，但又必须警惕这些类比可能造成的误会。进而，我们还可以做某种“语言学”的工作，去审视和更新这些类比用法。这就是《生命传》的主题。

事情没这么简单

从量子力学的例子来看，即便科学的公式和测算是准确的，也不能

---

① 罗杰·G. 牛顿：《何为科学真理》，武际可译，上海科技教育出版社，2001年，第179页。

② W. 海森伯：《物理学和哲学》，范岱年译，商务印书馆，1981年，第109~110页。

③ W. 海森伯：《物理学和哲学》，范岱年译，商务印书馆，1981年，第21~22页。

保证我们对这些公式的类比理解是准确的，仍旧要去做“语言学”方面的反省。而在生命科学领域，问题尖锐得多，因为生命科学在很大程度上并不是“精确科学”，它并不总是通过数学公式提供解释和预测，在更多的情况下，其理论和预测本身就是用含混的类比语言写成的。我们如果使用了不恰当的类比，不仅会影响对生命科学的理解，还有可能直接影响到生命科学和生物技术的具体实践。

本书第 1 章就从新冠疫情防控期间的医学实践为例展开。面对疫情，人们迫切需要科学的应对方式，需要生物学和医学提供指导方针。但理想和现实存在距离，我们发现生命科学给出的判断并不总是及时和有效，现实总是充满不确定性和不可控性。

生命科学中主流的类比模式是还原论和机械论的，这种类比带来一种思维定式，即倾向于把事物切割为小的组件，然后逐一确定各零件的“功能”，描绘各部分如何组织起来的清晰“蓝图”，进而能够控制整个“机器”的运转。

这幅简单化和确定性的图景在现实中屡屡碰壁，一方面当然是生命科学还有待发展，但是另一方面，或许我们根本就搞错了生命科学的发展方向。一味追求还原论和决定论的世界图景，也许会让生命科学走入死胡同。

科学总是在探求真理，但是自苏格拉底以来，“自知其无知”向来是科学精神的一部分。我们必须承认人类的有限性，敬畏自然的复杂性。在反省错误的类比语言之后，生命科学也未必能够对疫情等复杂现实给出更精确的断言，但是这至少能够避免人们因傲慢做出许多糟糕的决策。

除了疫情这样的紧急状况，生命科学，特别是基因工程的发展早已影响着人类社会的方方面面。个人的生、老、病、死，如何发展农业，如何规划城市，如何制定法律……生命科学在诸多社会问题中扮演着关键角色。比如，当基因工程可以通过修改基因避免新生儿患上遗传病时，是否允许对胚胎做基因编辑，甚至说是否必须做基因编辑，故意生下有缺陷的婴儿又是否是不人道的？以改善智力缺陷乃至提升智力为目标的基因编辑又怎么说呢？针对这些问题，我们需要引入伦理学和法学，但更需要恰当地理解生命科学的内涵与边界：基因对一个人而言究竟意味着什么？基因编辑究竟能做到什么？对生物而言究竟什么是“缺陷”？

作者认为，用还原论、机械论、决定论的态度看待基因，会造成严重的后果：“这个想法本身并不像优生学那样危害巨大，但如果不谨慎对待，那它与信奉优生学也只有一步之遥，而且它同样有缺陷。”

还原论的观点倾向于把许多问题简单化，最后这些争论似乎也被简化为进步派和保守派之间非此即彼的矛盾。似乎我们要么不顾一切拥抱新科技，要么就只能当冥顽不灵的“玄学鬼”、宗教神学的卫道士。但这两种态度都是狂热的、不理智的。

本书呼吁用一种更加“科学”的态度来理解科学，首先就是要警醒还原论的滥用，承认生命的复杂性。“对‘生命如何运作’这个问题，其中一个答案是：它很复杂！”

这也造成这本书并不是那么好读。通常而言，好的科普书的特点是化繁为简，把复杂的科学原理用简单通俗的语言表达出来。但这本书反其道而行之，因为其宗旨恰恰是要破解普通大众对生命科学和基因工程的简单化理解，揭示出生命的复杂性。想要快速把握原理要义的读者恐怕会读得一头雾水，因为作者在讲述每一条科学知识后，并不会让你产生“啊哈，原来如此！”的感受，而是不断地告诉你“但是，事情没这么简单……”。

作者在介绍科学知识之余，融入了大量科学史和科学哲学的内容。作者梳理的历史也并不呈现一种知识构建的清晰脉络，而是重点展示各种新发现所遭遇的争议，许多时候顽固的偏见阻碍了知识的更新，许多问题至今悬而未决。

好在作者对类比之道用力颇深，他在提醒读者不要刻板地看待任何类比的前提下，运用了更丰富的类比语言，把许多复杂的知识讲得生动形象，赋予本书可读性。

两种类比语言

是的，作者并不反对类比语言，甚至也不完全反对机械论的语言，他认为这些语言或多或少是有效的。作者反对的是采用特定倾向的类比语言并缺乏自觉。

许多人有意无意地采纳了某一类类比，即还原论、机械论、决定论的类比语言，如生命机器、“说明书”、“密码”等；而拒绝另一类类比，例如目的论的、拟人化的、价值论的类比语言，拒绝谈论细胞的目的、生命的意义、单细胞生物的“认知”等。同样是类比语言，前一些词汇被认为是科学的、客观的，而后一类词汇则被认为是玄学的、臆想的。作者引用生物学家罗伯特·罗森的话说：“提出与机械比喻相反的观点反而会被视作不科学，别人会带着强烈的敌意认为你在试图将生物学带回形而上学。”

相比于机器和程序的类比，作者更偏爱“认知的语言”，我们既然可以像谈论机器一样谈论生物的零件、功能和程序，那么我们也能像谈论一个认知主体那样谈论生物的语言、目的和意义。“是时候拥抱目的性概念和能动性概念了。而且，这么做没什么好怕的。”

而“认知的语言”带来的倾向是反还原论的。想知道一个机器的功能是什么，确实可以通过精确研究拆解下来的每一个零件的结构来整理推演而得；但想知道一个人的目的是什么，无法通过将其拆解为每一个细胞再组合得出。意义总是在每一个更高的层级上重新涌现——细胞有其意义，器官有其意义，个体生命更有其意义，但每一层意义都不是由低层级的意义简单组合而成的。“就像我们‘解读’一本书甚至一个句子，永远不可能将其简化为或者还原至对单个词的解释一样，对生命运作机制的解释同样如此。生命过程的每一个层级都不完全由前一个层级定义或包含于其中。”

借助这套新的语言，作者对“生命是什么”这一古老问题给出了自己的回答：“我们可以认为生命是一种‘意义产生器’。你可以这么说，生命就是那些有能力赋予环境价值，进而找到其对宇宙来说的意义的实体。”

这种语言描绘的是一个富有意义的世界图景。或许有人担心，这样谈论生命会让科学掺杂价值，而不再保持客观中立，因而是有害的。但问题是，原本的机械论世界图景从来就不是绝对中立的，它也蕴含某种价值观念和道德倾向。作者说道：“它在道德层面上也是失败的，因为它迫使我们将生命视为一个具有规范特征的计划，而现实总可能或多或少地偏离这个计划。事实恰恰相反，生命是一个过程，一个实实在在不断展开的过程。是时候摒弃那些旧观点了。”

反对完美

这里牵涉的道德倾向，关键在于如何评估“完美”。著名哲学家迈克尔·桑德尔有一本讨论生命科技的著作叫作《反对完美》，也涉及类似的问题。一架机器是有其“完美”状态的，当它的每个部分都遵循蓝图，精密无误、严丝合缝时，它就是完美无缺的。而现实中的机器运转总会遇到一些问题，要么是零件尺寸不够精确，要么是运转中遭遇意外情况，要么是哪里太紧或太松，甚至莫名其妙就缺一个零件或多一个零件……这些状况当然不再是完美的，于是我们总要去努力调试、减少误差，力求让机器接近完美。

但在新的语言阐释下的生命科学却不再把上述的“完美”视作好的或积极的方向，恰恰相反，这种机器式的“完美”恰恰是“非生命”，是否定性的和消极的概念；而传统意义上的“不完美”恰恰是“生命”的本来面目，是肯定性的和积极的概念。对人类社会而言，更需要去追求和发扬的不是机械化的完美，而是蓬勃的生命力。

有些人想象着“基因工程手段创造的‘完美’社会”，但生命科学启示我们这种社会“有多么危险”。抗拒基因工程的滥用并不意味着抗拒生命科学，相反，我们恰恰是在遵循生命科学的教导，因为这种精确控制的倾向才是“反生命”的。

生命的不完美性发端于分子尺度。我们能够将一台机器拆解成零件而获得精确的认识，这是因为零件和整体机器总的来说处于同一尺度，并不足以发生涌现现象——直到最近的人工智能领域，得益于新的类比语言（如“神经网络”），终于打开了局面，让我们在人造机器的领域或多或少地营造出“涌现”现象。而对生命来说，我们的“还原”是跨尺度的，尤其是在分子的尺度上，不确定性变得不可忽视。

作者说道：“把生命类比成机器之所以会失效，一大关键在于，细胞在分子尺度上工作，而分子世界的情况与日常世界大为不同。分子运动随机、不可预测、充斥着噪声，在这些混乱的特性面前，生命与其说是在努力维持秩序，不如说是在尝试充分利用这种特性。生命蓬勃发展的基础便是分子层面的噪声与多样性，是偶然出现的意外和波动。要是分子失去了这种混乱的特性，生命就无法运作。”

简而言之，复杂性、混乱、多样性、意外，这些不是有待排除的消极因素，而是生命之为生命的积极特征。如果没有复杂性或负熵，生命就不存在；如果没有意外和变异，生命就不能演化；如果没有多样性，生命就难以共存。

机器一旦发生故障，就难以持续运行，但是生命的生长和繁衍过程却充满了不确定性，正如作者所言：“难道我们不是一次又一次地在各个层级上看到，生命确实就是这样运作的吗？”

当从“机器类比”的语言切换回“生命类比”的语言后，我们可以更深刻地理解之前提及的各种现实问题。例如，我们要不要用基因工程消除人类的各种先天缺陷？如果并没有一个确定的“蓝图”来决定何谓完美的人类，那么所谓的“缺陷”就都是相对的：没有尾巴对猴子而言是缺陷，对人类而言是优点。如果生命的繁衍永远完美无缺，不出现“缺陷”，那么生命的演化也将停滞不前。如果生命不能被拆解为一个个功能明确、各司其职的零件来讨论，那么即便我们的科技水平再发达，也总是很难精确地修改某一个复杂性状，特别是那些人类珍视的能力，比如理性、情感、社交能力。也许一次基因编辑能够改善孩子的记忆力，但也会让他倾向于更加孤僻；一个改善相貌的操作也许会潜藏患上某种疾病的风险，诸如此类。

这不是说我们要拒绝一切基因疗法，相反，作者相信生命科学和基因技术正在不断造福人类。关键是我们不能迷信科技的力量，把全知全能作为对科学的理想。科学总是有缺陷的、不完美的，现在如此，未来也如此。但正如生命本身一样，“缺陷”恰恰证明了科学总是富有生命力的。

胡翌霖

自由学者，北京大学哲学系博士

序　言

2000年6月26日，时任美国总统的比尔·克林顿宣布，科学家绘制了第一幅人类基因组序列草图。也就是说，他们推导出了构成人类DNA（脱氧核糖核酸）的基本化学构件（约30亿个碱基对）是按照何种顺序串联在一起的。克林顿说：“此时此刻，我们正在学习上帝创造生命的语言。”

他错了，但错的地方不（只）是你想的那样。

当然，大家对政客说错话（包括但不限于科学领域的情况）都司空见惯了。不过，当时在场的两名科学家也没有立刻纠正克林顿。相反，其中一人——彼时的美国国家卫生研究院院长、曾任美国前总统乔·拜登的科学顾问的弗朗西斯·科林斯——表达了同样的观点，为人类掌握了阅读“自身说明书”的新能力而欢欣鼓舞，毕竟，“此前掌握这项能力的只有上帝”。

许多科学家都会因为这些言论宗教色彩浓重而感到愤怒，但实际上，这还不是问题所在。（除非你是无神论者，或是神学家。）时至今日，提到人类基因组，“生命的语言”和“人类的说明书”这两个比喻仍是最常出现的。完成（几乎）全面分析人类基因组任务的，一是人类基因组计划（HGP）这个国际项目，二是生物技术企业家克雷格·文特尔私人资助的并行计划。文特尔也出席了克林顿宣布这项成就的仪式，他曾公开声明自己是个无神论者。[1]

20 多年过去了，事实表明，人类基因组计划联盟提供的信息，以及后续对数万个人类个体基因组的测序结果，正是生物医学研究的重要资源。当然，这就是人类基因组计划一直以来的愿景和重要任务。这些信息不仅让我们距了解生命本身这个目标稍近了一点儿，更是在某些方面向我们证明：人类与真正实现这个目标之间的距离比我们预想的远得多。因为，即便真的存在某种类似生命语言的东西，我们也不可能在基因组中找到——基因组与人类制作的任何说明书都不一样。

然而，这类带有误导性的基因组比喻一如既往地流行。其中，“蓝图”的比喻是流传最广的，其背后的含义是：这 30 亿个字符串构成的“密码”中蕴含着构筑人体的方案，我们只要知道如何破译密码就好了。实际上，“密码”这个概念本身就暗示基因组类似计算机程序，是生命运行的某种神秘算法。我们甚至赋予“生命之书”这个比喻更为具体的物理含义：基因组由总共 109 本不同的书构成，分为 23 卷（每一卷代表一对人类染色体），每一页上都密密麻麻地写着由 4 个字母（A，T，C，G）按各种顺序组成的文字，这 4 个字母就是构成DNA的基本组分（图 0–1）。我很乐意让读者自行判断哪本书——你正在读的这本或图中的那本——更清楚地描绘了生命的运作机制。我这本书的目标就是诠释为什么上述比喻都不恰当，为什么它们需要更新，以及为什么只有抛弃这些不恰当比喻，才能理解生命的运作机制。另外，本书也会尝试用更合适的比喻代替现有的误导性比喻。

实际上，关于基因组本身的比喻从来就没有少过，比如乐谱或剧本。在诸多比喻中，有一些比我们最常见到的“密码”和“生命之书”

① 人类基因组测序工作具体是什么时候彻底完成的？这要看如何评判“彻底”了。2003 年，科学家宣布人类基因组测序“全部”完成，也就是补上了 2000 年公布的草图中遗留的些许空白。但直到 2022 年的一份报告发表，大多数人才发现，出于技术原因，2003 年的“完整”人类基因组图谱中仍有 8% 的基因难以测序，但并未对公众公布。

更为贴切，但没有一个是完美的。关键在于，为了解释生命的运作机制而探究基因组，很像是为了理解文学作品而查阅字典——当然，这个比喻也不完美。

图 0–1 “生命之书”？人类基因组计划用 109 本“书”记录了人类基因组

图片设计：克尔和诺布尔。图片来源：Wellcome Collection。

当生物学家被问到为什么基因组（既有我们人类的，也有许多其他物种的）解码工作没有为我们认识所谓的生命过程提供多少真知灼见时，他们通常会表示，事实证明，解码基因组比预想的复杂得多。荷兰生物学家贝·维林加整个职业生涯都在研究基因如何影响生命与健康。2018 年，他在退休时说：“（完成人类基因组计划后）我们觉得搞定了一切。当然，现实证明并非如此。实际上，不确定的问题反而更多了。”

维林加还相当尖锐地补充说：“说实话，我之前真的认为细胞和分子之间的关系应该会简单一些（就像基因及其编码的分子之间那样）。”

实际上，我们都是这么认为的。人类基因组计划很大程度上也是基于这种想法启动的。讽刺的是，这个项目本身反而成了一个证明我们应该放弃这种幻想的绝好证据。

然而，放弃这种幻想并不一定就是投降——在令人困惑无比的诸多问题面前，维林加似乎屈从了。相反，人类基因组计划的发现恰恰像是一封邀请函，上面写着："这个问题当然不简单！我们怎么能想象生命本身究竟是什么样子呢？但是，我们在基因组中发现的是何等辉煌、巧妙且有用的创造力啊！"

不过，抛弃"说明书"这样的比喻确实很难。基因组的"说明书"比喻之所以经久不衰，恰恰是因为有关DNA和其他分子生产并维系细胞与器官的真实故事一点儿也不简单。这个比喻提供了某种程度上的安慰，它暗示这个故事虽然不简单，但有迹可循。即便这很可能并非真实情况，似乎也比喃喃自语"实际情况比这更复杂"更能为大家所接受。另外，一旦你放弃"生命的秘密"藏于基因组中（我们只要知道如何破译就好）的想法，生物学可能就更让人找不到头绪了。正如我将在本书中介绍的那样，研究人员经常讲述的关于生物细胞如何工作的简洁故事几乎都不完备、都有缺陷，甚至完全错误。

尽管如此，我仍旧相信我们可以做得更好。我会在本书中介绍，过去几十年里的分子生物学和细胞生物学研究通过何种方式描绘了一幅比冷冰冰的过时机械比喻丰富得多、震撼得多的画面。诚然，这幅画面有时显得非常怪异且复杂，但它终究卸下了基因组背负的控制全部生物过程的重担，转而求助于自组织的原理和过程。也正是因为这类原理和过程不需要严格的遗传指导，所以可以避免由此产生的脆弱性。我必须强调，这种新观点与新达尔文主义理论——进化塑造了人类及其他所有生物，而进化的基础则是亲代与子代之间的遗传信息传递——完全没有冲突。然而，在这种新观点中，基因并不是专制的自私独裁者。基因从来都不具备任何真正的能动性，因为仅凭基因自身做不了任何事，而且基因没有决策能力。基因是仆人，而非主人。

从基础层面上说，这种不完备且实际上刚刚起步的新生物学观点取决于某种信任。你可以这么说：基因应当相信，有些过程超出了它们直接掌控的能力范畴，而恰恰是这类过程让生命得以成长、繁荣并进化。（生物学家也需要培养这种信任。）当情况变得复杂、任务变得困难时，这种运作机制已经在生物学领域多次出现。当生命第一次出现多细胞形式时，当它们能够借助视觉、嗅觉等感觉模态适应并利用周遭环境的全部有利条件时，当它们对环境的敏感与接受成为真正的认知时，生命就逐渐放弃了一种让机体一一回应每次外部刺激的策略，转而提供基本要件，支撑起一种可以设计并即时解决各种生物问题的系统——这样的系统彼时才刚刚出现，却体现出了相当强的全面性、适应性和可靠性。

长期以来，主流观点始终认为必须把生命系统视作机器，而新图景打破了这种思维定式。从来没有任何一款人类制造的机器能像细胞那样运作。生命终究是由没有知觉的分子（而且这些分子实际上是无生命的）构成的，否认机械论生命观并不是否认这一点。我们也并不是要转向活力论，即认为某种神秘的基本力量（活力）决定了生物体与非生物体的区别。抛弃机械论生命观，可以让我们看到生命世界与非生命世界的真正差异。这种差异就像宇宙的形成一样根本且奇妙，但比后者更适合科学研究，因而很可能更容易处理。

我们尤其不能把生命等同于计算机这种特殊的机器。诚然，生命会执行某种计算，也确实可以用信息论（这个理论的提出是为了描述现代信息技术）相当好地理解生物学的关键特征。此外，将生命比作机器，有时是一种思考生命过程中各个部分具体运作方式的有效途径，我偶尔也会做这样的类比。称我们的细胞拥有类似泵、发动机、传感器、存储器和读出设备的功能，确实是一种浅显易懂的说法。然而，这迥然不同于现代生物学研究的一种发展趋势——通过将生物体与电路、计算机或工厂类比，来讨论生物体的基本特征。就目前的情况而言，没有任何计算机的运作方式与细胞类似，至于计算机未来是否会向此方向发展（或者说，仿照细胞工作模式是否会成为设计和制造计算机的一种好方法）

则更是远没有定论的事。实际上，迄今还从未出现任何与生命系统足够类似的人类技术制品。生命是一种与任何机器都不同的实体，有自己的逻辑，无法用别的事物做类比。

我们也多少熟悉了这种逻辑。我们知道，要应对棘手的挑战，有的时候最好不要通过还原法寻求某种具体的规范性答案，而是要让人们掌握相关技能，然后相信他们可以找到有效的解决方案——一种可以根据实际情况调整并适应的方案。我们现在可以看到，通过这种方式组织人体系统，只是在生物层级结构的另一个层面上重现我们体内运转了无数次的生物过程：我们正在利用生命运作模式的智慧。

这种新生命观的核心在于生命概念的转变。在整个生物学历史中，如何定义“生命”始终是一个悬而未决的问题，并且至今都没有形成公认的答案。不过，描述生命实体的最佳方式之一就是不借助我们通常认为可以定义生命的任何特征或属性，比如自我复制、新陈代谢和进化。相反，生命实体本身就是意义的创造者。生物体从环境（包括自己的身体）中挖掘对它们有意义的事物，比如水分、营养成分、适宜的温度。毫不矫情地说，按同样的逻辑推导，对人类来说，这些有意义的事中还有一件是爱。

把生命类比成机器之所以会失效，一大关键在于，细胞在分子尺度上工作，而分子世界的情况与日常世界大为不同。分子运动随机、不可预测、充斥着噪声，在这些混乱的特性面前，生命与其说是在努力维持秩序，不如说是在尝试充分利用这种特性。生命蓬勃发展的基础便是分子层面的噪声与多样性，是偶然出现的意外和波动。要是分子失去了这种混乱的特性，生命就无法运作。

因此，没有任何特别的地方供我们寻找生命运作方式的答案。生命是一种多层级过程，每个层级都有自己的规则和原理：基因有基因的规则，蛋白质有蛋白质的规则，细胞、组织及其他身体模块（比如免疫系统和神经系统）也各有规则。对生命来说，这些规则都不可或缺，而且没有优先级、重要性之分。就像诺贝尔奖得主、生物学家弗朗索瓦·雅各布写的那样："生命可不是一种单一组织，而是一系列像俄罗斯套娃那样互相嵌套的组织。每一种组织内部都隐藏着另一种组织。"

因此，正如法国巴黎高等师范学院生物学教授米歇尔·莫朗热所说："生物功能是在跨越全部生命尺度（从分子到整个生物，甚至要囊括所有生物群落）的各种复杂组织结构中产生的。只有在这种层级结构中才能找到复杂生物功能的起源与解释，而不是在简单分子组分这种基因表达的直接产物中寻找。"生命生来就与"众多"二字联系在一起。

这种模式竟然真的有效，这确实令人惊诧。如果你和比尔·克林顿一样，认为创造生命的荣耀属于上帝，那么我希望你能体会到一点：上帝应该比人类基因组计划所体现的聪明得多，创造力也强得多。如果你觉得不必将生命同上帝联系在一起，那么我建议你细细品味生命的精巧与神奇。

修理生命收音机

解决问题的方式在很大程度上反映了我们如何看待问题的本质。2002 年，当时在美国纽约冷泉港实验室工作的生物学家尤里·拉泽布尼克发现了一种令人印象深刻的方法，这种方法可以阐释我们通常是如何学习生物学的。

拉泽布尼克叙说了自己在担任助理教授期间，如何向一位资深同事打听他们的研究领域（自发的细胞死亡，或者说细胞凋亡）当时发生的各种令人费解的突发事件。那位同事告诉拉泽布尼克，所谓生物学研究，无非是研究人员在各自的隐秘角落中辛勤耕耘，直到某些意外观测结果让许多人认为之前的某个未解之谜终究是可以解答的——另外，这番努力或许还能催生某种奇迹药物。然而，随着这一研究领域的蓬勃发展及新增的成百上千篇论文，差异和矛盾开始出现，预测开始失败，问题看上去比以往任何时候都更难解决。至于那些奇迹药物，更是永远不会成为现实。

拉泽布尼克写道，这种情况的普遍存在“意味着生物学家处理问题的方式存在某种普遍的根本性缺陷”。为了查明这种缺陷究竟是什么，他采纳了一位高中老师的建议，用某个答案已知的问题测试生物学家的常用方法。拉泽布尼克尝试用生物学中常用的方法揭示晶体管收音机的工作原理。这种研究模式一般是怎么样的呢？拉泽布尼克写道：首先，研究人员会说服资助方允许他们购买一大堆工作原理相同的收音机。接着，他们就会“解剖”一部分收音机，并与损坏的收音机做比较。

> 我们最终会查明怎么打开收音机，然后发现形状、颜色、大小各异的部件。接着，我们会根据这些部件的外观描述它们的性质，把它们分类。举例来说，我们会把这些收音机部件分类成方形金属物、色彩鲜艳的两脚圆形物、三脚圆形物，等等。因为这些部件的颜色各不相同，所以我们会研究使用不同颜色的部件是否会影响收音机的性能。虽然结果证明，使用不同颜色的部件只会些微影响播放效果（收音机仍旧能播放音乐，但是听力灵敏或是受过训练的人能分辨出声音的扭曲），但这种研究模式能够产出大量论文并引发激烈讨论。

另一种生物学常用的方法则是逐次、逐个地移除部件。偶尔，某些幸运的研究人员会发现移除某根导线后，收音机就彻底无法工作了。“这个兴高采烈的家伙会把这根导线命名为‘意外恢复组件’（Src），并且发现Src是必不可少的，因为它是一种可伸缩部件与收音机其余部件之间唯一的联系。[①]这个可伸缩部件会被恰如其分地命名为收音机的‘核心部件’（Mic）。”以此类推。拉泽布尼克说：“最终，我们会把所有部件归类，会描述部件之间的相互关系，还会记录移除某个部件或是某种部件组合产生的后果。”

---

① 正如你将在后文中看到的，这也揶揄地影射了基因的命名方式。

只有到了这个时候，生物学家才会问出至关重要的问题："我们现在积累的信息是否能帮助我们修理收音机？"另外，收音机可以修理吗？走运的时候（非常少见）确实能修理，但生物学家真的不知道背后的原因。大多数时候，这些信息根本没法让我们修理收音机。

那么，问题出在哪儿？拉泽布尼克认为，生物学使用了错误的语言——一种描述"这个部件同那个部件对话"的定性语言，有时甚至是拟人化的语言，而不是电气工程师绘制的那种真正的电路图。拉泽布尼克的这篇文章多少有点儿开玩笑的性质，但确实提出了一个相当中肯的观点：许多实验生物学的操作手法并不能真正增进我们对这些生命系统运作方式的认识。为此，拉泽布尼克提出了解决方案：基于生命系统与收音机的类比开发一种规范的工程学形式语言。他也预料到会出现反对的声音——"工程学方法不适用于细胞，因为这些小小的奇迹在本质上就与工程师的研究对象不同"。不过，拉泽布尼克认为，这种反对更像是某种活力论的观念。

反对意见根本没有抓住重点。如果收音机根本不是正确的类比，怎么办？如果生物学的运作方式与我们创造的任何工程系统都不一样，怎么办？如果生物系统的操作逻辑在本质上就与任何工程系统不同，又怎么办？果真如此，我们需要的就不只是一种更好的规范版语言，而是一种全新的思考方式——只不过不需要诉诸任何形式的神秘"活力"。我认为，这就是我们目前面对的情况，而且过去二三十年中或成功或失败的众多生物学研究都指向了这个结论。

2000 年，细胞生物学家马克·基施纳、约翰·格哈特和蒂姆·米奇森在呼吁开发认识生命的更好方式（而不仅仅是像现在这样细致描述生命的各个组成部分及其相互之间的联系模式）时，半开玩笑地影射了活力论。他们"随心所欲地"把这种更好的视角称为"分子活力论"：

> 20 世纪与 21 世纪之交，我们最后一次充满渴望地审视了活力论，结果只是凸显了最终还是要超越针对细胞蛋白质和RNA（核糖

核酸）组分的基因分析（这种分析很快就会成为过去），并且转向分子、细胞和有机体功能“活力”特性的研究。

换句话说，我们不需要老生常谈的“生命力”，但确实需要思考究竟是什么让生命与其无生命的组件之间产生了巨大的差异。只有找到这个问题的答案，我们才有希望真正掌握修理“生命收音机”的能力。

为了让生命保持运转，我们必须做许多修理工作。人体经常出问题，大多时候是小问题，但有时也会是大问题。我们现在已经相当熟练地掌握了我们称之为“医学”的修补过程，但掌握的方式通常是试错，因为我们没有好的操作手册可以参考，只是偶尔才能窥见人体某个部分的运作方式。

目前涌现的关于人体内部生命运作方式的新观点已经开始促使我们重新审视医学，例如：思考我们设计药物的方式，以及为什么某些疾病（比如癌症）很难预防或治愈。部分研究人员提出疑问，觉得也许是时候改变支撑医学研究的整个理论基础了。举例来说，我们或许可以不再每次研究和试图攻克一种疾病，不再试图开发定制的灵丹妙药以杀死特定的病原体（一般来说，病原体比我们更聪明，适应药物的速度比我们开发新药、新疗法的速度更快），而是从统一的视角看待所有疾病。许多疾病都通过相同的渠道对人体产生影响，而且对抗多种疾病的策略也许涉及类似（甚至完全相同）的方法，这在涉及免疫系统时体现得尤为明显。

另外，随着我们越发了解干预生命过程的时机和方式，我们也开始思考重新设计生命本身。这方面的系统性工作发轫于 20 世纪 70 年代的基因工程，但通常只适用于最简单的生命形式，比如细菌。此外，基因工程技术从原理上就受到限制，因为它只能干预生命众多层级中的遗传学层级。当时，我们尚不清楚并非所有想要达成的目标都能通过修补基因实现。而现在，我们知晓了原因：基因通常不会在细胞和生物体层级上产生特定的结果。

时至今日，我们已经开始在多个层级上重新设计并配置各种生命实体、组织和器官。我们可以重编程细胞，使其能够执行新任务，长成新结构。我们可以创造出被部分学者称为“多细胞工程生命系统”的事物：它们不仅是培养皿中由营养物喂养的小生物，而且是具有结构、形态和功能的实体，比如类似微型器官的“类器官”。不过，这项事业在很大程度上还处于起步阶段，主要工作还停留在辨明决定细胞自组织形式的规则上。随着相关知识的积累、技术水平的提高，我们就可以掌握更为深入地指导并选择遗传结果的能力。有些研究人员认为，我们终将能让四肢与器官再生，甚至可能创造出进化过程中前所未有、超出想象的新生命形式。

一窥后文

本书内容丰富，因为生命这个话题有太多值得讨论的东西。现代生物学出了名地复杂，充斥着各种微小的细节、晦涩难懂的术语和令人费解的首字母缩写，还有各种各样烦人的警示和例外，结果就是几乎不可能在没有限定条件和脚注的情况下成功解释任何内容。

不过，我的观点是，生命不仅仅是复杂而已。在生物学领域，任何试图概括的尝试，最常遭遇的反驳就是“那某某例外怎么说”，这种反驳几乎像是在说透过树木看到整片树林是一种谬误。然而，生命肯定不只是一堆令人眼花缭乱且每个方面都同等重要的细枝末节。这不可能是真实情况，因为没有任何高度复杂的系统是这么运作的。如果生物体是这样运作的，那么它们会时刻面临失败：在生命的无常面前，它们会异常脆弱。这就像是用10亿个互相咬合的小齿轮制造某种机械装置，只要其中一个小齿轮断裂、卡住或掉落，整个装置就会瘫痪，而我们还盼望着这种装置要在剧烈震动的情况下持续运转80年左右。

不会是这样，肯定有更高层级的规则约束着生命，这种规则不需要所有部件保持完美、完整且始终处于准确的位置。然而，如果没法用“我们是由基因制造、定义和控制的机器”来总结这种机制，那么它到底是什么？

最近这些年，生命运作的原理变得越发明显，但同时，它们又常常被雪崩般涌入的海量数据淹没。这是一个奇怪的悖论。就辨别普遍性规则和模式而言，数据可能非常有价值，实际上也确实是必不可少的，但前提是我们不能耽于数据本身（比如，只是把数据汇编成书）。

我们已经极其擅长收集各种生物数据，尤其是关于基因组序列、蛋白质及其他生物分子的结构、细胞中分子组成的多样性及其相互关系的数据。仿照“基因组”这个科学术语，我们给上述数据集也冠上了“组”的后缀，有蛋白质组、连接组、微生物组、转录组、代谢组，等等。随着人工智能和机器学习算法提供的助力越来越大——它们分析数据集的能力比人类强得多——我们可以深入研究这些“组”，探索它们内部的规律性和相关性。凡此种种都价值巨大，但说到底，它们提供的往往是描述，而非解释。人们有时能感觉到，部分生物学家就是偏爱这种方式。他们希望充分挖掘数据，挖掘到足以做出预测的程度，这样我们就不用真正理解所有数据，也不用去寻找能够阐释这些数据的逻辑自洽的故事。相反，我们只需要依靠计算机就能找到数据库之间的相关性。然而，目前我们还不清楚，是否仅凭计算机分析数据就能让我们找到有益人类健康的更多、更好的干预措施，更不清楚这么做是否能真的取代我们理解生命真实运作方式的努力。

考虑到这一点，我想先简要介绍一些会在后文中频繁出现的主题和原理，并且希望能够借此提供一些本书的线索，引导各位更好地阅读这部颇有挑战性的作品。

复杂性和冗余。我曾听《自然》期刊前编辑说过一句很睿智的话：在生物学中，答案永远为“是”。（即便有人要发表反对意见，他也会说：“是，但是……”）这位编辑的意思是，生物过程的发生方式可以有很多——信号可以在细胞内传递，基因可以打开也可以关闭，细胞可以组装成某种特定的结构。在生物学传统上，常常把这种特征视作一种故障安全机制：因为无法保证某种分子与另一种分子之间的相互作用总能发生，进化提供了备用方案。不过，我们会发现生物冗余背后其实另有逻辑：生物系统具有某种模糊性，所以不同相互作用的组合可能产生相同结果，相同的某种组合也可能会因为环境的不同而产生不同的结果。这似乎是一种在充满随机性、噪声和概率波动的微观世界中实现目标的更优方法。

模块化。生命从来不是从零开始的。进化利用已有的材料开展工作，即便这意味着会将生命引导至全新的方向。我们或许可以（非常谨慎地）把进化比作电子工程师，后者用已有的二极管、电阻器等电路部件，以及振荡器、存储单元等标准电路元件来制造新设备。类似地，生命也有模块化结构。这方面最明显的例子就是，人类这样由细胞构成的大型生物都有心脏、眼睛这样的结构特征。模块化是一种高效的构筑方式，因为它以经过尝试和检验的部件为基础，并且允许修改或替换那些或多或少独立于其他部分的模块化组件。

稳健性。生命的韧性非凡。经过一个夏天的严重干旱，整个英格兰都变成了黄褐色，但只需要几场大雨，绿色就会重新出现。生命并非无懈可击，但生命非常善于在逆境中寻找出路——这个世界充斥着令人沮丧的逆境。我们在充分认识生命稳健性的来源之前，永远也无法彻底解释生命。前面提到的冗余无疑就是稳定性的一种，但生命的稳定特征远不止体现在这一处：大多数胚胎发育成“正确”的形状、伤口愈合、抑制感染，无不体现生命的稳定性。另外，从更广泛的意义上说，地球生命已经持续存在了近40亿年，这更是稳定性的体现。

渠限化。物理学家会把生命称作某种“高维系统”，这是他们表达“很多事情同时发生”的一种特殊方式。光是在单个细胞中，不同分子之间可能发生的相互作用的数量就是天文数字，而人体中大约有37万亿个细胞。如此复杂的系统存在方式有限，否则不可能保持稳定。我们的细胞能够出现的状态数量，远远小于细胞与细胞之间可能出现的差异数量。类似地，胚胎能够发育形成的组织和身体形式的数量也有限。1942 年，生物学家康拉德·沃丁顿称这种可能出现的结果数量的骤减现象为“渠限化”。有机体可以在少数几种定义明确的可能状态之间切换，但不能以这些可能状态之间的任何中间态存在，就像是坑洼地面上的球最后只可能滚入某一个坑中一样。我们在后文中会看到，健康和疾病也有渠限化特征：导致疾病的原因有许多，但它们在生理和症状层面的表现往往惊人地相似。

多层级、多维度与分层结构。仅仅考察某个位置是不可能理解生命运作法则的。你永远没法在单一放大尺度（无论从字面角度，还是从比喻角度，都是如此）下找到生命的所有解释。更重要的是，生命组织的每一层结构都有自己的运行规则，而且它们对下层结构规则的细节不敏感。每一层结构都拥有某种自主权。[①]与此同时，生物影响可以通过这些层级结构沿两个方向传播：基因活动的变化可以影响所有细胞和整个生物体的行为，而后者反过来也能影响前者。

组合逻辑。据估计，人类可以区分大约 1 万亿种气味。这个数字究竟意味着什么是个很值得讨论的问题，但它显然比我们嗅觉系统含有的“受体”分子数量（区区 400 种）大得多：毫无疑问，气味与人体感受气味的分子之间不是一一对应的关系。我们能区分如此之多的气味，一定是因为这些数量相对较少的受体分子互相组合后形成了不同的激活模式。也就是说，我们的大脑接收到的气味信号是组合而成的。做个类比，通过调整视觉显示屏上三种光源（红、绿、蓝紫）的相对亮度，就能创造出整个色域。这种组合式的分子信号在生物学中应用广泛，而非依赖各种独特的分子提供不同的感官输出。究其原因，大概是这种策略在组件上经济高效，功

① 这种特征不仅适用于生命，也适用于更普遍的物理世界。

能多样，适应性强，并且对随机噪声不敏感——所有这些特点都对生命有利。

动态场景下的自组织。生命有许多可能，但并非一切皆有可能。进化不是在拥有无限颜色的调色板中做选择：生物系统不同组成部分之间复杂的动态相互作用催生了生物在空间与时间上特定的几种模式与外形，就像人类城市、动物群落、晶体结构和宇宙星系总是具有某些共同特征一样。这与落在地表上的雨水很是类似：雨水自身绝没有收到朝某个特定方向流动的指令，但地表的形状导致雨水从某些地方流出并汇聚到另一些地方。平地、盆地、河道的比喻在生物学中常常有用。

能动性和目的性。在某些生物学文章中，“能动性”正逐渐变成一个流行词，这在那些认知过程相关的文章中体现得尤为明显。问题在于，目前看来我们还无法在这个词的内涵上达成一致。从直觉上说，我们认为能动性的概念可以区分生物体和非生物体：生物体可以操控环境、自身以达成某些目的。这就使得“能动性”与“目的性”这两个概念形成了不可割裂的紧密关系。这很可能也是生命科学（荒谬地）长期忽视能动性概念的原因，因为一直以来，生命科学总是把目的性问题视作某种接近神秘学的话题，避而不谈。忽视和回避的结果就是，我们最后或许会错过所有生命的最典型特征。我认为，是时候拥抱目的性概念和能动性概念了。而且，这么做没什么好怕的。

因果关系。认识生命运作方式的一大障碍就是无法掌握其中的因果关系。因果关系确实是个难题，尤其是这个概念本身就很棘手，哲学家对因果概念的观点仍存在分歧。我们从日常经历中就能知道，找到某种现象的起因绝对是一项非常困难的任务。我面前屏幕上的文字是怎么出现的？是因为我的手指敲击键盘，是因为计算机硅芯片中的电脉冲，还是因为我的思想和感受所具备的更为抽象层面的能动性？不过，这些问题并非不能解决，而且我们确实掌握了一些足以处理它们的概念和数学工具。我们常常认为，生物学中的因果关系就像世界上其他更普遍的因果关系一样，从“底层”开始向上渗透。例如，我们认为，生物体性状的特征是基因“引起”的。正如各位将在本书中看到的那样，当我们用更为复杂的视角看待生物学中的因果关系时，就可以更好地理解生命的运作机制及有效干预这种机制的方法。

如果本书中的一切都正确，那只是一个非常幸运的奇迹，并不能说明我的见解有多深刻，更不能说明我的智力有多超群。我想，这样的说法很难让你对即将读到的东西充满信心，但我不得不诚实地说明，我在本书中撰写的主题都是连专家都在争论的议题，有些议题上的争议甚至还很大。不过，我认为有一点是毫无疑问的：在过去几十年里，我们对生命运作模式的叙述模式发生了变化，现在是时候承认这一点了。鉴于生命科学——从基因组学到精准医疗，再到衰老、生育、神经科学等领域的研究——在我们的生活中变得越发重要，我觉得向公众阐述这种认知模式的变化完全是一种责任。科学史学家格雷戈里·雷迪克认为，我们应该“教授学生他们这个时代的生物学”，而不是半个世纪甚至更久之前炮制的那些看上去简洁的简化内容。他是对的，但我们应该把最新的生物学内容教给所有人，而不只是学生。

没错，这个新的故事有时候听上去比原来那个半真半假的故事更复杂。但我认为，这个故事是自洽的、令人信服的，并且不断地得到了遗传学、分子生物学、细胞生物学、生物技术、进化论及医学等诸多独立研究领域的支持。故事中有许多细节仍不明朗且存在争议，但大体轮廓现在看上去无懈可击。而且我兴奋地认为，这个故事告诉了我们一个惊人的生物学过程，正是这个过程创造了一种能够逐渐理解自身的物质：人类。更重要的是，这种新的生命观让我们重新与宇宙相连。它并没有取代或推翻原先那些基于自然选择的旧观点，反而深化了它们，从而帮助我们看到生物体的真正不同与特殊之处，即“活”的真正意义。

第 1 章

机器论的终结：一种新的生命观

玛乔丽那年 88 岁，住在养老院里，是在从 2020 年开始的新冠疫情中感染的数百万人之一。她本来就身体孱弱，患有哮喘和慢性阻塞性肺疾病（COPD，一种炎症性肺病）。“我要是感染了新冠病毒，大概也就完了。”感染新冠病毒前，她曾这么对我说。

雷也感染了新冠病毒。染病前，这名 55 岁的男子身体康健，而且没有什么能让他出现在危重病人名单上的并发症。

不幸的是，这两人（他们都是真实存在的，我只是用了化名）中的一个因新冠病毒造成的影响离世。当然，要是事情的走向如你预料的一般，我也就不会在这里多嘴了。玛乔丽在感染病毒后很快康复，对这个结果，最惊讶的人莫过于她自己。

出人意料的死亡悲剧，以及貌似可能性不高的侥幸生还，这类故事数不胜数。从统计数字上看，老年人感染新冠病毒最危险，这一点毫无疑问，但实际上，没人知道自己的身体会对感染新冠病毒有何反应。许多人甚至是在毫无察觉的情况下感染了病毒，又在不经意间把病毒传给了他人，而后者却因此死亡。绝大多数感染者没有死亡，但许多人出现了严重的长期健康问题，具体表现形式多种多样，从大脑损伤到血液高凝，从持续疲劳到心脏问题，不一而足。

这场新冠疫情以一种可怕的方式提醒我们，人类对自己的身体知之甚少，更不知道无情的命运会以何种残酷的方式攻击人体。不过，从某种意义上说，我们从一开始就知道，这一切都源于SARS-CoV-2（严重急性呼吸综合征冠状病毒2型）。这种病毒甫一出现，研究人员就把它分离出来，进而为它的染色体组——一段相对较短的RNA（和其他许多病毒一样，冠状病毒的基因编码在RNA分子中，而不是与之密切相关的DNA中，这与从细菌到人类的所有细胞生物的遗传结构不同）——测序，并且标记出它编码的蛋白质分子的特征。很快，我们就发现了这种病毒攻击并进入人体细胞的分子尺度细节：冠状病毒表面所谓的突起蛋白附着在人体细胞表面一种叫作“ACE2”的蛋白质上。

困难之处在于认识到接下来发生了什么。有时候，冠状病毒会让感染者的身体进入一种过度免疫的状态，破坏肺部并削弱其吸收氧气的能力。但有时候，感染新冠病毒的人根本不会出现任何症状。“重点保护”是一种饱受争议的新冠疫情应对策略，其要旨是：庇护在病毒面前较为脆弱的群体，允许病毒感染那些染病后不太可能出现严重问题的人群，直到实现群体免疫。这种策略收效甚微的原因有很多，其中之一是：除了通过年龄和既往健康状况做粗略统计判断，我们根本就不知道哪些人属于“在病毒面前较为脆弱的群体”。

我们尽管对新冠病毒感染人体后的过程缺乏了解，但还是能以创纪录的速度研发疫苗。正是这些疫苗出色地完成了任务，保护大多数人免遭感染病毒后最严重的损害。我们知道如何利用新冠病毒中那些无害的蛋白质片段（或者编码这些蛋白质的RNA片段）激发身体的免疫防御，促使身体产生抗体。等到真正的病毒感染人体后，这些抗体会附着在病毒上，阻止病毒搞破坏，或是标记出病毒，让免疫细胞精准杀灭病毒。

不过，疫苗的效果同样无法预测。大部分人在接种两剂新冠疫苗后感染病毒只会出现相对轻微的症状。（为什么需要接种两剂，而不是一剂或者十剂？我们真的还不知道。）然而，还有一小部分不幸的人即便接种了疫苗，感染病毒后也出现了严重症状，甚至死亡。与此同时，在数百万接种了疫苗的人中，绝大多数人接种后只会觉得有些疲劳，或者病上一两天，就像得了一场症状轻微的流感；很多人甚至没有感到有什么不良反应。然而，有极小一部分人会出现令人难受的不良反应，特别是严重时可能威胁生命的血栓。当然，出现这种情况的概率微乎其微，比你在未接种疫苗的情况下感染病毒后出现严重后果的概率小得多，但你仍然只能祈祷自己不是极少数抽到下下签的人之一。

这无疑是一种奇怪的组合。一方面，在鉴定传染性病毒及开发对抗病毒的药物方面，我们掌握了强大的技术。新冠疫苗堪称人类现代科学史上的重大胜利之一，尤其是考虑到疫苗研发、测试之迅速。另一方面，从某些角度看，我们似乎并不比中世纪时期好多少，因为我们寻找药物（包括对抗新冠疫情的抗病毒药物）的主要方式仍然是试错，而且仍然只能祈祷感染病毒之后，上帝或那无法言说的运气会对我们仁慈。为什么会这样？为什么我们不能做得更好？如果我们能“解码生命”到原子尺度，是否就不会错失一些重要信息了？

生命简史

古时候，人们并没有特意寻找用以理解生命的比喻。更多时候，古人反而用生命作为理解世界的比喻。在他们看来，生命就是宇宙的组织原则。

然而，生命究竟是什么？这个问题几乎就像是在问经典元素（空气、水等）是什么。古人认为，生命是一种基本属性，不可以进一步分解成各种组分。亚里士多德认为，“灵魂”赋予生命活力。这里的“灵魂”不应该同基督教的灵魂概念混淆——只是后来，这种混淆真的出现了。相反，亚里士多德所说的灵魂指的是一种与生俱来的行动能力。灵魂本身没有实在形式，但它与躯体密不可分；灵魂就是活物的一种本质。亚里士多德认为，灵魂赋予活物各种能力，比如成长、自我滋养、运动和感知，还有智慧。他认为，不同活物拥有不同程度的灵魂：植物只有生长和吸收营养的能力（它们的灵魂是植物性的），动物还能运动并且拥有感知能力（感知性灵魂），但只有人类才拥有能够带来智慧的理性灵魂。

17 世纪，机械论世界观兴起。这种观点认为，自然界中的一切都可以基于运动中的粒子之间的相互作用力来理解，生命也在概念上被类比成机器。1687 年，艾萨克·牛顿在其具有史诗意义的科学作品《自然哲学的数学原理》中提出了著名的运动定律，机械论哲学也随之攀上顶峰。不过，机械论宇宙观在此之前就已确立。勒内·笛卡儿在 1637 年出版的著作《方法谈》中提出，人体就是一种由泵、风箱、杠杆和电缆构成的神奇装置。所有这些部件均由神授的理性灵魂激活。笛卡儿所说的理性灵魂虽然也驻留在躯体中，但并不依赖物质宿主（因为否认灵魂不朽会被视作异端邪说），这与亚里士多德的观点相反。17 世纪 30 年代，笛卡儿开始写作《论人》，深入且广泛地阐述人体的机械论观点。不过，在目睹伽利略因倡导可能与《圣经》冲突的哲学思想而遭软禁后，笛卡儿放弃了进一步阐释人体机械论的尝试。（《论人》最后于 1662 年出版，此时笛卡儿已经去世。）

进一步发展机械论生命观的是法国医生朱利安·奥弗雷·德拉美特里（又译作拉美特利）。他在 1745 年出版的作品《心灵的自然史》中似乎完全否认了生命对灵魂这个概念的需要。他写道，生命是活物的固有属性，而不是某种驱使躯体各部分运动的超自然力量。德拉美特里随后还写道，人体就是一台“会自己上紧发条的机器”。如果一定要说我们都有灵魂，那灵魂也应该是人体复杂组织形式的一种涌现性质，是身体的纤维组织基本“应激性”的一种总体补充。教会谴责《心灵的自然史》亵渎神明，德拉美特里也被迫从巴黎逃亡到莱顿。1747 年，他在莱顿发表的作品《人是机器》更坚实有力地捍卫了机械论生命观。他在这部作品中提出，人类就是一种会“直立爬行的机器”，本质上与野兽无异。我们之所以显得与众不同，不过是因为体内应激纤维排布的高度复杂性。

德拉美特里的这两本书惹了麻烦，但此时正值启蒙运动，教会后院起火，忙着同科学在关于生物有机体的本质这个话题上日益上升的权威性做斗争。到 18 世纪末，法国的安东尼·拉瓦锡等化学家开始分析生物体，而且是字面意义上的分析：把生物体分解成各种组成元素，并研究其赖以运作的化学原理，比如呼吸作用。

尽管如此，碳基生命与钻石的真正区别仍旧是个令人大惑不解的问题，毕竟两者的燃烧产物都是二氧化碳气体（按照现在的理解）。有些人猜测其中的差异只是物质上的：某些特殊形式的物质因为其化学组成而生来就有生命特征。法国博物学家布丰伯爵，即乔治–路易·勒克莱尔，假想了一种叫作“matière vive”的物质（意为“有生气的物质”），由天然具有运动倾向的“活跃分子”组成。在布丰的理论中，这种分子就是某种“原始且显然坚不可摧的小生命”。而有机体的生命就是“所有这些运动，所有这些小生命”的成果。另外，这些生命分子还拥有某种原始智慧，这就是动物智慧的来源。[①]这是一种把生命视为分子组分总和的“原子化”观点，得到了启蒙运动伟大组织者德尼·狄德罗的支持。狄德罗好奇的是，这一群“有生命的点”如何创造出“一种只存在于动物体内的统一性”。在狄德罗和布丰看来，生命肇始于一种让生命的组分“活”起来的“生命力”。

18 世纪末，苏格兰外科医生约翰·亨特也秉持布丰提出的存在某种原始“生命物质”的观点。亨特用的是拉丁词 *materia vitae*（物质生命），这对进一步阐释这个概念没有帮助。然而，在 1835 年，法国解剖学家费利克斯·迪雅尔丹真的鉴定出了此类物质。那是一种通过碾压微生物制成的胶状物质，迪雅尔丹把它命名为“肉样质”。随后，这种物质又被重新命名为“原生质”。奥地利生物学家弗朗茨·翁格尔提出原生质是一类叫作“蛋白质”的有机物质的某种形式——当时，人们仅仅把蛋白质看作生物体内常见的富氮有机物质。19 世纪 50 年代，英国动物学家托马斯·亨利·赫胥黎称，从海底打捞上来的含有碳、氮、氧和氢的沉积物中

---

① 法国哲学家皮埃尔·路易·莫佩尔蒂更进一步，将诸如欲望和记忆这样的心理因素都归因于这些“生物原子”。这听上去或许像是无稽之谈，但正如我们将在后文中看到的，这个观点可能真的具备现代意义，因为我们现在的确能在活细胞中辨识出上述属性。

可以分离出“生命的物理基础”——原生质。他语焉不详地说，原生质的生命特征肇始于“其分子的本质和配置”。然而，事实令赫胥黎失望，他发现的只不过是海水和酒精（用于保存沉积物中的有机物质）发生化学反应后产生的一种凝胶。

“生命力”几乎不可能是生命之谜的答案。相反，这只是生命问题的同义反复：事物之所以有生命，是因为它们的组分有生命。那生命力又从何而来？19 世纪初，部分科学家怀疑生命力或许是一种电性质的体现，毕竟，从莱顿瓶等储电设备中释放的电可以让已被解剖的动物的四肢或身体抽搐，仿佛它们又有了活力。无论如何，19 世纪的化学家通过实验证明了，从活物中提取出的“有机物”的化学组成与盐、气体等非生命物质构成的无机物之间并非毫无联系，从而动摇了生命是一种独特物质形式的固有观点。

1812 年，伟大的瑞典化学家约恩斯 · 雅各布 · 贝尔塞柳斯抛弃了用某些神秘的物质内在生命力（决定这种生命力的是物质的组成）来解释生命的想法。他写道：“动物身体的组成部分与那些在无组织物质中发现的部分完全相同，而且它们会在动物死亡后逐渐恢复到原来的无机状态。”对是否能触及生命之谜的根源，贝尔塞柳斯则持相当悲观的态度：“动物体内发生的大多数现象的起因隐藏得极深，肯定永远都不会被发现。”他还表示，在寻找谜底的过程中，“我们的经验链条总是会因碰到某种不可思议的机制而结束。遗憾的是，正是这种不可思议的机制在动物化学中起着主导作用”。

尽管如此，贝尔塞柳斯还是补充了一个相当值得挖掘的观点。与其假定存在某种“生命力”（这是“一个我们无法形容的词”），我们更应该认识到，“这种生存的能力不属于我们身体的任何组成部分，也并不是以工具的形式存在于身体各部分中，当然也不是一种简单的能力，而是各种基本功能和基本组件互相作用的结果”。换句话说，生命力这个问题并不在于这些分子是什么，而在于它们做什么，更具体地说，关键在于它们整体做了什么。

这样一来，生命的问题就变成了生命的部件是如何组织起来的。19 世纪，显微技术水平逐步提高，最终使得研究人员可以直接在细胞层面上观察生物。[①] 与此同时，组织问题越发成为关注的焦点。19 世纪 30 年代，德国动物学家特奥多尔·施万提出，所有生命本质上都是细胞。他在 1839 年写道："生物体的基本组成部分存在一个普遍的发展原则，这个原则就藏在细胞的形成过程中。"[②] 施万的同事、植物学家马蒂亚斯·雅各布·施莱登（二人曾一同在生理学家约翰内斯·穆勒的柏林实验室中工作）则认为，细胞在生物体内部自发产生。不过，穆勒的另一个学生罗伯特·雷马克则证明，细胞通过分裂繁殖。鲁道夫·菲尔绍（也是穆勒的学生）推广并拓展了这个概念，提出了一个永载史册的观点：*omnis cellula e cellula*（拉丁语，意为"所有细胞都来自细胞"）。在菲尔绍看来，复杂的组织和器官都是细胞这种生命基本单位的集合，而细胞本身就是一种"基本生命"。

到 19 世纪末，针对细胞的显微研究表明，细胞不仅是由类似原生质的物质构成的团块，而且具有某种内部组织，以暗色斑块、纤维及其他结构形式存在，在显微镜下可见。另外，通过染色，还能让这些结构变得更加明显。1898 年，人们已经知道存在某些叫作"线粒体"的微小颗粒、某些如海绵一般的膜状结构，以及某些被称为"染色体"的纤维状细胞结构（"染色体"这个名称指的就是它们可以被染料染色）。只不过，当时人们还不清楚所有这些内部组织的功能是什么，但这表明细胞具有某种成分和隔室，要理解细胞是怎么工作的，就必然需要更为细致地描述这些结构。

这其实很难，因为细胞太小、数量太多且种类多变。细胞生物学家

---

① 第一个提出生命是自组织形式的人可能是伊曼纽尔·康德。这绝对是一种相当现代的生命表述方式。

② 法国植物学家皮埃尔·让·弗朗索瓦·蒂尔潘对这个想法同样颇有贡献。他在 1826 年写道，植物细胞要么单独出现（比如藻类），要么"结合在一起，形成或大或小的物质团块，从而形成组织程度更高的植物"。

可以在细胞经历重复分裂周期时看到其内部组织的变化。然而，认清这些变化的起因和重要性则是另一码事。法国生理学家克洛德·贝尔纳在1878年说，我们所能做的，就是“观察距离我们最近的事实，然后一步接一步推进，直到最后触及产生这些基础现象的决定性机制”。

然而，只堆积事实是不行的，我们必须了解事实背后的普遍原理。在20世纪初，人们只是用“组织”这个词笼统描述有关生命的各个方面，但其实连生命大致的轮廓都不理解。1923年，美国细胞生物学家埃德蒙·比彻·威尔逊坦承：“我们一直在用‘组织’这个词描述生命过程中那些构成统一和整体原理的内容。”这类模式在生物学领域司空见惯，从“灵魂”“生命力”“原生质”等术语开始就有体现，而且正如我们即将看到的那样，会一直延续到“基因作用”“调节”等概念。总而言之，在生物学领域，经常出现一些我们几乎完全不了解内涵却用来描述生命和相关过程的术语。然而，这并不是科学的失败。恰恰相反，它是应对生命纷繁复杂本质的必要工具。有一个模糊的概念充当跨越无知虚空的桥梁，总好过毫无头绪地止步不前。

比喻的价值和危险

在科学家努力理解生命运作方式之路上，过去存在、现在仍然存在诸多不同的前沿领域。有些科学家在细胞尺度上研究生命运作机制，描述细胞中所有名字奇奇怪怪的成分和功能，如细胞核、线粒体、高尔基体、内质网。与此同时，发育生物学家试图弄清楚细胞在从受精卵到胚胎再到生物体的过程中如何生长、特化，并在特定区域创造具有特定形状的组织。另外，在部分生物学家于20世纪初同细胞的“组织”问题搏斗的时候，还有一些生物学家试图理解遗传的原理，以及这些原理如何与被命名为“基因”的实体相联系，当然还有遗传过程与达尔文自然选择进化论中的“生命之链”之间的关系。同时，还有一些学者尝试通过研究生命的分子本质，从化学角度看待生命，尤其关注新陈代谢涉及的生化转化过程，以及那些叫作“酶”的分子（由蛋白质构成，在生化反应中充当催化剂）的角色和本质。上述所有探寻生命奥秘之路，在过去和现在都面临着巨大挑战，都需要相当深厚的专业知识储备，甚至于，只在其中一条道路上探索的生物学家会发现自己与其他道路上的同行几乎没有共同语言——这还不算最糟的，他们甚至可能会出于不同目的使用同一个术语。至于哪些是探寻生命运作方式之路上最重要的问题，他们也未必能达成统一意见。

不过，生物学家们也有共同点，那就是强烈依赖比喻。从某种程度上说，这个现象在所有科学领域（实际上是所有语言，甚至所有思想中）都存在，但生物学或许比其他学科更需要比喻，原因正是生物学原理似乎难以掌握和阐释。具体哪种比喻更受欢迎？这会随着时间的推移而改变，但并不简单地意味着某种比喻取代了另一种比喻——许多人常常会忽略这一点。“活力论”的概念可以追溯至亚里士多德的灵魂学说，如今的生物学普遍认为这个学说是过时的，但实际上，我们会发现，它仍以某种隐秘的形式存在，尤其是我们会在无意识中为生物分子和其他生命的还原性成分指派某种它们并不真正具备的作用。笛卡儿的机械论比喻至今仍然相当有活力，相当受欢迎。例如，生物学家现在经常在没有充分理由的情况下将酶之类的分子称为“分子机器”。然而，这类语言可以转变成一种字面上的观点，导致我们真的把微观生物实体当作齿轮和马达，认为它们的运作方式与我们的那些技术工具一样。正如我们将在后文中看到的，这种情况可能造成极大的误解。

与此同时，组织的比喻也很常见。例如，我们常常把细胞描述成微小的“工厂”，在这个工厂里，生物分子协同工作，是生产精巧的分子产品的工人，它们利用线粒体这个“发电厂”产生的能量，在工作过程中产生必须回收或丢弃的废料。20 世纪下半叶，这些古老的比喻迎来了一个新的伙伴：信息。在数字计算机时代，生物学家越发确信，生物本身就是某种计算，是某种由印在DNA存储磁带上的数字指令决定的算法。弗朗索瓦·雅各布在 1970 年时说：“现在，我们把生物体看作物质、能量和信息三重流动的场所。”他同时提出，鲜有比喻能比这个特殊技术时代施加的比喻更为贴切。

上述所有比喻各有优点，毕竟创造它们的理由很充分——我有时也会使用这些比喻。但是，古语有云：“比喻的代价是时刻保持警惕。”[①]这句话在我们努力理解生命本质的过程中再适用不过了。生物学中的比喻有一种危险的倾向，即被误用为“解释”和呈现实验结果的严谨示意图（比如，用于陈述一组分子是怎么发生相互作用的），就连专家都会错误地从字面意义上构想具体的生物过程。[②]本书要传达的基本信息之一就是：我们无法通过与人类（迄今）发明的任何技术做类比或比喻来正确理解生命的运作机制。这样的类比的确可能为我们理解生命问题提供一个不错的落脚点，但它们始终存在不足；假如我们意识不到应在何时摆脱它们，就会受到限制甚至误导。举个例子，发育生物学家杰米·戴维斯说，要想真正理解胚胎是怎么生长发育的，“我们就必须做好超越那些寻常类比的准备，根据我们构建事物的方式，以自己的视角看待胚胎”。例如，生命与机器之间一个非常明显又深刻的区别就是，生命必须连续不断地维持下去，不能间断，否则生命就不存在：你不能像对待机器那样把生命关掉又打开。

因此，把生命比作机器、机器人、计算机，都是对生命的贬低。我们之所以很难准确理解生命，正是因为生命与我们创造的这一切都不同。因此，当我们忘记这些比喻的局限性时，科学就会失效，对科学的应用也会陷入困境。例如，我们可能会寻求不恰当或者根本无效的医疗干预。以机器比喻生命（“电路”比喻也是如此）的根本问题在于，它迫使我们把生命的各个组成部分看作具备特定功能的东西。我们会拿起某个组件，然后问：这部分发挥了什么作用？

---

① 普遍认为这句名言出自控制论先驱阿图罗·罗森布鲁斯和诺伯特·维纳，但真正的出处其实尚不明确。

② 另一个隐忧则是，比喻在生物学中并不能通用，但它们极强的阐述能力会掩盖其局限性。

然而，正如我们即将看到的，对生命的某些组成元素（比如蛋白质）来说，这并不总是一个有意义的问题。这不仅是因为某个实体扮演的角色取决于它所在的环境（这对机器的部件同样适用），更是因为“角色”这个概念，以及角色赖以发挥作用的机制都模糊不清。生物学家罗伯特·罗森在 1991 年很好地总结了这种将生命分解为各个部分加以研究的传统方法，他认为这等同于我们可以（而且确实应该）“放弃组织，保留起基础作用的物质”（见第 21 页知识拓展 1–1）。罗森抱怨说，分子生物学似乎因此放弃了任何做出解释的尝试，转而满足于仅仅做出描述，或者说观望。他还表示，即便是分子生物学现在描述的内容，也往往静态到怪异、理想化又无实体；也就是说，它们没有任何运动或者动力学内容，没有噪声，也几乎没有任何空间组织的感觉。罗森还断言，生命的机器比喻已经根深蒂固，质疑它反倒成了一种诅咒，也许还是一种可疑的神秘化行为。罗森写道：“提出与机械比喻相反的观点反而会被视作不科学，别人会带着强烈的敌意认为你在试图将生物学带回形而上学。”是时候放下这些偏见了。

机器就真的是“机器”吗？

或许，这也意味着我们应该放弃对机器本身的偏见了。因为，现实情况是，机器也和它们过去的样子不太一样了。当我们把机器这个比喻用在生物学中时，一般是为了让人联想到带有运动部件的机器或机器人形象，这些部件以定义明确、易懂的确定方式响应输入的信号，最简单的例子就是齿轮和杠杆组成的系统。然而，这种说法误导性很强。近些年，我们还经常把生物系统比作电子电路，比如那种电子工程师精心设计并布置的电路，由开关和连接点引导电信号沿通道传递。但这种比喻同样糟糕。在放弃“细胞是计算机，基因是其代码，蛋白质是机器，细胞器是工厂”的想法之前，我们脑海中浮现的一定是将机器拟人化的拙劣画面。生命退化成了一个充满无形魔力的信息化过程。

当然，我现在也得承认，即便是机器论的传统观点，也的确适用于某些生物实体。举个所谓的细菌鞭毛马达的例子，它的实质是蛋白质分子的一种组合，这些蛋白质分子位于细菌的细胞膜上，能让鞭子状的鞭毛转动，并以一种类似开瓶器的方式推动生物体在水中运动（图 1–1）。这类分子组合足以让我们对自然界可以产生的各种结构和构造感到敬畏，也有助于解释为什么我们常把蛋白质描述成分子机器。还有什么能比这个比喻（一个在封闭套筒内转动的轴）更能让我们联想到人类制造的技术设备呢？

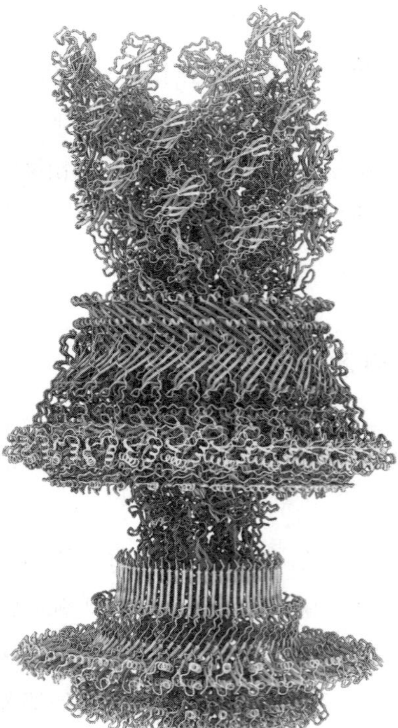

图 1–1　中国浙江大学的研究人员运用低温电子显微镜技术得到的细菌鞭毛马达结构

图片来源：由浙江大学的张兴和朱永群提供，参见谭加兴等（2021）。

生物学家布鲁斯·艾伯茨在 1998 年发表了一篇颇有影响力的论文，题为《作为蛋白质机器集合的细胞》，文中提出了将生物分子比作机器。他写道，整个细胞“可以看作一座工厂，包含一张由连锁装配线组成的复杂网络，每条装配线都由一组大型蛋白质机器构成”。然而，事实上，几乎没有什么生物分子结构能像细菌鞭毛马达那样，把我们熟悉的机械概念（比如旋转马达）转换到微观尺度。更重要的是，我们本就不应该指望人类的机械原理能以一种直截了当的方式转化到分子尺度。要知道，在分子尺度上，黏性、摩擦、刚性和黏附等现象乃至性质都是完全不同的。正如科学哲学家丹尼尔·尼科尔森所说：

> 由于尺寸微小，细胞及其大分子组分与机器等宏观物理对象相比，受到截然不同的物理条件约束，并且……用机器比喻来解释微观现象，结果更有可能是模糊概念、误导读者，而不是阐明理念、启发受众。

我认为尼科尔森是对的。正如我们将在本书后续内容中看到的，机器比喻之所以会模糊概念，不仅是因为诸如分子振动和随机运动这样的分子尺度现象，更重要的是，总的来说，蛋白质与艾伯茨所说的“装配线”适用的根本就不是同一套原理。另外，从整体上看，生物体的运作方式也与我们制造过的所有机器不同。

生物学家迈克尔·莱文和计算科学家乔希·邦加德认为，我们应该逆向看待这件事，并且重新审视我们对机器的定义，即我们应该把生物看成“它们可以成为的机器”。莱文说：“我们把生命看作一类特别有趣的机器。生命打破了我们的旧观念，扩展了我们对机器的定义，以及对如何制造机器的看法。”我们不应该僵硬地把生命嵌入今时今日的机器形象，而是应该让机器进入生命的大图景。这样一来，我们就有可能在未来受到生命系统的启发，设计出全新的人造设备。实际上，从某些角度上说，我们已经开始这么做了。当前的信息技术正在创造一种更加模糊的设计和运转模式，例如，不像以前那样只是借助冗余的方式容忍故障、噪声和错误，而是通过备用线路处理组件故障。准确说出，甚至只是分辨出设备的工作模式，都变得越来越困难了。

人工智能算法（我们甚至称其为“神经网络”）与大脑的类比，就是一个很好的例子。这类网络并不是按照预先设计的程序工作的，即不是在启动那一刻就开始执行任务，而是先学习与接受训练。神经网络算法的连接方式有些类似人类大脑中彼此相连的神经元和突触的缠结，而我们对待它们的方式则像是处理黑箱：它们是有效的，但我们不太肯定它们的运作遵循何种规则。我们还开发了新的计算机算法，要提升这些算法的性能，不用经过令人痛苦的调试，而是通过模仿进化的过程：制造随机变化，然后选用能起作用的变化。换句话说，这些算法的功能性并不是通过基于深刻理解的预先设计来实现的，而是通过试错及以评估零星变化的影响为基础的选择过程实现的。不过，现在我们越发觉得这种由生物启发的设计方案似乎也不太够用了。要想做出改变并对最后的结果有信心，我们需要了解这些系统究竟是怎么工作的。我相信，生物学会为这类认识指明道路。

对此，有些人可能会争辩说，任何能通过环境刺激引导或直接产生某种变化的实体就是“机器”。如果严格按照这个定义，那么这类“机器”似乎的确能合理地描述生物细胞和生物体。然而，我的目标不是驳倒机器比喻，更不是让这个比喻复杂化。我的要求就是，不能不假思索地、过度地乃至带有误导性地使用这个比喻，这也是我对其他所有主流生物学比喻的要求。我不敢肯定整个生物学界都会对使用比喻保持警惕。

生命到底是什么？

说到这里，我就必须问出另一个疯狂的问题。这个问题之所以疯狂，是因为大家激烈争论了几千年却仍未能达成任何共识，而我自然也不可能在本书中给出回答。饶是如此，我还是得抛出这个问题。

问题就是：生命到底是什么？

通常，我们会把这个问题演绎成一套标准，即寻找一套我们可以凭其判断某种实体是否为“生命体”的标准。那是一套符合就打钩，不符合就打叉的清单。举例来说，我们常常会看到这样的判断标准：生命必须能繁殖，或者必须经历达尔文式进化，或者必须体现复杂的自组织特征，等等。

然后，问题就来了。因为我们一定会发现，某些我们认为不应该符合标准的实体却真的符合标准，还会有一些我们认为应该符合标准的实体却不符合标准。这很可能是只有一组相互关联的生物可以参照导致的必然结果。地球生命的多样性惊人，从单细胞寄生虫到大象，无所不包。但地球生命完全同源，因而也拥有某些共同特质，比如以细胞和水为基础，又比如都拥有 DNA 和蛋白质等结构。我们无法判断地球生命的这些共同特质是否必要，或者说在多大程度上必要，还是说这些只是地球生命特有的局限性（见第 22 页知识拓展 1–2）。[①]

好在，我没有义务在本书中给出生命的定义，也没有义务考虑生命的起源这个同样令人烦恼的问题。长达数十亿年的进化，让如今的我们与生命起源之谜绝缘——漫长的进化时间足以让我们把生命看成一种不同于早期地球上的岩石和海洋的物质（不是就它们的基本成分而言，而是从它们的形成方式及它们的本质角度上说）。我没有义务在本书中给生命下定义，因为我已经很直白地阐明了本书的主题。人类大概就是最令人费解的物种，这倒不是因为我们代表了进化的顶点，而是因为我们处于身为生命却能询问生命运作方式的奇怪位置。

本书的主题是：我们所知的生物体，特别是人类及与我们类似的复

---

① 在阐述科学家（及其他人）追寻生命定义努力方面，卡尔·齐默在 2021 年出版的《生命的边界》是最全面、最易懂的作品之一。或许，最有可能的定义是齐默在介绍了一系列替代方案后用讽刺的口吻给出的：“生命就是科学家们（很可能是在一些有益的争论之后）愿意接受其为生命的一切事物。”

杂生物，究竟是怎么运作的。鉴于人体的某些运作原理并不适用于细菌和其他单细胞生物，我们自然也不必担心它们是否适用于病毒，毕竟，病毒与生物和无机物之间的界限并不清晰。

饶是如此，我也并不打算完全回避上述问题，因为生命如何运作不可能完全脱离生命为什么存在。

实际上，我陷入了困境。我们经常被告知，科学不应该问“为什么”，因为那样会导向目的论或者上帝（对许多科学家来说，很难说二者哪个更糟糕）。物理学家史蒂文·温伯格写道，我们越是了解宇宙，“它似乎就越是显得没有意义”。

然而，如果宇宙真的没有意义，为什么这么多人会对这个观点感到不舒服，甚至反感？这肯定是因为它与我们的体验相矛盾。即便是最信奉无神论、最冷静的科学家的人生中也充满了“有意义”的时刻——那些确实重要的时刻。如果不是这样，人类就无法维持有意义的人际关系。如果生命没有意义，我们为什么还要费尽心机地维持生命？

温伯格是一位博览群书、思想深邃的人文主义者。我敢肯定，他也认同自己的论点并没有排除人类的存在意义。毫无疑问，我们关心他人，关心理想和原则，当然也追求和感知目标。不过，从整个宇宙的角度来看（这才是温伯格观点的适用范围），这些都非常狭隘。诚然，不错过航班对我非常重要，母亲在医院得到很好的照料对我也非常重要，但对Trappist-1e（一颗距我们大约40光年远的类地行星）上的居民[①]来说，或者对6代人之后的地球居民（那时候还有地球人的话）来说，这些都很难算是要紧事。

温伯格的无意义或者说无目的宇宙观已经在很大程度上成为正统科学观点，结果就是生物学家也几乎必须坚持这个观点。于是，在当前的生命科学中，“目的”“意义”乃至“功能”这类词都要被谨慎看待，甚

① 我得澄清，目前我们不确定Trappist-1e上是否有生命，但从我们掌握的有关这颗有趣的系外行星的资料来看，至少存在这种可能。

至可以说要带着近乎轻蔑的态度看待。在最好的情况下，它们也会被打上引号，以表明仅仅是修辞手法。在最坏的情况下，它们甚至会被痛斥为一种隐秘宗教信仰的象征。

这类厌恶情绪常常导致生物学否定自身的本质。描述生命的最佳方式之一并不是借由任何具体的特征（比如复制或进化），而是借助对生命来说有意义的事实。生命所在环境中的事物都可能有意义。我们可以这么说，生命就是宇宙中“不无意义”的那部分。另外，这种“意义”并不只是局域性的，事实上是完全个体化的。这个事实不容忽视。相反，这就是它的全部意义所在。

仔细想想，温伯格那句被广泛引用的话恐怕并没有任何意义。这句话犯了分类错误，在不恰当的地方使用了不恰当的词。温伯格的这句话就像是说，我们越了解水，水看上去就越不友善。然而，我们根本没有理由期望在宇宙学或粒子物理学中找到所谓的意义，就像我们从没有理由认为会在这两个领域找到幸福或智慧一样。意义并不是弥漫在真空中的某种神秘力量或流体。不，恰恰是生命在宇宙中创造了意义。只有生命，或者从更一般的角度上说，只有那些本质上充满了目的性和目标的事物才存在“意义”。我认为，正是因为某个实体拥有自主目标，正是因为它可以自主地赋予意义，该实体才称得上“活着”。①

生物体所在环境中的某些特征是否能获得意义，与这个生物体本身是否“意识到”这些特征的意义无关。我不认为细菌会对它所处的环境有所意识——一些生物学家可能会反对。生物体只需要能用于评估这种特征的价值的机制，并据此采取相应行动。从这个角度看，我们可以认为生命是一种“意义产生器”。你可以这么说，生命就是那些有能力赋予环境价值，进而找到其对宇宙来说的意义的实体。

① 迈克尔·莱文认为，可以拥有“意义”的不只是“活着”的实体，还包括更广泛的拥有认知能力的实体。或许他是对的，但我不确定我们现在是否找到了真正拥有认知能力却并非“活着”的例子。

这能成为生命的定义吗？它是否囊括了所有我们想称其为生命的实体，并且排除了所有我们不想称其为生命的实体？答案很可能是否定的。我们是否能制造一种机器，无意识却能模仿生命产生意义的过程？很可能可以，就像我们可以设计出计算机算法来模拟自我复制和进化这样的所有类生命特征一样。我不觉得这会是问题。我不关心“生命俱乐部”的判定标准，不关心我们允许哪些实体进入这个俱乐部，不关心把哪些实体排除在这个俱乐部之外。相反，我之所以介绍这种观点，是因为我认为它应该成为我们思考生命运作方式时的基本框架。将生命比作机器之所以存在局限性，一个关键原因就是它并没有囊括意义的可能性。要想得到一台能够创造意义的机器，我们必须让思维跳脱出机器的传统概念。

将生命比作计算机也有类似的问题。所谓计算算法，无非是输入数据并输出一些结果，它们本身并不具有任何与意义相关的概念。毫无疑问，这样的计算通常不以自身的生存与福祉为目的。一般来说，它也不会为输入的数据赋予意义。①举个例子，我们可以把计算机算法同蜜蜂的摇摆舞做对比。负责觅食的蜜蜂借这种舞蹈把找到的食物来源（比如花蜜）信息传递给蜂巢内的其他蜜蜂。这种“舞蹈”（在蜂巢内表演的一系列程式化动作）告诉了其他蜜蜂食物有多远、位于哪个方向。然而，这种输入并不会给其他蜜蜂设定执行外出、寻觅这些行为的程序。相反，其他蜜蜂会评估这个信息，将其与它们对环境的认知做比较。有些蜜蜂可能会认为不值得，因而不会为了这些食物长途跋涉。这类输入——不论具体是什么——都是根据生物自身的内部状况和过往经历来处理的，不会产生任何强制性影响。

---

① 还是那个问题，如果我们把这个比喻扩展到近些年出现的算法类型，区别就没那么明显了。例如，神经网络可以学习如何让它们正在诠释的某种模式的某些方面比其他方面更加显著，视觉模拟器可以将轮廓或边界的识别设定为图像识别和解释的关键。不过，我还是得强调，这些非传统算法并不意味着生命的本质就是计算，只是我们现在越发能够赋予计算过程一些与生命类似的特征。

在科学领域，目前没有关于意义的完善理论，也没有关于理解目的性、目标和意图等概念的理论。之所以会出现这个情况，部分原因是我们常常否定这类因素存在于生命的运作方式中。我们至多把它们看作带着“好像”标签的属性，认为它们只是看上去像是生物拥有的属性。这就和假设意识只是某种我们相信自己拥有的幻想一样奇怪，同样否定了它所描述的现象本身。我会在第 9 章中提出如何让意义、目的性和目标成为更加体面的科学属性。

生命之所以能够（为自身）产生意义，是因为生命会进化。我们或许能想象出不借助自然选择或者其他任何方式进化，但我们仍然愿意称其为生命的其他系统。在这个问题上，我是个不可知论者——我同样不需要在这里展开这个问题，因为我在本书中讨论的就是通过达尔文的自然选择切实进化而来的生命。

对此，我们必须小心行事。绝对没有任何理由认为进化本身的目的就是制造出意义产生器。进化没有我们能识别出的目的，它也没理由一定有目的。情况正好相反：在达尔文式进化的生物世界里，能够创造意义的实体都是成功的。创造意义是一种生存和繁衍的绝佳方式，实际上很可能是唯一的生存方式。

任何企图解释生命运作方式的努力，都必须考虑其进化属性。这转而意味着，即便没有理由假设生命的机制是最优的、尽可能高效且有效的，我们也可以很合理地假设，生命之所以是现在这个样子而不是其他样子，一定是因为这样有优势。如果我们发现（我们也确实在努力发现！）生命的运作方式并不是细致地将信息从基因组传递到紧密协调的分子供应链，直到基因蓝图在生物体中得以实现，我们就能合理地推断，生命之所以没有使用这种策略，是因为制造生物体还有更好的方法（甚至有可能这种策略压根儿不起作用）。

这些观点或许有助于强化生物学中常常用到的“功能”概念。赋予某个实体功能，其实就是在假设它具备目标导向性。虽然 20 世纪初期的生物学家把组织的概念视作生命的一个决定性特征，但实际上，组织本身绝不是生命独有的。晶体就是高度组织化的，至少从它们高度有序的角度来看的确如此。化学家经常提到，“自组织”分子系统可以在不涉及任何生命过程的前提下自发形成复杂结构，这完全是系统各部分相互作用的结果。正如我们将在后文中看到的那样，生命系统使用这类自组织特性，是因为自组织是一种创造秩序和结构的廉价方式：自组织不需要许多细致的编码和引导，可以“免费”授权生物体成长。不过，我们在生命系统中看到的组织通常并不能在非生物体中出现。我们用显微镜观察到的细胞内部的复杂结果，甚至是那些在分子尺度组织的“设备”，比如生产蛋白质的核糖体和开展光合作用所需的集光复合体，之所以呈现出我们看到的形态，是因为它们具有功能。它们通过自然选择获取了这些功能，而自然选择本质上就是一个创造目标的过程。这番话可能会让生物学家有些紧张，但其实大可不必。[①]我只是说，进化是目标和功能诞生的过程——一种可能在自然界中自发出现的过程，因而从某种意义上说，进化是物理定律所固有的。

生物学家喜欢引用俄裔美籍进化生物学家狄奥多西·多布然斯基在 1973 年发表的一篇论文的标题：《生物学中没有任何东西在脱离进化角度之后还能有意义》。不过，我不确定引用的人是否理解了多布然斯基这番话的深层含义。他并不仅仅陈述了进化就是塑造生命的普遍过程——当然，也不能因此认为我们在生物学中发现的一切都是由达尔文自然选择的适应性需求塑造并决定的。相反，关键之处在于我们需要认可进化对物质产生的影响：进化让物质具备了目标和功能。这就是为什么进化而来的生命如此特别。

---

① 生物学家 J. B. S. 霍尔丹用带有沙文主义的口吻表达了这种紧张情绪：“目的论就像生物学家的情妇。生物学家绝不敢在公开场合被看到和她在一起，但就是离不开她。”弗朗索瓦·雅各布在 1970 年重复了这个说法，并且没有给出出处。

知识拓展 1-1

还原论数据能在多大程度上帮助我们理解生命的运作方式?

生命科学家为了收集海量数据付出了巨大努力，你或许会据此推测，是信息匮乏阻碍了生命科学的发展。为了绘制整个人类基因组，确定每一个蛋白质和RNA分子及它们发生相互作用的每一种方式；为了绘制大脑图谱；以及为了在单个细胞层面绘制发育胚胎图谱，我们建立了（之前也建立过）庞大的国际合作项目。有的时候，我们似乎刚填满一个庞大的数据库，就立刻转向了下一个，甚至还没来得及解释收集到的信息。有的时候，正是这种“我们总是需要这类大数据”的心理暗示让我们匆匆忙忙接下一个又一个大数据挑战的行为变得合理化了。然而，所有这些信息有时是在缺少科学进步真正需要的要素的前提下收集的，这种要素就是：可供检验的假说。现在似乎形成了一种信念：一旦我们积累的数据规模达到某个临界值，庞大的数据库中就会自然而然地涌现出深刻的洞见。

这些生物数据当然可以催生重要见解，我也会在本书中引用其中的一部分。另外，许多生物学家都是能够提纲挈领的深邃思想家，我在本书中提到的许多方法都要归功于他们的智慧。生物学之所以需要收集那么多数据，是因为生命实在是相当复杂，其组成是如此多样。不过，我们现在的心态是一方面需要更多的数据，另一方面又对解释这些数据的理论持怀疑态度。这就引出了两个问题。其一，这种态度鼓励我们认为细节决定一切，但凡能找到例外，想法就是无效的。（然而，在生物学领域，我们总能找到例外。）其二（这点的问题更大），这种态度暗含了一种自下而上式的观点，即“因果关系”：除非我们能全面认识目标事物涉及的各个方面，否则就不可能真正认识这一事物的起因。举个例子，我们现在通过对由数百乃至数千个个体的基因组序列做统计分析来识别性状相关的基因突变，这个过程中就普遍存在自下而上式观点。这些研究确实经常发现相关性，也的确得到了有用的知识。这意味着我们可以根据某个人的遗传特征来评估他罹患某种疾病的统计学风险。不过，与此同时，这类研究往往还会附上一个警告，那就是我们尚不了解基因突变如何导致性状出问题或产生风险。这类研究可能会忽略，它们讨论的仅仅是相关性，而相关性可能根本不是真正因果关系的标志。

正如化学家马里亚诺·比扎里和他的同事所说："要想理解生命的运作机制并提供关于生物过程如何及为何发生的概念性见解，就需要把注意力从基因转移到各个生命组件之间因果关系的模式和动态上。"在本书中，我会尝试从因果关系的角度讨论生命的运作机制。毕竟，这通常就是科学寻求的那种解释，尤其是因为它指向了能够干预系统并使其产生可预测变化的有效方法。一般来说，科学家在确信他们的解释具备可预测性之前，不会愿意对某些系统的运作方式下定论。在本书的最后几章中，我会探讨如何将我们在过去几十年中获得的关于生命如何运作，尤其是那些加快人体进化的生命如何运作的信息投入实际应用。

知识拓展 1-2

细胞的"生命原子"论

凭借细胞周期（细胞分裂时发生的各种事件序列）研究获得2001年诺贝尔生理学或医学奖的遗传学家保罗·纳斯曾说，细胞就是"生命的基本单位"。被普遍认为具有生命特征的实体全都是由细胞构成的。

然而，在 20 世纪下半叶，细胞注定要屈居基因之后，后者逐渐代替前者，在对生命过程的还原论剖析中占据主导地位。后来，随着时间的推移，人们慢慢意识到这么做行不通，因为基因不是活的，而细胞是活的。米歇尔·莫朗热说，人们“重新发现”细胞是“生物过程整合中的一个重要层面”。他还补充说，我们重新认识到不能忽视细胞尺度现象，“这很有可能是分子生物学自 20 世纪 50 年代兴起之后发生的最重要变化”。然而，大多数生物学家根本没有注意到这种变化。

不过，并非所有细胞生命在这种最基本层面上都是一样的。正如我之前提到的，现代显微镜的出现揭示了细胞具有内部结构和组织。在人体的细胞中，有一个被称为“细胞核”的中央隔室，核膜将其与细胞的其他部分隔开，大部分遗传物质都密封在细胞核内，包括囊括几乎所有 DNA 的染色体。在我们的细胞中，还有其他各种由膜结构分隔出的隔室，比如“线粒体”（化学能就在这里产生，这个部分的短链 DNA 包含了大约 30 个人类基因）和“高尔基体”（图 1–2）。

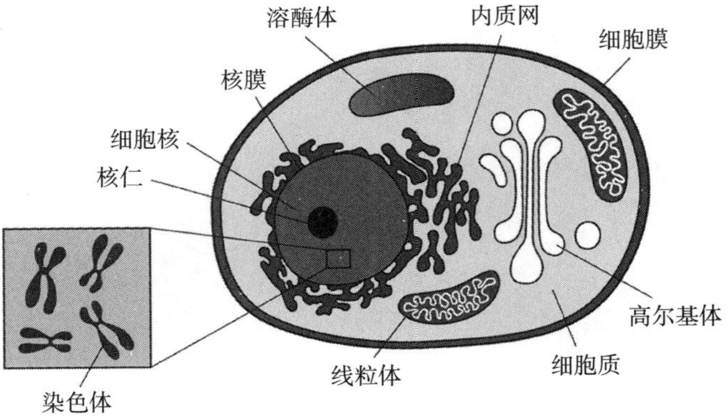

图 1–2　人类细胞分成了许多隔室，我们称之为“细胞器”

细菌和另一类叫作“古菌”的单细胞生物的内部组织与细胞不同。细菌和古菌没有细胞核，它们的DNA自由自在地漂浮在叫作“细胞质”的细胞液中。没有细胞核的单细胞生物被称为“原核生物”，它们是地球上最古老的生命形式。而有细胞核的细胞生物则被称为“真核生物”，现在的研究认为，真核生物是在地球生命进化史中较为晚近的时期——可能是大约20亿年前——由一个原核生物与另一个细胞融合而来的，至于这个细胞是什么、可能有什么性质，现在仍有争议。单细胞生物也可能是真核生物，比如酵母，不过所有多细胞生物都是真核生物。

多细胞动物，或者说“后生动物”，诞生于前寒武纪时期。目前，最早的多细胞动物化石证据可以追溯到大约6.35亿年前。除了我们熟悉的两侧对称动物（比如人类），多细胞动物还包括海绵、水母（刺胞动物）和被称为“栉水母”的无脊椎动物。正如我们将在后文中看到的，虽然多细胞动物具有和原核生物相同的细胞性质，但与原核生物相比，多细胞动物的运作原理有显著不同。

第 2 章

基因：DNA的真正作用

1968 年，诺贝尔奖得主詹姆斯 · 沃森在他的作品《双螺旋》中用令人激动的语言介绍了他和弗朗西斯 · 克里克是怎么发现DNA分子的双螺旋结构的。他俩在 1953 年取得这项突破性成就的时候，甚至还有相当一部分人认为DNA未必是构成人类基因的物质。沃森和克里克不仅彻底解决了这个问题，还揭示了“DNA运作机制”的关键线索：DNA如何编码生物学信息，又为何可以自我复制。这样一来，两人就把生物化学同遗传学结合了起来——在此之前，这两个领域很大程度上是相互隔绝的。因此，有些人认为，DNA分子双螺旋结构的发现是 20 世纪最重要的科学发现。我不清楚这些人是怎么煞有介事地给出这个科学发现排名的，但沃森和克里克的研究和发现的确开启了属于遗传学的时代。

此外，沃森的这部作品改变了科学作品的写作方式。他没有在书中冷静、严肃地阐述发现DNA双螺旋结构的智慧过程，反而大肆描述各种粗鄙的细节，包括但不限于他本人的风流韵事。现在，这部作品因为不可靠而声名狼藉，尤其是它在提及英国生物化学家罗莎琳德 · 富兰克林对这项成就不可磨灭的贡献时使用的粗俗语言、居高临下的姿态，还带着性别歧视。不过，这本书中还有一个不那么出名的捏造出来的桥段（直到最近，沃森才承认这纯粹是他捏造的）：沃森和克里克终于确定了DNA的分子结构时，克里克在两人最喜欢的酒吧——剑桥的老鹰酒吧——请在场的所有顾客喝了酒，并宣称他们发现了“生命的奥秘”。

这个桥段后来被反复传颂，但大多只是停留在它的表面意义上。我猜测，人们之所以如此热诚地接纳这个故事，不仅仅是因为它提供了一个生动、有趣还有点儿娱乐性的画面，更是因为“生命的奥秘”是一个古已有之的想法。例如，在玛丽·雪莱最出名的有关创造生命的科幻作品《弗兰肯斯坦》（1818）中，年轻的医学生维克托·弗兰肯斯坦证明他发现了“人类和生命诞生的原因”，因而能够“将生命赋予无生命的物质”。这种观念蕴含在所有关于“赋予生命的原理”或“生命力”的古老讨论中，被认为能够用来注入并激发生命物质。

我们总是倾向于假设生命具有某种本质，具有某种奥秘，而且正是这种本质与奥秘将生命同非生命区别开来。这种想法可以理解。因为生命与非生命的区别看上去绝不是渐进的：没有任何事物看上去比死亡更加终极、更加绝对。没错，谈到这里，我们难免会想到那些通过医疗干预“死而复生”的人，但能让停止跳动的心脏在几分钟内重新跳动的“重启”手段与垂暮老人停止呼吸后身体的存续可能显然存在差别。

沃森在他虚构的故事中为这样一种想法播下了种子：生命本身以某种方式存在于DNA分子中。对此，我们竟然信以为真。然而，要不了多久，大家就会发现我们现在的行为有多么古怪了。打个非常粗糙的比方，这有点儿像是某位文学学者宣称自己发现了“狄更斯的秘密”，却只掏出了一本删节版的字典说：“都在这里面了！”对研究科学的史学家和社会学家来说，一个有趣的问题是，为什么时至今日我们仍接纳这个观点；换一个角度说，这个现象确实揭示了科学是怎么被地位、权威和叙事控制之类的外部因素塑造的。

事实其实很简单：没有任何地方、任何显微镜的精妙设置、任何分子可以让我们指着它宣称“这就是生命”。“生命”并不完全由基因、细胞甚至生物体本身决定，当然肯定也不由其所处的生态系统之外的生物体决定。单个人类细胞是我们“活着”的基本单元，但无论我们如何细致地研究这个细胞，都永远无法知晓免疫系统和消化系统是怎么运作的，无法知晓心脏和大脑的功能，当然更无法深入探究“活着”的体验究竟如何。“生命的运作机制”取决于你希望采用多么宽广的研究视野。

我认为，我们的解释，尤其是面向大众层面的解释倾向于关注两个尺度。第一个尺度最为明显，即我们可以看到什么。自然世界的丰富瑰丽、多姿多彩的物种及其形态，以及它们在地球上千变万化的环境中生存、死亡、竞争、工作和共存，理所当然地吸引着我们，令我们无比着迷。这就是查尔斯·达尔文眼中生命的伟大之处，他从树篱、蚯蚓、麻雀、鬣蜥、攀缘植物和蜜蜂身上都看到了这一点。实际上，生物为生存和繁衍而采取的策略为无数书籍和纪录片提供了素材。

第二个尺度是关于基因的：DNA 分子的那些片段似乎能以最符合还原论的方式解释达尔文的“危险想法”，即 DNA 是某些分子倾向的结果，尤其是在克里克、沃森、富兰克林和她在学术界的同行莫里斯·威尔金斯[①]在伦敦及其他地方取得突破之后。现代遗传学与传统达尔文主义完成融合后，DNA 结构的发现及随后人类对基因信息在分子尺度上显示出的编码和复制方式的认识，使得生命的故事完整起来，从底层到顶层都顺理成章，只是缺失了一些只有专业人士才关心的细节。生物实体的遗传过程和渐进式进化改变，可以用构成基因 DNA 的化学单元序列所承载的信息遗传变化与渐进式变化来解释。要进一步解释的只剩下后者是如何诱发前者的：用进化生物学的行话来说就是，基因型（我们所有的基因性质）如何变成表型（我们所有可看到的性质——身高、血型、体型、行为倾向等）。

传统的观点是，DNA 携带着遗传程序，蛋白质（被构建基因的基本单位的序列编码）执行这些程序，而物质则通过一些被归类为“基因作用”的反应链获得生命。按照生物学家彼得·梅达沃的说法，胚胎发育

① 威尔金斯与沃森和克里克分享了 1962 年的诺贝尔生理学或医学奖。富兰克林没有获奖，这倒不是因为诺贝尔奖委员会拒绝给她颁奖，而是因为她在 1958 年就遗憾离世了。不过，要是她还在世的话，人们自然会好奇诺贝尔奖委员会要如何解决获奖人数不得超过 3 人的限制。

一定是“一种已有能力的体现，一种基因编码指令的外在表现”。剩下的任务就是阅读这些指令。20 世纪 60 年代，这幅解释生命的图景成形，自那时起，通往人类基因组计划的道路就已经明确了。

更重要的是，“基因作用”的各个阶段现在确立了一个明确的重要性等级。在这个等级中，基因成为生物体的具体机制是次要的，甚至几乎可以说是无关紧要的。生物学家戴维·巴尔的摩在 1984 年说：“遗传学的研究方法是询问蓝图，而非机器；关注决策，而非机制。”他还说，这种新的遗传学观点“抛弃了油腻的机器，进入了总裁办公室，在那里分析生命的谋划者、决策者及具体的执行者”。现在，大家采纳的观点是，这些“油腻”的细节复杂得令人难以理解，但对我们从一般层面认识基因产生生物体的具体过程来说无关紧要（图 2–1）。

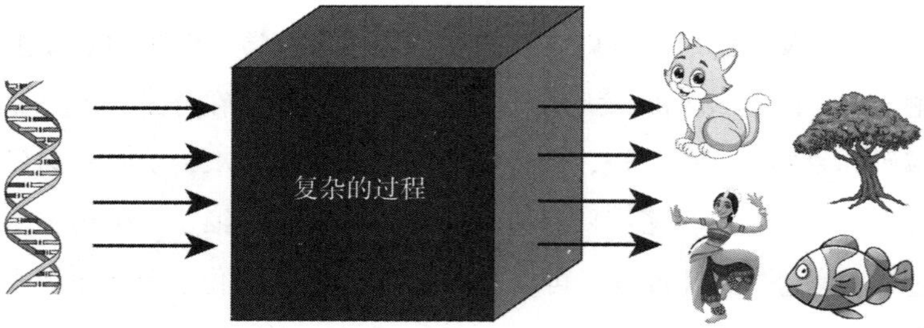

图 2–1　关于基因如何创造生物体的主流观点。正如科学哲学家丹尼尔·尼科尔森在 2014 年指出的那样，“将基因比作程序并没有解释生命的具体发展过程，只是提供了一个黑箱”

然而，这样一来，正如科学史学家伊夫琳·福克斯·凯勒所说：“在通往生命圣杯的路上发生了一件趣事。那个（对我们理解生命）意义非凡的过程，越来越难以用孕育它的话语来描述。”我们走进了总裁办公室，结果发现里面一团糟，信息散落一地，没有任何清晰的规划，而且似乎没有任何人有意愿或能力做出任何决定。毕竟，生命并不是一个一头连着基因，另一头连着生物体和生态系统的黑箱。因为，基因并非我们之前想的那样。

生命的样子

现在困扰我们的关于基因的主流观点，以一种奇怪的方式与 19 世纪自然神学那经典的“设计论证”缺陷遥相呼应。设计论证断言，我们在自然界发现的那些精巧的功能和形式（尤其是关于人体的那些）势必需要智慧的造物主。如果只靠纯粹的概率，它们根本就不可能出现。然而，自然选择告诉我们，它们可以出现。

随后，人们又用达尔文学说的过程取代了上帝的工作。因为像人类这样复杂又可靠的身体肯定不可能凭空产生，除非有一些预先就存在的蓝图。而编码这份蓝图的似乎只有基因，毕竟，（按传统观点来看）基因就是身体的起点。

可是，这幅如今看似颇为严肃的生命运作机制图景并不能直接从基因跳到物种，我们有时候就是需要草绘一些中间阶段的画面。我女儿学校里的生物课让我想起了通常接触到的有关生命运作机制的知识，一般包含如下几点：

1. 基因是我们染色体上的片段，负责编码一种被称为“蛋白质”的分子。我们每个人的所有基因共同构成了人类的基因组。

2. 我们从生物学父母那里继承了自身的生命蓝图，而且这份蓝图是父母基因组的随机混合。

3. DNA 的操作手册是在被称为“转录”和“翻译”的过程中读出的。在转录过程中，基因中的信息被复制到 RNA 链（与 DNA 的化学性质非常相似）。接着，这条 RNA 链又被用作制造蛋白质的模板。

4. 大多数蛋白质都是酶，它们协调并催化细胞代谢、生长和分裂的化学过程。

5. 正是因为有了蛋白质的这些精妙作用，才能构建并维持细胞，而细胞是真正的生命系统最基本的组成部分。

6. 基因给我们的细胞植入了程序，使它们组装成组织和器官。

7. 细胞和组织会持续地发挥作用，直到彻底衰竭，那也是我们死亡之时。但只要我们不太倒霉，这种情况就不可能发生在我们通过生殖细胞把自己的基因传递给后代之前。

8. 以此类推。

考虑到学校的课程限制，这套知识体系不能算是严重扭曲事实（至少就我们目前所知是这样）。如果你想通过学校里的生物课考试，或者想对生命系统的基本组成部分有一定了解，这套旧观念很足够了。从某种意义上说，蛋白质的确被编码在我们DNA的信息片段中，而且它们确实能够促进并协调细胞内的诸多分子活动。另外，细胞也的确会自行组装成组织和器官。这套知识体系的每一个部分都具有一定的正确性和合理性。

真正的问题在于这套知识体系的总体叙事方式。只说整个叙述“比上述各个部分都复杂一点儿”远远不够，事实并非如此：变化不（只）出现在细节，而是在整体。要知道，上面这个故事在过去大概50年的时间内几乎没有任何改变，而同一时期的科学领域已经发生了翻天覆地的变化。这个事实着实令我不安。

我猜测，这个叙述之所以没怎么改变，很大程度上并不是因为教育专家们有一些不可告人的目的，而是因为我们不知道怎么去改进（而非替代）它！而且，很有可能永远不会出现一个特别的时刻让我们停下来说：“啊哈，是时候改变这个大框架了！”科学史学家托马斯·库恩有一个很著名的观点：科学常常在一系列革命或者“范式转移”中进步，此时，整个解释框架都会变化，科学家会开始用崭新的术语阐述问题，从亚里士多德的地心说到哥白尼的日心说，就是这种改变的绝好例子。①

① 这个科学史观点颇有争议，而库恩本人也是一位非常敏锐的科学史学家，他不会认为这样的事情是在一夜之间或者短时间内突然发生的。

如果库恩的观点正确，那么我不认为生物学现在正处于这种时刻。或许，生物学历史上就从来没有出现过这种范式转移的情况。许多生物学家或许会提出，达尔文的进化论符合标准，但进化论其实只是自带修辞功能的一种简洁回顾性论证。达尔文的理论刚问世时争议很大，而且争议更多地来自科学，而不是神学；到了 19 世纪末，达尔文的理论看上去甚至可以说是奄奄一息了。是群体遗传学的数学理论拯救了进化论，但进化论直到如今仍在不断完善、适应、扩展，并且一直与争议相伴（更不用说误用了）。

我认为，现代生物学的进化观点从来没有发生过思想上的根本性范式转变，而是像一艘随波逐流的小船一样，一直处于漂荡之中。海岸线在缓慢变化，慢得或许令人难以察觉，直到有一天你眺望远处，才突然意识到自己来到了一个与之前截然不同的地方，一切都变得陌生。我敢断言，像生物学这样的复杂科学领域每隔几十年就需要重新校准理论框架。同时，我也认为，就当下的情况而言，这种校准早就应该出现了。

但即便我们接受的始终是一种过时的生命运作机制观，这真的有那么重要吗？我认为答案是肯定的。如果人类社会对新医疗技术的认识过于简单，甚至曲解了它的工作原理，就不可能睿智地判断是否应该接受这种医疗技术，更无法知道如何监管它。尤其是，在这个基因组编辑、克隆及对人类和胚胎的基因筛选等生物技术已经走向成熟的时代，遗传学在我们的人生中扮演的角色越来越重要，我们也越发有必要知道基因究竟是什么和不是什么。

这不仅仅是公众理解的问题。它会影响我们在政策和卫生议题上的决策，更不要说还会影响公众对科学的信任了。而且，与基因有关的错误概念也会阻碍科学本身的进步。举个例子，部分生物学家显然没有意识到，即便都是在生物学领域内，不同分支的研究人员对基因的看法也迥然不同。科学在分歧中蓬勃发展，但前提是参与者使用同一种语言，讨论同一本书——哪怕不是同一页。

如果前面提到的关于生命运作机制的观点令你满意，那我希望下面这番类比不会冒犯到你。因为我发现，这种观点有点儿像是说伟大的虚构作品是用以下这些元素创作出来的：

1. 词汇是编码了含义的信息片段。

2. 文学实体中最基本的单位叫作“句子”，而句子产生自含义丰富的词汇之间的微妙相互作用。（对句子的具体构成尚存一些争议，但没关系，我们可以先不讨论。）

3. 句子根据作者拟定的蓝图组合成页和章，而页和章又是书的组成部分。

你不觉得这是一个相当全面的描述吗？除了没有提到任何关于它如何发生的信息，一切都具备了。于是，我们甚至可以这样表述这个故事：

词汇（+魔法）→句子（+魔法）→章和书

类比到生命的运作机制则是这样的：

基因（+魔法）→蛋白质（+魔法）→细胞（+魔法）→组织和身体

也就是说，这本生命之书中有许多内容与魔法相关。当然，它们事实上压根儿不是魔法，但要比魔法有趣得多、神奇得多。不过，还有一个问题：把基因放在起点，把组织和身体放在终点的整个序列究竟是不是看待生命运作机制的正确方式？（我这样组织本书中的章节是为了保持连续性，而非出于优先级考虑。在生命手册中，基因的确是相当重要的一章，但也仅此而已。）

我得承认，“有趣”“神奇”常常也意味着“复杂”，甚至是令人头晕目眩的复杂。大多数颇受欢迎的对生命运作机制的诠释不愿触及分子生物学那些繁杂的“跑题”内容，理由的确充分，但出现这种情况的最主要原因还是生物学研究者自己都感到困惑。即便是对这些专业人士来说，细胞过程之复杂也时常令他们头疼，这就像是我们仔细地观看魔术表演，并且知道这套戏法背后一定有一个跟魔法无关的理性解释，但我们无论如何都想不到它究竟是什么。当我们自以为有进展的时候，却常常只是眼睁睁地看着之前的假设在新实验面前崩塌。

直到现在，或者更准确地说，就是在过去的一二十年里，我们的状况才算略有改善：不仅能够讲述新的故事，而且开始窥见能让故事连贯起来的线索。如此说来，当你听到解释生命运作机制之所以那么困难，部分原因是我们之前一直在用错误的方式看待问题时，就不会感到十分意外了。就像我们“解读”一本书甚至一个句子，永远不可能将其简化为或者还原至对单个词的解释一样，对生命运作机制的解释同样如此。生命过程的每一个层级都不完全由前一个层级定义或包含于其中。换句话说，生命“魔法”蕴藏着生命系统必需的额外的信息、背景和因果关系等元素。毕竟，生物虽然复杂，却不是基因的必然产物。用米歇尔·莫朗热的话说：“生物过程由基因控制，但这并不代表基因产物就是这些生物过程的成因，它们只是参与这些过程的组件。”

基因化

如果你觉得与我们通常描述基因的方式相比，上面这种说法听上去相当普通，放心，不是你一个人这么认为。生物学家马克·基施纳、约翰·格哈特和蒂姆·米奇森在 2000 年时写道：“20 世纪末，遗传学成了生物学思想的核心主题，并且占据主导地位。”在面向大众的论述中，基因成了存在的本质：是基因让我们变成了现在的样子。我们常常会说：“这是我的基因决定的”，或者“这是刻在我 DNA 里的”。基因到底决定了我们的什么“样子”？如果某些新闻报道可信，那就可以说基因几乎决定了我们的一切。20 世纪 90 年代中叶，社会学家多萝西·内尔金和历史学家苏珊·林迪指出，人们声称发现了“暴力基因、名人基因、同性恋基因、懒人基因……甚至犯罪基因”。两人表示，DNA“成了一种文化符号、一种象征，几乎等同于魔力”，不亚于“基督教中灵魂概念的世俗层面等价物”。

既然这一切都是误解——上面这些属性中没有任何一种由基因完全决定，而且基因并不能决定我们是谁（只不过，基因确实是影响因素）——我们就不得不问：为什么基因被赋予强大到可以说无所不能的力量？答案并不简单。内尔金和林迪提出，基因的概念在一定程度上填补了社会变革暴露出来的空白。二人认为，我们正处在一个“个人身份、家庭联系和社会凝聚力受到严重威胁，社会契约似乎陷入混乱的时代”。也许，在这个宗教信仰提供的传统支持日渐式微的时期，社会抓住了基因这个看似能够提供慰藉的科学概念？米歇尔·莫朗热说，基因“已经成了我们的恐惧和幻想的投射对象”。

1991年，就在人类基因组计划刚刚开始的时候，流行病学家阿比·李普曼称这种倾向为“基因化”。她指出，这是“一个持续的过程，在这个过程中，个体之间的差异被溯源至他们的DNA密码”，最后，“人类生物学被错误地等同于人类遗传学，并且暗示真正起作用的只有后者，只有遗传信息让我们这些生物成了现在的样子”。[①]这种趋势仅仅是人类文化盗用了科学概念，还是科学家也助长了这种趋势，甚至与之勾结？毫无疑问，科学家肯定这么做了。詹姆斯·沃森说过：“我们的命运就藏在我们的基因里。”（剧透：事实并非如此。）沃森等人撰写的权威教科书《基因的分子生物学》告诉我们：“卵细胞发育方式的指令编写在生殖细

① 李普曼是女权主义者，同时也坚定地捍卫人权，致力于妇女健康相关的所有议题。我们总是会在不经意间注意到，在“基因化”工程核心工作的科学家大部分是男性，而女性科学家和反对基因化工程的批评人士一直在尝试改变这种叙事，从芭芭拉·麦克林托克、进化生物学家林恩·马古利斯到伊夫琳·福克斯·凯勒、内尔金和林迪，以及如今在生物学领域耕耘的其他许多人，无不如是。这个现象实在太普遍了，我不会在本书中提供任何解释，但我确实觉得有必要特别提及。

胞DNA的线性碱基序列中。”（剧透：事实同样并非如此。）

内尔金和林迪经常提到，遗传学家沃尔特·吉尔伯特喜欢在做讲座时从口袋里掏出一张装满基因序列信息的光盘，然后对听众说：“这就是你。”（剧透：才不是。）这样的例子还有很多。负责监管人类基因组计划的美国国家人类基因组研究所的网站声称，人类基因组是“大自然建造人类所需的完整基因蓝图”（你应该猜到了，这也不是事实）。行为遗传学家罗伯特·普罗明在他 2018 年出版的《基因蓝图》这本以基因为主题的书中称，基因是“生命中的主要系统性力量”。他提出，DNA“（在决定你成为什么人这方面）并不是全部，但它的重要性比其他所有因素加起来还多”（你知道我要说什么）。

我觉得说这些话的人确实发自内心地相信自己的所言所语，因此，探究这个现象背后的原因会很有意思。正如内尔金和林迪提醒我们的那样，“每一幅地图都是绘制者引导你用特定的视角看待这个世界的方式”。就像某些物理学家会告诉你，所有发生的事最终都可以仅用物理学解释（并不能），而化学家则会告诉你生物学终究只是化学（并不是）。同样的道理，遗传学家反复强调基因的重要性，让基因承担诸多本不属于它的“责任”，其实是在建立一种思维上的等级秩序。说到这里，我们会想到 20 世纪初的许多科学家都确信优生学是达尔文进化论在科学上十分严谨的必然结果。事实当然不是这样，而他们之所以相信优生学，是因为这个理论佐证了他们对世界运行方式的看法，以及对人类价值的“自然”划分体系。DNA决定了你是什么样的人，这个想法本身并不像优生学那样危害巨大，但如果不谨慎对待，那它与信奉优生学也只有一步之遥，而且它同样有缺陷。

奇怪的是，告诉你这些观点的并不是普遍意义上的生物学家。许多不以基因为重点研究领域的生物学家，根本不会赋予基因如此显著的重要性，比如研究生物体生长方式的发育生物学家，或者行为生物学家、动物学家，甚至是研究显微镜另一端的蛋白质的结构生物学家。他们看待世界的方式并不需要这样的叙事。因此，我们如此热诚地接受沃森描绘的图景，即“让人之所以为人”的就是我们的DNA，这颇为奇怪。背后的原因很复杂，但我认为，这与我们对简洁叙事方式及新生命“本质”（或者说灵魂）的渴望脱不了干系。

基因的诞生

另外，我怀疑，基因之所以能有如今的地位，还因为它与生命世界的另一种宏大叙事模式，即达尔文进化论紧密相关。基因和进化论这两个概念的核心都是遗传，即父母把生物特征传递给后代。

查尔斯·达尔文提出，性状的遗传发生在一个他称为“泛生”的过程中。泛生发生时，体内细胞会释放出叫作“芽球”的微小颗粒，上面携带着控制和指导生物发育的信息。他认为，芽球在生殖器官中累积并且传递给后代。不过，实际上，达尔文的泛生论与基因概念并没有那么相似。基因概念的核心是，在染色体中编码的基因复制并代代相传；而达尔文认为，在通过性细胞传递给下一代之前，芽球就有可能因为与生物体的环境相互作用而改变。因此，泛生论允许亲本后天习得的特征遗传下去。法国动物学家让-巴蒂斯特·拉马克在19世纪初提出了这种进化模式。

1889年，荷兰植物学家胡戈·德弗里斯修改了泛生论。他认为，每一种生物性状都由一种粒子独立决定，并把这种粒子重命名为“泛子”（pangene）。德弗里斯和德国进化生物学家奥古斯特·魏斯曼提出，无论那种遗传物质是什么，都一定由所谓的生殖细胞（卵子和精子）携带。1892年，魏斯曼又提出，存在一道严格的屏障，防止体细胞以任何形式向生殖细胞转变。因此，体细胞发生的任何遗传性状变化都不可能被继承，拉马克的那套进化模式行不通。遗传信息只能沿着从生殖细胞到体细胞的方向传递。1909年，丹麦生物学家威廉·约翰森把德弗里斯提出的术语缩短为“基因”（gene）。而3年前的1906年，英国生物学家威廉·贝特森已经创造了术语“遗传学”（genetics）。

19 世纪 60 年代，就在达尔文发展泛生论的时候，一位名叫格雷戈尔 · 孟德尔的摩拉维亚修士正在布尔诺（今属捷克共和国）开展植物育种实验。人们后来用这个实验阐明了什么是泛子。孟德尔研究了豌豆的颜色（黄或绿）、质地（光滑或褶皱）[①]与其亲本之间的关系。豌豆是“纯育”的：它们自花授粉，繁育出来的后代看上去与亲代类似。孟德尔让多种豌豆杂交，然后查验杂交后代的特征有什么变化。他发现，只要假设这些后代独立、完整、没有任何融合地继承亲代的性状，就能解释杂交结果。另外，孟德尔还根据实验结果指出，杂交子代出现各种性状的比例表明，性状分为两种类型：第一种是显性性状，子代无论从父母哪一方继承了这种性状都会表现出来；第二种是隐性性状，只有当子代从父母处同时继承了这种性状时才会表现出来。

需要注意的是，这里谈到的一切只关乎性状本身。人们普遍认为，孟德尔把这些性状归因于某些代代相传的物质“因素”，这就是我们如今所说的基因概念的雏形。不过，除了显性性状和隐性性状这两个概念，孟德尔并没有提到任何性状遗传比例背后的潜在机制。孟德尔的研究成果给出的关键结论是：性状以不变且不混合的方式被继承。

还有一个与孟德尔有关的传说：查尔斯 · 达尔文位于萨塞克斯唐恩小筑的书房里一直藏有孟德尔于 1865 年出版的著作《植物杂交实验》，达尔文却始终没有读过它。这个传说还发问：要是达尔文读了孟德尔的这本书，他是否能意识到后者找到了支持泛生论的证据？然而，即便达尔文真的有一本《植物杂交实验》（事实如何，我们完全不清楚），他也显然不一定会认为这与进化论之间存在关系。毕竟，孟德尔本人关心的就不是进化，只是育种。我们在研究任何一个领域的历史时，都会被一种诱惑困扰：为了一个简洁明了的故事而有目的地整理过去发生的各种事件。这在科学史研究中体现得尤为明显，因为我们想要构建伟人叙事的冲动极为强烈。

---

① 实际上，孟德尔考察的不只是这两个特征，他还研究了花的颜色和豆荚的形状。

出于同样的原因，虽然人们常常说孟德尔的研究结果直到 19 世纪末才受到重视，但即便这个说法在某种程度上是真的，也不是因为没人理解它背后的意义（或者甚至压根儿没人知晓它的存在），而是因为这些结果与进化论之间的联系远没有我们如今看来这么明显。不管怎么说，孟德尔的研究成果确实在很大程度上被“忘记”了，直到德弗里斯等人重新发现了这些结果——这也仅仅是因为后来的科学家意识到了孟德尔豌豆实验的结果与他们对基因的概念及理解息息相关。在那之前，人们通常认为，孟德尔的实验结果支持了当时的普遍观点：杂交产生的后代倾向于复现亲本某一方的特征，而不是把双方的特征融合在一起。因此，与其说人们直到 20 世纪初才认识到了孟德尔实验结果与遗传学之间更为普遍的联系，倒不如说人们直到那时才把二者联系到一起。

用现代术语来解释，孟德尔对豌豆遗传模式的观察结果表明，决定生物性状的基因会出现多个变种，我们称之为“等位基因”。就每个基因而言，你会从父母那里各得到一个等位基因。（父母各自也有两个等位基因，你具体能得到哪一个是随机的。）这两个等位基因可能一样，也可能不一样。如果它们不一样，就会产生相应性状的不同版本。举个例子，就影响眼睛颜色的基因而言，一种等位基因一般会让眼睛呈棕色，而另一种基因则会让眼睛呈蓝色。粗略地说，所有人的基因组都包含同一套基因，但几乎所有人的等位基因组合都不相同，这就是为什么我们在所有受基因影响的性状上各有差异。有些人的等位基因与大体重（或小体重）相关，有些则与不同的肤色和眼睛颜色相关，也与不同的行为特质相关。

我们还可以从孟德尔的实验结果中推断，生命的每种性状都编码在一个基因中，并且以非此即彼（离散）的方式遗传下去：要么是这样，要么是那样，不存在混合状态。人们有时称，孟德尔的发现之所以一开始会被忽略，就是因为当时的大部分研究者都“错误”地认为，性状以混合（连续）的方式从父母那儿遗传下来。不过，确实有很多性状符合这个结论，比如肤色和身高。有些性状似乎的确以离散的方式被后代继承，眼睛和头发的颜色是经常被提到的例子。但事实更为复杂，另有一些性状会连续变化。遗传方式符合孟德尔定律[①]的性状被称为“孟德尔性状”，但它们其实是特例而非一般规则。[②]另外，即使某个性状遵守孟德尔定律，其对应的表型也未必会遵守同样的规律。正是出于这些原因，部分研究人员认为，虽然孟德尔定律确实相对容易理解，但在中小学里根据这个定律教授遗传学，从一开始就会给学生灌输一种关于基因运作模式的错误概念。

从 20 世纪前 10 年开始，英国科学家罗纳德·费希尔和J. B. S. 霍尔丹等人建立了在达尔文自然选择理论（倾向于让能赋予个体适应性优势的性状等位基因遗传下去）影响下，不同等位基因在种群中传播模式的数学模型。借助费希尔首倡的统计推演方法，这些模型能处理由多个基因控制的性状，其中有一些性状表现为连续、渐变式差异，而非离散差异。于是，这项工作便把孟德尔实验结果似乎要求的性状离散遗传与达尔文理论暗含的混合遗传模式统一了起来。

不过，这些基因粒子到底是什么呢？1919 年，美国生物学家托马斯·亨特·摩根提出，基因是一种“化学分子”。然而，即便到了 1933 年，也就是摩根凭借对果蝇遗传机制的研究获得诺贝尔奖的时候，他

① 如今，学校里仍旧用遗传学家雷金纳德·庞尼特在 1905 年提出的“庞尼特方格”教授孟德尔定律，这种方格会列举出所有可能的基因组合。人体内有两套染色体，每套 23 条，即 23 对染色体，每条染色体上的一个等位基因来自母亲，另一个来自父亲。举个例子，有一种基因决定了眼睛颜色，其中的等位基因B让眼睛呈棕色，等位基因b让眼睛呈绿色。如果父母都带有这两种等位基因，两人这个基因的基因型就是Bb。那么，简单地做一下统计就知道，假如后代随机地从父母那儿各继承一个等位基因，基因型就有 1/4 的概率为BB或bb，有 1/2 的概率为Bb。倘若B是显性基因，就意味着基因型为Bb的后代眼睛呈棕色，只有基因型为bb的后代眼睛才呈绿色。因此，平均来说，后代只有 1/4 的概率眼睛呈绿色。至少，理论上是这样的。但实际上，早在 20 世纪初，人们就清楚地知道，哪怕只是眼睛颜色这个性状，也不完全按照这个方式决定。

② 孟德尔当时联系了瑞士植物学家卡尔·内格里，告知后者他的发现。内格里鼓励孟德尔用内格里最喜欢的模型植物山柳菊重复这个遗传实验。然而，山柳菊那些看得到的遗传性状并不遵守孟德尔定律，因此，虽然孟德尔竭尽全力让山柳菊杂交，但就是不能复现豌豆实验的结果。

本人也坦承，科学家在基因本质问题上没有达成任何共识，基因甚至可能是某种纯粹虚构的产物，只是便于我们思考问题，但不能被认证为物理对象。（如果你对此颇感意外，那就想想，直到1908年法国物理学家让·佩兰的实验之前，科学家甚至连原子是不是真实存在都无法肯定。）

其实，在那个时候，已经有越来越多的证据表明基因确实是真实存在的物质实体，而且极有可能是分子维度上的。1935年，摩根的学生赫尔曼·马勒证明，当时已知能电离原子和分子（将电子从原子或分子中剥离，从而使它们带上电荷）的X射线可以诱使果蝇体内发生突变，从而表明携带基因物质的某些物理变化会导致基因突变。1935年，马勒在柏林的合作者、俄罗斯遗传学家尼古拉·季莫费耶夫·雷索夫斯基同德国物理学家卡尔·齐默尔、马克斯·德尔布吕克合作发表了一篇论文，从X射线诱导基因突变的研究出发，推断出基因是某种突变必然与原子排列方式变化相对应的分子。这三位科学家还提出猜测：基因有没有可能是一种聚合物，即一串重复的化学单位？

那时已经出现了一个非常强有力的基因物质成分候选者。19世纪末，研究人员用显微镜发现了细胞的诸多内部结构，其中有一些微小的物体会吸收染料，从而更容易被看到，它们被称为“染色体”（“有色体”）。在细胞分裂之前，染色体会凝聚成清晰的小颗粒，通常呈X形，而且会被复制，即每条染色体数量翻倍。接着，它们会分离，每条染色体的两个副本会分别进入细胞分裂后形成的两个新细胞。1902年，遗传学家沃尔特·萨顿据此提出，基因就在染色体上。大约同一时间，留意到海胆胚胎只有在所有染色体完整的情况下才能正常发育之后，德国生物学家特奥多尔·博韦里也提出了相同的观点。

人体内的每一个体细胞[①]都包含46条染色体：23种，每种两条。（别的动物的染色体数量与我们不同：猫有19对染色体，狗有39对。）配子

① 人体细胞中的唯一例外就是红细胞，没有任何DNA，只由负责运送氧气的血红蛋白组成。

（卵子和精子）的特殊之处在于，它们各自只包含一组 23 条染色体。因此，它们是“单倍体”细胞，而不是体细胞那样的“双倍体”细胞。

当细胞以“有丝分裂”的方式分裂时——每个生物体从胚胎开始生长发育起就一直在经历有丝分裂，人体内的细胞每天也都在有丝分裂，这样才能更新换代——整套 46 条染色体会完整复制一份，然后每一份都进入一个子细胞。在这个过程中，存在一套复杂、精妙的生物装置，包括多束自我组装的蛋白丝。这套装置会协调有丝分裂的过程，确保染色体正确分配（图 2–2）。

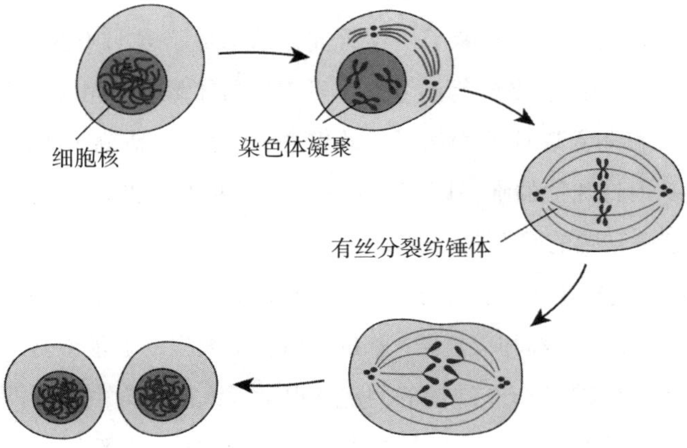

图2–2　在细胞分裂（有丝分裂）过程中，染色体在被称为“有丝分裂纺锤体”的丝状蛋白支架分离之前凝聚成X形

那么，什么是染色体？化学分析表明，染色体的部分成分是蛋白质。蛋白质似乎在生物体内无处不在，而且当时人们已经知道酶（负责催化代谢反应）由蛋白质组成。某些蛋白质看上去就是遗传物质的天然候选者。然而，染色体还包括另一种分子，起初叫作“核素”，后来改称“核酸”；说得更具体一点儿，这种分子就是脱氧核糖核酸，即DNA。DNA是一类由 4 种化学单元（核苷酸）构成的聚合物，每个化学单元包含一个糖分子（脱氧核糖）、一个磷酸基团和一种叫作“碱基”的物质（这是一种比较普通的分子）。这 4 种核苷酸的区别在于它们所含的碱基各不相同，分别是腺嘌呤（A）、胞嘧啶（C）、鸟嘌呤（G）和胸腺嘧啶（T）。于是，部分研究人员猜想，DNA是不是某种支架或者说支撑结构，上面挂着染色体中携带基因的蛋白质？

1943年，美国显微镜学家奥斯瓦尔德·埃弗里发现，事实似乎正好相反。他和年轻的同事麦克林恩·麦卡蒂在美国纽约洛克菲勒研究所医院做研究，二人成功提取并分离出一种他们称为“转型因子”的物质，这种物质能够把无害的肺炎球菌菌株转变为有害的菌株。埃弗里和麦卡蒂还发现，这种物质几乎完全由DNA构成，他们据此提出DNA是遗传物质。20世纪50年代初，艾尔弗雷德·赫尔希和玛莎·蔡斯在也位于纽约的冷泉港实验室开展了一项研究，结果似乎表明（但并没有确证）DNA参与了细菌病毒的复制。这个发现支持了埃弗里和麦卡蒂的结论。1953年，赫尔希谨慎地表达了他的想法：“我个人猜测，DNA应该不会是决定基因特殊性的唯一因素，未来，只有那些愿意接受相反观点的人才会对这个问题的研究做出贡献。”

不过，这样的研究已经启动了。詹姆斯·沃森、弗朗西斯·克里克、罗莎琳德·富兰克林和莫里斯·威尔金斯在很大程度上基于富兰克林利用晶体学技术对DNA分子结构的测定，揭示了人们认为由基因携带的遗传信息是如何以A、C、G、T的序列形式编码在DNA的双链中，这两条天然聚合物链相互缠绕，形成了标志性的双螺旋结构（图2–3）。①

克里克和沃森在1953年的那篇论文中提出，基因按照生命的基本化学单元的线性序列编码。人们常常认为，这个观点意义非凡并且起到了一锤定音的效果。然而，事实并非如此。即便是到了20世纪50年代中叶，也不是所有生物学家都愿意接受基因位于DNA链上的观点。有些生物学家认为基因是不可分割的最小单位，就像串在绳子上的珠子一样，是某种具有遗传性的“原子”。然而，美国物理学家、遗传学家西摩·本

① 染色体中的蛋白质似乎只是DNA的包裹材料，但正如我们将要看到的那样，它们的实际作用远不止于此。

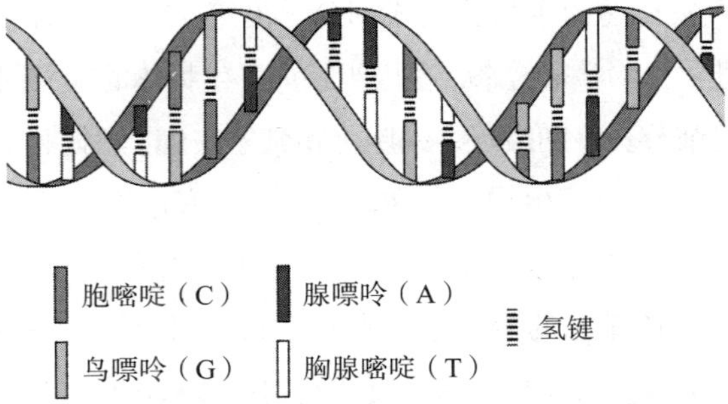

图 2–3　DNA 双螺旋：氢键（虚线）让两条链上的核苷酸碱基结合在一起。氢键是一种比较弱的化学键，但正是它以这种方式让两条 DNA 链结合到了一起。4 种碱基中，C 与 G 完美配对，A 与 T 完美配对。这样一来，两条 DNA 链就形成了完美互补的关系，比如一条链上出现了 A，另一条链的对应位置就必然是 T。这些碱基对沿着每条 DNA 链的排列顺序就是遗传序列，负责在细胞分裂之前 DNA 复制的时候编码遗传给下一代的信息。人类基因组计划已经读取了几乎全部人类基因组遗传序列，包括大约 30 亿个碱基对

泽证明，基因和原子一样具有内部结构，而且（本泽提出）它的最小单位是一对 DNA 碱基。换句话说，基因实际上是一种分子。就这样，分子遗传学领域诞生了。

基因从来没有“活”过

从分子遗传学诞生之日起，基因的概念就需要从两个方面来定义。一方面，基因是遗传过程中的基本单位；另一方面，我们现在认为基因也是传递离散特征或性状的分子实体。达尔文的自然选择进化论与孟德尔的微粒基因遗传理论相结合，就是 20 世纪生物学的核心解释框架，托马斯 · 亨利 · 赫胥黎的孙子朱利安 · 赫胥黎在 1942 年给这个框架起名“现代综合论”。

然而，实际上，调节遗传过程的“进化基因”与在细胞中以某种方式通过发育过程塑造生命的分子基因，从来没有被恰当地整合在一起。毫无疑问，基因在进化过程中扮演了特殊角色，因为它们是唯一在后续多个子代间直接传递的生物体组成部分（见第 72 页知识拓展 2–1）。于是，在一些进化生物学家看来，基因组就成了生物体的同义词，剩下的都是可有可无的细节。直到最近，细胞生物学家安娜·索托和卡洛斯·索南夏因都表示："一些分子生物学家和进化生物学家还认为'生物体'的概念是多余的。"

这种对生物体概念的冷漠态度直到今天仍然存在——说得直白点，生物体概念就是"什么才是活的"及"它们是怎么运作的"。对那些认为生物学就是研究生命本身的人来说，这个现象似乎多少有点儿奇怪。这种冷漠无疑是狭隘的，因为没有任何对自然界的认识（更不用说欣赏）可以仅仅聚焦在单一层级上。这就像是物理学家认为不存在固体、摩擦力或不透明度之类的概念，只存在基本粒子和基本力一样。生物体肯定不是基因造成的奇怪附带现象，就像雷暴必然不是电子造成的附带现象一样。相反，生物体是真实存在于这个世界的实体，不能完全以自下而上的方式解释。从基因视角看待生命（甚至是进化）得到的结果由某个特定的科学模型塑造，也只在这个模型的框架内才有效。这个结果没有完整、全面地描述我们看到的世界，也不可能做到这点。把生物体"原子化"成基因的问题在于，基因本身并不是活的（图 2–4），而且一旦你把重点放到基因上而忽略了生命，就再也回不去了。然而，基因是一个

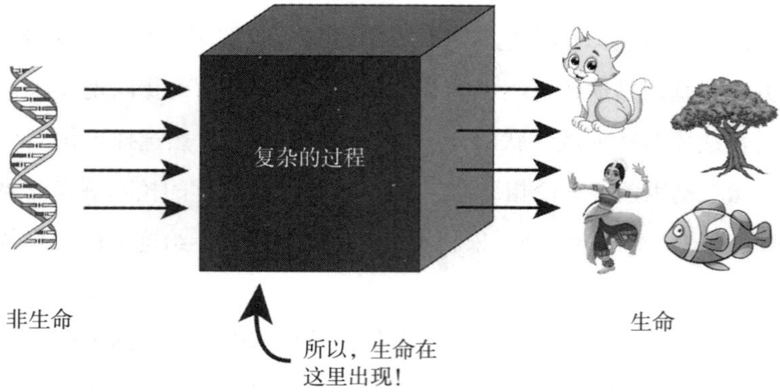

图 2–4　简言之，认识基因并不能让我们充分认识生命

过于原子化的单位，无法告诉我们太多有关生命运作方式的信息。

这正是为什么以基因为中心的生物学总是把基因描述为“行为主体”（说得更具体一点儿，是自私的复制者），因为除了简单粗暴地以此为前提（见第 77~84 页知识拓展 2–2 和知识拓展 2–3），没有任何方法能从基因本身出发恢复这种主体性。理查德·道金斯在他的作品中明确表达了他对基因自主秩序的偏爱。他写道：“我更愿意把细胞看作基因化学产业中的实用工作单位。”这就是进化基因观的逻辑终点，它或多或少地放弃了认识生物体功能的努力。

密码

那么，基因到底发挥了什么作用？1940 年，美国遗传学家乔治·比德尔和微生物学家爱德华·塔特姆研究了具有诱变作用的 X 射线对面包霉（脉孢菌）生长的影响，结果发现每一次突变似乎都破坏了霉菌产生特定维生素过程中生化通路上的一个步骤。两人在 1942 年写道：“可以合理地假设，单个基因与某种特定的化学反应的初级控制有关。”也就是说，基因会产生一种特定的酶。这就是著名的“一个基因，一种酶”假说。

即便是在当时，也有学者怀疑这样的设想太过简单了，毕竟，有些基因看上去有多种作用。然而，基因与蛋白质酶之间的联系又显得如此稳固。就像弗朗西斯·克里克在 1958 年指出的那样：“遗传物质的主要作用就是控制……蛋白质的合成。”他认为，DNA 至少携带了部分能决定蛋白质化学结构的信息。

蛋白质由被称为“氨基酸”的小分子构成。氨基酸小分子会连在一起形成链，通常还会折叠成特定形状。天然蛋白质中有 20 种氨基酸，它们的排列顺序决定了蛋白质的折叠形状和化学特性。克里克提出，基因编码了蛋白质的这种序列信息。我们现在知道，遗传信息会先在一个叫作“转录”的过程中转移到一种 RNA 分子（称为“信使 RNA”，即 mRNA）中，然后在“翻译”过程中使用 mRNA 生产蛋白质（图 2–5）。

上述两个步骤都由酶催化。其中一种名为“RNA聚合酶”的酶以DNA双螺旋中的一条链为模板，组装出mRNA分子。还有一种由蛋白质和其他RNA分子构成的大分子复合体，叫作“核糖体”，负责把mRNA翻译成对应的蛋白质。

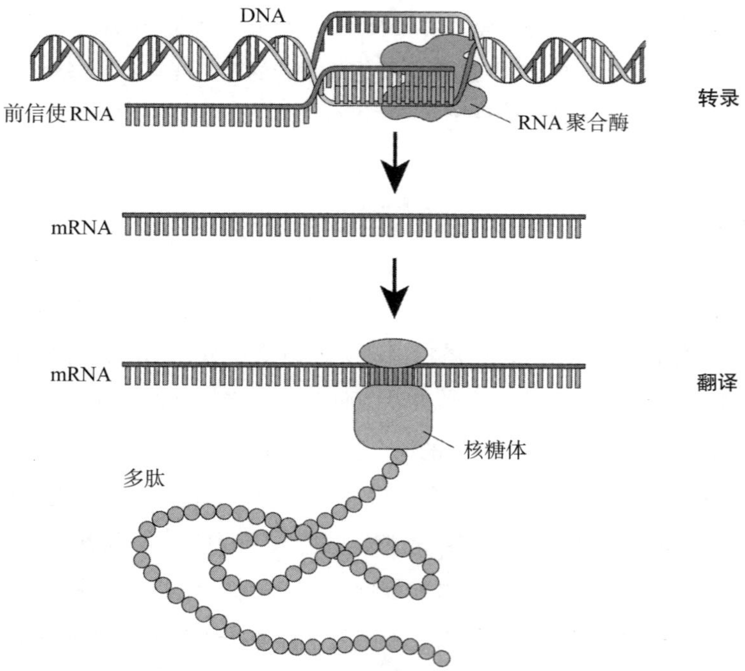

图2–5　DNA遗传序列（碱基对）的信息通过两个步骤转移到蛋白质中的氨基酸序列。第一步是转录，DNA中的信息首先复制到mRNA分子中；第二步是翻译，借助mRNA产生氨基酸链（一种名为“多肽”的聚合物），然后氨基酸链折叠形成蛋白质分子。这两个步骤都由酶调控：调控第一个步骤的酶叫作“RNA聚合酶”；调控第二个步骤的则是一种由蛋白质和其他RNA分子构成的大分子复合体，叫作“核糖体”

弗朗西斯·克里克在1956年的一条非正式记录中首次初步阐述了他的生物学“中心法则”，确定了蛋白质合成过程中信息在各种分子之间的传递方向：先从DNA到中间媒介RNA，再从RNA到蛋白质（图2–6）。

为了“保险起见”，克里克同时提出，信息可能会以某种方式从RNA回到DNA，甚至直接从DNA到蛋白质——即便当时没有任何证据表明这两个过程存在。然而，无论如何，信息只要进入蛋白质，就永远不可能回流到DNA或RNA中，也不可能从一个蛋白质分子横向传递到另一个蛋白质分子。我在后文中还会深入介绍中心法则（见第 156 页知识拓展 4–2），届时你就会知道，这个法则如何坚挺地经受住了时间的检验。

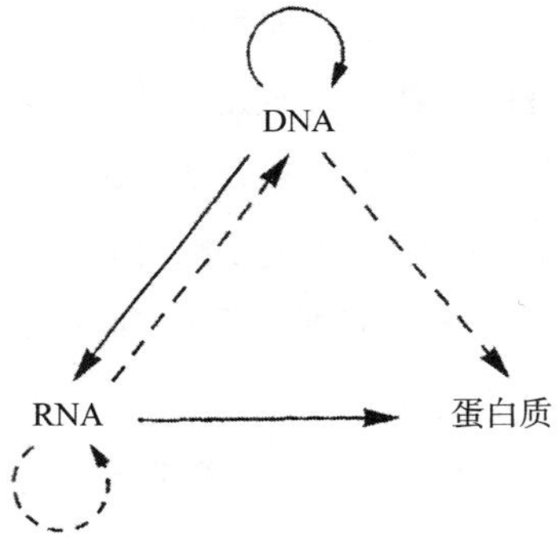

图 2–6　弗朗西斯·克里克在 1970 年进一步描绘的生物学中心法则。实线箭头代表一般情况（DNA→RNA→蛋白质），虚线箭头则代表一些特殊情况

基因是怎么编码蛋白质的？最简单的假设是，DNA 中的碱基对序列与蛋白质中的氨基酸序列存在对应关系。DNA 中的碱基只有 4 种，而天然蛋白质中的氨基酸有 20 种，因此，要想让每种氨基酸都有唯一的编码，必然需要不止一个碱基。实际上，我们可以纯粹从数学角度推断出编码一种氨基酸至少需要 3 个碱基，因为碱基只有 4 种，如果只用 2 个碱基编码，只有 $4 \times 4 = 16$ 种组合方式，不足以让 20 种天然氨基酸都有独一无二的碱基编码方式。但如果用 3 个碱基，就有 $4 \times 4 \times 4 = 64$ 种不同组合。当然，这样一来，这种三联体密码的组合方式数量就大大超过了“遗传密码”的实际需要，但或许有些组合就是不会被实际使用，或者被用作编码同种氨基酸的不同方式。

实际上，这就是遗传密码的工作原理。1961 年，生物化学家海因里希·马特伊和马歇尔·尼伦伯格发现了第一种对应关系。他们发现化学合成的只含有尿嘧啶碱基（对应DNA中的胸腺嘧啶，即T）的RNA只能被一类酶读取，这类酶借助RNA生产蛋白质，以制造只含有苯丙氨酸（一种氨基酸）的类蛋白质分子。换句话说，编码这种氨基酸的只有尿嘧啶。尼伦伯格凭借这项研究赢得了1968年的诺贝尔生理学或医学奖。

随后，弗朗西斯·克里克又在1961年撰写了一篇论文，概述了遗传密码的关键原则。他说，从固定起点沿着DNA链读出的正是这种三联体密码，并且具有“简并”的特点，即每种氨基酸可能对应不止一种碱基三联体（或称“密码子”）。接着，研究人员竞相破译碱基三联体与氨基酸之间的完整对应密码，1967年，破译工作彻底完成。这项任务比一些人预计的更有挑战性，在一定程度上是因为并非所有密码子都会编码氨基酸。相反，有3种密码子编码的是阻止RNA聚合酶读取DNA序列的指令，它们标志着一个基因的序列结束。

整个范式现在很清楚了：基因通过遗传密码编码蛋白质，具体来说，就是让DNA中的碱基遗传序列对应蛋白质产物中的特定氨基酸序列。一旦有了蛋白质，细胞的其他运作机制就只是化学问题了。正如戴维·巴尔的摩在1984年指出的那样：“我们发现，细胞的大脑就是一台磁带读取器，负责扫描编码成线性序列的一系列信息，这些信息最终会被翻译成三维结构的蛋白质。”这似乎就是生命的运作方式。

当然还有很多细节，而且这些细节通常被认为极其复杂。然而，事实上，它们压根儿不是细节。我们对基因的本质、功能，DNA、RNA和蛋白质的结构及它们相互作用方式的认识，不仅比分子生物学先驱预想的简单信息流复杂得多，而且这些思想的变化本身就孕育着一种完全不同的生命观。

基因封装

阿尔伯特·爱因斯坦有几张著名的照片，比如满头白发、古怪地吐舌头那张，又比如骑自行车那张，都很有代表性。与之不同，大家经常见到的DNA图像几乎没什么代表性。虽然在最近这个后基因组时代，把DNA描绘成无穷无尽的A、C、G、T已经成了一种时尚，但这种分子的商业表现画面几乎总是以双螺旋结构为主体，犹如智慧与知识的双蛇缠绕在医神赫尔墨斯的权杖之上，令人愉快。

然而，事实上，DNA甚少呈现出这个样子。在人体细胞的细胞核中，DNA分子包裹在一种叫作“染色质”（一种由DNA和蛋白质构成的丝状集合体结构）的物质中，只有很短的“裸露”螺旋结构会短暂暴露在外。另外，在染色质中，蛋白质的含量是DNA的两倍（通常还有 10% 的质量是RNA，其中大部分是刚刚产生的转录链）。

如果我们想知道DNA的真实运作方式，只把关注点聚焦在分子层面，研究那些具有简洁之美的碱基对“阶梯”是不够的。这种结构让人们感觉基因组就像一本打开的书，等待我们去阅读。然而，实际情况是这本书不但合着，而且被密封在染色质中。从分子之上的尺度看，DNA在染色质中是如何排列的？这似乎是我们已经开始从整齐有序的碱基对角度思考的复制和转录过程的核心。

一个完整的人类DNA基因组大概含有 30 亿个碱基对，把这个双螺旋结构拉直，长度会达到 1.8 米。事实上，这条被分成 46 条染色体的DNA链，必须被压缩到一个直径大约只有 0.006 毫米（6 微米）的细胞核中。因此，DNA链必须压缩成一种极为致密的形式。在最小的人类染色体中，总长 14 毫米的DNA双链被压缩成了一个长度大约只有 2 微米的结构，压缩比例为 1 : 7 000。在压缩的第一阶段，DNA缠绕在一种叫作“组蛋白”的蛋白质圆盘上，形成一种叫作“核小体”的珠状结构。每个蛋白质圆盘都由 4 对不同类型的组蛋白构成。第五种组蛋白被称为“H1”，负责在缠绕开始和结束的位置把DNA密封在蛋白质圆盘上。每个核小体缠绕大约 200 个DNA碱基对，形成两个螺旋。相邻核小体之间的“自由”DNA非常少，有时少到只有 8 个碱基对（图 2–7）。核小体串在一起后会形成直径大约 30 纳米（1 纳米等于百万分之一毫米）的纤维，

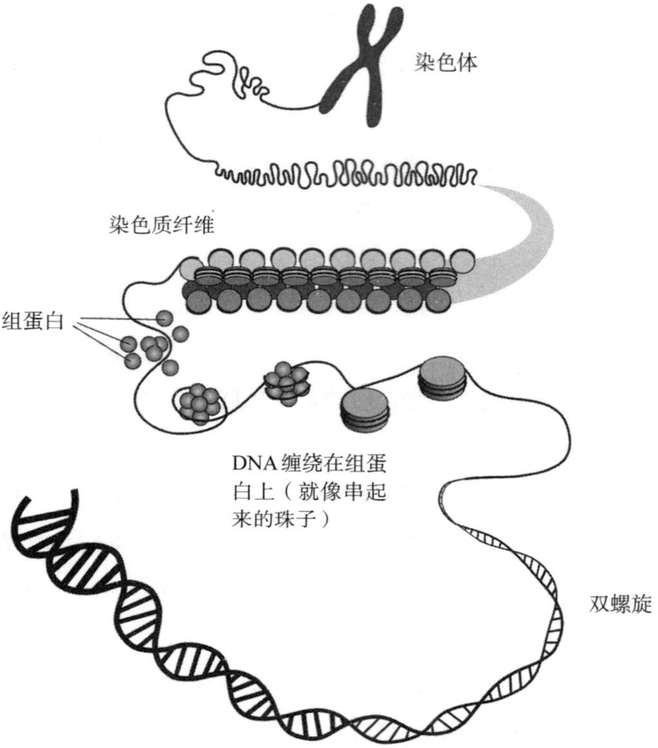

图 2–7 染色质的结构。染色质是一种由 DNA 和蛋白质构成的复合体。在染色质中，DNA 缠绕在组蛋白上，并被封装成纤维

这些纤维就是染色质的基本结构单位。

在细胞周期中，染色体只会在很短的时间内（细胞正准备分裂的时候）呈现独特的X形。在其余时间内，你想在真核细胞中寻找这种似乎长了 4 条腿的分子都是白白浪费时间。相反，这个时候你在细胞核内只能找到一团乱麻。不过，实际情况并不是那么简单：在细胞中，染色质的三维结构受到相当精细的控制。染色质究竟是怎么压缩，又是怎么展开的？到目前为止，我们对这方面知识的了解仍旧相当有限，哪怕这对我们认识基因组的工作原理非常重要。我们只知道，一些特殊的酶和蛋白质复合物精细地调控着染色质重组和重新封装的过程。

实际上，当细胞不在分裂阶段且染色体处于未封装状态时，细胞核中存在两种类型的染色质。最多的那种叫作“常染色质”，结构相对开放，有点儿像是聚合物凝胶。另一种叫作“异染色质”，结构更为紧密，在细胞分裂期间密度与X形染色体相当，并且局限在几个小斑块中。我们会想当然地认为，常染色质是“活跃”的DNA，毕竟它们结构松散，给转录机制留出了足够空间；而异染色质就像是为了储存信息而被压缩了，像一个大型数据文件一样。遗憾的是，事实没有那么简单。例如，即便是含有大量致密异染色质的染色体也可以具备转录活性。部分研究人员认为，在这些笼统的术语之下，DNA组织还有更多我们不了解的微妙结构。

如果说，上面提到的这些复杂性打破了我们的美好幻想（标志性的双螺旋结构就是一眼便知的遗传信息储存库），那它同时也为我们打开了一个更加丰富多彩的万花筒。信息在核酸中储存和传递的基本机制——碱基对的互补配对——是如此简洁优雅，以至于可能会让我们忽视信息输入和输出的整个过程本身复杂得惊人，更不用说其背后的实际含义了。这些分子并不会简单地彼此靠近、接触，然后一起交流。如果一定要这么说，那也是它们必须首先接到执行这项任务的指令，然后还必须向更高级别的组织请示，得到许可后再付诸实施。毕竟，基因的转录过程受到相当精细的调控。

举个例子，DNA上的基因与其起点附近（从读取方向来说，处于“上游”）的序列相伴，通常有100~1 000个碱基对那么长，称为“启动子”位点。为了让DNA聚合酶启动转录过程，特定类型的蛋白质必须与这些区域结合。有数种不同的分子，尤其是被称为“转录因子”的蛋白质，参与了这个启动过程。启动子位点处发生的事件决定了转录是否可以启动，但发生的具体概率受一种叫作“增强子”的DNA序列影响。在人类基因组中有数十万个增强子，长度通常为50~1 500个碱基对。令人困惑的是，增强子距受它们影响的基因很远，甚至可能相距100万个碱基对左右。另外，基因并不一定要有专属于自己的增强子，有些基因可以共享增强子，从而实现协同调控，即便这些基因本身在某条特定的染色体上相隔很远。在后文中，我会深入说明这些看似不太可能的情形是怎么实现的。

除了上述有关基因调控的复杂机制，把DNA看作由一系列蛋白质编码的基因序列，这样的传统图景在其他各个方面也会受到冲击。最值得一提的就是，有些基因或者染色体区域会在基因组中复制，而且有时一复制就是好几份。在漫长的进化过程中，上述复制过程中的一部分已经固定在基因组中，每当DNA为细胞分裂而复制时都会可靠地完成。还有一些复制过程则会在单个生物体中自发发生，例如，在生殖细胞形成期间，染色体会打乱、重组（这个过程叫作“减数分裂”）。有时候，细胞最后可能会复制得到完整的整条染色体，这是由细胞分裂时染色体的分配方式决定的。唐氏综合征的根本病因就是卵子或精子在完成复制后得到了一条额外的21号染色体，因此这种病被称为“21三体综合征”。

我们通常把基因重复看作DNA复制过程中的“错误”[①]，同时也认为这种错误在进化过程中发挥着重要作用。基因在重复之后，就创造了一个备份，这样一来，即便其中一个备份发生突变，也不会对生物体产生有害影响。于是，基因得以从严酷的自然选择限制中解放，进化出一种全新的功能——比如编码一种可能会在某些方面发挥作用的新型蛋白质。我们认为，从这个角度看，基因重复是进化创新的一个源头，给生物体的新行为乃至新生物体的诞生留出了空间。我们已经掌握了许多能够证明基因重复是一种适应性机制的例子，比如那些生活在极端压力环境（酷热、严寒、高盐浓度或高有毒金属含量）中的生物体就是通过基因重复策略筛选出来的。当然，这种重复本身并不是为了进化创新，反而更有可能是随机的。更难回答（目前尚未达成共识）的问题是，由于有潜在的好处，某种程度的基因重复是不是一种被鼓励的机制，而不仅仅是

---

① 在生物学中，如果我们将某种现象归为“错误”，那就意味着隐含一种假设：某个过程存在某种“正确”和“错误”的发生方式。当然，这类概念对分子来说毫无意义。实际上，协同控制生命过程的分子通过相互作用生效的方式是很难预测的。唐氏综合征就是一个很好的例子。认为唐氏综合征患者之所以会呈现特殊样貌是因为某种“错误”，这不仅是一种冒犯的说法，在哲学上也完全站不住脚。

一种稍稍偏离细胞机制（该机制确保DNA复制的精确性）的方法。

我还要指出，在与编码蛋白质的基因相对应的这些区域之外，DNA短序列的重复现象非常普遍。我们称这些短序列为“转座子”，它们能够简单地把自身的副本随机插入基因组的其他部分（也可以插入编码蛋白质的基因）。因为这类DNA片段对生物体没有多少用处，所以我们通常视它们为寄生性质的：它们的累积可能会对生物体的健康和进化适应性产生不利影响。它们并不是“自私的基因”（见第 72 页知识拓展 2–1），但确实有理由认为它们是“自私的DNA”。不过，部分研究人员现在认为，一些转座子会在细胞中发挥正面作用，比如重组基因组、为变异和创新提供机会。在下一章中，我会讨论更多DNA序列在编码蛋白质之外的功能。

除了基因重复的复杂性，另一个威胁“基因沿DNA链整齐、有序排列”这幅传统图景的事实是，有些基因可以重叠：同一段DNA可以编码不只一份RNA转录物。这类重叠现象在病毒和细菌中尤为常见（在病毒和细菌中，基因组非常紧凑，空间利用率很高），在人体基因组中也有发现。因此，重叠的基因不能与具有排他性的独特DNA序列画等号。

基因的问题

尽管存在上述这么多附带说明、复杂情况和限制条件，弗朗西斯·克里克的观点依旧坚挺：基因是产生蛋白质的手段。可是，那又怎么样呢？在 20 世纪八九十年代之前，主流看法是，为了生产蛋白质，基因的激活（用专业术语来说是“表达”）会通过某种方式导致某些特定的生理或发育结果，因此基因型和表型之间存在直接的联系，并且两者可以互相映射。可以预见，特定等位基因应该会导致特定性状。

20 世纪 90 年代，我在科学期刊《自然》担任编辑。正是在那个时候，我开始意识到事情并没有那么简单、直接。我当时的感觉有点儿像基努·里维斯在《黑客帝国》中饰演的角色尼奥，因为细节上的一些矛盾之处和奇怪的事情而开始怀疑周遭世界是否真的是它看起来的样子。尼奥曾试图对这些小故障视而不见，但他一旦开始直面它们，就必然会改变自己对事物运作方式的看法。说回我自己，在《自然》每周的编辑例会上，生命科学团队的同事们不时就宣布接受了一篇论文。这类论文的内容基本就是证明人们常常认为参与功能Y（可能是肢体发育，也可能是妊娠）的基因X对现象Z（比如癌症、免疫反应）同样重要。我当时是物理学编辑，对生物学一窍不通，总是会怀揣极大兴趣聆听他们的发言，但最后一点儿也没懂。最后，我鼓起勇气发问："所以，这有什么意义？"而他们总是会以高兴的口吻回答："我们也不知道！"

也难怪我的这些生物学编辑同行都大惑不解，因为大家都有一种直觉：基因在细胞和生物体形成并发挥作用的过程中扮演着特定角色。但显然，那些论文告诉我们的与这种直觉不符。这种所谓的直觉有多普遍？从我们给基因和它们编码的蛋白质起的名字（常常与首次识别出它们的环境有关）就能看出来。举例来说，*BMP*基因编码的是与骨骼生长相关的"骨形态发生蛋白"（简称BMP），而*TNF*基因编码的则是一种可以杀死癌细胞的名为"肿瘤坏死因子"（简称TNF）的蛋白质。[①]通常情况下，基因会因为某种发育缺陷（生物体产生的某种基因突变）而被标记出来，这在遗传学研究中经常用到的黑腹果蝇身上体现得最为明显。例如，无翼（简写为*wg*）基因的突变会导致这种果蝇没有翅膀，而驼背（简写为*hb*）基因的突变则会导致——想必你能猜到。

听上去很合理，是吧？既然一定要给基因取个名字，那么以它们诱发的或相关的性状命名，就是一种方便快捷的方法，便于我们记住基因的效应。只不过……那些发表在《自然》上的论文（及大量其他研究）不禁让我们生疑：生物体层级上的性状究竟是不是基因的基本效应？现在看来，许多基因都有不止一种表型效应。另外，基因在不同的实验或环境中的表现有时也会迥然不同，因而很难深究它们是以怎样的方式联

① 按照惯例，基因名用斜体表示，而相对应的蛋白质产物则不用斜体。

系在一起的。

*wg*基因就是一个很好的例子。遗传学家克里斯蒂亚娜·尼斯莱因–福尔哈德和埃里克·威绍斯证明，这种基因与果蝇胚胎体节的形成有关。如果果蝇胚胎因为*wg*基因突变缺失了正确的体节，就不能发育出翅膀。这两位遗传学家也正是凭借这项研究赢得了 1995 年的诺贝尔生理学或医学奖。

现在再来看看 20 世纪 80 年代初罗埃尔·尼斯和哈罗德·瓦默斯做的小鼠癌症研究。这两位研究者当时正在研究一种病毒，这种病毒能通过诱发基因突变的方式在受到感染的小鼠体内引发肿瘤。研究过程中，两人发现有一种基因特别可疑，就是所谓的“癌基因”——这种基因突变时很容易引发癌症。尼斯和瓦默斯给这个基因取了一个平平无奇的名字“*Int1*”，因为它与名为“整合位点”（integration site）的癌症相关基因组区域有联系。

许多生物体内都有与小鼠*Int1* 基因等效的基因，用遗传学术语说，这是一个高度保守的基因。果蝇体内也有这种基因，但是，在 1987 年，我们发现果蝇的*Int1* 基因竟是*wg*基因。也就是说，在果蝇体内，癌基因和*wg*基因是完全一样的，只是名字不同，表现的效果不同。于是，这个基因的名字变成了古怪的合成词：*wg/Int1*。后来，我们又发现这样的基因不止一种，类似的基因其实是一个家族，*wg/Int1* 只是其中之一。我们给这个基因家族起了一个高度省略的名字“*Wnt*”（发音为 wint），于是，*wg/Int1* 就成了 *Wnt1*。人类有 19 种已知的*Wnt*型基因。

那么，*Wnt*基因的真实功能到底是什么，或者说，*Wnt*基因生产的蛋白质到底有什么作用？我们最多只能说，它们参与了把细胞外部的化学信号传递到细胞内部的过程。实际上，上面这个问题有点儿像是问“in”（里）这个词有什么含义。粗略地说，“里”就是“内部”，而字典给出的定义是“表示某物的位置状态是被其他事物或看似被其他事物包围或环绕”。然而，更恰当的说法是：“in”的具体含义取决于它所在句子的上下文。比如“I put my foot in my mouth”（我说错话了）、“He’s one of the in crowd”（他是圈内人）、“In spring it rains”（春天会下雨），以及“Come in, please”（请进）。

所以，我会用另一种方式回答这个问题。我会在后文中解释这个特别的答案到底是什么，眼下我要先告诉你，像“*Wnt*基因有什么作用”这样的问题可以变得多么让人摸不着头脑。为了回答这个问题，分子生物学家或许会画一张图，比如图2–8，它会告诉你Wnt蛋白和其他蛋白质的相互作用，即“Wnt信号通路”。

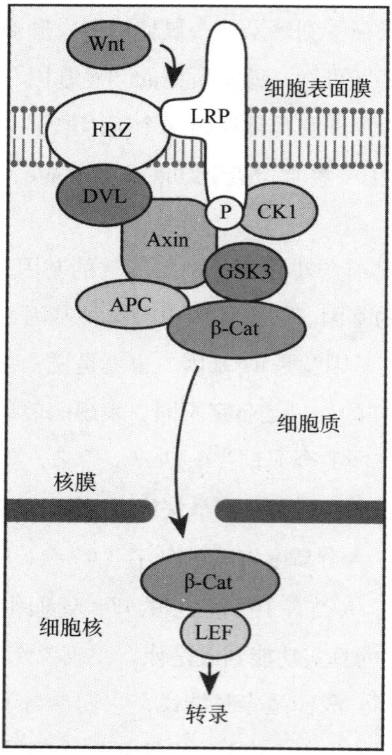

图2–8　Wnt蛋白做了什么？这是一张用于说明这个问题的典型图片。在这张图里，每一个方块或椭圆代表一种蛋白质。它们是如何互相结合的，要结合多久？每种蛋白质的功能又是什么？看了这张图，你明白了吗？

图2–8中的每一个方块或椭圆代表一种蛋白质。一般认为，Wnt蛋白和其他蛋白质合作，在细胞膜上形成一些复杂的分子组合以传递信息，

最后以其他基因的转录告终。我们可以在《自然》等科学期刊中看到大量与此类似的图，这个事实传递的信息是：分子生物学极为复杂，复杂到我们很难判断哪些重要、哪些不重要，也很难知晓如何解读生物分子的这种舞蹈。

所以，真正的*Wnt*基因（就目前已知的信息而言）本质上与翅膀是否生长无关，而且事实上我们根本不可能根据它对生物体的影响给它贴上任何有意义的“功能”标签。套用利物浦足球俱乐部传奇教练比尔·香克利的话来说，*Wnt*基因的作用比长不长翅膀重要多了。而且，这个现象在生物学中随处可见。经常会出现这种情况：在某种环境下得名的某种基因，被发现与在另一种环境下得名的基因是完全一样的。另一种经常出现的情况则是：与某种性状相关的基因被发现也与另一种完全不同的性状有关。凡此种种，听上去就可怕。

20世纪90年代，许多针对基因“功能”的研究都仰赖一种叫作“基因敲除”的技术，也就是借助生物技术有选择性地让生物体体内的特定基因失效，然后观察结果。这似乎是确定目标基因功能的完美工具：如果你让目标基因“停工”，然后看到生物体体内出现了某种效应（比如某种生长缺陷），那就可以很合理地推测这个基因参与了缺陷部位的生长发育。这有点儿像是一个接一个地替换电路组件来查找哪里出了故障，底层逻辑和尤里·拉泽布尼克在他那篇文章中阐述的生物学家修理收音机的研究方法一模一样。

问题是，基因敲除实验的结果往往让人摸不着头脑。可能有研究已经让所有人相信基因*X*绝对是生物体正常运作的核心，等到敲除它后却发现没有任何明显的影响，整个生物体看上去仍旧非常健康。又或者，我们已经知道基因*Y*与眼部发育有关，但敲除它后发现眼部生长没有受到任何影响，免疫系统却出现了某种缺陷。

举一个例子来说明这类效应有多么复杂。有一种名为“Src”的蛋白质，属于激酶——一类可以修饰并激活其他蛋白质的酶。激酶在信号通路——抵达细胞外部的信号（比如激素）传递到细胞内部的过程——中发挥着广泛且关键的作用。Src蛋白似乎参与控制细胞分裂的速率。于是，我们会很自然地想到，一旦编码Src蛋白的基因出了问题，细胞分裂这样重要的现象就会受到破坏，胚胎发育也会受到严重影响。然而，研究人员在1991年的一项实验中敲除小鼠体内编码Src蛋白的基因后，发现小鼠胚胎的生长发育几乎没有受到影响，只不过这些小鼠因为骨骼生长有问题而在出生不久后就死亡了。更仔细地研究Src蛋白信号通路，才能略微容易地理解这个结果，因为其中的细节非常微妙且复杂。举例来说，其他蛋白质也可以关闭或激活Src蛋白。另外，Src蛋白的目标作用分子有多个，因而可能会影响多种发育路径。1992年，研究人员在敲除小鼠*p53*基因后也发现了类似的实验结果，*p53*基因同样参与调节细胞分裂周期，并且这种基因的突变通常与癌症相关。虽然*p53*基因似乎深度参与了细胞健康分裂的过程，但没有这种基因的小鼠依旧正常发育，只是在出生后容易出现肿瘤。

敲除基因却没有产生预期中的影响，这样的结果无疑令人困惑。对此，一种常见的解释是：细胞传递信号的通路是高度冗余的。条条大路通罗马，因此，即便其中一条通路受阻，通常也可以启用另一条。然而，这充其量算是一种过度简化，暗示每条通路在细胞中仍然有明确的起点、终点和功能，同时暗示进化要做的就是产生备份。但实际上，细胞的“线路图”根本不具备这样的特征。它的逻辑截然不同，颠覆了我们对特定分子或通路的“功能”及其在构建并维持生物体方面扮演的角色的直觉认知。在一个组织中，如果某人忽略或忘记执行某个任务（又或者就是旷工了），解决问题的方式通常不是保证其他人介入并替某人完成任务（在劳动力链上建立冗余机制），而是在工作链的下游位置采取补偿措施。事实证明，后一种方式在企业管理方面的表现更好。

如此种种都表明，我们还远不清楚应该如何解释“发育和行为的遗传控制”这个概念。基因也许会影响生物体的发育和行为，但我们通常不知道其中的具体机制，也无法预测基因突变导致的表型后果。工程师会嘲笑我们对“控制”的定义。米歇尔·莫朗热就带着挖苦的口吻指出，基因敲除实验总是产生意想不到的结果，而我们的回应常常是换一个问题。他说："如果我们在敲除基因后只观察到轻微影响，而非显著影响，那么解决方法也简单——小问题变成了亟待研究的大问题。"

解读基因

面对以上这一切，在 20 世纪 90 年代，天真的我开始怀疑，我们是否真的正确理解了基因"做"了什么。基因型到底是怎么决定表型的？

当时，我们似乎就要找到答案了，因为人类基因组计划已经启动，这个计划的目的就是解读所有已知基因的DNA序列。然而，这个计划在源头上就面临着一个多少有点儿棘手的问题：人类基因组中实际只有大约 2% 的基因是编码蛋白质的。传统的说法是，我们的生物学都是关于蛋白质的，而基因组则为每一种蛋白质提供了模板。（平均来说，编码蛋白质的基因的平均长度为大约 8 000 个碱基对，只不过这个长度的波动范围很大，从几十个碱基对到 200 多万个碱基对不等。）然而，我们还有这么多其他类型的DNA！它们是干什么用的？当时普遍认为，它们差不多就是垃圾，就像家里堆在阁楼上的东西一样：它们是在进化过程中积累起来的无意义物质，我们的细胞也没有清除它们的动力。不是不能清除，只是不值得清除。[①]

---

① 有些DNA片段现在被归类为"假基因"，我们一度认为这些基因曾是功能基因，现在因退化而无用了，但它们实际可能在生物体内发挥着重要作用。据估计，人体基因组内仍有多达 20% 的假基因会被转录，这表明它们一定还有用处。更为重要的是，假基因还可能"复苏"为具有新功能的基因：名为"X染色体失活特异转录因子"（简称*XIST*）的重要基因就属此类。和"垃圾DNA"这种说法一样，"假基因"这个称呼也带有轻蔑的含义，几乎暗示了某种厌恶或不赞同的态度，进而严重阻碍了相关研究。澳大利亚新南威尔士大学的生物学家马塞尔·丁格和他的同事就指出："人们对假基因普遍存在误解，部分源于'假'这个标签的贬义暗示的推波助澜，这导致假基因经常被排除在功能评估和基因组分析之外。"（这段话引用自一篇名为《克服挑战与教条，认识假基因功能》的文章。这篇文章表明，要想重新评估DNA这个术语包含的内容，几乎可以说涉及一场生物学意识形态斗争。）

那么，那2%发挥功能的DNA又是什么情况？大多数遗传学家估计，这类DNA含有大约5万~10万个基因。对像人类这样的复杂生物体来说，这个数字看上去很合理。[①]毕竟，生活在土壤中的秀丽隐杆线虫的体长只有1毫米，体细胞大约只有1 000个，也拥有2万个左右的基因——人类的活动显然要比这种线虫复杂多了！

然而，随着人类基因组计划的推进，科学家估计的人类基因数量开始减少。或许，我们大约只有4万个基因！等等，还没完，甚至可能更少……最终统计出来，编码蛋白质的基因总数略多于2万个，具体数字取决于计数方式。在此之前，生物学领域几乎没有人认为这么点儿基因就能创造一个人类。如果基因真这么少，人体“蓝图”（人类基因组计划坚持用这种方式称呼我们的DNA）中的“指令”数量似乎不足以把这么复杂的东西结合到一起。也就是说，专家此前对人类基因总数的估计比实际情况多了三四倍——我经常用这个例子证明“专家”犯的错可以有多么严重。不过，真正重要的倒不是数字，而是数字背后的假设。估计结果与实际差别这么大，只能说明我们此前对基因的认识是错的。

弗朗西斯·克里克把基因定义为编码蛋白质结构的DNA序列片段。这个定义已经不那么合适了，更具体的原因我会在接下去的两章中详细阐述，这里先简单讲讲。首先，我们现在知道DNA的某些片段会保留、遗传下去且与性状相关（这符合我们合理地将其与基因的传统概念联系在一起的标准），但它们根本不编码蛋白质。相反，它们充当的是RNA分子的模板，而这些RNA分子本身就在细胞中扮演着重要角色。稍后，我们就会看到这些重要角色究竟是什么。令人困惑的是，哪怕这类DNA序列确实编码了重要信息，我们也称它们为“非编码序列”，这是因为习惯上总是把DNA编码和遗传密码与蛋白质联系在一起。于是，我们再次发现，在生物学领域，即便这种语言诞生的假设已经被证伪，也仍旧不

---

① 一些生物学家质疑这种说法，他们认为，那些真正精通此道的人对人体基因总数的估计要比正文中提到的数字小得多。这有点儿像是射出箭后再画靶：为什么会如此？因为那些把基因数量估计得低的人才是这个领域的权威！

得不使用这种语言，这样的情况多少有些尴尬。

关于这类非编码DNA片段是否值得改称“非编码基因”，是的话又该何时改称，人们尚未达成共识。原因很简单，大家对基因在分子层面上应该代表何种物质已经不再有任何共识了。最近的一项提议是把基因定义为“一组编码一系列可能重叠的功能性产物的基因组序列”。这个定义与克里克的定义不同，震撼之处在于它很难理解，需要进一步解释。它暗示，基因是编码具有生物学功能的某些分子或分子集合（无论是蛋白质还是RNA）的基因组的一部分。如果编码这些产物分子的DNA区域重叠，基因就包含了所有与相应产物分子有关的部分。另外，如果单个DNA区域编码了一系列相关产物，那么它们全都来自同一个基因。

发育生物学家弗雷德·奈霍特则用一种更为一般的方式定义了基因。他说：“基因是细胞可以利用的被动物质来源，是进化机制的一部分。正是这种进化机制通过提供合成、输入或建构物质的手段，允许生物体及它们的组织和细胞独立于环境存在……细胞是新陈代谢、生物生长和分化的必需品。”这同样是一种令人费解的表述方式，但整体表达的信息再清楚不过了：基因知道自己的位置。

无论传统上认为基因在细胞中发挥什么作用，我们都最好把它归因于整个基因组中发生的事件。基因组中有功能性模块，但它们并不是以整齐、线性、静态的方式排列的。它们可能重叠，或是分散成零散的部分，并且其中一部分的功能或许依赖于另一个部分的参与，哪怕这两个部分可能相距甚远。哲学家弗朗切斯卡·贝拉齐认为，从这个角度看，基因就是细胞工作方式的涌现性特征。基因提供了一种思考DNA在细胞环境中所发挥关键功能的有用方法，但不能简单地将其与DNA分子的特定片段等同。贝拉齐说：“基因在细胞里有恰到好处的位置，不了解细胞就无法理解基因。”

无论如何，无论基因组编码的是什么，这都与信息编码在磁带上或者以一串算法指令的形式编码在计算机中不同。基因组或许更像是大脑的组织结构。曾经有一段时间，我们把大脑整齐地划分成不同区域，每个区域都在人类行为中发挥特定作用：这个区域控制友善，那个区域则与攻击性或毅力有关。这种观点为19世纪的颅相学提供了基础。根据颅相学理论，测量头骨就可以知道头骨之下大脑的构造和形状，进而揭示被试者性格的各个方面。

传统观点把基因看作像珠子一样串在染色体上的不同DNA片段，中间散布着“垃圾”，并且认为每种基因控制着表型的某些方面。从本质上说，这就是遗传学版本的颅相学。这倒不是嘲笑，毕竟，哪怕是颅相学的核心思想——大脑由各个模块组成——也并不完全是错的。大脑中的各个区域确实具有一些特定的功能：某个区域与语言处理有关，另一个区域与视觉有关，还有区域与空间记忆相关，等等。如果大脑受到损伤，但仅限于上述这些区域中的一个，可能就会导致极其具体的认知障碍，但不会影响其他能力。然而，认为大脑每个区域独立运作就能产生某些特定行为方式的假设是错的。大脑的工作基础是各个区域之间复杂的相互作用，并且必须以一种我们目前仍然没有充分理解的方式把每个区域的活动整合成连贯反应。这一点也同样适用于基因组。

因此，从这个角度说，戴维·巴尔的摩在1984年称基因组为“细胞的大脑”算是正确的。然而，在更深的层面上，他就错得有点儿多了，因为这个描述其实是在暗示基因组控制着细胞。实际情况是，基因组作为一个独立且完整的实体为细胞提供资源。我们把这些资源的源头称为“基因”，但事实上，基因与其说是DNA分子的组成部分，不如说是从DNA概念上衍生出来的。因此，基因并不是人体的蓝图，也不是我们思维或生命的蓝图。基因赋予我们能力，而剩下的则取决于我们与环境之间的相互作用。

基因如何影响性状

从某些方面来说，随着基因组数据不断增多，基因组的蓝图比喻也得到了新的助力。在海量数据的帮助下，我们能够更加清晰地看到基因是怎么塑造我们的，甚至有了发现等位基因与性状之间极其微弱之联系的可能。下面我就来介绍一下具体原理。

想象一种理想情况：我们完整测序了两个人的基因组，发现二人除了某个基因上存在一种差异，其他一模一样。比如这两个人是同卵双胞胎姐妹，艾丽斯有等位基因 1，埃米有等位基因 2，她俩在 DNA 相应部分的一个碱基对上存在差异。现在再假设姐妹俩的性状和外表完全一样，只有一个细节不同：艾丽斯的眼球是蓝色的，而埃米的眼球是绿色的。[①]同时，我们已经确定眼球颜色的遗传性很强，似乎主要由基因决定。[②]那么，我们似乎可以很合理地推测基因的差异正是表型差异的源头。

然而，大多数人类性状都不只受遗传因素影响，它们同样受环境的影响。因此，我们还需要查验一下眼球颜色的差异是不是艾丽斯和埃米的饮食差异导致的。如果我们能找到其他同卵双胞胎姐妹，她们与埃米和艾丽斯的基因组不同，但她们眼球颜色的差异及相应基因的差异与埃米和艾丽斯相同，饮食习惯也一样，这个结论就更加有说服力了。

假设我们现在观察两个人，他们的基因组只有两个等位基因不同，同时也有两个明确的不同性状。那么，每个性状是否都由这两个不同基因中的一个控制？要确认这个结论有一点儿复杂，但你很可能会发现，如果我们找到了许多在基因和性状上有差异的个体，就可以做系统性的统计学对比，以查明哪些性状与哪些基因差异相关。许多性状都不是非此即彼的区别（蓝眼睛或绿眼睛），而是程度的区别：他们有多高，他们在智商测试中的得分是多少，他们罹患心脏疾病的风险有多大？然后我

---

① 在此，我得指出，这些教科书中的例子——如头发颜色或是孟德尔豌豆实验中的豌豆特征——往往是字面意义上的表面特征，即只是在视觉上有所不同。换句话说，我们问的往往是“是什么遗传学因素让某人的眼睛看上去与另一人不同”，而非“塑造我们眼睛的是什么基因”。比起前者，后者要复杂得多，因而也更有助于揭示“基因功能”这个问题的答案。

② 实际也确实如此，但并不是由单个基因决定。事实证明，决定眼球颜色的基因要比我们此前认为的复杂得多。虽然染色体 15 上的两个相邻基因在眼球颜色上发挥着关键作用，但至少还有 14 个其他基因也有影响。

们就会问，身高差异的分布——技术上称为“方差”——在统计学上与基因差异有多大程度的相关性。我们不需要在一开始就知道要查验哪些基因来“解释”这类差异。事实上，之所以使用这种分析方法，正是因为我们不知道这种差异与哪些基因相关。通过比较诸多个体的全部基因组序列，我们就能找出哪些基因似乎“导致了差异”，哪些毫无影响。说得更准确一点儿，我们寻找的是基因差异与性状差异的相关性，但我们不能确定就是这些基因“造成”了性状差异。

我们称这样的分析为“全基因组关联分析”（GWAS）。这种分析方法的基础是大量个体的基因组数据，同时我们也需要掌握这些个体的性状信息。通过GWAS识别出的大多数基因间突变都是单核苷酸多态性（SNP），也就是只在一个碱基对上有差异的等位基因，例如序列TTAACCCCGATTA和TTAACCTCGATTA。个体之间SNP的不同或许与性状的不同相关，比如对某种疾病的易感性。[①]对基因做单碱基替换，很多情况下根本不会有能够观察到的影响，并且单碱基替换在整个种群中很少见。只有那种相对常见的突变（通常来说比例要超过总人口的1%）才被称为SNP，这表明它们是定义明确的突变，能够在人群中保存下来并代代相传。

多亏了基因测序技术的进步（越来越快捷，成本越来越低廉），这类数据及分析这类数据的计算工具在大约10年前真正普及开来。这些研究能揭示诸多极具价值的信息，对医学来说意义尤为重大。例如，正是因为有了这些基础研究，我们才可能识别出与某些虽然罕见但相当难治愈的遗传疾病相关的基因。另外，由于数据量相当庞大，我们甚至连一些很微小的遗传影响都能识别出来。举个例子，我们已经识别了数千个身高相关的基因突变，尽管单独来看，其中的每一个突变都只能解释全

---

① 虽然我们已经在原理上很好地理解了用于发现这类相关性的统计学技术，但关于部分统计分析结果究竟有多可靠的问题，争论一直存在。公正地说，虽然人们目前仍旧对部分性状与基因突变之间的所谓相关性缺少信心，但GWAS确实强有力地证明了，到目前为止，还没有哪种人类性状和疾病找不到与基因之间的相关性。

人类不到 1% 的身高方差。一般来说，要是没有成千上万个基因组序列的数据，是不可能识别出这么微弱的遗传影响的。

然而，认为“我们怎样成为现在的样子”和基因型相关，与认为基因决定了“我们是什么样子”之间，有一个关键区别。例如，罗伯特·普罗明认为，就个性与性状而言，基因确实影响巨大，而对智商（以智商测试结果或学业成绩来衡量）来说，父母的遗传因素“有作用，但不足以产生真正的差异”。光从字面上看，普罗明的这个观点多少让人有些费解——如果某件事不足以产生真正的差异，又怎么能说它有作用呢？不过，普罗明口中的“差异”含义非常具体。他是说，只有智商差异的遗传部分才可能（在拥有大量个体的样本中）被系统性解释，这类基因的突变与认知能力的这部分差异相关；至于其余那些差异，目前还没有发现任何环境因素能够准确解释，比如我们不能说人类智商差异的 10% 是由社会经济环境造成的。

因此，普罗明其实是在说，父母、社会经济环境及其他非遗传因素对人类的成长路径和行为方式有重要影响，但这些因素发挥作用的方式相当复杂，并且很难在全人类中找到共性。抚养子女的方式对任何一个给定的个体都能产生很大的影响，但对每个个体产生的具体影响程度仍存在不同且难以预测，部分原因在于个体认知特征的先天差异。举一个极端但绝不算罕见的例子：父母的虐待会给两个孩子留下终生难以解决的心理问题，但两人的问题表现方式很可能完全不同。一个孩子或许会变得控制欲极强，无法维持良好的恋爱关系；另一个孩子则可能经常陷入阶段性的抑郁之中。二人的问题表现方式之所以如此不同，或许就是因为先天认知特征不同。如果说在这个家庭里父母的养育方式对孩子没有任何影响，那绝对是在模糊概念的定义，而且模糊到了不负责任乃至可耻的程度。

普罗明这番晦涩难懂的表述值得注意的地方在于，它实际上剥夺了父母、环境及一般意义上的外界影响的“能动性”。按照他的观点，基因的影响是居于主导位置的，上述种种只不过是不断涌现的随机噪声。因此，这其实又是一种以基因为中心的生命观，而且错误地把矛头对准了能动性。同时，我们还应该注意，即便是像智商这样的复杂性状的遗传部分，也与统计方差相关。它不是确定的，而是概率性的。一般来说，涉及多个基因的性状都是这样：从整体的平均角度能清晰看到遗传因素的影响，但无法从遗传角度预测个体的情况。举个例子，假设某个婴儿具有某种特殊基因型，而且这种基因型已经通过GWAS分析确认与智商相关，[①]他有45%的概率日后在学校里成为成绩排名前20%的学生。在这类案例中，你仅从基因角度出发所能得到的最好预测也就是这样的概率性预测了。

随着基因组分析技术越来越普及，深入了解这类概率预测的含义也变得越发关键。部分科学家和政策制定者已经提出，应该对所有新生儿做基因组测序，目的主要是筛查遗传疾病风险。实际上，基因筛查已经成了试管婴儿技术的常规流程。如果父母双方都携带某个可能会引发严重疾病的等位基因，而且他们知晓一旦双方的这个等位基因都遗传给了孩子将引发严重的后果，就会采用体外受精（IVF）技术，以便对胚胎做基因筛查。[②]这类筛查被称为“植入前遗传学诊断”（PGD），可以确保植入的胚胎不会同时拥有父母双方携带的致病等位基因。现在甚至出现了一些商业公司，声称可以根据GWAS研究中观察到的统计基因关联，用PGD技术识别出存在智商异常低下风险的胚胎。如果这种筛查手段获批用于另一个方向，即筛选出“高智商”胚胎，那么几乎肯定会有许多人趋之若鹜。然而，这事永远不可能有任何保证，即便是拥有“高智商”基因图谱的胚胎，智商落在概率分布的中等智商甚至低智商区间的可能

---

① 如你所想，那些旨在寻找智商相关基因的研究都备受争议。虽然人们对智商本身的定义及具体测量方式存在巨大分歧，但有一点似乎相当清楚：智商在很大程度上受遗传影响。通常认为，遗传因素对智商所起的作用占到了50%左右，只是会随着年龄的增长及社会经济环境的不同而有所波动。

② 前提是这种疾病是隐性遗传的，通常实际情况也确实如此，比如囊性纤维化。如果一个等位基因就足以致病，如亨廷顿病这样的显性遗传疾病，那么筛查流程也会做相应调整。

性也不小。当然，你可能会争辩说，在其他条件保持不变的情况下，这样的筛选毕竟“提高了宝宝变聪明的概率”，但它同时也提高了你期望过高的风险，以及将整个生育过程商业化的风险。更为重要的是，许多智商相关的基因必然也与其他性状（或许是神经质或精神分裂症）相关，并不存在可以独立发挥作用的“智商基因”。因此，我们如果以这种方式筛选具有高度多基因性状的胚胎，就很难知道同时还筛选出了什么其他性状。

基因组学研究揭示的这幅新图景，让人们从根本上对遗传能在多大程度上“原子化”成明确且离散的基因产生了一些怀疑。首先，旨在将性状和基因组序列突变联系起来的GWAS凸显了比基因更小的DNA片段——通常就是一个SNP。而且，这类SNP中几乎有90%压根儿不在负责编码蛋白质的基因中，而在这些基因之间不具有编码作用的DNA序列中。我们会在下一章中看到，非编码区至少有一部分序列负责编码在基因调控过程中起关键作用的RNA。目前看来，大部分复杂性状都与这些非编码区相关（请记住，它们编码的确实是功能性分子，只不过不是蛋白质，而是RNA）。现在，越发明显的一点是：这些具有调控作用的区域正是基因组中我们预期会导致显著表型变化的位置，因为调控正是人类基因组运作方式的核心。

讽刺的是，正是出于上述思考，基因组时代反而动摇了基因之于生命的核心地位。有些人认为，我们现在处于“后基因组时代”——按照科学史学家萨拉·理查森和哈勒姆·史蒂文斯的说法，这标志着“基因中心主义与遗传还原论在基因组时代决裂”。

全基因

如果可用数据充足，理论上，我们可以借助GWAS研究任何性状，不存在明显的限制。这类研究表明，许多人类性状都受到众多基因的影响。即便是那些表现出高遗传率[①]的性状（比如身高），遗传因素的作用也来自诸多本身影响甚微的基因的加和效应，而非寥寥数个拥有巨大影响的基因所致。这就让我们很难厘清每个基因的功能，或者说得更确切一点儿，难以分辨它们之间的因果关联到底有多深。说到底，GWAS研究解释的也只是相关性，而非真正的因果关系。有些时候，基因之间的关联很直观。举例来说，我们已经知道，部分与智商相关的基因参与了大脑发育，而与炎性肠病克罗恩病相关的基因则在免疫反应和炎症反应中表现活跃。然而，更多时候，基因与性状之间的关联远没有这么明确、具体，许多与某种性状相关的基因并没有指向任何明显的因果关系，某种性状或疾病的大部分遗传性来自众多基因的总和。单独来看，这些基因各自的影响都很微小，甚至看起来无关紧要，但累积在一起就不容小觑了。

有些性状的多基因特性非常极端，它们甚至与上千乃至上万个基因相关。实际上，遗传学家乔纳森·普里查德和他的同事表示，在诸多复杂性状与基因之间观察到的统计学关联“在基因组的大部分区域都适用”。例如，他们发现，在已发现的所有人类常见SNP中，足足有62%

---

① 遗传率这个概念很容易被误解。它指的是性状差异与基因差异之间的相关性有多强。虽然几乎所有人都遗传了长出两条腿的倾向，但长出两条腿的遗传率几乎是零。这是因为那些没有双腿和只有一条腿的人几乎都是只受到环境因素影响的——他们是因为受伤才失去腿的。

我们很容易认为，性状总是具有固定的遗传率——就性状而言，“环境”因素起到的作用不是固定的，固定的是“遗传”因素。然而，事实并非如此。举个例子，假如我们能抑制所有对性状变异有影响的环境因素，只留下遗传因素，那么我们观察到的遗传率肯定会上升。在那些认为教育政策应该更加重视智商遗传率的人中，有一部分人指出，通过关闭能提供更多教育资源的私立学校以平衡教育竞争环境的方式，不但不会使学生的成绩差距缩小，反而会使那些在学业上具有某种“遗传优势”的学生变得越发突出。这类热点问题需要更深入、更细致的讨论，而这显然不是我能在本书中做到的。（最为重要的原因是，几乎不可能明确、清楚地划分基因与环境因素各自的具体影响，自然的运作方式并非如此。）不过，或许也可以给出一个简短的答案：“也许确实是这样，那么你的观点是什么？”

与身高相关，而且这些SNP常见于在大多数类型的细胞中都活跃的染色体区域。更为重要的是，这类复杂性状最常见的基因关联出现在非编码区——正如我在前文中讲到的，这些区域正是RNA分子参与基因调控的“非编码”序列所在之处。

普里查德及其同事认为，大多数疾病都只会受到数量相对较少的基因的直接影响，而且这些基因通常参与了对疾病表现方式来说相当重要的细胞过程。他们称这些基因为“核心基因”，并且认为，从原理上说，核心基因在致病风险中所起的作用是可以解释的。然而，由于编码基因与非编码基因（尤其是那些具有调控功能的编码基因）相互影响的联系极为紧密，几乎任何基因都能对核心基因产生影响。因此，核心基因会受到大量外围基因的影响。虽然单个外围基因影响微小，但它们的加和效应可能会超过核心基因的总效应。

这个“全基因”模型意味着，部分基因在性状或疾病的出现过程中发挥着重要作用，但在这种性状或疾病的遗传率或实际患病风险中只扮演了一个小小的角色。另外，某些疾病和性状甚至压根儿没有核心基因。相反，是基因组的“全局”活动决定了相应细胞或组织的状态，使其处于罹患某种疾病的风险较高或较低的状态。整个基因组的这种动态相互作用的复杂性，以及基因作为有意义的基本功能单位的模糊性，意味着我们或许应该尝试从基因真正传递给后代的内容（整个基因组）去理解遗传现象，而不是从基因本身出发。

全基因模型对进化也有重要意义。自然选择并不是直接作用于基因，而是作用于携带基因的生物体。决定生物体适应性的是表型。如果表型的遗传基础太过分散，适应就不会依赖携带某些关键基因突变（等位基因）的生物体，而是通过大量等位基因（每个等位基因的影响小到几乎可以忽略不计）在整个种群中出现频率的微小变化发生。这样一来，“促使人类和黑猩猩在进化树上分化的遗传创新是什么？”这样的问题就变得毫无意义。这类所谓的关键基因或许根本不存在。实际上，人类与类人猿在遗传层面上的进化差异可能更加细微，这一点我们在后文中就会看到。

虽然全基因的概念有效突出了将基因型和表型联系起来的难度，但我们也可以从另一个角度理解这个概念，即承认直接联系基因型与表型的尝试（至少对某些性状来说）是毫无意义的。如果你对某些观察结果的解释在事实上等同于“一切因素都很重要”，那就根本算不上一种解释，只是在以 1∶1 的比例描述现象本身。换句话说，这幅图景剥夺了基因对表型的大部分决定能力：单个基因不再是寻找决定表型的因素的正确地点。正如分子生物学家、哲学家莱尼·莫斯所说，基因并不是“表型的粒子”。因为，总的来说，单个基因不会创造某种性状或特征，尽管有些基因个体确实有能力改变性状。许多借助GWAS寻找性状与基因间关联的努力都不是在识别导致性状出现的基因，而是在识别个体差异相关的基因组序列。这种区别导致了人们对基因所起作用的诸多误解。

想象有两块田地，某种野花要在其间茁壮成长需要满足什么条件？首先，这种野花的种子得进入田地（也许是跟着动物粪便一起掉到田里）。其次，田地的土壤酸碱性和营养成分必须适合野花生长。再次，这里必须有充足的降水，温度波动也要落在合适的范围内，等等。再想象两块田地中有一块满足了上述所有条件，而另一块没有。那么，只有在满足了所有条件的田地里，野花才能生长、绽放。好了，我们现在看到了这个现象，并开始寻找出现差异的原因，最后发现两块田地里只有一个条件不同，就假设是降水量吧。那么，我们是否能得出结论：降水量就是决定这种野花能否生长、绽放的唯一因素？还是说，这种花的生长是当地整个生态系统的结果？

基因包含了哪些信息？

现在，我们就能看出人类基因组计划背后的指导思想存在的不足之处了。人类基因组计划的理论基础是基因确实对表型有明确的作用：某些基因决定了眼球、头发、皮肤的颜色，有些负责肌肉、骨骼的生长，还有些则会影响智商。当然，我们已经很明确地知道决定某种性状的可能不只是一种基因，但直到 20 世纪末，我们都认为，如果某种性状与至少 15 种基因相关，那么它必然十分复杂。

我们现在已经明白，人类基因组中的大多数基因没有任何特定功能，也就是说，我们不能真正说出它们是“做”什么的。而且，这不只是一个得空了再去想明白就行的问题。对许多基因来说，尤其是那些对我们细胞和身体的运作方式至关重要的基因（比如 *Wnt*）来说，试图把特定功能划分给它们很可能毫无意义。正如弗朗西斯·克里克所说，对这类基因的“功能”，我们只能说，它编码了一种蛋白质或者一群相关的蛋白质（常见的情况）。基因组里的部分基因和活跃区域甚至都不编码蛋白质。这样一来，在关于生命运作原理的故事中，基因的角色，或者更普遍的说法是基因组的角色，似乎就仅限于携带用来制造生物功能性分子的可遗传化学编码信息。仅此而已。

那么，从信息的角度看，基因组是否足以完整描述生物体（就像我们对说明书或者蓝图的期待那样）？答案很明确：否。我们不可能根据基因组计算出生物体最后变成什么样，哪怕只是从原理上确定也不行。在发育过程中，很多事情都不是由基因决定的。另外，单独看一个编码蛋白质的基因，你甚至都不知道它的表达产物是什么，更不用说这个产物在细胞中起到什么作用了。你连基因组是否会构建某个细胞都无法预测，原因很简单：基因组就不能构建细胞。相反，细胞才是基因组做事的先决条件。把一整套人类基因组放入水中，或许还可以加上人体摄取后用来制造其生物分子的所有相关成分，也不会发生任何值得一提的事情。我们可以慷慨地往水中添加任何我们认为有助于孕育生命的物质，比如构成细胞膜的脂质分子，以及预先制成的用于转录和翻译的酶，但仍然无济于事。生物体不会自发形成。仅凭这个原因，基因组序列就永远不可能“完整描述生物体”，它不可能完整描述生物体是怎么生长的、会长成什么样子、会出现什么行为——总结起来就是，不可能完整描述生命的运作方式。

知识拓展 2-1

进化视角下的基因

理查德·道金斯在他最知名的作品《自私的基因》中解释说，基因是进化过程中的守恒量：基因在诸多世代和物种中保存下来，而且保真度非常高。在从细菌到鱼类再到人类的所有物种中，对生存至关重要的某些基因（如那些与新陈代谢和复制有关的基因）都以非常相似的形式存在。我所说的“相似”是指它们的DNA序列明显类似，而且它们编码的酶显然是同一种基础结构的微小变体。我们称这类基因高度保守。

进化遗传学假设，基因型的变化会导致表型的变化，并且，当这类变化具备适应性（提升生存和繁殖能力时），它们就会在物种的基因库中受到青睐，得以保存并广泛传播。这一切都意义重大。正是这种机制推动进化遗传学成了20世纪最成功、根基最深的科学领域之一。

于是，我们也很自然地把基因看作进化的基本“原子”。从这个角度看，生命世界似乎是一个基因复制、繁衍、打乱重组，通过随机突变产生微小变化，再通过自然选择做筛选的地方。重要的是基因如何在种群中传播，或者说得更确切一点儿，是给定基因的处于竞争关系的不同等位基因如何在种群中传播。这么看，生命似乎完全由基因决定。这就是道金斯那个知名观点——人类和其他生物都是“基因制造的机器”——的理论背景。道金斯提出，我们是“被盲目编程的机械车辆，所有目的就是保护那些叫作‘基因’的自私分子”。（剧透：我们才不是这样的。）

这简直就是对生命科学的阉割。按照这种想法，我们不再会关注生命世界有多么生机勃勃，有多么丰富多彩——毕竟这些都只是基因繁殖的附带结果。这也绝对不是道金斯和他的支持者希望看到的。我觉得，没有人会怀疑他们（就像我见过的所有生物学家一样）对自然科学研究的真挚情感，也正是这种情感令当初的达尔文痴迷于研究。道金斯关于进化的论著生动描绘了生物体如何通过自然选择适应自然界，提升生存和繁衍的能力，进而提升传播自身基因的能力。总的来说，这类适应过程精致而巧妙，尽管有些时候显得血腥又凶残。

然而，要是进化生物学家认为自然界只是基因的演出舞台，有时就会导致人们对生命的真实运作机制丧失兴趣。20 世纪三四十年代的现代综合论完全没有考虑到发育生物学和细胞生育学的研究，而且似乎不怎么在意这个疏漏。道金斯本人也对这种态度有所反思，他在《自私的基因》中写道："控制胚胎发育的是一张环环相扣的关系网。这张关系网极为复杂，复杂到我们最好不要太深入思考。"但在本书中，我们就是要思考这张关系网，而且我们越是思考，就越能发现，仅从基因视角不足以解释整个生命世界。

公平地说，《自私的基因》的宗旨也不是探讨这类问题，那部作品的主题是进化，而非基因本质。然而，那本书也确实延续了一种早已存在的态度，即人们总是更倾向于探讨基因在遗传过程中发挥的作用，至于基因具体"做"了什么，则暂且搁置一旁。我们用"基因作用"笼统地概括基因做了什么，也就是图 2–1 中的黑箱。这种趋势在 20 世纪下半叶表现为对遗传学的偏爱，这门学科取代了胚胎学（这是当时的称呼，现在该研究领域的名称是"发育生物学"）。从进化语境中的基因视角来看，发育和生物体本身不过是基因引起自然选择关注的手段。对此，道金斯在他 1982 年出版的著作《延伸的表型》中有过明确阐述："知道表型是怎么形成的当然是一件好事，但是，胚胎学家忙于寻找这个问题的答案之时，遗传学的已知事实赋予我们继续坚持新达尔文主义，把胚胎发育视作黑箱的权利。"正如我们已经看到的，放弃对这个黑箱的兴趣意味着放弃探索生命如何运作这个问题的答案。如果这确实不是我们的目标，那我觉得倒也没什么。（其他人，比如生物学家理查德·列万廷则指出，即便是对进化理论来说，这也意味着“彻底忘记我们最开始想要解释的是什么”。）

遗传学与发育生物学的这番分歧并非不可避免。它的源头可以追溯到20世纪初，当时，人们突然对孟德尔在19世纪50年代关于遗传因子的研究产生了兴趣。按照彼时的观点，孟德尔的豌豆研究意味着遗传通过亲代与子代之间离散因子（也就是从那时起，研究人员开始称其为“基因”）的传递实现。人们认为，那些基因决定了人眼可见的生物性状。牛津大学的生物学家沃尔特·弗兰克·拉斐尔·韦尔登挑战了这种观点，他认为生物体的发育背景和环境背景也会在表型中显现，因此实际出现的性状会比孟德尔性状更加多样化。现在来看，韦尔登的观点是正确的。正如科学史学家格雷戈里·雷迪克所说：“孟德尔主义最后胜利了——韦尔登在1906年突然离世，没能来得及完整发表他的观点——自那之后，遗传学的教学始终强调基因的首要地位。”孟德尔主义与达尔文主义在现代综合论中达成和解，再也没有回头路可走。

不过，雷迪克还补充说：“现在的问题是，我们越发觉得，孟德尔主义的‘基因决定论’与21世纪的生物学并不合拍。批评者认为，如果我们想发挥基因时代的潜力，就一定要找到与多样化的生物现实相匹配的新概念和新语言。”说到底，进化生物学家研究的也只是生物学的一小部分。对他们来说，知道基因型与表型之间存在关联就可以了，没有深入了解这种关联具体是什么的迫切需要。这有点儿像我们看待计算机的方式。我们知道敲击键盘上的某个键或是移动鼠标就能在屏幕或互联网上产生某种效果，这就足以完成工作了。在这个过程中，我们隐约能觉察到计算机的软件和硬件都执行了极为复杂的操作，但除非有极强的兴趣一探究竟，否则很难有动力去深入了解。结果就是，我们倾向于把计算机看作某种形式的魔法——一个最好不要打开的黑箱（或者说磨砂银盒）。

称生物体为“基因制造的机器”是一种隐喻，描述了进化遗传学家如何看待生命，而且确实颇有效果。然而，如果他们真的开始相信生物体就是基因制造的机器，那就在事实上偏离了正确方向。我们不是机器，不只是因为我们会呼吸、会感知、会想象、会社交（尽管这也的确是事实），更是因为我们的确不是字面意义上的机器，也不是“由基因制造的”，就像我们不能把树称为“向空气中输送水蒸气的装置”一样。

不过，最近几十年里，发育生物学和进化生物学的分歧缩小了。一个俗称“进化–发育生物学”的领域正在蓬勃发展，这个领域旨在认识进化如何塑造发育系统——胚胎正是通过发育系统成长为生物体的。进化–发育生物学为我们理解生命的运作原理做出了卓越贡献，后文将介绍其中的几个方面。然而，这番努力远没有达到能将进化与基因的发育生物学意义统一起来的程度，反而凸显了两者的不同，以及在某些方面的不可调和。

这是因为进化生物学和发育生物学为了解释我们观察到的生物学现象，找到了两种不同的解释。对“生物怎么变成现在的样子”这个问题，我们可以从进化的视角来解决。例如，我们可以探寻物种与其特征之间的系统发育关系，比如鳍何时演变为四肢；也可以探寻生物形态与性状的功能性作用，比如伪装色和翅膀在适应环境方面的好处。我们也可以从分子和细胞的相互作用如何导致胚胎发生过程中出现上述特征的角度，解决“生物怎么变成现在的样子”这个问题。第一种方案关注的是种群层面上的现象，第二种方案则把关注点放在了个体身上。这两种角度都有效，也都重要，而且不仅不会发生必然的冲突，更有可能是相辅相成的。进化–发育生物学思考的是，发育的遗传和分子机制是怎么在祖先物种中进化的。

然而，这两种视角之间的确存在某些难以调和的分歧。在进化生物学中，只有基因（不是生物体，更不是物种）才具有真正的持久性。这是弗朗索瓦·雅各布生命观的必然结论，他认为“生命的特别之处在于能够保持并传递过去的经验”，即生命能够继承并传递遗传信息。但是，这其实混淆了能力和获取能力的手段。雅各布这个观点就像是在说，计算机那么棒，是因为它们可以在晶体管之间传递电子。理论生物学家罗伯特·罗森曾批评说，进化“在当代生物学家的世界观中逐渐扮演起了不可或缺的神话角色”，我认为这多少有点儿言重了，但看到进化创造的生物图景贫瘠至此，我也能理解罗森的这番指责。

此外，由于强调的重点不同，同一个基因对进化生物学家和发育生物学家的意义也不同。而且，事实上，遗传学家眼中的基因与分子生物学家眼中的基因本就不同。从最广泛的角度看，进化视角下的基因与在特定物种的不同个体中观察到的差异有关；而在分子生物学的视角下，基因编码了用于制造蛋白质（也有可能只是RNA）的信息。米歇尔·莫朗热说，这两个概念“长期以来一直互相独立地共存”。

一种阐述这种现象的方式是称（从某种意义上说）生物体会两次获取其形态：一次是通过进化（印刻在基因组中的生物历史），另一次是通过发育（分子与细胞之间的相互作用）。这两种形态形成过程，或者用专业术语来说就是“形态发生”，都在某种意义（但不是同一种意义）上受到“遗传”影响。

我们常常把这种定义上的混乱看作急需解决的问题，因而总觉得应当找到一种合适的基因定义并坚持使用下去。这种想法其实是错误的。因为，当我们想要理解生命的真正运作原理时，就会开始意识到保持基因概念的多元化才是最有成效的做法，只要相关定义符合讨论语境即可。举个例子，我在本书中最关注的是进化视角下的基因，因为最让我感兴趣的是生物体的运作方式，而非它们是怎么变成现在这个样子的。甚至有人称，基因概念的僵化阻碍了我们进一步理解生命的运作机制，因为它把我们引向了一幅简明、整洁、统一但错误的图景。部分科学家担心，要是我们纠正整洁的错误概念，最后得到的仍然会是错误概念，而且会是一团乱麻。我希望能说服你，事情完全可以朝着另一个方向发展。

问题只有在一种情况下才会出现，那就是当生物学家希望兼得的时候：不仅想要同时保留进化视角下的基因和分子视角（发育视角）下的基因概念，还把它们混为一谈。如果要满足我们对进化视角下基因概念的期待，分子视角下基因概念肩负的责任就会无比巨大，而且只能通过赋予它一种几乎可以说具备感知能力的“能动性”（这显然是基因没有的）才能满足，也就是把基因变成一个在其他假有机小分子群体中挣扎求生的小“复制因子”（见第 82 页知识拓展 2–3）。我们必须抛弃这种想法，而且没有任何理由担心、害怕，因为我们最多也就是失去一些不那么合适的比喻。

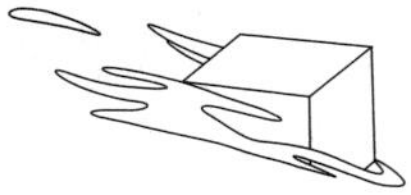

知识拓展 2–2

基因自私吗？

理查德·道金斯写道：“我们生来自私。”因为自私就扎根在我们的基因里。（他还补充说，正是出于这个原因，“我们要努力宣扬慷慨和利他主义”。）达尔文的观点很明确：自然是一场无情的竞争，充斥着挣扎。而道金斯知名的《自私的基因》则把这个观点运用到了基因层面。

然而，基因真的自私吗？道金斯的这个说法显然是比喻性质的，这本不用多言——令他懊恼的是，他必须一遍又一遍地重复这一点。“自私的基因”这个概念本意是聚焦两个方面：第一，基因是遗传的基本单位；第二，基因是自然选择产生作用的最终实体。虽然没有任何选择过程——选择是一个关于生物体繁衍能力有多强的问题——能够直接“看到”基因，但选择的影响仍能在基因组中体现。“自私的基因”图景直观地解释了进化是怎么挑选特定的等位基因的，正是这些等位基因借助时间的作用缓慢改变了携带它们的生物体的形态。

要是顺着字面思路，批评基因不可能是“自私”的，就像它绝不可能是“快乐”的或“固执”的一样，就没有抓住问题的关键，因为基因没有情感、没有目标，也压根儿不是真正的生命。真正应该讨论的问题是，这个比喻到底起到了什么作用。我们首先应该清楚，“自私的基因”的真正含义是“自私”的等位基因。“自私的基因”这种说法让人们对基因的真正作用很是困惑，因为有些人认为，基因组包含了一大群基因，这些基因以符合达尔文学说的方式相互竞争。可事实恰恰相反。编码某种蛋白质的基因压根儿不会与编码另一种蛋白质的基因竞争，我们绝不会看到生产乳糖酶相关的基因试图“战胜”与生产氢化酶有关的基因。相反，如果某个基因发生的某种突变提升了携带这种基因的生物体的生存能力，那么这种突变基因很有可能会在整个种群中传播，让其他不那么成功的等位基因黯然失色。然而，你得明白：是等位基因与它的“对手”竞争，并且在有能力做到的情况下消灭对手。

毫无疑问，基因（这里可以更具体地指等位基因）提升的是整个生物体的生存能力。它绝对没有办法在不造福其他基因的前提下，只做对自己有利的事。这是“自私”吗？“嗯，是的。”信奉“自私的基因”观点的遗传学家说：“因为基因并不关心其他基因！它只为自己的利益着想！”

瞧，能动性又出现了。“不，不，基因当然不‘关心’其他任何事，这只是一种表达方式……”可是，自私之语只有求助于“关心”之类的语言才能维持。诚然，我们完全可以想象有一个只考虑自身利益的自私之人，在无意间也会让别人获益。实际上，这是整个资本主义制度的构建基础，至少根据亚当·斯密“看不见的手”的理论是这样的。然而，只有知道一个人的真实想法，我们才能判断他是不是“自私”。纯粹从行为结果判断（也就是从我们看得到的结果判断），同样可以认为这个人的行为是合作共赢、互惠互利的，因此我们完全可以称他“无私”。事实上，道金斯也说过类似的话，承认他这部最为出名的作品也可以叫作《合作的基因》。

部分进化生物学家解决这个问题的方式是重新定义“自私”。他们把“自私”同“利他”，也就是牺牲自己的利益来造福他人对立起来。而在进化生物学中（与生活中不同），要做到利他，不仅要提高他方的福祉，而且必须以牺牲自己的利益为代价，不符合这条标准的任何行为都是“自私”。因此，按照这个定义，任何以“各方获益”为行事准则的实体都可以被视作自私。总而言之，这个隐喻只有通过重新阐释语言（而不是隐喻本应表达的意思）才能发挥作用。

另外，“自私的基因”指的是进化视角下的基因（见第 72 页知识拓展 2–1），而给发育生物学视角下的基因贴上“自私”的标签几乎没有意义。为了让生物体正常发育，特定基因组中的基因几乎必须协同发挥作用。因此，公正的说法应该是，同种基因的不同等位基因相互竞争，同属一个基因组的不同基因则相互合作。前者是进化叙事（并且在进化的时间尺度上展开），后者则是发育叙事（并且在生物体的一生或是妊娠周期内展开）。

根据所谓自私的标准定义进化遗传学，实质上是一种更有历史也更有意义的“自私的基因”的概念外延。因为有一些基因（或者说“遗传元素”，即不具备编码作用的特定DNA片段）具有“反社会”[①]行为，它们会大量复制自身，并且以随机性或高或低的方式把副本插入基因组，比如前文提到的转座子。（我们曾经认为这类自私

---

① 我不会在每次使用隐喻时都特别标注，但你得警惕它们。

的遗传元素只是少见的奇怪个例，但事实证明，它们相当普遍，而且的确拥有某些生物学作用。）这对这些遗传元素本身来说非常不错，至少在短期内是这样。然而，这类冗余副本的堆积最终会削弱整个基因组和生物体的生存能力。因此，在这个例子中，遗传物质片段确实会以牺牲其他物质为代价实现自我繁殖，“自私”看上去就是一种非常恰当的比喻。20世纪80年代，当我们现在熟悉的“自私的基因”概念开始流行时，部分科学家提出，或许得把自我增殖的遗传元素称为“超级自私的基因”。很遗憾，面对汹涌的“自私的基因”风潮，他们似乎没有信心说出“不，这个词我们已有妙用，你们得换个词”。

“自私的基因”的进化还凸显了“自然选择在哪里发生”的问题。道金斯坚持认为选择的最终作用目标就是基因，这在有些人看来很有说服力。毕竟，进化遗传学家研究的就是自然选择及其他过程导致的基因库中等位基因出现频率的变化。[①]然而，部分进化生物学家对这个观点颇有异议。杰出的博物学者E. O. 威尔逊直到2021年去世前，都在与道金斯相当激烈地讨论自然选择是否可能作用于种群层面，即自然选择是否可以作用于整个生物种群，从而挑选出某些特定的种群（及相应的基因库）。20世纪杰出的进化生物学家之一恩斯特·迈尔则对自然选择作用于基因层面的想法提出了严厉批评。他提出，是生是死，是繁衍还是灭绝，显然都是就整个生物体而言的，基因对自然选择来说是不可见的。迈尔说，基因“并不是自然选择的对象……基因选择的说法是一个分析失效时的典型简化案例”。迈尔在《自私的基因》出版时写道：“除了道金斯本人和他的部分支持者，遗传学家普遍拒绝把基因视为自然选择的

① 这里的“其他过程”包括很多，尤其值得一提的是纯粹出于偶然因素而在基因库中出现的“随机漂移”。这可能是进化过程（尤其是多细胞动物的进化过程）中的一个重要突变来源。在现在的大众语境中，进化和自然选择经常混为一谈，但二者其实不是一回事。

对象……大家在这一点上基本达成一致。”他还怒斥：“道金斯这类人经常提到进化是基因出现频率的变化，但事实并非如此，进化其实是表型的变化。”

对此，我们该怎么理解呢？我们肯定不应该得出这样的结论：不管他们对彼此的看法如何，道金斯、迈尔和威尔逊（或者其他许多参与这场争论的人）没有真正理解达尔文进化论。这显然很荒唐。在我看来，分歧的源头在于：针对基因型与表型的关系，什么是我们可以讨论的，什么是不能讨论的。道金斯认为，我们可以把表型视为基因型的一种代表，两者之间存在内在联系。这当然是没错的，任何没有在表型中体现出来的基因型变化都不会受到自然选择的影响，比如某种不会对基因产物的功能产生任何影响的中性突变。[①]与此同时，任何确实影响了表型的基因型变化都一定会在某种程度上感受到进化压力。另外，任何不会受到基因型影响的表型特征从进化角度看都是无关紧要的，因为它不会遗传。

然而，问题在于，基因型与表型之间的关系既不透明，也不简单。在此，我想表达的不只是很难预见基因突变会对表型产生何种影响（如果有影响的话），还想表达我们通常连它们之间是否存在因果关系都很难确定。这不仅是因为从基因型到表型变化的因果路径相当复杂且极难追踪，还因为突变的影响可能在由基因、基因转录产物、蛋白质、细胞等构成的相互作用网络中回荡，而且这种影响极其微妙且深远，以至于一旦我们触及表型，针对因果关系的正式测量就几乎完全无法揭示基因的影响。正如科学哲学家丹尼尔·尼科尔森所说：“认为基因是所有生命现象的根本原因的观点，并没有得到现代生物学发现的充分支持。”目前看来，至少在这一点上不存在争议。

另外，这种相关性始终存在，而且基因型变化与表型变化经常

---

① 这并不意味着这些基因型变化与进化无关，只是说它不会影响达尔文进化论。

同时发生。我们缺少能将这类事情讨论清楚的语言。于是，我们的叙事并不一定能做到前后自洽。道金斯选择的叙事方式拥有一种非常直接的因果关系，只不过很难确定：突变导致表型变化，接着，表型层面上的自然选择导致了种群中等位基因出现频率的变化。这种叙事方式甚至谈不上对错，真正的问题在于它并不具备普遍意义上的正确性，而且生物体越是复杂，它的适用性就越差。因此，我们看到的是基因型与表型之间的关联，而进化生物学家的争论则在于我们应该怎么表述它们之间的因果关系。

知识拓展 2-3

基因会复制吗?

无论进化的基因选择观点是否有价值，恩斯特·迈尔都特别反感理查德·道金斯称基因为“复制因子”。迈尔说：“那无疑与达尔文的基本思想完全冲突。”这无疑是相当严重的指控：许多人正是从《自私的基因》开始接触进化论，而迈尔现在却说书里的思想与达尔文学说的基本原理“完全冲突”！我觉得，这番指控多少有些极端了。在我看来，思考道金斯为什么把基因看作复制因子会更有帮助。这个说法显然是错误的（如果我们尊重道金斯所用词汇的本意），但它揭示了大量信息。如果我们像现在主流解释所做的那样，赋予基因本不存在的能动性，那我们最终会抵达何处?

为什么称基因为复制因子？因为它们出现在生物体体内，并且它们以一模一样的形式存在于生物体的后代体内。此外，基因还是生物体繁衍能力的重要组成部分。

然而，这种看待“复制因子”概念的观点非常不准确。打个不太完美但能大致解释问题所在的比方，这有点儿像是称计算机为复制因子。如今，很难想象要是没有包括设计机器、储存信息、操作器械、协调物流网络等功能在内的计算机系统，还会不会存在现在的信息技术产业。制造计算机所需的许多实际信息都编码在其他计算机内。可是，这算是让计算机变成复制因子了吗？对大多数人来说，这个说法肯定有点儿奇怪。相反，我们可以说，是系统中的某些元素让计算机能够“增殖”（变异，以及被我们选择）。

你可能会问，基因不是确实可以通过化学方式直接复制吗？DNA 链不就是通过充当分子模板复制出副本？实际上，通过模板得到的副本与原 DNA 链碱基对序列只是互补，并非完全一样，也正是因此，双螺旋的两条链才可以互为模板。可是，这还只是个小问题。真正的问题是，到现在为止，任何基因都不能被证明是自主意义上的化学复制因子。相反，基因是某个能够复制基因组的系统的组成部分。没有基因会自主复制。真正被复制的是整个基因组，而且在复制过程中需要用到蛋白质——酶。实际上，复制需要的是整个细胞，[①]这样复制过程才具备生物学意义。如果某个实体只是复制了，并不意味着它就是复制因子——放在复印机上的文件肯定不是复制因子。“DNA 不只是无法自主复制，”生物学家理查德·列万廷在 1992 年指出，“而且它没法‘制造’其他任何东西。”

一些进化遗传学家认为这不过是文字游戏，他们觉得没有必要担心“复制”与“被复制”之间的区别。在某种层面上，这是在避重就轻。这种观点就是在说“这个词的真实含义与我假设它拥有的含义不同，但这没有什么大不了的”，无论是在科学领域还是其他领域，这都不是什么好观点。比起这种虚伪的态度，道金斯本人要

① 并不一定是基因组自己的宿主细胞，病毒就可以通过劫持其他生物体的细胞实现复制。DNA 也可以通过人为控制的技术干预手段以无细胞方式复制，比如广泛应用于 DNA 样本分析的聚合酶链反应（PCR）。不过，这样的 DNA 复制过程在自然界中并不存在。

更真诚，只是人们常常忽视这一点。道金斯曾明确表示，他把“复制因子”一词重新定义为“宇宙中一切可以复制的东西”。在他的词典里，计算机和复印机上的文件确实是复制因子，所有生物分子也都是复制因子，包括蛋白质、脂肪、糖类，以及化学家人工合成的其他分子。好吧，就像爱丽斯遇到“蛋头先生”汉普蒂·邓普蒂时发现的那样，你不可能真的和那些声称“当我使用某个词时，它的含义就是我选择让它具有的含义——不多也不少”的人争论起来。

然而，更深层的问题在于——我现在要谈到问题的核心了——这种把基因看作复制因子的策略本质上与我之前提到的做法是一样的，即把基因看作所有生命的动力源，看作为了自身繁殖而“制造机器”的实体。具体来说，这种策略赋予了基因本不具备的能动性。

但基因没有能动性。基因要真正复制，要有能力进化，就必须成为更大系统的一部分。这个系统得有繁衍的能力，也就是得有能力把基因的副本（无论是否突变）传递给后代。而且，这个繁衍过程的最小单位是生物体——它可以仅仅是一个细胞，也可以多于一个细胞。基因不能产生生命，相反，基因依赖生命。生物哲学家詹姆斯·格里塞默极为直率地表达了这一点：“基因根本不是主宰一切的分子，而是发育的囚徒，被囚禁在森严牢狱的最深处。”

第 3 章

RNA和转录：解读信息

芭芭拉和克里斯蒂娜是同卵双胞胎，但她们并不完全一样。和所有同卵双胞胎一样，她们由同一个受精卵发育而来——这个受精卵在发育极早期就分裂成了两个胚胎。无论怎么看，她们的基因组都是完全一样的。在她们小时候，父母给她们穿一样的衣服，留一样的发型，就像是为了强调她俩有多相似一样。然而，一旦她们开始自己选择衣服，开始展现各自的性格，差异就出现了。芭芭拉喜欢短裙，克里斯蒂娜则喜欢长裙；芭芭拉自信大方，而克里斯蒂娜严谨认真。

我们对这样的同卵双胞胎故事总是相当迷恋，源头无疑是身份和自我认同问题，这点许久之前便在无数哥特式替身故事中有所体现。许多同卵双胞胎故事的桥段都是在分开生活许久之后，两人依旧有相同的品位和经历。我们对这样的逸事似乎有着无穷无尽的兴趣。然而，这样的故事往往带有选择性偏见，让我们把关注点集中在同卵双胞胎的共同之处上，却忽略了许多同卵双胞胎也有差异的例子。我们甚至对某些荒谬的想法情有独钟，比如认为同卵双胞胎可以读懂彼此的想法，体验彼此的情绪。我们似乎预设了将基因本质主义的概念投射到这类兄弟姐妹的案例中——瞧，他们的DNA一模一样，所以他们的人生和想法肯定也一模一样！上帝让他们成了克隆体！

既然大型哺乳动物（先不算上人类）的克隆已经被生物技术变成了

现实，我们便很自然地把同样的信念投射到所有人都可以有同卵双胞胎的可能性上。这件事的吸引力甚至超越了我们拥有自身“复制品”的想法。在某些人看来，克隆似乎提供了永生的希望，好像给予另一个人与我们自身完全相同的DNA，就能把意识和灵魂一并传输给他们。再也没有什么案例能比这更神化DNA的了。

然而，稍加思考就会明白，为什么同卵双胞胎不会完全相同这件事毫不令人意外。因为，如果DNA决定了外形和命运，那么你的心脏细胞是怎么拥有与肾脏细胞或皮肤细胞完全相同（同样是各种意义上的相同）的基因突变的呢？如果细胞的功能仅仅取决于它的基因，那么人类大概不过是一堆完全没有分化的相同细胞，就像一个细菌菌落那样毫无特征。①

DNA和基因不能决定事情的最终结果——不仅对一个人来说不能，甚至对你的身体细胞来说也不能。决定细胞命运的因素有很多，其中一个就是它们如何使用自身的基因。除非细胞激活了特定的遗传资源，否则基因就只是分子中的惰性部分。基因有助于定义可能发生的情况，但决定实际结果的是发育过程中的历史偶然性和纯粹的生存活动。

生物具体是怎么做到把结构信息从基因转移到蛋白质的？我的解释走的是传统路线，而基因激活的机制就是第一个“魔法”。这个（伪）魔法无比精巧、迷人且重要，要用两章的篇幅才能解释清楚。毕竟，在传统叙事中，这个过程分为两个阶段：转录和翻译（我经常用文学比喻讨论这些问题，并非偶然）。我们经常把转录描述成一个相当平淡的过程，因为转录所做的就是把基因中的信息从DNA序列复制到一个化学结构与DNA非常类似的中间分子中，这个中间分子就是mRNA。接着，在一种令人印象深刻的分子装置——核糖体（由RNA和蛋白质构成，见第46页图2–5）——的帮助下，这些基因信息被翻译成蛋白质。

然而，认为转录只是基因和蛋白质之间平平无奇的常规中间环节，这样的想法已经被推翻了。相反，过去大约20年的研究已经证明，约束

① 其实细菌菌落也不是毫无特征的，哪怕这些单细胞生物体是通过分裂成具有相同基因组的新细胞以实现无性繁殖的。

转录的过程是生命运作机制分级过程中的一个重要步骤，拥有自己的逻辑和规则。完全可以说，我们正是从这里开始认识到，生命并不是一种以稳定且可预测的方式沿着线性路径把信息和组织从基因不断传递给更大尺度的机械过程。相反，转录是一系列级联过程，其中的每一个步骤都有独特的完整性和自主性，在生命世界之外找不到任何类似的运行逻辑。我们将在后文中看到，为什么无法将包含遗传信息的分子"硬件"同算法"软件"（遗传信息指导的细胞处理方案）区分开来。换句话说，我们会在后文中看到，为什么把活细胞比作计算过程是不可靠的。生命过程确实涉及某种计算，但生命的内涵远不只是计算。

制造信使

在生物学专业的学生看来，转录似乎只是一个令人恼火的细节，它为读取DNA编码的蛋白质结构并将其转化为蛋白质分子的整个过程平添了一层复杂性。在这个故事中，DNA和蛋白质才是关键角色，而中间环节上的RNA分子只是配角。

我们现在再来看看这个过程。首先，每个基因都由RNA聚合酶读取，这种酶沿着一条未缠绕的DNA模板链移动，并且利用碱基配对原理（就是那种让DNA双螺旋结合在一起的原理）组装出相应的mRNA分子（图 3–1）。双螺旋结构在酶前进时解开，之后又重新组合起来。

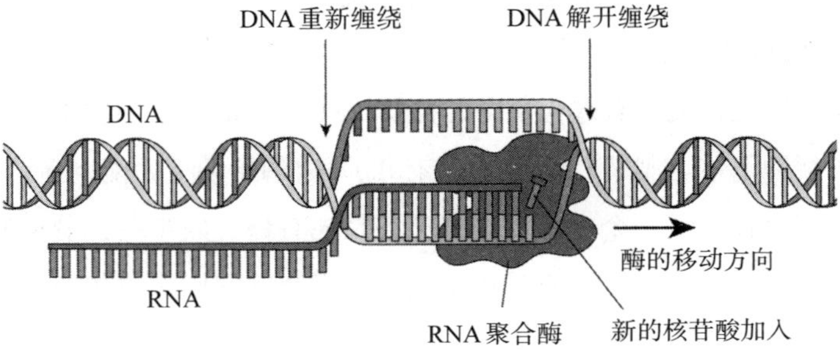

图 3–1　RNA 聚合酶如何通过 DNA 制造 mRNA

更令生物学专业学生恼火的是，RNA和DNA包含的4种碱基还不完全一样：RNA没有胸腺嘧啶（T），它用的是一种非常类似的碱基，叫作“尿嘧啶”（U）。举个例子，以DNA序列CTGACGAT为模板的互补RNA序列就是GACUGCUA。它们携带的信息是相同的，但使用的语言稍有不同。

在整个基因都转录成mRNA分子之后，RNA就从DNA上脱离，并且经过细胞核抵达核糖体将其转化（翻译）为蛋白质的地方。（这只是真实翻译过程的简化版本，我会在下一章中更加详细地讨论这个过程。）

为什么要绕这么大一个圈？为什么进化没有找到可以依据DNA模板直接生产蛋白质的酶？没人知道完整的答案是什么，但有一个原因可以肯定：这不是进化的目标。基因（或者更一般地说，DNA的功能性部分）并不只是制造蛋白质的指令。相反，一部分基因决定了细胞、组织和器官可以制造哪种蛋白质，另一部分基因则执行别的功能——RNA相关的基因压根儿不直接参与涉及蛋白质的事宜。

答案的另一部分则是，直接根据DNA制造蛋白质有点儿像以下场景：我在把这些文字输入计算机，它们变成屏幕上的草稿后，立刻被传输给出版商，然后印刷并送到书店里。你根本不知道那会是一场多么深重的灾难。虽然这个比喻并不严谨，但编辑、排版、剪切和粘贴，以及校对等关键步骤绝对是整个出版流程的重要组成部分。RNA这个中间介质形成了一层缓冲，为基因组的读取过程提供了灵活性和多样性。另外，RNA的存在还允许根据单一DNA片段快速生产许多蛋白质分子，这有点儿像是把同一本书印刷很多本，这样就能让很多读者同时获取书中信息，不必轮流阅读原件。[①]

这个问题可能还有进化角度的答案。只有在蛋白质（比如DNA聚合酶）的帮助下才能制造DNA，也只有在DNA的帮助下才能制造蛋白质。这个事实就提出了一个类似“先有鸡还是先有蛋”的难题：最早的地球生命是怎么启动的？蛋白质是化学过程的媒介，它们是催化剂，使得反

① 没错，我是带着些许恐惧使用书来比喻的，哪怕我们在这里讨论的绝不是“生命之书”。

应能够以生命所需的精细分子准确度发生。与此同时，DNA 只是一种储存信息的分子，其本身与没有播放器的盒式磁带并无多大区别。要是没有DNA存储的信息，就不可能制造出那些神奇的蛋白质催化剂；氨基酸随机组合产生任何有用物质的概率微乎其微。要想得到可以进化的生命系统，DNA存储的信息和蛋白质催化剂，这两者缺一不可而且互相依赖。

有了RNA，才有可能打破这个僵局。因为RNA可以在它的碱基序列中编码信息，所以它也可以执行DNA的工作。只不过，从长期角度看，RNA执行得没有DNA好，因为RNA在化学上没有DNA稳定。另外，RNA也可以充当化学催化剂。20 世纪 80 年代，生物化学家托马斯·切赫和分子生物学家悉尼·奥尔特曼发现，某些天然RNA分子可以充当“RNA酶”，或者说“核酶”，加速某些化学反应。于是，一些研究人员提出，在生命起源的过程中，RNA作为化学系统中既可以复制（并通过突变进化）又能推进代谢反应的核心成分，可能先于DNA和蛋白质出现。这个理论称为“RNA世界假说”。只是在进化出DNA和蛋白质之后，RNA才降级成辅助角色，负责把基因中的信息传递给酶。按照这个理论，RNA有点儿像是某种退化了的进化残余物。然而，如果RNA世界假说是正确的，那么我们完全有理由认为，RNA这种分子能够延续到今天，不仅仅是因为进化过程既没有能力也没有动力将其彻底摒弃。因为，无论这个故事的具体情节如何（事实上，启动生命远不只是复制和催化[①]），认为RNA只是细胞信息系统中的普通信息传递者的想法是完全错误的。在关于生命运作机制的故事中，除了基因–蛋白质这条线索，还有一条线索同样重要。在这条故事线上，主角就是RNA。

片段

在20世纪60年代和70年代，关于转录过程的简单图景分崩离析了。

① 我推荐尼克·莱恩的《复杂生命的起源》一书，他在这部作品中极为精彩地讨论了这个更深入的问题。

生物学家发现，在真核细胞中，实际转录的RNA数量要比以mRNA形式从细胞核中输出然后被核糖体翻译的RNA数量多得多。这令他们大惑不解。这些不以mRNA形式转录的RNA就是“核内异质RNA”(hnRNA)[①]，大部分在生产出来不久之后就分解了。那么，为什么会存在这种过量生产最后浪费掉的现象呢？

一开始，研究人员认为mRNA分子只是hnRNA的单个片段，就像被打开后扔掉的礼物包装纸一样。然而，1977年，遗传学家菲利普·夏普和他在美国麻省理工学院的同事，以及理查德·罗伯茨和他在美国冷泉港实验室的合作者，两支团队各自独立地发现，在hnRNA衍生出的mRNA中，最后出现的hnRNA转录物片段不止一种，而是有互相独立的几种。这看起来好像是剪切了部分hnRNA，然后把这些剪切下来的部分缝在一起制成了mRNA。当时，人们把这个现象称作“断裂基因”，夏普和罗伯茨凭借这个发现获得了1993年的诺贝尔生理学或医学奖。

此后不久，研究人员开始比较mRNA的碱基序列和产生这些mRNA的基因的碱基序列。结果发现，DNA序列中含有大量未在mRNA中出现的片段。mRNA完全是由多个片段拼接而成的，在它们被递交给核糖体等待翻译之前，那些被丢弃的序列（后来被称为“内含子”）就被编辑、去除了。除去内含子后，被称为“外显子”的保留下来的序列拼接在一起。假如从基因转录得到的hnRNA是tfbehxubvinpmws，编辑并去除画线部分的内含子之后，你就得到了this。很快，研究人员就了解到人类基因中充满了内含子。在下一章中，我会回到RNA剪切、拼接这个话题上来，仔细探讨它对蛋白质结构的意义。

许多人都认为生命的运作应当具备经济性，而外显子剪接现象似乎挑战了这个观念。既然mRNA不需要内含子也能制造蛋白质，为何还要这么折腾地储存所有内含子（在DNA中）并转录（到hnRNA中）？另

① 这个名字的意思就是细胞核中生产的不同类别的RNA分子。显然，看似深奥的科学术语有时只是为了掩饰我们对它们的本质一无所知。

外，转录分子又怎么知道该移除哪些片段、保留哪些片段？

按照分子生物学家凯文·莫里斯和约翰·马蒂克的说法，内含子、外显子和RNA剪接的发现“或许是分子生物学历史上最大的惊喜”。只不过，我们可以这么说：生物学家不允许自己足够惊喜。起初，他们认为，这是蛋白质生产过程中的一个奇怪特性。毕竟，弗朗西斯·克里克的中心法则阐述了信息的流动过程，起点是基因，终点是蛋白质。哪怕RNA在中间做了什么奇怪的事，也肯定不太重要吧？

然而，我们现在认识到，这个特征预示着RNA远不只是基因与蛋白质之间的简单中介物。相反，细胞中处理的部分关键信息就依赖RNA。

调控基因

美国遗传学家芭芭拉·麦克林托克可不是那种对条条框框有耐心的人，她在 20 世纪 30 年代开始研究玉米相关的遗传学问题。当时，人们普遍认为，所有基因都在染色体的固定位置上，就像绳子上的串珠一样。然而，在美国冷泉港实验室开展的实验中，麦克林托克发现，玉米基因组的某些片段似乎在染色体中跳跃移动。这些片段就是我们现在熟知的转座子，或者用非正式的语言说，就是跳跃的基因。麦克林托克的发现让她遭受了许多怀疑乃至敌意，部分原因是她的观点与传统的基因观点南辕北辙；更重要的原因是标准的传统性别歧视——显然，这种“跳跃的基因”的想法一定是这个女人想象力太过丰富的结果！然而，麦克林托克才是对的。我们现在知道，大约 65% 的人类基因组都有能力表现出转座行为。1983 年，麦克林托克获得诺贝尔生理学或医学奖时，她以一贯的简洁和冷峻看待曾经遭受的反对：“你知道，真相早晚会大白，只不过得等上一段时间。”

麦克林托克发现，当某些转座子跳到染色体的不同部分时，会影响附近基因的活动。她敏锐且正确地意识到，这种调控行为实质上要比单纯的DNA片段移动更加重要。在 1951 年的一次重要会议上，她谈到这些转座子是“具有控制功能的元素”，是基因的调控者。按照科学史学家伊夫琳·福克斯·凯勒的说法，现场对这个观点的回应是“无情的沉默”。

具有思想转变意义的重大科学进展在提出之初遭遇怀疑乃至蔑视，并不是什么罕见的事。另外，女性科学家提出新想法时遇冷同样不是什么罕见的事。虽然我内心无比希望可以说出“这种情况已经不复存在”，但我认为，我们在这方面做得还不够好。不过，我觉得，大多数科学家彼时之所以认为麦克林托克提出的“基因组中存在具有控制功能的移动元素”的想法特别危险，还有另外一个因素——这挑战了当时的整个生物学范式。在他们看来，基因组本应是一个静态信息库，或者说是一份蓝图。而麦克林托克的观点其实是在说：真实情况压根儿不是这样，相反，基因组是动态的，而且具有响应能力，在承受环境压力时会重新排列。麦克林托克的观点试图把基因组变成某种更类似器官的东西，甚至可以说是某种生物体中的生物体。她在 1983 年发表诺贝尔奖获奖感言时说的话，即便在当时听上去也有点儿像异端邪说，但那番话实际上只是她预见转座子发现背后更深意义的一个例子：“未来，我们的注意力无疑将集中在基因组上，我们会越发深刻地认识到基因组作为细胞中高度敏感器官的重要性，它监测自身活动、纠正常见错误、察觉异常事件和意外事件并做出反应——通常是重组基因组。”

在这种动态活动中，真正的能动性在调控转录过程的层面发挥作用：与其说这是一个关于转录内容（由基因编码）的问题，不如说它是一个关于转录于何时、何地发生的问题。麦克林托克认为，“具有控制功能的元素”能够解释，复杂生物体如何发育出诸多不同类别的细胞和组织，哪怕每个细胞含有的基因都是一样的。

麦克林托克关于转座子调控作用的理论细节尚未得到证实，但她的基本观点完全正确，即基因调控本身就是基因组功能的一个动态且关键的方面。20 世纪 60 年代，以大肠埃希菌（又称大肠杆菌）为对象研究基因调控的雅克·莫诺和弗朗索瓦·雅各布为这个理论奠定了坚实的基础。大肠埃希菌这种微生物通常以代谢葡萄糖为生。然而，如果没有葡萄糖可用，大肠埃希菌就会以乳糖为生。这两种糖都由一套与自身对应的酶来完成分解，但是在只有一种糖（无论是哪种）存在的情况下，生产两套酶就是浪费。那么，大肠埃希菌怎么决定生产哪种酶呢？

雅各布和莫诺证明，编码这些酶的基因装配了一些开关。激活或关闭这些开关的则是一种叫作“Lac1”的蛋白质——阻遏物。如果附近没有乳糖，Lac1 就让负责编码乳糖代谢酶的基因保持关闭。这种蛋白与一段叫作“操纵子”的DNA序列结合，先于编码酶的基因抵达工作位置，阻止RNA聚合酶与附近的“启动子”位点结合，同时阻止其读取下游的基因（图 3–2）。[①]然而，当存在乳糖时，这种糖（或者更严谨地说，从这种糖衍生出的一个分子）会与阻遏物结合，从而将其关闭，阻止其与

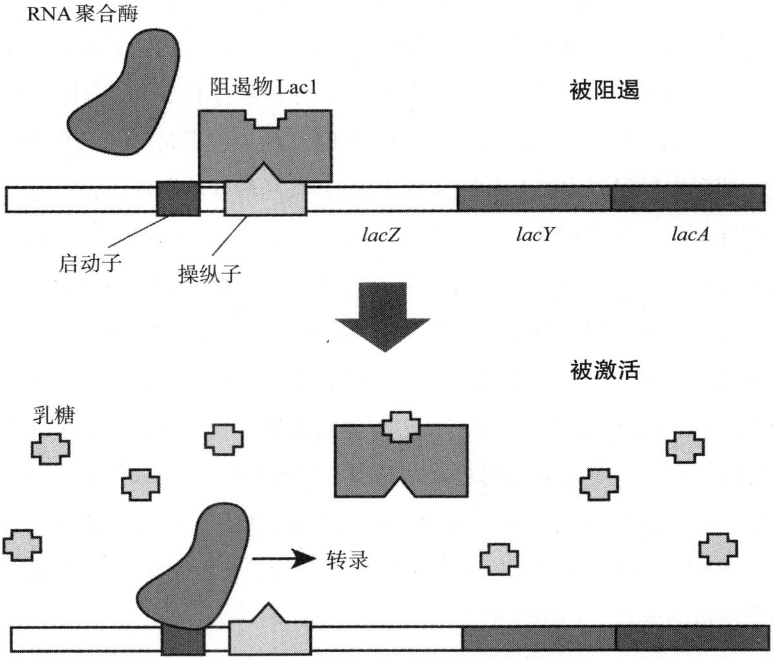

图 3–2　乳糖操纵子

---

① 发现了操纵子这样的基因调控方式后，整个基因概念就变得相当模糊了：基因的定义是否包括了具有调控功能的元素（比如启动子和操纵子）？

操纵子结合。这样一来，启动子位点就向RNA聚合酶开放了，原来被阻遏的基因被重新激活，就生产出了基因编码的酶。后来，我们把这类负责切换不同代谢方案的遗传单位称为“乳糖操纵子”，它展现了某种基因（在这个案例中是编码阻遏物的*lac1*基因）是怎么调控另一种基因的活动的。

为了RNA而存在的RNA

我们通常把乳糖操纵子看作基因调控的范例。不过，虽然这个案例中的调控元素是一种蛋白质（Lac1），但更常见的情况是由小RNA分子负责基因调控。换句话说，生产这些RNA的目的并不只是把它们作为前往另一端（合成蛋白质）的手段，它们本身就具有功能。我们之所以说它们“不具备编码功能”（非编码），是因为它们不编码蛋白质分子。

人们刚发现非编码RNA（ncRNA）时，认为它们是转录过程中的错误，即源自转录错误产生的毫无意义的DNA片段。与科学领域经常出现的情况一样，这个错误意义非凡。绝对没有任何先验理由认为细胞会碰巧做这样的事情，唯一一个可以完全不理会这个现象的真正理由是，它不符合我们先入为主的偏见。既然我们假定唯一重要的DNA片段就是编码蛋白质的基因，那么非编码RNA除了是个错误还能是什么？再来看看中心法则：RNA只是一个中转站，不是目的地。“非编码”（nc）这个词容易让人误以为是没有编码功能的意思，但ncRNA确实编码了一些重要信息。这些ncRNA对细胞功能的重要性不亚于酶。正如生物化学家斯蒂芬·米奇尼克和伊曼纽尔·利维在2022年所写，RNA“在组织细胞方面的作用可能要比我们想象中大”。

RNA以显著方式调控基因网络的早期线索之一，来自对人类生物学影响最为深刻的调控过程之一的研究，正是这个过程调节了两性之间的差异。当卵子和精子结合形成受精卵，进而孕育出胚胎并最终形成胎儿时，每个配子都携带了一整套人类染色体（23条）。这样一来，每个基因都有副本了，一个来自母亲，另一个来自父亲。

然而，这种染色体复制的情况也有例外。决定我们遗传性别[1]的染色体在男性和女性中截然不同：我们并不是简单地从生物学父母那里继承一套只有几个等位基因不同的拷贝。相反，卵子中这条染色体来自母亲，是X；精子中这条染色体来自父亲，要么是X，要么是Y。如果精子中的染色体是X，胚胎就有了两个X，通常来说就会发育成解剖学意义上的女性；如果精子中的染色体是Y，胚胎就有一个X和一个Y，通常来说就会发育成解剖学意义上的男性。[2]X染色体和Y染色体在实际含有的基因上有一些显著差异，这使得它们形状不同：在显微镜下，这两条染色体看上去都像各自名称中的字母。另外，Y染色体要比X染色体小得多，只含有大约 55 个其他基因（女性其实并不需要），而X染色体则大约含有 900 个基因。最为重要的是，Y染色体中的*SRY*基因（意为"Y染色体的性别决定区域"）让胚胎朝着男性方向发育。[3]而X染色体中没有这个基因，就会默认产生女性解剖学结构。

因为无论男女，其他 22 条染色体都会被原原本本地复制，所以女性有两条X染色体，而男性只有一条。为了应对这种差异，女性体内的每个细胞都会使其两条X染色体中的一条完全失活。这就是大范围的基因调控：不只是一个基因，而是大约 900 个基因一次性沉默（尽管只是在一份拷贝中）。

1961 年，英国遗传学家玛丽·莱昂发现了X染色体的失活现象，因此，这个现象有时也被称作"莱昂作用"。对这个过程的研究让莱昂得出了一个相当违反直觉的结论，以至于她的部分男同行傲慢地忽视了她的成果。（读到这里，你意识到其中的思维定式了吗？）莱昂提出，女性体内的每个细胞会随机决定关闭两条X染色体（一条来自母亲，另一条来自父亲）中的一条。后来，莱昂的观点被证明是正确的，而且证

---

① 有人可能会把它称为我们的"生理性别"，但这个术语太含糊了。

② 我们将在第 10 章中看到，这个故事比此处讲述的还要复杂一些，但我在这里的简要描述大体上是正确的。

③ *SRY*并不是唯一一个在决定性别方面起作用的基因，但它的作用是关键性的。

明方式很有戏剧效果。有一种猫叫“玳瑁猫”，毛色可能是橘色，也可能是黑色（如果是花猫，还有可能出现白色），毛色具体如何取决于一种叫作“黑素细胞”的色素生成细胞的状态。从原理上说，任何黑素细胞都可以产生或者不产生黑色素，实际是否产生黑色素取决于它携带了色素生成基因的哪种变体。这个基因就在X染色体上。这样一来，对公玳瑁猫来说，毛色天生就是全黑或全橘的，具体是黑还是橘取决于它唯一一条X染色体上的等位基因是哪种。然而，如果母玳瑁猫携带了两种等位基因（两条X染色体上各有一种），那么在发育早期，体内的X染色体随机激活现象就会导致细胞产生不同色素，从而让毛色变为混合色。也就是说，在小猫的发育过程中，产生了让毛色呈黑色或橘色的细胞斑块，从而让小猫毛色变得斑驳起来。这意味着，从遗传角度说，只有母玳瑁猫才可能有玳瑁色。[①]另外，如果你克隆了一只玳瑁猫（这是一项专为经济实力强的宠物爱好者提供的服务），克隆体的外观很可能与它的遗传母本大为不同，因为色素生成模式是随机的，不能遗传。

20世纪90年代，人们发现了控制X染色体失活的*XIST*基因，意为“X染色体失活特异转录因子”。这种基因只在未来会失活的X染色体上表达。奇怪的是，当时怎么也找不到*XIST*基因编码的蛋白质——后来证明，这种蛋白质根本不存在。相反，直接产生失活效应的是*XIST*基因的RNA转录物。*XIST*基因对应的RNA分子也成了我们知道的第二种具有实际功能的长非编码（lnc）RNA[②]，这里的“长”指的是拥有超过200个

① 公玳瑁猫也可能有玳瑁色，前提是它们携带了一条额外的X染色体。这种情况相当少见，大概每3 000只公猫中才会出现一只。

② 研究人员仍普遍把*XIST*看作一种基因（想否认的时候为时已晚），这其实相当荒唐地证明了为什么把基因组分成编码蛋白质的“基因”和编码功能性RNA的“其他片段”是相当随意的做法。一开始我们就假定*XIST*是一种基因，因为它做了我们认为基因会做的事。对生物学来说，某项任务由蛋白质还是RNA完成（尽管二者的功能差异很大）似乎无关紧要——毕竟，它们都可能只是系统中的功能性元素而已。实际上，有证据证明*XIST*是从一种编码蛋白质的基因进化而来的，这更凸显了其中的差异有多么模糊。

核苷酸，更短的“小”ncRNA分子就有很多了。*XIST* lncRNA在与表达它的X染色体上的DNA结合后发挥作用；这种RNA转录物似乎能扩散，并或密或疏地覆盖整条染色体。在染色体中，这种RNA分子推动诱导了即便没有它们存在也会发生的染色体变化。

另一种被研究得比较透彻的lncRNA是*AIRN*，它与“印记”现象有关——这种现象指在胚胎和胎盘发育的早期，某个来自父体或母体的等位基因长期沉默。印记现象只在部分人体基因中发生，目前在人体中发现的印记基因还不到100个。*AIRN* lncRNA会让*IGF2R*基因沉默（印记）。如果*IGF2R*基因没有沉默，它生产的蛋白质就会和另一种能够促进胚胎生长的蛋白质发生相互作用并破坏后者。换句话说，*AIRN*似乎是以双重否定的方式（抑制一种抑制剂）调控基因。一般来说，被印记的会是父系*IGF2R*，而*AIRN* lncRNA做成这事的方式则是充当某种分散注意力的诱饵来干扰*IGF2R*的转录。编码*AIRN*的DNA与*IGF2R*的启动子区域重叠。因此，如果*AIRN*正在转录，RNA聚合酶就忙不过来了，不能再去转录*IGF2R*。这里的奇怪之处是，重要的不是lncRNA分子本身，而是制造这种分子时产生的干扰效应，我们称这种效应为“转录干扰”。

这本身就是一次相当大的范式转变。在此之前，生物学课程总是训练我们关注RNA、蛋白质这类生物分子的“信息内容”，但在这个案例中，这类内容不如产生这类分子的动态过程重要。实际上，这是lncRNA基因调控中一种相当常见的情况：转录的实际产物并不重要，重要的是转录过程本身。

让我再以ncRNA调控*BEND4*基因[①]表达的方式为例。调控这种基因的启动子位点叫作“Bendr”，本身就会转录成一种ncRNA。在这个例子中，重要的同样不是这种RNA分子“做”了什么，而是它的转录过程以

① 有一些基因，即使可以给它们分配“角色”，也是不明智的，*BEND4* 就是这样的基因。这种基因参与了睾丸中精子的形成，同时与多种疾病有关。

某种方式激活了“Bendr”内的一段DNA，从而增强了*BEND4*基因的转录。在这个例子中，ncRNA只是标志着激活过程已经发生的信号：它的产生是一种诱饵，可以打开原本隐藏在相应DNA中的增强子。

小有小的好

并不是所有具有调控功能的ncRNA都比较长，有些短得惊人。1993年，发育生物学家维克托·安布罗斯和同事发现了第一个具有调控功能的ncRNA，它的长度只有22个核苷酸。这些研究人员是在研究秀丽隐杆线虫的*lin-4*和*lin-14*基因（这两种基因在秀丽隐杆线虫的发育过程中起着关键作用）时发现这种ncRNA的。安布罗斯的团队发现，*lin-4*似乎下调了*lin-14*的表达水平。他们想知道这个现象背后的具体机制，并猜测其涉及*lin-14*编码的蛋白质。结果，他们发现*lin-4*远小于正常基因（按照他们自己的评价，可以说是“小得可怜”），而且压根儿不生产蛋白质。它只是编码了一小段ncRNA，也就是第一种所谓的微RNA（miRNA）。

现在已经清楚，miRNA在调控基因方面发挥着多种重要作用，可以提高或降低基因的表达水平。一种估算结果认为，我们的基因中大约有60%受miRNA调控。这些小分子中有一部分直接与染色体结合，阻止DNA片段转录或者启动转录。另有一部分则通过某种方式与mRNA发生相互作用（或许是给mRNA贴上破坏酶的标签），从而阻止将某个基因的mRNA产物翻译成对应蛋白质的过程。有些小RNA，比如编码在名为“小型开放阅读框”（smORF）的基因组片段中的那些，甚至会被翻译成被称为“肽”的具有调控功能的类蛋白质短分子。（许多smORF肽的功能——确实有功能的话——都还是未知的。）

miRNA对mRNA的调控方式多种多样。给定的某种miRNA可能靶向许多（通常超过100个）mRNA，也有许多不同miRNA都靶向某种特定的mRNA。现在看来，miRNA似乎控制了胚胎发育的极早期阶段（胚胎发生），因为它与胚胎干细胞生产各种类型的组织的能力（多能性）有关。有两种基因是维持胚胎干细胞多能性的关键，分别是*Oct4*[①]和*SOX2*。如果胚胎干细胞中*Oct4*的表达关闭了，细胞就容易分化——发育成某种特定组织类型的谱系。这两种基因似乎能激活一种叫作“Let-7族”的miRNA的表达。换句话说，这类基因在某种意义上只是制造miRNA的开关，而miRNA本身才是决定细胞是否分化的关键。[②]这些miRNA靶向干细胞生产的mRNA并加速其分解，从而推动正在分化的细胞以尽可能快的速度进入新状态。miRNA其实就是在说：“我们不再需要这些玩意儿了，现在就扔掉它们吧！”这样的紧迫感也确实合乎道理，因为细胞中残留的任何“干细胞特征”都有可能非常轻松地让它变成一个增殖的癌细胞。这就是为什么miRNA可以起到肿瘤抑制因子的作用。现在，以这类分子为基础的癌症疗法正处于试验阶段。

小ncRNA还能在DNA受损（受损原因可能是环境中的化学物质或电离辐射）时降低癌症风险。为了应对这类损伤，一种名为“Dicer”的酶会把某些ncRNA切割成小片段。这些ncRNA碎片会激活细胞的损伤限制过程，比如阻止细胞增殖以降低癌细胞形成的概率。通过这种方式（及其他方式），当细胞受损或存在风险时，基因组会“知晓”，并且动员小RNA分子前去修复细胞并抑制风险，同时利用调控反馈回路来感知状况并采取行动。

具有调控功能的ncRNA家族仍在不断扩大。举例来说，Piwi相互作用RNA（piRNA）和沉默的错误转座子（前文提到的“跳跃的基因”）有关。piRNA与所谓的Piwi蛋白合作，后者在干细胞和生殖细胞分化中扮演着关键角色。有一些核仁小RNA（snoRNA）可以调控并引导其他RNA分子的化学修饰过程，比如核糖体中的RNA或是把氨基酸

---

① 该基因的正式名称为*POUSF1*。——编者注

② 正如你在前文中看到的，在分子生物学领域，很少有那种简洁、完整、自成一体的故事。这个规律在此处也适用：干细胞分化同样受其他基因网络的影响，其中包括我们在后文中会频繁碰到的涉及*Wnt*和*BMP*基因的那些网络。

运送到核糖体以便把它们拼接成蛋白质的“转运RNA”分子。如果细胞受到压力，就有可能触发转运RNA转化为一种叫作“tiRNA”的分子。tiRNA具有调控细胞应对机制的功能，也在癌症的发展过程中发挥作用。

这样的例子还有很多。RNA似乎是一种通用分子，细胞（尤其是像人体细胞这种基因调控功能如此重要的真核细胞）用RNA来指导、微调、临时修改分子之间的对话。正是考虑到这点，约翰·马蒂克才会认为，“细胞的计算引擎”并不是DNA，而是RNA。分子的化学变化可以调控ncRNA的作用，比如甲基化，也就是甲基基团（一种连着3个氢原子的碳原子：CH_3）附着到核苷酸碱基上。研究人员已经发现，miRNA中甲基化高于一般水平与某些癌症相关。另外，还有证据表明，抑制一种叫作“METTL3”的酶（这种酶会诱使RNA发生甲基化）的活动，可能会减缓癌细胞的扩散。

另一种可以控制RNA分子结构的化学修饰过程叫作“多腺苷酸化”：一种由一串腺苷酸组成的尾部结构（或者说标签）附着在RNA上。许多ncRNA的多腺苷酸化过程是由多腺苷酸聚合酶驱动的，这种酶也可以对mRNA执行与基因转录相同的操作。在mRNA分子的不同位点上添加多腺苷酸尾部，可以有效地创造各种类别的信息。这种尾部结构似乎对确保把mRNA从细胞核运输到被翻译成蛋白质的地点非常重要。此外，它还影响了mRNA的稳定性和寿命，就像某种保质期一样。随着时间的推移，多腺苷酸尾部会越来越短，等到它变得过短时，整个分子就会被酶分解。

绘制转录物组图谱

一项名为“DNA元件百科全书”（ENCODE）的国际计划改变了我们对RNA调控重要性的认识。ENCODE计划是在2003年人类基因组计划完成之后启动的，目标是研究基因组在我们的细胞中究竟是怎么被使用的，也就是怎么转录的。ENCODE计划鉴别了不同组织细胞中有哪些基因组中的部分被转录，从而详细描绘了人类转录物组图谱。

大家对这两个计划的反应形成了鲜明对比。媒体普遍称赞人类基因组计划是一项了不起的重大胜利，意义堪比人类登月，全球各地的生物学家对这个计划也是赞不绝口。相较之下，ENCODE 计划得到的媒体关注少到几乎可以算是没有。不过，这个计划在 2012 年发布初步研究结果时，确实短暂登上了新闻头条，并且引发了相当激烈的争论。在科学界，分歧很常见。然而，一些生物学家不只是不赞同 ENCODE 团队的观点，而是强烈反感。当一项发现激起了这种程度的情感反应时，你就知道必定是大家珍视已久的观点受到了威胁。

的确，ENCODE 计划的发现似乎颠覆了原有理论。人类基因组计划确认，我们的基因组中只有大约 2% 的基因可以编码蛋白质。于是，我们便把其余 DNA 中的大部分视作数千年进化过程中积累起来的“垃圾”，认为它们没有有效功能。然而，按照 ENCODE 计划的发现，转录过程并不局限于那一小部分“有意义”的 DNA。相反，我们的细胞以各种方式转录的基因组占比高达 80%。这样一来，基因本身似乎只是我们基因组中发生变化的一小部分。ENCODE 计划的研究人员起初认为，这种程度近乎疯狂的转录现象表明，我们 80% 的基因组一定具有某些生化功能。

这就有了争论的空间。首先，仅仅是 DNA 的某个片段转录成 RNA，并不意味着它在细胞中扮演重要角色。举例来说，到最后，细胞可能更容易自由转录，而不是严格控制转录分子机器在哪里启动和关闭。这有点儿像是当我们被要求提供某些文件时，最终却提交了一大堆很可能毫不相关的东西，因为把它们全部提交上去要比从这么多内容中准确找到目标文件更省力。

除此之外，部分批评 ENCODE 计划的人士宣称，进化过程会不可避免地在像人类这样的生物体中产生充满“垃圾”的 DNA。只有在那些种群数量相当庞大且“垃圾”基因堆积成本高昂的物种中，基因组才有望得到精简，丢弃多余的累赘部分——细菌满足这样的条件，但多细胞生物则不适用。“我们认为，生物学家不必担心无用 DNA，”生物学家达恩·格罗尔和他的同事说，“只有那些认为自然过程不足以解释生命，并认为进化论应该被智能设计论补充或取代的人才应该担心。ENCODE计划给出的结论是一切都有功能，这意味着目的性，而目的性是进化唯一不能提供的东西。”这是一种不恰当的怪异嘲弄。进化生物学家福特·杜立特尔则更加冷静，他提出，如果大部分人类基因组都不是传统意义上的“垃圾”，相反，它们都具有某种意义上的功能，那么我们染色体的组织方式必然是在所有动物中独一无二的。他称这个结论为“基因人类中心主义”。

换句话说，这类争论的利害所在就是生物学本身的完整性，具体来说就是究竟是否有必要把目的性从生物学中剥离出来（正如我们将在后文中看到的，这就是一个生物学中老生常谈的问题）。实际上，对功能和目的性的关注暴露了生物学强迫我们面对的一种根本层面上的不安，也暴露了一个我们默认接受的前提：接受这些概念就是向神秘主义或神学投降，意味着（科学）想象力的缺失。

控诉一支国际知名科学家团队打开了智能设计论的大门，无异于在意识形态上控诉他们背叛了信仰。毕竟（格罗尔向同事抱怨说），这些科学家中不是有一个说过“这些发现迫使我们重新思考……遗传的最低水平”？这是不是一种要废黜基因地位的威胁?！除了这些上纲上线的回应，真正有意义的争论则与生物学中“功能”的内涵有关。对进化生物学家来说，功能反映了选择的内容：严格的自然选择筛选机制会把那些有害或是最多只能对适合度产生中性影响的随机基因突变分离出来，只留下能够带来适应优势的基因突变。根据杜立特尔的说法，对ENCODE计划的发现，人们之所以有诸多不恰当的激动情绪，主要是因为把这些发现诠释为“相比我们过去的认知，人类DNA中对我们生存和繁衍有贡献的基因占比要大得多”。

然而，当涉及个体生物时，并非所有有用的部分都可以遗传。举例来说，当遭受某些伤害时，大脑的重新排布现象——重新分配任务，比如负责视觉信号处理的区域受到破坏，就让大脑中一块新的区域接手视觉信号处理工作——肯定对我们的生存有贡献，但无法遗传。疫苗引发的免疫反应可能会挽救我们的生命，但同样不能遗传。另外，细胞中某些分子的明确作用对其结构或排序并不高度敏感，因为没有强大的自然选择压力提炼并保留物种之间的这些序列。它们可能会经历快速的进化更替，就像在那些不需要高度专业技能的工作中，一个工人可以轻易被另一个工人取代一样。总之，进化并不能对哪些具备生物学“功能”、哪些不具备做出最终裁决。

尽管如此，像杜立特尔这样严谨的批评者也确实是有的放矢。毫无疑问，仅仅因为某段DNA被转录了，就认为它一定具备生物功能，显然证据不够充分。有些可能只是“噪声”，但RNA聚合酶会不顾一切地大量生产产品。（没错，确实存在分子机制会告诉RNA聚合酶何时启动、何时停止，但在随机的分子世界中，这种控制指令运行得不够完美。）另外，在所有RNA转录物中可能只有一小部分是执行某项任务所必需的，其他的都会被丢弃（就像免疫系统为回应威胁而产生的大多数抗体蛋白实际并没有任何效用一样）。对此，杜立特尔做了一个很好的类比：如果你家里的冰箱离墙上的插座只有 2 米远，你却只有一根 10 米长的插线，整段插线看上去确实都具有功能，但并不意味着它们确有必要。他警告说，ENCODE计划的研究团队可能正在落入进化思想中的“适应主义”陷阱，即认为生物学中的所有特征都有目的性且都是有益的适应。

无论人们对ENCODE计划的研究团队提出的生物功能性概念有何感受，有一点是没有疑问的：ENCODE计划表明，从转录角度看，人类基因组要比我们之前想的活跃得多，而且这些转录过程中有很多都涉及具有调控功能的DNA。没错，部分RNA产生的确实只是低水平“转录噪声”，即由不完美的鉴别装置转录的DNA。不过，仍然有很多RNA转录产物显然不是噪声。

对细胞“锁定”其分化状态的方式来说，比如通过引导修饰染色质结构的酶，lncRNA似乎特别重要。ENCODE计划起初鉴别出大约 1.6 万个lncRNA基因（没错，我们可以无可非议地称其为基因；我在本书第

61 页提到的再定义就来自ENCODE计划的研究成果，明确移除了对蛋白质的强调）。到 2020 年，这个计划提出，这类基因有接近 37 600 个，差不多是编码蛋白质的基因数量的两倍。DNA实际上是蛋白质和RNA这两种功能性分子的摇篮，我们没有任何理由认为编码蛋白质的基因的重要性凌驾于编码ncRNA的DNA片段之上。正如前文所述，我们发现的大部分与复杂性状和疾病相关的DNA序列都不是编码蛋白质的区域。（顺便说一句，这让一个现象变得很奇怪：很多药物的设计目标都是与蛋白质发生相互作用并影响蛋白质的功能。）

在认识生命运作方式上，ENCODE计划至少可以说与人类基因组计划同样重要。这个计划放大了凯文·莫里斯和约翰·马蒂克在 2014 年发表的评论："在过去 50 年的大多数时间里，我们严重误解了复杂生物体基因调控机制的总量和类型。"RNA远不只是制造蛋白质的信使，更是人体细胞中许多真实作用的核心。实际上，RNA正是许多蛋白质能够存在的原因。传统上把蛋白质分为两类，一类以可溶的紧密形式存在，另一类则位于细胞膜中。现在，我们知道了人体细胞中的第三类蛋白质，它们的功能是与具有调控功能的RNA结合。我们稍后就会看到，它们如何协同工作，使得调控以与分子生物学传统观点截然不同的方式实现。

比起简单的生物体，非编码DNA对人体要更加重要。大约 90% 的细菌基因组是编码蛋白质的；对秀丽隐杆线虫来说，这个比例是 25%；而人体的这个比例至多不过 2%——通过前文就能知道。在我们与其他哺乳动物共有的基因组序列中，大部分DNA都位于非编码区，这意味着这些玩意儿对哺乳动物来说相当重要。至于这些非编码DNA中有多少是真正能产生效果的，则是另一码事。ENCODE计划团队成员布拉德利·伯恩斯坦猜测很可能没有 80%，30% 是一个更加现实的数字。他表示，即便如此，"仍有大量具有调控功能的DNA（因而也有相应的RNA）控制着 2 万个编码蛋白质的基因，比编码DNA的数量多得多"。

简单生物体和复杂生物体中编码DNA和非编码DNA相对比例的差

异，反映了生物体在工作机制上的本质差别。理论生物学家戴维·彭尼可能在无意间以一种相当令人愉快的方式阐述了这个问题，他说："要是能成为大肠埃希菌基因组设计委员会的一员，我会相当自豪。然而，我绝不会承认自己是人类基因组设计委员会的一员。毕竟，哪个大学的委员会都不可能把事情弄得这么糟糕。"

我建议彭尼先生换个说法："我可以理解大肠埃希菌基因组的运作机制，但我完全理解不了人类基因组是怎么运作的。"彭尼这番评述的推论意义深刻：大肠埃希菌的运作机制并不是人类的运作机制。不过，他的这番妙语也流露出一种可以理解的沮丧情绪：人类基因组的运作机制对我们来说极难理解。另外，我担心这个评论可能带着一种与下面这种说法相同的偏见：坚持认为学习很难的外语毫无必要，甚至有些荒谬。

这种观点的转变挑战了雅克·莫诺的一个著名论断："适用于大肠埃希菌的东西也适用于大象。"[①]公正地说，莫诺这句话指的是DNA编码蛋白质的方式——细菌体内DNA编码蛋白质的方式确实与厚皮动物（大致）相同，因为它们使用的遗传代码是一样的。然而，莫诺这番评论的内涵是"这才是真正起作用的东西"，其背后的精神与弗朗西斯·克里克的中心法则如出一辙。我们现在可以看到，莫诺的这个论断在一个重要层面具有误导性，因为对大肠埃希菌重要的东西与对大象重要的东西并不一样。细菌的基因组大部分致力于生产蛋白质，而大象的基因组大部分致力于生产具有调控功能的ncRNA。要想真正理解大象及人类的运作机制，我们需要厘清约束这种调控功能的机制。

正如凯文·莫里斯和约翰·马蒂克所说：

> 现在看来，因为我们假设大部分遗传信息由蛋白质处理，所

---

① 虽然人们通常认为这番带有推测性质的等价言论是莫诺在 20 世纪 50 年代提出的，但实际上，它真正的源头是荷兰微生物学家阿尔贝特·扬·克吕伊弗。克吕伊弗提出这个观点的时间比莫诺早了 30 年。

> 以我们或许在根本层面误解了复杂生物体遗传程序的本质。在简单生物体中，大部分遗传信息可能确实是由蛋白质处理的，但事实证明，在更为复杂的生物体中，情况就不是这样了。生物体越复杂，其基因组就越是由调节分化和发育的表观遗传轨迹的调控RNA主导。

或者，就像生物化学家丹妮·利卡塔罗西和神经科学家罗伯特·达内尔说的那样，生物复杂性的“核心就是RNA复杂性”。

注释基因组

不过，这种调控机制到底是关于什么的？为什么要做这种调控，目的是什么？

本章开头提到的那两个并不完全一样的同卵双胞胎（所有同卵双胞胎都不完全一样）芭芭拉和克里斯蒂娜知道，关键不在于你有什么样的基因，而在于你怎么使用它们。同样的道理适用于我们的皮肤细胞、肝细胞、脑细胞和免疫细胞。打开和关闭基因并不只是简单地调整细胞使其产生微小的差异，而是深刻地改变它们的特征。正是通过这种方式，人类早期胚胎细胞（我们每个人都是从这种细胞发育而来的）才能分化成各种类型的组织，最后形成一具健全的身体。单一基因组能够支撑（而非创造！）多细胞、多组织生物体的唯一途径就是基因调控。

基因表达的转录控制是表观遗传学领域的重要研究内容。“表观遗传学”这个术语本身很严肃，由康拉德·沃丁顿在20世纪40年代首创，以指代所有影响基因表达却不涉及基因自身改变的过程。生物体表型的差异可能与其基因序列的不同有关，比如人类头发和眼睛颜色的差异。表型的差异也可能源自表观遗传效应，即基因一模一样，但表达或读取基因的方式有变化。

在胚胎发育的过程中，伴随细胞分化，会产生一种表观遗传变化的

“自然”序列，负责开启或关闭基因。基因的开关也可能受环境因素诱导，比如压力、生活习惯、饮食或是有毒物质。相较现在的人类来说，19 世纪末的人平均身高较矮，这个现象的源头并不是种群的基因变化，而是卫生条件、生活条件、营养状况的差异，其中的一个或多个因素变化都可能在基因表达的表观遗传变化中体现。同卵双胞胎之间的部分表型差异就与环境诱导的表观遗传效应有关。

一种开启或关闭基因的方式是通过基因组本身的化学变化。这类变化中最常见的就是DNA碱基的甲基化，就哺乳动物而言，这个现象几乎只发生在胞嘧啶（C）碱基上，尤其是与鸟嘌呤（G）相邻的那些胞嘧啶，它们被称为“CpG片段”（图 3–3）。这类“表观遗传标记”在人类基因组中非常普遍：在人类基因组包含的 2 800 万个CpG片段中，60%~80%都有这类标记。

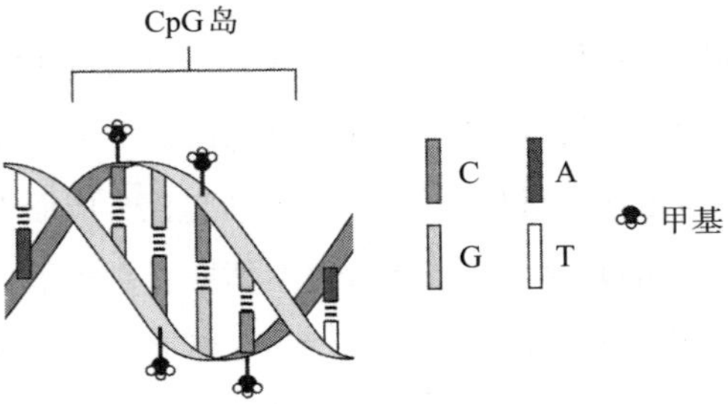

图 3–3　DNA中CpG岛的甲基化：一种可能调控基因的表观遗传变化

甲基化过程会改变基因的表达方式，但不是以一种容易概括的方式进行的。你可能会觉得，在DNA链上粘一个“凸起”的甲基会破坏RNA聚合酶转录它的能力，就像在盒式磁带上留下一道划痕或一点儿污垢一样。然而，事情没有那么简单。首先，这取决于修饰发生在基因的哪个部位。我们在前文中看到，基因中编码蛋白质的部分伴有被称为“启动子”的DNA序列，那里就是转录的起点。一条普遍（但并非不可违背）的规则是，基因编码部分的甲基化可以促进转录，而启动子区域的甲基化则会抑制转录。启动子似乎就是为这类表观遗传调控“设计”

的，因为许多启动子都位于CpG群密度较高的基因序列中。当启动子甲基化时，DNA变得更容易同“甲基CpG结合蛋白2”（这个名称毫无新意，但准确描述了这种蛋白质的作用）结合，这反过来又允许其他具有调控功能的蛋白质与其结合。（甲基CpG结合蛋白2会抑制转录。）

当甲基化DNA在细胞分裂过程中复制时，表观遗传标记也会复制。这样一来，子细胞就拥有与母细胞相同的基因激活模式。不过，甲基化过程并不一定是永久的，也有一些酶可以移除甲基化标记。于是，生命的遗传成分变得充满动态复杂性，因为为了调整基因的表达，相应的开关被频繁开闭，旋钮被频繁拨动。到现在为止，我们还没有破译这个过程的密码，但它不是数字化的：任何给定基因或其调控序列可以达到的甲基化程度都存在梯度。

当信息在分子尺度和一路通往整个生物体（实际上还可以更大）的更大尺度之间传递时，甲基化创造了一条双向通路。因为表观遗传标记是由细胞的外部影响因素触发的，其在任意给定时刻可用的遗传资源取决于整个生物体的情况。反过来，这些外部影响又取决于行为，即我们做出的选择。我们的选择和经历可以产生细胞化学层面上的效应，这一点儿也不奇怪。举例来说，我们的饮食习惯或者是否抽烟、喝酒，会决定在我们的血液和细胞中循环的化学物质。然而，看到这些选择在我们的基因中留下印记是另一码事，这些选择可能在一定程度上使某个基因失去作用，就像我们根本没有它一样。表观遗传学在相当程度上模糊了“先天”与“后天”之间的区别，因为从某种角度看，这些术语就是基因和环境的代名词。举例来说，许多表观遗传控制在子宫内就已经存在，所以，同卵双胞胎出生时就可能拥有不同的表观遗传“编程”，并且可能在后续的环境影响中产生更多不同。

一个可以极好地说明表观遗传差异能产生显著效应的例子是，基因完全相同的老鼠的毛色可以不同：黄色或棕色。这是因为老鼠毛发色素由*agouti*基因的表观遗传调控决定，这种基因的“黄色”变体也可能导致肥胖。[1]这种基因的产物是一种蛋白质，这种蛋白质不仅能影响毛色色素量，还能影响早发型肥胖、2 型糖尿病和肿瘤形成的易感性。2000 年，美国北卡罗来纳州杜克大学的研究人员发现，虽然携带*agouti*基因而表现为黄毛且肥胖的雌鼠后代与母亲性状一致，但只要改变母鼠的饮食就能诱导出棕毛后代。饮食中富含叶酸等化学物质（能促进新陈代谢中甲基的产生）的食物，有助于刺激*agouti*基因的表观遗传甲基化，削弱“黄色”变体对后代的影响。

甚至，心理经历（比如创伤和父母的养育方式）也会改变甲基化模式。2011 年的一项研究发现，母鼠在照料小鼠时，如果舔舐、梳理毛发这类母性行为较为频繁，就会诱使与应激反应相关的基因启动子区域甲基化。有一些证据表明，童年心理创伤可能与个人基因组中的甲基化程度相关，如果创伤经历发生在早期（大约 3 岁之前），这种效应还会更显著。另外，在大屠杀受害者及分子遗传学家玛丽亚·阿里斯蒂萨瓦尔及其同事称为“经历的生物学嵌入”案例中，也观察到了上述现象。

表观遗传并不局限于DNA的甲基化。第二种常见的转录控制方式并不把化学标记放置在双螺旋结构上，而是放在缠绕于染色体之上的组蛋白上。这些化学标记包括甲基，也包括多种其他化学基团，比如磷酰基、乙酰基和泛素基等。部分组蛋白修饰过程可能具有相当特别的作用。举例来说，如果在名为“H3”的组蛋白的某个位点上添加 3 个甲基——组蛋白会在这类位点上包裹基因启动子区域——就开启了基因的转录过程。这很可能是因为上述组蛋白修饰过程会产生松动染色质的连锁反应，从而使转录酶能接触染色质，就好像附着甲基之后解开了束缚一样。组蛋白修饰可能由激素或药物等化学信号触发，另外，现在已经证实，一些疾病与编码修饰组蛋白的酶的基因突变相关。这类基因中有一种叫作

---

① 该基因还有一种人类形式，同样也会影响毛发色素。在人类体内，相应的蛋白质在胰腺和脂肪组织中表达。此外，这种蛋白质在大脑中与一种起到神经肽作用的小分子肽发生作用，调控神经元活动。这改变了大脑影响食欲和饱腹感的方式，导致饮食过度和肥胖。另外，这种神经肽还与厌食症相关。

“*PHF8*”，其蛋白质产物可以去除组蛋白中的甲基，与某些罕见的学习障碍相关。

这类化学标记物非常多样，多样到让相关的表观遗传学语言变得非常难以理解。不同的基团“意义”是否也不同？（答案并不明确。）对某种特定的标记物，为什么细胞选择使用某种基团，而非另一种？此外，这类修饰还具有“模拟”特性：它们不断地施加影响，而非数字式地通过“开关”间歇性发挥作用。一些组蛋白修饰起到了为特定的酶做标记的作用，诱导它们启动涉及其他被称为“转录因子”的蛋白质激活或抑制基因的过程。

其他修饰过程会让缠绕在组蛋白周围的DNA缠得不那么紧，就好像松开了绕线轴上的线一样。DNA和组蛋白的相互作用部分源于异种电荷的吸引力：蛋白质表面带正电的化学基团吸引带负电的DNA。但是，乙酰基基团也带负电，因此，组蛋白在表观遗传层面的乙酰化会削弱上述吸引力。结果就是，组蛋白可以做到维持在DNA环中的同时沿着DNA滑动。

这改变了染色质包裹DNA和组蛋白的方式，可能最后还会解开一部分DNA链，使其在被称为“异染色质”的紧密包裹状态和被称为“常染色质”的松散包裹状态之间切换。后一种结构更加开放，所以参与转录的酶更容易接触DNA，而更紧密的包裹方式则会抑制这种接触。因此，常染色质中的基因通常可参与转录，但异染色质中的那些基因则不行——它们被沉默了。这样一来，组蛋白修饰就成了通过改变染色质结构调控基因的一种方式，从而成为一个在分子层面上运作的因素。

出于同样的原因，从组蛋白上移除乙酰基会触发染色质的压缩。现在认为，这发生在有丝分裂（细胞分裂）的过程中。有丝分裂时，纺锤体上的染色体会被反复推拉，正是这个过程让细胞分裂成新生的子细胞。为了能承受这种力，染色体就得被紧密包裹起来。这种转变似乎是突然发生的，就好像染色质的某种固化过程一样。

DNA的甲基化往往持续时间长且相当稳定，而组蛋白标记则较为短暂且不那么稳定。可以这么说，DNA 甲基化就像用钢笔编辑的基因组，而组蛋白标记则像是用铅笔轻轻画的，很容易就能擦掉。（钢笔和铅笔已经是上一个编辑时代的事了，离我们渐行渐远，等到彻底没人知道钢笔和铅笔的时候，该怎么办呢？）部分研究人员认为，表观遗传标记对应了第二种编码方式，这种方式超越了遗传编码，并且能够修改遗传编码。然而，这种编码类比是否适用于这里就没有那么清楚了，因为表观遗传本身就有模拟的特性，同时还高度依赖环境。因此，根据染色体表观遗传状态来确定"细胞状态"并不一定是一件非黑即白的事：细胞可以短暂地被修饰成介于多种稳定状态（细胞在成熟组织中展现出这些稳定状态）之间的中间态。

进化表观遗传学存在吗？

虽然表观遗传学历史悠久且相当成熟，但近些年来，我们有时把它视作一场改变了我们对生命运作机制的思考方式的革命。有些人声称，表观遗传学改写了整个生物学领域，乃至达尔文进化论，并且粉碎了陈旧的教条内容。然而，对进化生物学家来说，表观遗传学就没有那么紧要了，因为它似乎不直接影响遗传。配子（精子和卵子）具备保护自身基因组免受过多表观遗传改变的机制，并且会在这些细胞成熟到足以参与繁殖状态时以某种方式或多或少剥离各种表观遗传变化。在被称为"原始生殖细胞"的配子成熟阶段，基因组内的表观遗传标记已经在很大程度上被消除了。

那么，是否有一些表观遗传修饰能在这个过程中存活，进而被遗传？如果这种情况存在，那就构成了一种拉马克式遗传：生物体由于自身经历和环境影响，获取并遗传给后代的性状变化。实际上，已经有充足的证据证明这种情况可以发生，尤其是在植物中，但在哺乳动物中相当罕见。举例来说，携带能够产生黄色毛发的 *agouti* 突变基因的雌鼠，可以将某些表观遗传变化遗传给后代。不过，某些针对动物体内表观遗传的夸张观点，其证据就显得颇为可疑了。无论如何，这并没有严重威胁传统的达尔文进化论[①]，因为没有任何足够充分的理由认为基因组上继承的表观遗传标记可以维持一两代而不被抹除。

举例来说，神经生物学家布赖恩·迪亚斯和克里·雷斯勒在2014年的一项研究报告中称，他们通过训练让小鼠把一种特别的化学物质的气味同恐惧联系在一起，方法是在这种气味出现时轻微的电击小鼠。结果，小鼠似乎能把这种恐惧传递给后代，具体方式大概是借助逃过生殖细胞抹除过程的一些表观遗传（DNA甲基化）修饰。不过，不少科学家对支持上述效应的证据提出了疑问。

有关表观遗传最为知名的观点之一，源于1944年针对纳粹占领荷兰期间封锁食物和燃料所带来影响的诸多长期研究。当时，这个封锁措施导致荷兰民众普遍营养不良。随后的研究便发现，妊娠早期就营养不良的孕妇诞下的孩子在成年后更容易肥胖；如果孕妇只是在妊娠后期才营养不良，那么诞下的孩子的身量终生都会相对娇小（这种情况在营养不良的孕妇生下的孩子中很常见）。关键是，这种差异在再下一代身上也很显著：前一组孕妇所生孩子的孩子体重也往往高于平均水平，后一组孕妇所生孩子的孩子就不会。这样看来，第一组孕妇因为在妊娠初期营养不良而产生的表观遗传变化确实有可能遗传给了后代，从而提升了孙辈的平均体重，但这个结论仍有争议。

对克隆来说，表观遗传擦除过程是否严格是一个更为紧要的问题。在目前的标准克隆程序（体细胞核移植）中，会把一个体细胞的染色体（实际上是整个细胞核）移植到一个移除了细胞核的“宿主”卵细胞中。如果供体DNA来自成熟体细胞，就比如1996年的克隆羊多莉用的乳腺细胞，它就会充满分化期间获取的表观遗传标记。要想让克隆的卵细胞发育成生物体，就必须移除这些标记，因为这样才能再次激活基因，比如胚胎干细胞中的那些基因。正常情况下，这个过程会在卵细胞受精时

---

① 正如我们之前看到的，达尔文本人对遗传的观点就允许拉马克式遗传存在。

发生，至于克隆过程（没有受精环节）是否会完整抹除表观遗传标记则尚存一些争议。同样有争议的是，克隆体是否会因此产生健康问题，或是因其DNA“前世”的印记而过早衰老。

适应突发事件

因此，表观遗传学是生命运作原理的核心内容，但其本身不是什么新发现，也不是什么革命性思想。围绕这个话题产生了诸多炒作，其中一部分可看作对近年来认识生命运作过程细节方面真实研究进展的认可。从某些角度来说，这无疑也反映了公众越发意识到基因调控对生命分子基础和遗传基础的重要性。不过，我疑心这类偶尔出现的过度宣传的根源在于人们渴望摆脱基因决定论。表观遗传学提供了一条承认客观环境和主观经历可以决定我们命运的路径。然而，既然我们的出发点是纠正有关基因的陈旧迷思（这种愿望完全可以理解），那就不应该走到另一个极端，即彻底否认基因的重要性，转而把表观遗传当成新的“生命奥秘”。

表观遗传是生命运作原理的重要方面，这一点毋庸置疑，也毫不令人意外。有观点认为，那些四处活动、与其他生物社交互动且容易产生不可预测的新经历的生物体，应该受到某种能够决定其形式和行为的严格程序的控制。从进化的角度看，这种观点说不通；或者，你可以说，用这种方式设计生物实体并不好。这样的生物体反应太慢，无法快速应对环境变化——很多时候，我们不能等待进化缓慢地改变基因并重连基因网络。更有效的方式是，进化出某种能够快速修改基因使用方式的机制，一旦环境需要，就迅速做出相应调整。对细菌来说，调控机制较少的基因的“硬编码”完全够用。细菌本身数量就极多，还能快速繁衍。因此，与一般的环境变化速度相比，它们的进化速度甚至更快。实际上，我们已经充分领教了细菌的这种变异能力：在短短几年间，有些超级细菌就能进化出抵御抗生素的能力。可是，对人类的细胞来说，需要更加灵活的运作方式。

诚然，为了维持如此复杂的生物体的生存，多一种生存策略就意味着海量的分子硬件设施和分子活动投资，但它值得。毕竟，构成复杂生物体所需的物质材料和能量本身就是一笔庞大的投资，尤其是与微生物相比。就微生物而言，个体的消亡对整个种群的影响微不足道，而复杂生物个体的消亡对整个种群的影响就大得多了。因此，借助更为精细、复杂的控制系统维持复杂生命的生存确实是有价值的。

基因组的“说明书”这个比喻，在很大程度上阻碍了人们正确理解大自然这样做的原因。这个比喻鼓励我们想象，为了产生并维持更多复杂性，就需要更多指令。只有当我们充分认识了基因并非指令而是资源的时候，我们才能逐渐意识到，优化对这类资源的利用才是更好的生存策略。因此，我们不该把表观遗传看作对遗传学的修正，而是应该把它看作有关整个基因组系统工作方式的重要基础。

此处有一个我们可以从心智的进化观中汲取的教训。从某种意义上说，作为一种不依赖基因组本身进化的快速适应机制，心智可以被看作基因调控的最高级对应物。心智并不能改变我们的基因，但可以创造改变我们行为的选项——在保证生存的前提下寻找可以解决问题的创新方法。我们可以说，心智就是“核选项”。心智确实需要非常巨大的投资，因为就能量消耗而言，大脑的运行成本相当高昂，所有只有当整个生物体变得更大、更复杂时，大脑的成本效益才会显现。这就创造了一种自我强化的加速效应：心智越复杂，它能创造的新机遇和新生态位就越多，同时也会带来更多需要面对的新挑战。这种解决方案是认知性的，因为它要求生物体收集、处理并整合信息。

然而，正如我们即将在后文中看到的那样，把生物学中较低层级上的适应过程看作认知性的同样有意义，哪怕是单细胞生物的运作方式。正如生物学家迈克尔·莱文和哲学家丹尼尔·丹尼特所说，生命是“贯穿各个层面的认知”。还有一些人，比如约翰·马蒂克，甚至提出这个光谱的两端是相互连接的：RNA 调控的进化，尤其是可以编辑调控性 RNA

的酶（在大脑中尤其活跃），或许就是进化出高级认知能力（最高级形式就是与人类认知类似的形式）的促成因素。从这个角度说，这几乎就像是RNA调控产生的可塑性在整个生物体层面留下了自己的印记。这个观点是高度推测性的，目前还没有多少实证，但其背后的理念值得我们认真对待——细胞层面的复杂性（并不依赖基因组本身的变化）与生物体行为层面的复杂性，并不只是偶然并行进化的。

第 4 章

蛋白质：结构与非结构

弗里德里希 · 恩格斯提出过一种生物学观点，大致是这样的：

> 生命是蛋白体存在的模式。只要能够通过化学方法成功制备蛋白体，它们就一定会表现出生命现象并发生新陈代谢，无论这种生命现象有多么脆弱和短暂。

你可能会好奇，恩格斯这位因与卡尔 · 马克思共同撰写 1848 年《共产党宣言》而闻名的哲学家、历史学家，为什么会去推测生命的化学本质。其实包括约翰 · 斯图尔特 · 穆勒和鲁道夫 · 菲尔绍在内的许多 18—19 世纪的思想家都认为，思考约束人类生命的原理需要从社会层面到分子层面的全面研究，并且关注某个层面上发生的事情与其他层面之间的联系。现代遗传学表明，我们直到今天都没有抛弃这种观念，只是含蓄地把它表达在比喻中：把基因比作自私的复制因子，把细胞比作充满工人的工厂，也就是所谓的达尔文主义自由市场。

在恩格斯生活的时代，认为蛋白质是一切生命的基础并不是什么特别的观点。早在 18 世纪末，科学家就注意到，生命组织似乎都含有一种无处不在的“白蛋白”（albuminous，这个词源自拉丁语中的“蛋清”），并且通过研究证明，这种物质由碳、氮、氧和氢 4 种化学元素组成。

19 世纪 30 年代，瑞典化学家约恩斯 · 雅各布 · 贝尔塞柳斯提出用希腊语词根*prote*（意为“首要的”）把这种物质命名为“蛋白质”（protein），因为“这是动物营养的首要或基本物质”。化学家发现，当时所称的“蛋白质”似乎总是以许多相似的形式呈现，部分涉及的酶与活细胞转化物质（比如酵母发酵）的化学变化有关。到了 20 世纪中叶，人们发现蛋白质分子似乎是所有细胞活动的媒介，于是很自然地猜测它们也是传递（基因）性状的粒子，尽管随后这个猜测被证明是错误的。

不过，蛋白质分子确实是生命的第二大关键功能性组成部分，重要性仅次于DNA和RNA这两类核酸。据估计，人类细胞中含有 8 万~40 万种蛋白质分子变体。自分子生物学于 20 世纪 50 年代诞生以来，我们对蛋白质结构、特性和功能的认识就与我们对遗传学的理解一道迅速发展。不过，同许多学科的发展一样，随着相关认知在细节和深度上不断延伸，整个故事发生了深刻的变化，而且变化的速度超过了公众接受的主流叙事的变化速度。我们现在知道，蛋白质要比我们之前认为的更加复杂、更加有趣。正是在分析蛋白质这些复杂性质的过程中，我们对生命的真正运作机制有了全新的认识。

蛋白质是怎么变成各种形状的?

即便是在接受基因由DNA构成之后，人们在很长一段时间内也认为基因的主要作用就是编码蛋白质。我们常常把蛋白质描述为实现所谓基因功能的忠实仆人，并总是冠之以“细胞的苦力”的称号。[①]在这种相当普遍的观点中，一旦细胞合成了蛋白质，最困难的工作就完成了。剩下的工作就由这些魔法般的蛋白质分子机器执行：组织并协调我们所有的代谢路径，构建我们的纤维结构，并且让我们的生命活动始终保持在

---

① 我大胆猜测，这个称呼与一种常见的网络文化现象相关，即讽刺教育的公式化和显而易见的随意性。按照这个观点，所有人离开学校时掌握的唯一可靠的知识就是“线粒体是细胞的能量工厂”。

正轨上。它们是细胞工厂的工人，在把原子排列成生命所需的各种形式这件事上有着无穷无尽的创造力。

在这个观点中，蛋白质或多或少地成了酶的同义词，而酶就是指导生命化学过程的分子催化剂。催化剂可以加速化学反应，而其本身在反应前后没有任何损失。另外，同大多数蛋白质酶的情况一样，催化剂也会从反应物分子内众多可能的原子排列中精选出单一结果、单一产物。[①]在前文中，我已经介绍过生产DNA和RNA的酶，它们分别是DNA聚合酶和RNA聚合酶。三羧酸循环（有氧呼吸过程中的一系列化学反应）中的每一个环节都有一种酶参与。有的酶负责消化脂肪（脂肪酶），有的酶负责消化蛋白质（例如胰蛋白酶），有的酶负责消化淀粉（淀粉酶），还有的酶负责生产能量分子三磷酸腺苷（ATP）——因而称为“ATP合成酶”……不一而足。

蛋白质属于一类叫作“多肽”的分子。在多肽分子中，氨基酸通过一种叫作“肽键”的化学键结合在一起，形成链状结构。在酶中，这些链折叠成拥有特定形状的致密团状形式，经由进化作用雕刻，便有了让各种蛋白质酶执行其工作的能力（图4–1）。我们在前文中已经看到，蛋白质内的氨基酸（天然氨基酸共有20种）顺序是由编码在相应mRNA内的信息决定的，这些信息是根据联系起RNA碱基三联体与特定氨基酸的遗传密码确定的。mRNA内的这些信息由核糖体读出，而核糖体则是制造蛋白质的分子集合。

核糖体通过转动让多肽链裸露在外。对一个常见大小的蛋白质分子来说，多肽链包含大约300个氨基酸（图4–2）。然后，多肽链通过多种化学相互作用，折叠成相应的形状。一些氨基酸（与多肽相连时称为“残基”）包含可以形成被称为“氢键”的弱化学键的化学基团，而氢键正是那种将DNA双螺旋连接在一起的化学作用力。有些残基含有这种

---

① “催化”（catalysis）这个术语也是由贝尔塞柳斯提出的。他颇有先见之明地断言：“在植物或者活的动物体内，很可能存在成千上万种不同的催化过程。”

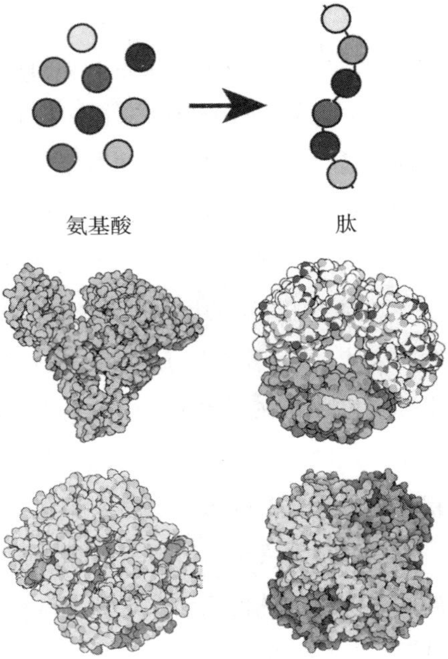

图 4–1　蛋白质由被称为“多肽”的氨基酸链（第一行）构成。在蛋白质酶中，这些链折叠成特定形状，图中展示了几个例子（第二行与第三行，从左至右：血清白蛋白、细菌视紫红质、血红蛋白、乳酸脱氢酶）

图片来源：由戴维·古德塞尔绘制。

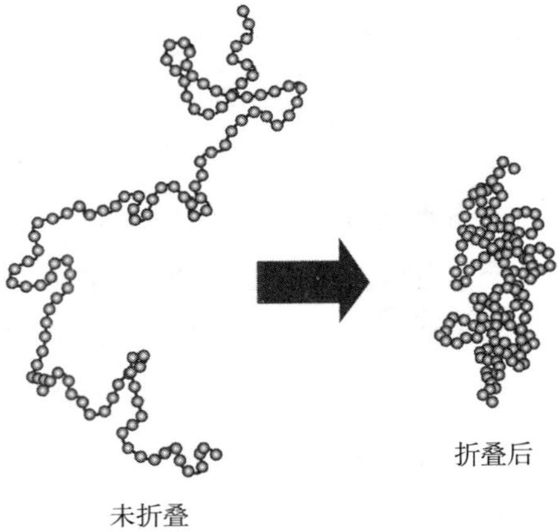

图 4–2　多肽链折叠成致密的活性蛋白质

键的“供体”部分：一个带有少量正电荷的氢原子。这些氢原子可以同“受体”部分（氧原子和氮原子）连接在一起。我们可以把它们想象成某种分子层面的搭扣，一个是钩子，另一个是扣子，二者互补。

除了氢键，蛋白质折叠的另一种主要驱动力是各种氨基酸在细胞内水环境中的溶解度不同。有些氨基酸含有不易溶于水的化学基团，你可以称它们是“油性的”，或者用术语来说是“疏水的”（怕水的）。有一些氨基酸则可以同水分子发生积极的相互作用，比如同水分子形成氢键，我们称这些氨基酸为“亲水的”（爱水的）。如果蛋白质链能卷曲折叠起来，那么大部分疏水残基可以藏在“褶皱”中远离水，同时亲水残基主要暴露在外。这样一来，蛋白质链就能降低其能量并变得更加稳定。蛋白质卷曲折叠的过程看上去就像是疏水残基之间相互吸引，最后聚集在了一起。而实际上，这种“疏水吸引力”是一种相当复杂的现象，其背后的机制至今未能彻底究明，这种现象涉及水分子自行排列或围绕着疏水分子时排列成不同氢键模式的方式。

不过，虽然疏水残基具有远离水分子的倾向，但它们中的一部分通常会留在蛋白质表面。这类疏水块区可以让不同蛋白质微弱地黏合在一起：当两个蛋白质分子的疏水块区接触时，它们便都不再暴露于水中，因此，这两个蛋白质分子结合时要比分开时更加稳定。从效果上说，我们可以把这个现象看作两个蛋白质分子通过疏水吸引力粘在一起。这就是蛋白质折叠形状的性质决定它与其他蛋白质发生相互作用（进而结合成对，甚至成为更大的分子群体）的一种方式。

普遍认为，氢键和疏水吸引力是决定蛋白质折叠方式的两种关键力量。多肽链的某些部分也可以通过其他种类的化学相互作用“钉”在一起，比如半胱氨酸残基中硫原子之间的化学键。通过上述方式，多肽链可以折叠成结构清晰、稳定且紧密的球状，进而构成功能性蛋白质。至于多肽链上的哪些部分会吸引或排斥其他部分，则取决于其氨基酸排列顺序。于是，精确的折叠形状看上去就像编码在多肽的氨基酸序列内，进而通过遗传密码编码在产生蛋白质的基因序列中。虽然每种蛋白质折叠的方式不同，但它们中的大多数都包含被称为“卷体”的重复折叠结构，其中最常见的是α螺旋和β折叠。在α螺旋中，多肽链卷曲成形如弹簧的紧密螺旋状，让它们结合在一起的是相邻螺旋之间的氢键。β折叠则包含几条相互平行、前后曲折的链，其中每条链都通过氢键同相邻的链连接在一起（图 4–3）。

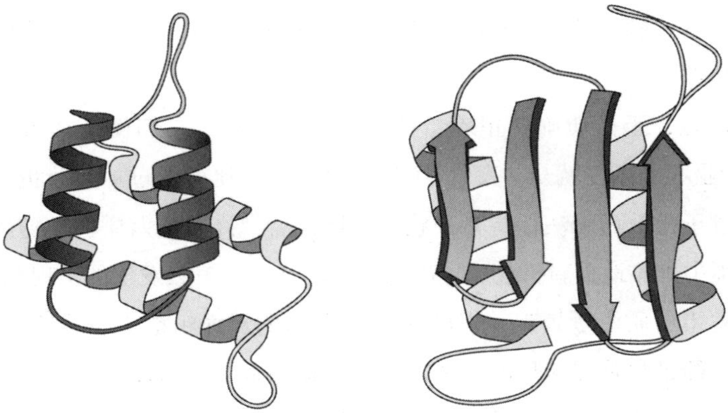

图 4–3　蛋白质中最常见的折叠模体是α螺旋（左）和β折叠（右）

图片来源：美国纽约雪莉市的“创造性蛋白质组学”公司。

蛋白质多肽链折叠成具有生化活性的紧密形式的具体过程，一直被认为是分子生物学中最深奥的谜题之一。1969 年，生物化学家塞勒斯 · 利文索尔指出了蛋白质折叠过程中存在的一个明显悖论。在一条长度达到数百个残基的多肽链上，各个不同位置显然有可能互相吸引，也就是说，这条多肽链可以有许多合理的折叠方式。其中大概只有一种方式具有最低的能量，这也是蛋白质折叠的目标，称为“天然折叠”。然而，要想找到这种方式，你完全可以想象多肽链在折叠时会尝试许多其他方案。虽然其能量最低的折叠构象（指蛋白质折叠的特定方式）很可能被“编程”到氨基酸序列中，但蛋白质多肽链并不“知道”那是它既定的目标形态，它必须通过试错找出这种方式。我们可以把各种可能出现的链构象想象成能量分布景观，其中相对稳定的构象就像是景观中的洼地与山谷

（图 4–4a）。在整个景观中的某个地点存在"全局最小值"，也就是最稳定的目标折叠方式。然而，蛋白质要想找到这个地点，就必须先在整个景观中随机"闲逛"。

利文索尔估算常见蛋白质可以使用的折叠构象数量时，发现这是个天文数字——字面意义上的天文数字，因为可供蛋白质使用的折叠构象数量甚至多过宇宙中的原子总数。说得再具体一些，即便折叠链每万亿分之一秒就能尝试一种新的构象，它通过随机试错找出全局最小值的概率也是零。

可是，蛋白质确实正确折叠了。不仅如此，它们还会在再次展开（用专业术语来说就是"变性"）后恢复原样，比如通过加热让蛋白质链变得过于松散而无法保持紧密状态并展开后，许多蛋白质会在随后的冷却过程中可靠地重新折叠成正确的形状。这又是怎么发生的？现在认为，真实的蛋白质能量景观并不像图 4–4a 展示的那样粗糙（如同砂纸）。相反，这种景观是漏斗形的（图 4–4b）：顶部宽阔，越往下越窄，蛋白质链的能量越低。这种能量景观就会引导折叠朝着正确的目标迈进。一开始，几乎所有折叠方式都会位于漏斗宽阔的颈部。随着折叠过程的推进，蛋白质逐渐发现通往更稳定构象的方式，从而朝着天然折叠的方式发展：

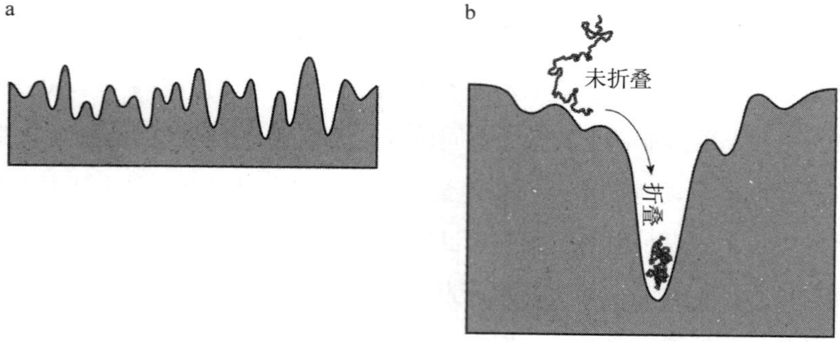

图 4–4　蛋白质折叠能量景观。a：如果景观崎岖不平，存在诸多高度、深度类似的山谷和山峰，未折叠的蛋白质链就需要随机"闲逛"很长时间才能找到最深的那个能量山谷。b：当景观不那么平整、呈漏斗形时，这个问题就变得容易解决了，未折叠的蛋白质链可以迅速把搜索范围缩小到正确的区域

随着折叠过程的深入，蛋白质链可以尝试的构象范围受到越来越严格的限制。

这似乎印证了诺贝尔奖得主、南非生物学家悉尼·布伦纳的观点：“你只需要确定氨基酸序列，折叠就会自行完成。”[①]如果蛋白质的天然折叠方式确实完全由其氨基酸序列决定，从原理上说，就可以根据后者（说得更确切一些，也许是各种蛋白质的基因序列）推断出前者。

要是能根据蛋白质链的氨基酸序列推断出蛋白质的折叠方式，那将大大降低研究难度，只要借助计算机就能预测蛋白质结构，不必再使用蛋白质晶体学（图 4–4）这样的费劲实验方法。不过，虽然从原理上说，根据氨基酸序列预测蛋白质结构必然是可行的，但我们还未掌握背后的规则。在过去的许多年里，我们最多就是在计算机上模拟蛋白质折叠：建一个溶解在水中的松散蛋白质链模型，加入所有分子成分之间的已知力，然后运行模拟程序，看看蛋白质链是怎么折叠的。这类方法需要大量的计算机算力，而且结果一般不会特别可靠。

随着一种名为“机器学习”的计算技术兴起，情况发生了变化。机器学习不需要模拟实际发生的物理过程，而是完全基于我们已经掌握的知识做预测。在机器学习过程中，会用一些答案已知的案例训练一种被称为“神经网络”的算法。在此期间，计算机算法会根据在训练过程中学到的内容做归纳，在输入与正确的输出之间建立联系，直到最后可以可靠地给出之前从未见过的类似案例的正确答案。运用蛋白质晶体学迄今解决的所有蛋白质结构案例训练机器学习算法，应该意味着算法最后可以熟练地识别哪些序列倾向于产生哪些类型的折叠模体。

谷歌旗下的一家人工智能（AI）公司 DeepMind 此前开发出了能够击败人类顶级棋手（比如国际象棋棋手和围棋棋手）的机器学习算法。2021 年，该公司团队宣布开发了一款名为“阿尔法折叠”（AlphaFold2）

---

① 布伦纳后来的补充充分体现了当时普遍存在的一种观点，即认为生命只是其组成部分（尤其是蛋白质）相互作用方式的一种复杂化表达。他说：“我认为，这可以算得上关于生物学领域整体解的某种顿悟。”

的蛋白质折叠算法。这款算法能以惊人的准确度预测已知蛋白质结构。2022 年，阿尔法折叠的开发团队用大约 17 万种已知蛋白质结构中的一个子集作为数据集训练算法，并根据氨基酸序列用这个算法预测其他蛋白质的结构。在许多案例中，阿尔法折叠算法的预测结果基本与实验确定的结果一样准确：35% 的预测结果被视为高度准确，另外 45% 的结果也准确、可靠到足以指引生物学中的许多研究应用。现在，阿尔法折叠已经对生物学领域已知的几乎所有蛋白质（至少 2 亿种）做了预测，涉及的物种从细菌到植物再到动物，无所不包。“你基本可以认为这个算法覆盖了整个蛋白质宇宙，” DeepMind 首席执行官德米斯 · 哈萨比斯说，“我们现在正处于数字生物学新时代的起点。”

需要明确的是，与其说阿尔法折叠解决了蛋白质折叠这个超级难题，不如说是回避了这个问题。这个算法其实并不是在预测多肽链是怎么折叠的，只是基于多肽链序列预测它折叠后的结果。饶是如此，人们仍然普遍把这项进展誉为蛋白质结构研究的一次革命，部分观点还把它同人类基因组计划相提并论。有待观察的是，阿尔法折叠是否能像有些媒体的头条新闻宣称的那样改造目前的药物发现模式，或者加深我们对蛋白质在生命运作原理中所起作用的认识。就现在的药物设计范式而言，上述愿景确实值得期待，因为目前的许多药物都是通过与某种被认为与目标疾病相关的酶结合（或是使其失效）来发挥作用的。举一个具体的例子，要想设计一种与某种酶结合并阻断其作用的分子，通常需要深入了解蛋白质的结构，因为这可以揭示药物分子必须填充的“洞”（通常是蛋白质表面的裂隙或空洞）的形状。不过，好的药物还需要具备针对蛋白质的强“结合亲和力”，也就是能牢牢黏附在蛋白质上的倾向。问题就在于，仅凭分子结构无法推断出这种“结合亲和力”的强与弱。另外，即便是阿尔法折叠给出的“优秀”结构预测结果，也可能缺失研究人员用来准确预测、理解蛋白质功能或结合特性所需的精确细节。

除此之外，设计药物的重点远不止与目标蛋白质的结合能力这一项。好的药物还需要有良好的药理学特性，比如人体要能够吸收这种药物，并且能将其代谢出去。大多数候选药物（比例占到 85%~90%）都是在临床试验的最后阶段功败垂成，通常要么是因为它们效果不够好（即便命中了既定目标蛋白质，也可能对人体没有产生多少影响），要么是因为它们产生了一些严重的不良反应。这些潜在的障碍同样是知晓蛋白质结构也无法预测的。如此种种无不表明，如果把治愈疾病的关注重点放在单个基因或生物分子的特性和行为上，很可能带来一些深层次的问题。我会在第 10 章中深入探讨这类困境。

尽管如此，能够很好地预测未知的蛋白质结构（无须依靠可能长达数年的辛劳实验），仍旧对我们认识这些分子参与的生命运作分子途径相当有价值。不过，这并不绝对，因为蛋白质在细胞中所起的作用并不一定编码在其结构中。这种想法是又一个从分子生物学诞生之初延续而来的默认“前提”，需要更新。要理解为什么需要更新，我们就得更深入地看看蛋白质究竟做了哪些工作，又是怎么做到的。

结构和功能

在 20 世纪的大部分时间里，生物分子的结构看上去就是打开生命奥秘之门的钥匙。20 世纪上半叶，晶体学诞生并迅速兴起，相关技术可用于探究晶体的原子结构，生物学家便用它研究生物分子的结构。在具体操作过程中，需要让晶体反射 X 射线，并观察反射后的射线形成的图样——当时用摄影胶片捕捉图样，现在用的则是精密的 X 射线探测器。晶体内排列着一层层原子，每层原子之间的间隔都是有规律的，波状 X 射线束在其间不断反射就会不断干涉，最后形成所谓的衍射图样。对这些衍射图样做数学分析，就可能计算出晶体内原子层之间的间隔；或者，从三维视角做分析时，就可能计算得到所有原子的位置。

晶体学家首先把这项技术应用在食盐（氯化钠）和钻石等我们相当熟悉的晶体上。在这些晶体中，原子和离子排列成不断重复的巨大晶格。

如果分子也像这样有序地堆叠在一起，那么晶体学技术对分子同样有效，比如晶体水（冰）中的水分子。X射线晶体学的先驱们意识到，如果可以把蛋白质分子做成晶体，那就可以用这种方法知道分子内的原子排列。

这可比研究水分子这样的简单小分子的结构困难多了。蛋白质分子很大，而且结构极为复杂，所以很难解析其衍射图样。如今，这样的解析工作可以在计算机的帮助下完成，但在蛋白质晶体学刚刚兴起的20世纪30年代可没有这么重要且强大的帮手。饶是如此，彼时，罗莎琳德·富兰克林和她的合作者还是用这种方法得到了DNA晶体的衍射图样，从而帮助弗朗西斯·克里克和詹姆斯·沃森在1953年发现了DNA分子的双螺旋结构。其他学者，比如英国晶体学家多萝西·霍奇金和约翰·肯德鲁则已经开始研究胰岛素和血红蛋白等相对小而简单的蛋白质分子的大致形状，甚至开始研究其原子细节。

现在，X射线晶体学方法已经可以用于处理巨大的蛋白质，甚至处理复杂的多蛋白质组合。虽然这类技术得到了极大的提升（特别归功于极致密X射线束的出现），但它的主要任务还是推断蛋白质结构。蛋白质数据库（PDB）这家重要的国际数据库目前记录了大约6.5万种蛋白质结构。另外，据估计，通过X射线晶体学方法知晓结构的生物分子总数量累计超过了15万种。

不过，晶体学方法并不是识别复杂分子结构的唯一方式。有一种极为有用的新技术叫作“冷冻电子显微镜”。这种技术运用电子束（而非光子束）产生细节极其丰富的分子图像。电子显微镜技术诞生于20世纪60年代，从原理上说有能力分辨出比光学显微镜更精细的细节，因为电子束的波长（根据量子物理学原理，电子等基本粒子可以表现出类似波的行为）比可见光的波长短。粗略地说，显微镜能分辨的目标物的大小大致相当于它照射在样本上的“光”的波长。光学显微镜能清晰分辨的物体最小直径大约为1微米，远大于单个蛋白质分子的直径，而电子显微镜的分辨力要强得多，几乎可以达到原子级别。[①]

在冷冻电子显微镜中，样本被冷却到极低的温度。这么做一是为了冻结所有分子运动（运动会模糊显微镜图像），二是为了削弱高能电子束对生物分子等精细材料造成的伤害。自诞生起，冷冻电子显微镜技术一直在稳步发展，这很大程度上要归功于 2017 年诺贝尔化学奖的三位得主：雅克·迪波什、约阿希姆·弗朗克和理查德·亨德森。

一直以来，学界主流观点都是蛋白质的结构决定了它的功能。一般认为，一种酶只做一项工作，它的外形（结构）也被塑造得极其适应这项工作。举例来说，醇脱氢酶的任务就是从酒精（乙醇）分子中提取出一个氢原子。具体过程如下：醇脱氢酶遇到酒精分子便与其结合，脱出一个氢原子，然后释放产物分子。另一个例子是一种相对较为简单的酶：溶菌酶。我们现在已经把这种酶当作研究蛋白质功能的原型，它存在于唾液和牛奶中，通过剪切细菌细胞壁上一种叫作“肽聚糖”的分子，帮助对抗细菌感染。我们完全可以说，酶就是化学专家。

有些蛋白质会嵌入细胞膜，而不是像溶解的球状实体那样漂浮在细胞质液体中。这些膜蛋白通常有一个锚定单元，其中暴露在外的残基是疏水的，因而这个部分更适合深深嵌合在细胞膜内部——组成细胞膜的脂肪（脂质）分子上含有其他疏水基团。膜蛋白的可溶性“头部”会从细胞膜中伸出来。这些蛋白质同样可能是执行某项工作的酶，比如它同细胞外的激素分子结合，并向细胞内的其他分子发送信号作为回应。ATP 合酶就是一种这样的酶（图 4–5）。套用“蛋白质是分子机器”这个类比范式，当 ATP 合酶执行生产 ATP 分子的催化工作时，它的头部会像马达一样转动。

---

① 有一种叫作“超高分辨率显微术”的新方法巧妙地利用荧光分子（或粒子）发出的光产生图像，分辨率远高于光的波长固有的“衍射极限”。这类方法有许多具体的分支，它们的缩写都很奇特，比如 PAINT、PALM、STORM、FISH。超高分辨率显微术能够揭示活细胞中分子活动的位置。

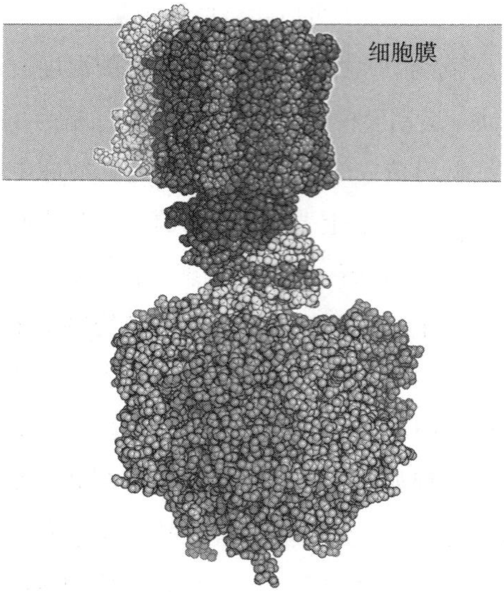

图 4–5　ATP 合酶是一种膜蛋白，负责催化“能量分子”ATP 形成。ATP 合酶的“茎”嵌在细胞膜中，真正起到催化作用的是它伸出的“头”

其他蛋白质则是结构性的，它们的主要功能是作为细胞结构的组成部分，与酶的功能迥然不同。这类蛋白质分子往往不会折叠成团状，而是相互缠绕，或是把各自的链粘在一起，形成细胞的组织结构。它们就是毛发、骨骼、爪牙和蚕丝的组成部分（图 4–6）。

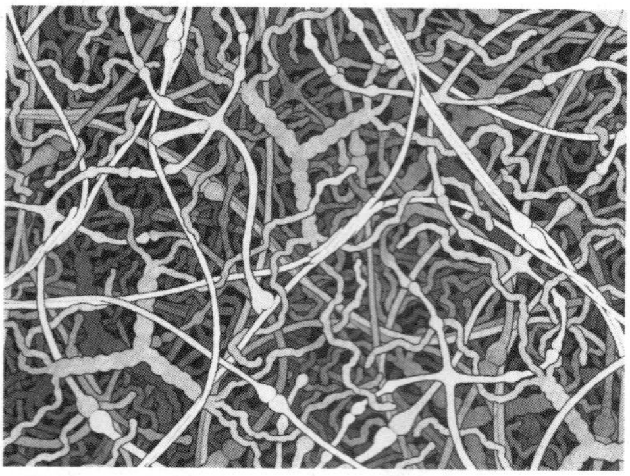

图 4–6　胶原蛋白纤维状结构形成的网络示意图。胶原是一种结构蛋白，是软组织、肌腱和皮肤等结缔组织的重要组成部分

图片来源：由戴维·古德塞尔绘制。

20 世纪 60 年代，人们清楚地认识到一些蛋白质的作用不只是催化化学反应，它们还能调控基因——这个发现很大程度上要归功于分子生物学家沃尔特·吉尔伯特和马克·普塔什尼。在前文中，我们已经看到细菌蛋白 Lac1 就满足上述特点：它会抑制编码乳糖消化酶的基因。很快，我们就会看到一些具有调控基因功能的蛋白质究竟是怎么做到这点的。

许多蛋白质在有能力执行任务之前都会获得化学修饰。换句话说，其他酶会把一些完全不由氨基酸构成的化学基团缝合在折叠的蛋白质链上。有些添加的基团含有铁、铜、钴等擅长推动化学反应的金属离子。举例来说，血红蛋白的核心部分有一个血红素基团，其中有一个由碳和氮原子构成的环，环的中心则有一个铁原子。铁可以与氧结合形成化学键，这样一来，血红蛋白就可以把氧运送到身体各处的血液中，也可以将氧输送到需要用氧来“燃烧”糖并产生能量的地方。和许多蛋白质一样，血红蛋白是在一个组合体中完成工作的。在组合体中，蛋白质会与其他分子结合在一起，而在血红蛋白的例子中，它会与 3 个一模一样的蛋白质分子结合（图 4–7）。另一种多肽链上的常见添加物则是糖分子，

图 4–7　血红蛋白的核心处存在一个所谓的血红素基团，其中含有一个可以与氧分子结合的铁原子。完整的血红蛋白组合体包含 4 个不同的蛋白质分子，它们以两个密切相关的分子对的形式存在。请特别注意这些结构中的 α 螺旋

图片来源：英文版维基百科，作者是理查德·惠勒，Zephyris 是他的笔名。

其自身通常就会相互连接成短链。这类由糖分子修饰的蛋白质称为“糖蛋白”，是免疫系统特别重要的组成部分（比如抗体和决定血型的分子）。

1970 年，弗朗索瓦·雅各布称“现代生物学的目标是通过组成生物体的分子的结构解释生物体的性质”（我对此略作改动）。这就暗含了“功能肇始于结构”的想法，很难找到比这更还原论的柏拉图式观点了。我们甚至打算把解释生物学的途径局限在生物体成分的静态形式，而不是它们何时、何地，以何种顺序做了什么，又是怎么做的！这不禁让我们想起了前文中提过的罗伯特·罗森的评论：“放弃组织，保留起基础作用的物质。”

在这种所谓的正统观点中，酶——携带着基因编码的氨基酸序列（及相应的结构）——的作用就像是机器人组装器，通过移动并重新排列底物的原子，以极高的精度制造或破坏化学键。然而，如果我们仔细观察细胞，就会看到一堆蛋白质和其他分子在里面挤作一团，乱糟糟的。在如此混乱的环境中，蛋白质是怎么准确找到合适的分子并加以改造的？常见的答案是：蛋白质的形状能让它完美识别目标底物，并忽略其他一切无关分子。大多数酶都有一块称为“活性部位”的区域，其实就是酶表面上的裂隙或空洞。当多肽链周围的部分执行化学改造时，底物就在活性部位处与酶结合。粗略地说，我们可以认为酶与底物之间的关系就像是钥匙与锁，只有合适的钥匙（酶）才能打开正确的锁（底物）。这就是“分子识别”。现在认为，正是因为存在分子识别这种机制，细胞内的物质流、能量流和信息流才能沿着明确的分子相互作用链精妙地整合在一起。

虽然内部拥挤不堪的细胞看起来像是一个混乱嘈杂的分子舞蹈俱乐部，各种难以明说的互动都发生在舞池边缘，但我们现在还是怡然自得地接纳了这样一种观点：因为每种蛋白质独特的折叠形状及随之而来的分子识别能力，它们都准确地知道应该做什么、应该去见谁，同时忽略一切无关人等。

然而，这个故事真的永远成立吗？

连接

我们很早就知道，某些蛋白质转化底物的能力会受到第三方（另一种分子）的影响。这种复杂现象最初的蛛丝马迹来自 1904 年，丹麦医生克里斯琴·玻尔（著名物理学家尼尔斯·玻尔的父亲）发现，二氧化碳会影响血红蛋白与氧的结合。1961 年，雅克·莫诺和弗朗索瓦·雅各布创造了“别构性”（allostery，原意为“其他形状”）一词，以表述蛋白质与某种分子（通常把这种结合伙伴称为“配体”）的相互作用方式会影响其与另一种分子的相互作用。举例来说，某种转化配体A的酶在与配体B结合之前处于不活跃状态，只有在与配体B结合之后才能把配体A转化成产物P。一般认为，产生这种效应的原因是蛋白质的某种形态变化，比如酶与配体B对接之后，可能会打开一个活性部位，然后启动把配体A转化成产物P的过程（图 4–8）。

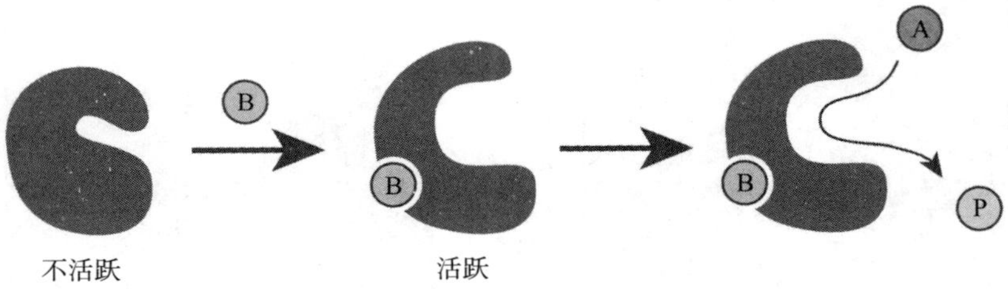

图 4–8　蛋白质中别构性作用方式的常见示意图。蛋白质与配体B的结合导致蛋白质发生某种形态变化，从而转变为某种可以将配体A转化成产物P的活跃形式

在某种程度上，我们可以把这类过程看作传统计算中的开关和逻辑门，蛋白质的配体就是输入，反应产物就是输出：当（且仅当）配体A和B同时存在时，才会产生产物P。莫诺和雅各布发现的*lac*操纵子就是某种基因开关，Lac1 抑制蛋白的作用通过是否与糖分子结合来实现开启或关闭。这类开关也可以以别构的形式在两种蛋白质之间发生：一种蛋白质可以与另一种蛋白质结合并影响其活性，从而把化学转化链（蛋白质通过参与转化链进入相互连接的网络）连接起来。在莫诺看来，别构性就是“生命的第二秘密”。

别构性开关现象的常见例子之一发生在被称为“G蛋白偶联受体”的蛋白质酶中，这种酶嵌在细胞膜中，将来自细胞外部的信号传递到细胞内部，产生响应。G蛋白偶联受体参与激素（通过敲打细胞外部引发细胞内部生理反应的小分子）、嗅觉（由气味分子触发）、光敏性（由光束中的光子触发）和神经突触中的神经递质分子的作用过程。

这些蛋白质暴露在细胞外的一侧有结合位点，像激素这样的信号分子可以与其对接。这会诱导蛋白质发生某种形态变化，进而激活在细胞内部一侧的蛋白质，使其能够与另一种附着在细胞膜内表面的蛋白质（G蛋白）发生相互作用。于是，G蛋白激活，打开在细胞中自由漂浮的其他蛋白质，从而开启一系列反应事件——激素代表的信号正是通过这些事件完成传递（或者说“转导”）（图 4–9）。

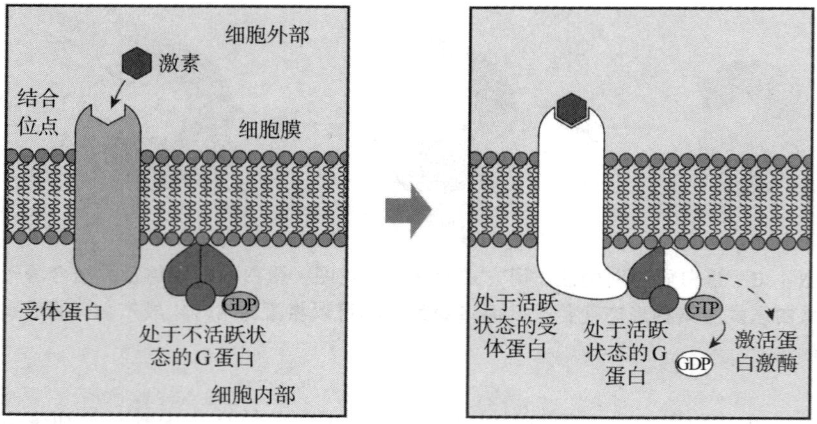

图 4–9　G蛋白偶联受体作用过程中的别构性，通常会引发一系列涉及蛋白激酶的相互作用。GDP和GTP是在这些信号过程中经由酶相互转化的小分子

一般来说，G蛋白偶联受体反应通路会激活一类叫作“蛋白激酶”的酶，这类酶通过化学修饰来激活其他酶。蛋白激酶从细胞的“能量分子”ATP中获取磷酸根离子，然后将这个离子附着在其他蛋白质上——最常见的位置是蛋白激酶靶点多肽链上两个氨基酸（丝氨酸或苏氨酸）中的一个。于是，我们称靶蛋白“磷酸化”了。蛋白激酶是一个很大的蛋白质家族。人类细胞中大约有 500 种蛋白激酶，由我们所有蛋白质编码基因中 2% 左右的基因编码。另外，几乎一半的人体蛋白质都可以磷酸化，其中一些蛋白质的不同位点可以被不同蛋白激酶结合。因此，这不仅仅是磷酸化蛋白“开启”或“关闭”的问题。它们既可以以不同程度激活，也可以以合作的形式激活：某些蛋白激酶只会把它们的磷酸根离子附着在已经有其他磷酸根离子附着的靶蛋白上。这意味着，这类信号转导路径的逻辑相当复杂。另外，还有一些被称为“磷酸酶”的酶会从另一种蛋白质上剪切磷酸基团。通过这种途径，蛋白激酶和磷酸酶就能以循环的方式调节其他酶的活性（图 4–10）。

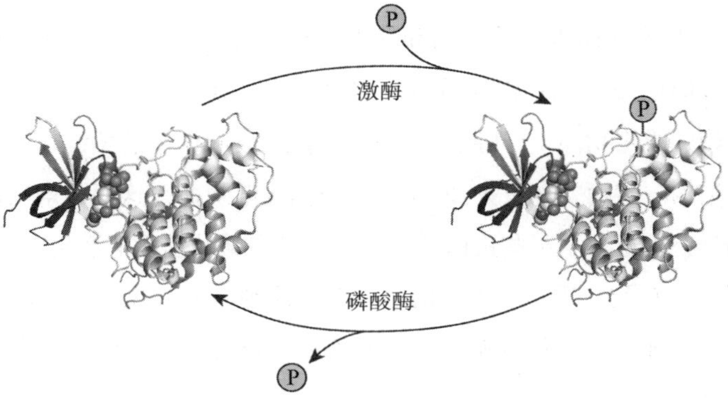

图 4–10　蛋白质在激酶作用下的磷酸化，磷酸酶则可以使蛋白质去磷酸化。图中的“P”指磷酸基团

20 世纪 70 年代，生物化学家阿尔弗雷德·吉尔曼和马丁·罗德贝尔提出 G 蛋白偶联受体在信号转导过程中的作用，并且凭借这项研究获得了 1994 年的诺贝尔生理学或医学奖。起初，我们把 G 蛋白偶联受体看作简单的开关，由构象中的别构性变化激活——这是一种描述蛋白质的机器论图景，把蛋白质分子比作由运动的杠杆和凸轮轴组成的机械系统。推或拉这里，那里就会确定发生一个可以预测的变化。然而，分子并不是这样工作的。用卷曲的多肽链制造一台“机器”，有点儿像是在用橡胶制造机器：多肽链和橡胶一样，柔软、可变形，而且在分子尺度上因为自身的热能及同溶剂水分子和邻近分子的随机碰撞而疯狂摆动。正如生物学家丹尼斯·布雷所说：“任何分子个体在本质上都是反复无常且不可靠的，行为完全由热能主导。”

不过，许多人体蛋白质之所以不是匹配特定钥匙的锁（机器论图景），还有另一个原因——这也是不能用精确的机器开关理解别构性（创造了交互和控制网络）的原因。这个原因就是：许多人体蛋白质，或者说人体蛋白质分子的许多部分根本没有结构化。

无序

我把上述阐述蛋白质结构和功能的图景称为“规范”，因为我们在很长一段时间里都把它视为蛋白质的起点和终点，总结起来就是“顺序决定结构，决定功能”。按照这幅图景，蛋白质起作用的关键在于其精巧的分子结构。然而，在过去20年里，我们逐渐明白，这幅图景只是全貌的一部分：它适用于某些蛋白质（而且只是在某种程度上适用），但绝对不适用于所有蛋白质。最关键的是，对人体细胞的运作模式，以及对人体及其健康在分子层面的调控方式来说最为重要的部分蛋白质，也不适用于这个图景。

现在的主流观点认为，科学是研究世界模样的过程。在此之前，我们需要赋予这个观点一个重要的限定条件：科学首先得是我们可以研究的研究。因此，科学的重点总是偏向于我们掌握了相关实验工具和概念的那些部分。在17世纪末显微镜出现之前，我们不仅没有研究地球上数量最多的生物体（单细胞细菌和古菌），而且压根儿不知道它们存在。正是因为有了显微镜，我们才能够分辨出它们。出于类似的原因，我们又花了200年才发现体积更小的病毒。因此，在人类历史的大部分时间中，尽管动物学家满怀热情，努力奋斗，但他们对地球生态圈的大部分一无所知。如今，这个局面也完全没有改变：工具的局限性不仅限制了我们对科学的探索，更扭曲了我们对世界、对生命运作方式的看法。

我们只有通过晶体学方法才能研究蛋白质。还有个前提：我们首先得用蛋白质制造出晶体。即使在今时今日，这也还像是某种“黑科技”：某些实验学家就是有让蛋白质结晶的天赋，就像某些杰出的园艺家能让花园绿意盎然一样。然而，不论你的实验技巧多么娴熟，就是有一些蛋白质拒绝结晶，尤其是那些通过部分嵌入细胞膜（这意味着这类蛋白质拥有不溶于水的锚定杆）展开工作的蛋白质。冷冻电子显微镜技术拥有诸多无与伦比的优点，其中之一就是它不需要一定是晶体，因而成了研究这些“顽固”生化分子的福音。即便如此，迄今为止我们得到的绝大多数蛋白质结构也是能够形成晶体的那些——绝对不是全部。因此，我们现在对蛋白质的描述并不具有全员代表性。

正是因为许多蛋白质并不形成晶体，所以我们现在只知道大约 50% 的人类蛋白质组（人类拥有的所有蛋白质）的结构。剩下的大约 50% 仍然是谜，有时被称作“暗蛋白质组”。暗蛋白质组中的许多蛋白质序列与已知的蛋白质完全不同，很难猜测它们的折叠方式。[①]

在所有这些目前无法开展结构分析的蛋白质中，有许多蛋白质本身就没有明确的折叠形状。相反，其多肽链的组成非常松散，用术语来说就是“固有无序”（图 4–11）。固有无序蛋白质的结构并不会严格遵守某种特定的“形状”。传统球状蛋白质拥有一种独一无二的稳定折叠形状，当蛋白质不处于这种形状时，一个宽宽的“能量漏斗”（图 4–4b）会促使其朝着这种形状折叠；相较之下，固有无序蛋白质的能量景观更加随机、崎岖（有点儿像图 4–4a 中展示的那样），同时拥有数种最后可能实际采用的构象。

---

① 阿尔法折叠在预测这类蛋白质结构上的表现同样不佳：这个人工智能程序确实预测了这类蛋白质的结构，但也承认预测结果“置信度低”，意味着预测结果完全谈不上可靠。另外，这些预测结果常常显得凌乱随意，完全不像 α 螺旋这类整洁模体。

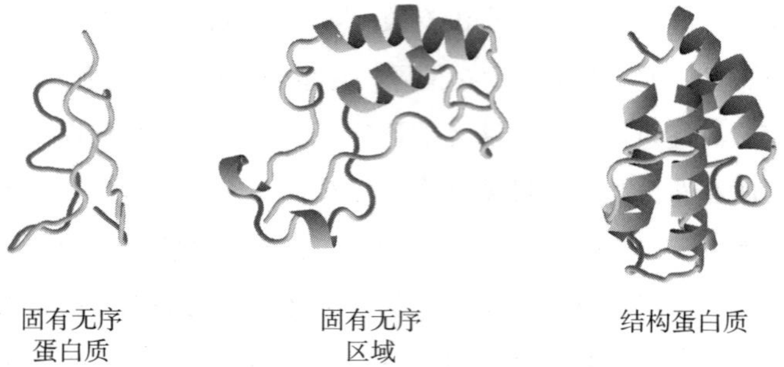

图 4–11　蛋白质中的固有无序现象。某些蛋白质几乎完全处于无序状态，没有任何稳定结构（左图）。有些蛋白质折叠链内有明显的无序区域（中图），同时还有像α螺旋这样的有序结构。相较之下，有序蛋白质通常具有某种明确的（尽管多少有些灵活）结构（右图）

图片来源：由作者改编自穆塞尔曼和库塔捷拉泽 2021 年的作品。

这个现象相当常见。有学者估计，在整个人类蛋白质组中，无序片段的占比为 37%~50%。更为重要的是，在许多对细胞分子生态学功能最为重要的蛋白质中，无序片段似乎特别普遍。这种特征在多细胞动物的蛋白质组中尤为明显：在很多细菌的蛋白质组中，固有无序蛋白质只占到大约 4%。这方面的巨大差异很可能是表明人类细胞工作模式与细菌细胞截然不同的另一大线索。

固有无序蛋白质不可能与具有锁钥专一性的分子结合。不过，许多固有无序蛋白质会与各种各样的其他分子结合，其中当然包括其他蛋白质——它们可能会对某种特定底物表现出某种程度的偏好，但绝不会仅仅与这种底物结合。通常，结合事件本身会让固有无序蛋白质转变为更为有序的折叠形式：它们在“结合时折叠”，具体折叠形状取决于结合伙伴的形状。此时我们再去观察与底物结合的固有无序蛋白质结构，其看上去就会和其他蛋白质一样有序。但其实，固有无序蛋白质的折叠形态会随着结合伙伴的不同而变化。有些无序蛋白质甚至在结合之后仍保持着非结构化的状态，它们同结合伙伴像变形虫一样附着在一起，毫无规律地杂乱结合。

这种相互作用的方式看上去同分子生物学通常教授的知识相反。分子生物学告诉我们，蛋白质和其他生化分子倾向于形成具有高度专一性的互锁伙伴关系。然而，我们了解得越多，就越是能察觉这个关于细胞中分子识别的简洁故事脱胎于以下两个事实：首先，这个故事很简单，也很符合直觉；其次，我们的注意力一直集中在契合这个故事的那些蛋白质上，而不是生命在这个尺度下的真正运作方式。然而，模糊与不严密不仅很常见，而且是一些细胞内最重要的分子结合物的特征。许多在协调细胞内分子事件上起到关键作用的蛋白质似乎明显被进化过程塑造得杂乱无章，它们以同等活性（程度有高有低）与多个类似的伙伴结合。这并不是进化的错误或缺点，而是一个有意为之的特征。

有一个现象能够反映这一点：固有无序蛋白质似乎都拥有某种特定的无序类型——虽然它们看上去都很杂乱，但杂乱的模式并不完全相同。生物物理学家罗希特·帕普已经鉴别了 4 种不同的无序类型，从或多或少开放且无定形的链式结构到某些相对紧凑的结构（比如松散的斑块状）。这类差异反映在蛋白质的氨基酸序列中，以及它们与蛋白质功能的关系上。举个例子，相对紧凑的无序球状蛋白质似乎能有效地与DNA结合，其氨基酸链上各个部分形态相近，有助于让蛋白质整体产生强烈的相互作用。

同许多人类蛋白质结合的配体无序、杂乱，并不仅仅意味着人类细胞的分子作用机制比我们设想的更为混乱、松散，更表明我们需要重新思考信息在细胞内外的传递方式及其背后的运作逻辑。我们将在下一章中看到应该采取何种形式重新思考这个问题，但现在，我要说的是，我们在意识到应该改变对分子之间相互作用的看法的同时，也需要改变对基因调控和RNA功能的观点，这绝非巧合。因为只有把这两个方面结合在一起，我们才能看到关于细胞真实工作方式的自洽图景——两方面缺一不可。

蛋白质无序现象体现的构象灵活性，凸显了形状变化对这些分子的工作方式有多么重要。也许，我们更应该把“蛋白质结构”这个概念看作一系列构象，就像是舞蹈演员通过不断运动展现的一系列精心编排的姿势。没有任何人能保证晶体结构实际采用的“姿势”对其生化功能来说是最重要的。举例来说，许多酶的多肽链上都有环，这些环在其活性部位附近或上方摆动，在那里结合并转化它们的目标配体。这些环高度灵活，可以创造出具备不同特性和功能的不同活性部位构象，比如某些对不同配体亲和力不同的构象。这样一来，蛋白质就能执行多种功能，并具备了进化出新功能的可能。研究人员现在已经能够改变酶的功能，从而赋予其在细胞作用中的新角色，具体做法仅仅是改变酶中环的运动，进而微调酶的构象景观。

与此同时，目前看起来，无序结构非但不会妨碍别构性，反而很可能是促成别构性的关键因素。生物化学家维森特·希尔谢尔和布拉德·汤普森提出，无序是确保蛋白质某个部分的变化能被另一部分感知的更好方式，因为无序不需要精确的“工程”机制来耦合蛋白质的不同部分。蛋白质与配体的结合会让许多不同的构象产生微小的变化，无序蛋白质可以进入这些构象，进而共同“传播信息”。因为无序蛋白质结构松散，它们不仅能够与多种不同配体结合，还在本质上普遍对蛋白质分子不同部分发生的事相当敏感，因而结合事件可以产生大范围连锁反应。通过这种方式，无序蛋白质就可以成为不同相互作用链（负责在细胞内传递信号）之间的多用途“连接器”，从而成为参与信号转导和调控的分子相互作用网络中的优质枢纽。波兰癌症研究者埃娃·格日博夫斯卡说，即便（实际上，这正是原因）固有无序蛋白质只能微弱且短暂地与其他许多分子发生相互作用，但正是因为有了它们，细胞才能对环境变化做出快速反应，才能选取诸多并没有预先编入系统（这点非常重要！）的可选信号传输及引导路径。

无序蛋白质也是信号通路中的多用途传输者，因为它们松散的外形很容易受磷酸化的影响而改变。磷酸基团带有负电荷，因而相互排斥，可以给无序蛋白质的不同位置施加推力，重塑后者的外形并赋予其不同的结合倾向。可以这么说，无序结构让蛋白质很容易发现新的形状和功能。

蛋白质无序现象与这样一个事实相关：某些蛋白质可以采用不止一种稳定外形。以一种叫作“tau”的结构紧凑的酶为例，这种酶有助于维持中枢神经系统中神经元的稳定性，它可以把自己重构成某种相互纠缠的纤维结构（被称为“纤维缠结”）。有观点认为，这种缠结是阿尔茨海默病的诱因，因为它会导致大脑中的神经元死亡。这种“错误折叠”现象让人想起我们在蛋白感染粒（又称朊病毒，与其他神经系统变性疾病相关）中看到的效应。这种蛋白质（朊病毒蛋白，简称PrP）可以在人体及其他动物体内产生一系列关联密切的脑部疾病，其中包括牛类海绵状脑病（疯牛病）、羊类的痒病和人类的克罗伊茨费尔特-雅各布病。同tau蛋白的情况一样，我们认为上述脑部疾病也肇始于错误折叠的蛋白质聚合成神经毒性纤维缠结。

朊病毒完全由一种存在于细胞膜中的蛋白质（PrP^{C}）构成。PrP^{C}实质上是一种糖蛋白，并且拥有一片很大的无序区域。多少让我们有些惊讶的是，PrP^{C}的正常功能目前仍不清楚，但研究人员已经猜想了一系列这种蛋白质可能扮演的角色，从处理身体内的铜到管理压力反应、提供神经绝缘性，再到促进神经元兴奋、细胞分化与增殖、提升黏附作用、控制外形、保障免疫功能，等等。有些研究人员认为，PrP^{C}之所以与那么多功能相关，是因为它能调节大量信号通路之间的交互作用——这是无序蛋白的经典作用。

20 世纪 80 年代，神经科学家和生物化学家斯坦利·普鲁西纳率先提出了朊病毒假说，但起初广受嘲弄，因为这个假说认为蛋白质拥有一些此前人们从未设想过的特性。[①]普鲁西纳的观点是，错误折叠的朊病毒蛋白可以把它的异常形态传递给“健康折叠”变体，这似乎违反了弗朗西斯·克里克的中心法则（结构信息不能从一个蛋白质传递到另一个蛋白质）。这样一来，病理蛋白形成的纤维缠结就可以分解成碎片，为更

① 我记得我在 20 世纪 90 年代初就从一些生物学家那里听到了对普鲁西纳“怪异”假说的轻蔑言论，这反映了一个人在挑战某领域珍视的规则时所要付出的代价。1997 年，普鲁西纳凭借他在朊病毒方面的工作获得了诺贝尔生理学或医学奖。

多病理蛋白的形成播下“种子”（我们仍然没有充分了解这类缠结的结构到底是什么样的）。这种倾向甚至可以在细胞分裂时传递，也就是说，子细胞可以从母细胞那里继承这种倾向。

正是因为PrP^C有能力传递其故障，所以朊病毒导致的疾病具有传染性，甚至可能在不同物种之间传播。这点在20世纪90年代英国暴发的牛类海绵状脑病疫情中体现得淋漓尽致。虽然彼时的政客言之凿凿地宣称，即便在疫情期间，英国牛肉也极为安全，但还是有177人在食用病牛肉后死于克罗伊茨费尔特-雅各布病。随后的公共调查更是促使社会各界重新思考科学知识究竟如何影响政治决策。

蛋白质的无序结构拥有诸多优点，朊病毒蛋白的病理性错误折叠算是为这些优点付出的代价。正是因为无序蛋白善于调节分子间相互作用——源于无序蛋白适应其他许多分子并与其结合的能力——它们总有一种相互粘连的倾向。无序蛋白可以提升人体调控网络的复杂性和多功能性，但也要付出代价——肇始于错误折叠蛋白质的有害聚集风险上升。我们发现，许多与疾病相关的蛋白质的无序区域高度密集，这点在那些与其他神经系统变性疾病（比如帕金森病和亨廷顿病）有关的蛋白质中体现得尤为明显。P53蛋白是一种与众多癌症关联的“枢纽”分子，它也是一种部分无序蛋白质，并且拥有多达500种潜在的结合伙伴。如果这类蛋白质构成了分子相互作用网络的枢纽，那么在某种程度上，癌症的结果也在预料之中，毕竟这些枢纽是最容易被故障影响的地方：一旦枢纽无法正常工作，整个网络就崩溃了。

2016年，多家美国机构的研究人员宣称，他们在某些类型的酵母中发现了非基因遗传性状，而且这些性状似乎是由固有无序蛋白质传递的，具体方式同细胞分裂时与朊病毒相关状态的遗传类似。参与这个过程的蛋白质通常是转录因子及与RNA结合的蛋白质，可以在继承了它们的细胞中诱导出特定的表型性状。我们不清楚这些蛋白质究竟是怎么一代代传递下去的，但研究人员报告称，其产生的效应可能是有益的，提升了这类“基于蛋白质的遗传性”具备适应性的可能。他们提出，这个现象或许为种群中在基因组成上一模一样的细胞提供了一种快速获取新表型的方法，这样一来，它们就能在充满生存压力（比如缺水）的环境中迅速找到新的解决方案。换句话说，在这种情形下，固有无序蛋白质似乎象征着某种储备着生物体变异的紧急储藏库。至于多细胞生物（其细胞必须扮演高度分化的角色）是否也可以使用这种策略，则是另一码事了。

蛋白质究竟是怎么产生的

我们已经在前文中看到，乔治·比德尔和爱德华·塔特姆是如何通过 1940 年的研究（首次清楚证明基因编码酶）催生出“一种基因，一种酶”这个假说的。20 世纪 70 年代，“断裂基因”（包含了被称为“内含子”的区域，内含子在转录完成后即被丢弃）的发现让这幅图景变得复杂起来。编码蛋白质的mRNA分子是由基因保留下来的部分（外显子）剪接而成的。这种制造蛋白质的方法看上去混乱、浪费，而且外显子的剪接方式并不总是相同。

相反，外显子的顺序可能会被打乱，以便在不同的环境中（比如在不同种类的细胞中）以不同的序列呈现。因此，某种特定的基因可以编码的蛋白质序列不止一种。平均而言，每种人体基因编码了大约 6 种不同蛋白质（举个例子，tau蛋白有 6 种变体）。某些基因可能产生众多蛋白质变体，例如肌纤维（具备伸缩性）的关键组成部分肌钙蛋白T拥有 80 多种不同的剪接形式，在罕见的情况下，这个数字可以飙升到数百种（并不是所有形式都具备功能性）。

负责剪接外显子的是一种由核仁小RNA和蛋白质构成的组合体，被称为“剪接体”（图 4–12）。这些蛋白质中有一部分与核仁小RNA结合形成“核小核糖核蛋白颗粒”（snRNP）。不过，我要再次强调，虽然在分子生物学中常常把这类结构比作机器，但剪接体与人造的机器完全不同。剪接体包含一些必不可少的部分，比如RNA分子，但组成剪接

a

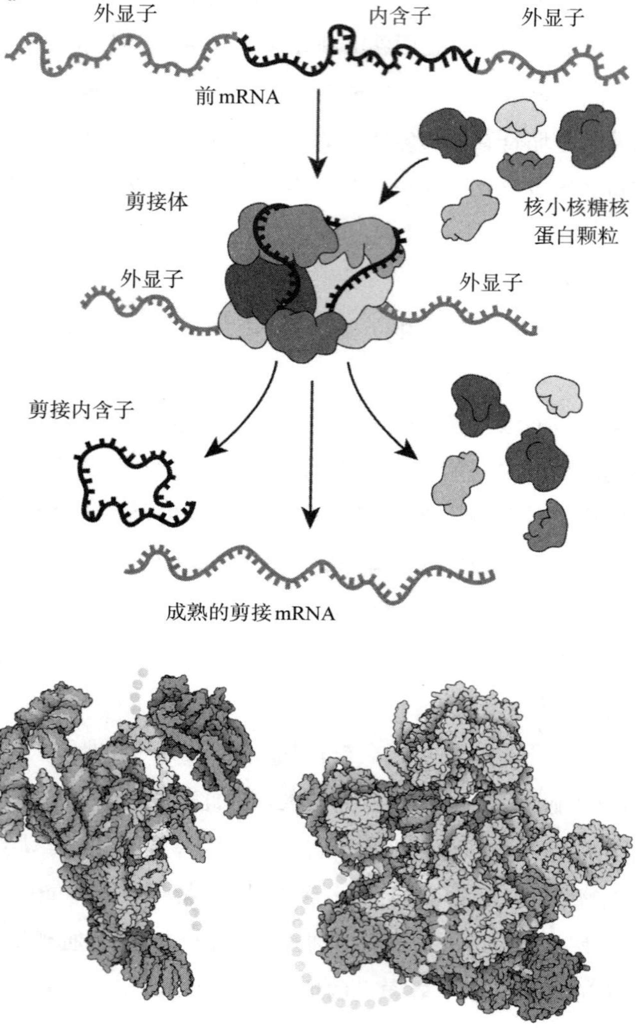

b

图4–12　a：工作中的剪接体，正在剪切、粘贴原始RNA转录物中的外显子和内含子。核小核糖核蛋白颗粒由黏附在剪接体上的小ncRNA分子和RNA结合蛋白形成。b：在剪接过程中，整个分子复合物的形状发生巨大变化。左图是酵母剪接体首次与mRNA内含子（待移除的部分）结合时的结构，用虚线表示；右图则是剪接体在剪接作用完成之后的结构，内含子的环仍旧附于其上

图片来源：图片b由戴维·古德塞尔绘制。

体的部分蛋白质似乎一直在不断变化——在剪接体执行任务时来来去去或者重新排列。现在认为，这种千变万化的特性反映了剪接体必须执行的任务有多么令人眼花缭乱，以至于过于死板的刚性结构无法像剪接体这样提供满足细胞需要的多功能性。剪接体不仅必须对不同组织中相同的基因转录物开展不同的工作，还得快速改变其活性，以应对细胞环境中的某些新变化，比如从细胞表面传递过来的某种新信号。参与多细胞动物剪接过程的一个蛋白质家族叫作“SR蛋白”。这类蛋白质有一块与RNA结合的区域及一块只包含两种氨基酸（精氨酸和丝氨酸）的无序区域——精氨酸和丝氨酸在这块区域中以无序序列不断重复。磷酸化过程可以改变SR蛋白在剪接体中的作用方式，也就是说，其他酶可以重新编程SR蛋白。

针对剪接过程的诸多调控行为——如果你喜欢，可以把这类行为理解为选择怎么把外显子重新缝合在一起——由RNA和所谓的RNA结合蛋白（作用如其名）之间的联系完成。这些蛋白质在调控基因活动本身的网络之上构成了另一张完整网络，在不同的生物组织中以不同的方式组织RNA转录物。按照我们目前的估算，人体细胞中有1 500~1 900种RNA结合蛋白，它们是可溶性球状蛋白和膜蛋白之外的第三大类蛋白质，我们直到几年前才意识到它们的存在。

RNA结合蛋白网络的规则很难辨别。这些蛋白质中有许多几乎完全不挑选同何种RNA结合：它们在寻找结合伙伴一事上表现得相当杂乱，部分原因还是它们包含了很多无序区域。值得一提的是，一些RNA结合蛋白具有双重作用。除了同RNA结合，它们还能起到一般代谢酶的作用。这再一次清楚地表明，我们不能自作聪明地给蛋白质分配固定的角色。一种叫作“顺乌头酸酶”的蛋白质负责催化三羧酸循环代谢反应中的一个步骤，它可以在机体缺少铁时转变成负责调节铁元素摄入的RNA结合蛋白。正是因为固有无序性，RNA结合蛋白才能拥有这种神奇的兼职能力。

有些RNA结合蛋白似乎只是与RNA聚集成核糖核蛋白颗粒，它们在细胞中形成以应对压力，并且拥有各种涉及新陈代谢、记忆和发育的功能。这类应激颗粒可以在细胞应对挑战期间隔离不需要发挥作用的蛋白质，一旦压力消失，细胞又立刻需要这些蛋白质，比如那些参与生长和新陈代谢的蛋白质。当细胞正忙于应对眼前的危机时，应激颗粒会暂时搁置蛋白质的上述功能。核糖核蛋白颗粒的形成过程并不像组装乐高积木，而是更类似油中醋滴的分离（比如沙拉酱的分离）——这个过程被称为“液–液相分离”，我们将在后文中看到，它是细胞聚集各种组成部分的常见方式。考虑到应激颗粒多少有些不确定的松散结构，当你听到许多与其形成相关的蛋白质都是无序蛋白时，估计你不会太过惊讶。

RNA结合蛋白与各种疾病都有联系，尤其是肌萎缩侧索硬化和强直性肌营养不良等神经系统变性疾病。一种叫作“RBFOX2”的RNA结合蛋白在神经系统选择性剪接的调控中发挥着至关重要的作用，但它还与一种负责调控雌激素信号的蛋白质发生相互作用，并且可以影响组织中可移动细胞和侵入性细胞的形态，这就解释了为什么RBFOX2突变与某些类型的卵巢癌相关。举这个例子主要是为了说明RNA结合蛋白往往没有明确且独一无二的功能，更多的是根据环境需要执行任务。正是因为与疾病之间存在千丝万缕的关系，某些RNA结合蛋白成了我们探索相应疗法的重点目标。名字颇为拗口的APOBEC3F就是其一：我们现在认为它参与了mRNA的编辑过程，并且已经证明它能抑制导致艾滋病的人类免疫缺陷病毒（HIV）的复制。

人体有大约90%的基因都能通过选择性剪接产生一种以上的mRNA。这个现象在大脑中尤为常见，具体原因现在仍不明确。一类被称为“神经连接蛋白”的蛋白质负责控制细胞之间的黏附，并且是突触（神经元的连接点）形成的必要组件，这类蛋白质会被选择性剪接成大量不同的形式。一种被*DSCAM*基因编码的蛋白质让神经元能够互相识别，从而保证不同神经元不会在互相纠缠的长线状轴突（神经元向外延伸的股状部分，能像电线一样携带电信号）中融合。[①]现在认为，Dscam蛋白的各种“亚型”通过选择性剪接随机产生，并且作为随意选择的细胞表面标签区分每个轴突。我们在果蝇体内发现了大约 2 万种不同的Dscam蛋白选择性剪接变体——它们都源于同一种基因（不过，我们不清楚这些变体有多少真正具备生物学功能）。

我们的细胞正是通过这种方式，以大约 2 万个基因为基础，生产出 8 万~40 万种不同的蛋白质。没错，具体的数字我们仍然无法确定，这恰恰证明了人类基因组仍然有许多我们不了解的部分。mRNA的选择性剪接和多腺苷酸化表明，在基因转录（也就是从RNA到蛋白质的过程）启动之后，仍然存在与转录发生之前至少相同数量的调控过程，这些调控过程会随着DNA自身调节部位的参与而开启或关闭。

选择性剪接蛋白是人体分子工具箱的重要组成部分，主要参与复杂生物体运作的核心过程，比如信号传导、细胞通信和发育调控。由于调控机制的存在，剪接作用具有组织特异性。不同类型的细胞不仅对应开关状态不同的基因库，而且对应着由这些基因产生的不同蛋白质组合。于是，选择性剪接在多细胞真核生物（具有多种组织类型）中司空见惯，但在单细胞真核生物（更不用说原核生物了）中就远没有那么常见了。

模块

因此，把“蛋白质结构由各自的基因序列编码”的想法应用在人类这样具有大量选择性剪接过程的生物体中，就会产生误导。一般来说，基因序列不会编码拥有特定形状的特定蛋白质。相反，它们是生产某类蛋白质的资源。

不过，究竟为什么要这么做？研究人员常说，选择性剪接的一大好

---

① DSCAM是“唐氏综合征细胞黏附分子”对应英文的缩写，*DSCAM*基因在胎儿体内的过度表达（因为存在 21 号染色体的第三个副本，无论这个副本是完整的还是只是部分的）会导致唐氏综合征。

处是可以用一种蛋白质的（遗传）代价获得多种蛋白质。但很少有人讨论，如果蛋白质只是因为其结构被精心塑造成适应其功能的样子，所以才能发挥作用，这怎么能算是一种额外的好处？要是把这些部分抽离出来，然后重新洗牌，可以得到什么？你可能会找到一种不一样的组装瑞士手表部件的方式，但重新组装的这只手表很可能不能计时。显然不是这样，只有当蛋白质的功能对其整体形状不那么敏感时，选择性剪接才可能发挥重大作用。这样一来，选择性剪接与蛋白质中的无序性联系密切就不那么令人惊讶了。一项研究发现，有大约 80% 的选择性剪接的蛋白质部分无序或完全无序。另外，正如我们在前文中看到的，调控剪接过程的蛋白质往往具有很强的无序性。

重新洗牌后产生的蛋白质之所以仍然具备有用的功能，是因为它们的大多数组件——有时编码在mRNA外显子个体中——其实是模块，能够独立折叠进而具备某种功能。我们称这类模块单元为“域”，每个域自身就像一个迷你蛋白质分子，长度通常在 50~250 个氨基酸。实际上，域和蛋白质的关系可不只是“像”而已：我们在基本由多结构域蛋白质构成的多细胞动物中发现的许多域，都能在细菌的单结构域蛋白质中找到类似物。这个现象看上去就像是，随着生命逐渐走向多细胞化和复杂化，与其说进化过程发现了诸多新的蛋白质，不如说是把已有的蛋白质重新组装成具有新功能的复合物。

多结构域蛋白质约占人类蛋白质的 80%。然而，只是研究蛋白质数据库（存储已知蛋白质结构的国际数据库），你应该猜不到这个结果。因为蛋白质数据库中 2/3 的结构数据来自单结构域蛋白质，也就是更接近细菌蛋白质的那种。这又是为什么？因为这种结构是X射线晶体学技术最适合解决的。正如我之前所写：我们并不是研究自然界到底有什么，而是研究我们可以研究的。

通过外显子和选择性剪接，以模块化的方式编译蛋白质，创造了很多产生新蛋白质的机会，自然选择可以从中筛选出有用的部分。从零开始“发明”一种新蛋白质是一项非常艰巨的挑战，因为将 20 种氨基酸排列成长链的方式有无数种，而且其中大部分方式的产物都是分子垃圾。进化的一大关键原理：一旦你找到了一种好的解决方法，那就反复使用！如果某种原始蛋白质可以稳定且可靠地折叠成某种具有重要生化功能的结构，那么对进化来说，将其保留在工具箱里不断修修补补的意义，要远大于尝试再造一种新的蛋白质。

这类修补工作看上去经常会大幅改变域中的氨基酸序列，却不会显著改变域本身的结构。或者，截然不同的蛋白质序列也可能各自独立地找到了通往相同域结构的方式，其原因正是这种域的结构稳定且有用。一项研究发现，在多结构域蛋白质的所有域结构中，有超过 1/4 在进化过程中多次独立地进化出来。一种常见的模体叫作“β桶”，由相互平行的链片段构成，链与链之间由氢键连接。这些链绕着中心轴扭转，让人联想到编织而成的篮子或包裹在同轴电缆外的绝缘外皮（图 4–13）。β桶在很多蛋白质中都有出现，比如为离子和小分子提供通道来帮助它们穿过细胞膜的孔蛋白。我们在不同蛋白质中发现的β桶结构几乎没有序列上的相似性。

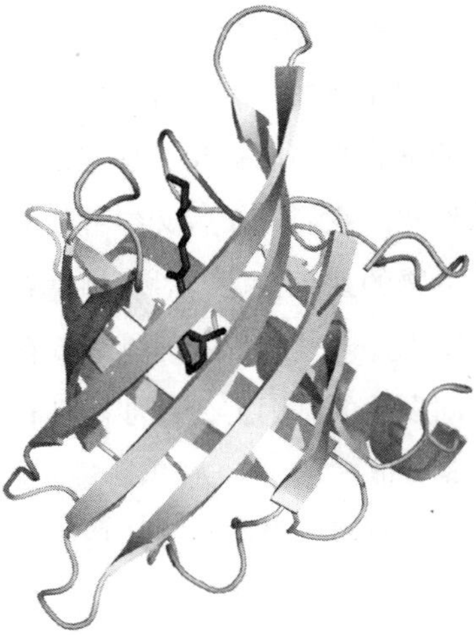

图 4–13　模块化蛋白质中的常见β桶结构模体

图片来源：地球物理流体动力学实验室。

多结构域蛋白质可以同时满足数种需求，每种域扮演一部分的角色。举例来说，我们看到膜蛋白通常会有一根嵌在膜上的“茎”，它同时连接着一些伸出细胞膜且具有催化化学过程功能的水溶性部分。一般来说，把域连接在一起的链片段都是无序的，因为只要它们的结构不会折叠成某种会限制域折叠及相互作用的形式，其具体结构如何并不重要。

按照这种观点，多细胞动物蛋白质的进化并不是让随机的基因突变把某种氨基酸变成另一种，然后看看究竟会产生何种影响的缓慢过程。相反，它由已经具备功能性的模块构成，这些模块不断重组以产生具有新潜力的多结构域分子——这种策略取得成果的可能性要大得多。把基因分割成外显子可以推动这种探索的过程，尤其是当每种外显子都对应着单一域时，不过这种对应关系在多大程度上成立仍然是一个颇有争议的话题。换句话说，在这里，分子进化的“单位”其实不是DNA的碱基对或蛋白质的氨基酸，也不是基因本身，而是一种介于这两者之间的尺度——由域构成的模块。目前看来，正是这种模块的重组驱动了动物的进化，而不是基本碱基序列的缓慢突变。日本生物信息学专家伊藤益美及其同事在2012年的一篇论文中写道：“动物的出现，甚至可以说脊椎动物的出现，都与域的全新组合相关。”

这种域排列产生的蛋白质似乎正是协调多细胞生物细胞行为特征所需的：多细胞生物的细胞必须能够相互粘连，相互交流，并且必须能分化成具有专一性的形式。我们将在后文中看到上述这些能力会如何形成像人类这样的大型动物的独有特征。对动物总界下的单细胞真核生物（囊括了一些与多细胞动物亲缘关系最近的生物）的研究表明，许多在朝着多细胞行为转变期间发生的基因突变都涉及已有基因家族中蛋白质域的重排。正如弗朗西斯·雅各布在1977年所说，进化就是一个修补匠，而且“这个修补匠使用的材料，没有一种的功能是明确且确定的；每种材料都可以有大量使用方式”。雅各布还解释说，因此“创新来自既有材料先前未被发现的结合，创造就是重新结合”。这一点对蛋白质、对细胞的分子网络乃至对细胞本身都适用。为了逐步提升复杂程度，大自然很少需要从零开始创造。

不过，让人困惑的是，这些既有材料为何拥有了这样的组合潜力，也就是说，为什么它们充斥着远远超出当下需求的可能性。这些材料的表现就好像是，一旦你拥有了这些基本生物物质成分，就一切皆有可能。我认为，这才是最该让我们惊讶的，但现在大家似乎还没有意识到这一点。

无论如何，事实表明，这些成分就是拥有这种特性。尤其需要指出，许多蛋白质都是模块化的，结构松散且能够发生多种相互作用，这或许就是复杂生物体诞生且进化的根本原因。通过域的重组形成的新的蛋白质组合似乎违背了寻常观点，即自然选择优化了蛋白质，使其可以安全且有选择性地与某个指定伙伴结合。然而，如果这种观点真的始终成立，就很难看到进化在蛋白质相互作用网络这个层面上发生——新的蛋白质组合不可能这样形成，除非两个之前完全陌生的伙伴碰巧完美契合，这种概率极低。所以，网络中的新连接不可能刚诞生就具有选择性且稳定、坚实，它们应该一开始就注定混乱且脆弱。

实际上，一般来说，蛋白质之间的联系总是很微弱。要是两种蛋白质的伙伴关系定义明确，比如有选择性地结合以传递某些信号，我们就应该在细胞的相同位置发现它们的浓度相同。然而，事实证明，蛋白质之间的许多联系都发生在相对数量差异极大（可能是 100∶1）的位置。在这类情形中，蛋白质之间的联系很有可能是随机的，而且对细胞来说没有“意义”；就算它们之间的联系被打乱，也不会产生不良后果。之所以会出现这种现象，是因为蛋白质的本性就是互相粘在一起。不过，这并不意味着这类数量相当不成比例的蛋白质之间的微弱相互作用无关紧要。相反，一些研究人员认为，这才是进化创新的发生机制：蛋白质不断地随机相遇，足以影响自然选择，使其注意到各种蛋白质的组合并加以改进。在美国加利福尼亚州工作的细胞生物学家曼纽尔·莱奥内蒂及其合作者提出，蛋白质之间的相互作用网络可能包含了一种“易于进化域”（evolvosome），这是一种形成新蛋白质配对的中枢，在非常巧合的情况下能形成对细胞有用的配对。正如蛋白质结构的无序性为蛋白质个体的功能创造了灵活性，易于进化域中的蛋白质随机联系为蛋白质整体的功能开辟了新的可能性。

这种对新形式和新组合的“探索”似乎大多都发生在充当转录因子（负责从DNA到RNA的转录）的蛋白质之间。转录因子的新组合可能会让它们调控的基因网络的不同部分产生新的相互作用。编码转录因子的基因在人类基因组中的占比超过10%，目前我们知道其中的大约3 000种。除了表示转录因子可以修饰基因的表达，我们很难就转录因子的工作方式做出任何具有普遍意义的陈述。有些转录因子会锁定在特定的DNA序列上，有些转录因子则对究竟附着在DNA的哪些片段上不那么挑剔，这就带来了一个问题：转录因子究竟是怎么推动基因表达产生选择性反应的。一种叫作“TATA框结合蛋白”的转录因子附着在各种真核基因启动子区域中含有TATA序列的共同单元上。启动转录过程需要很多步骤，TATA框结合蛋白与基因启动子的结合就是其中之一。TATA框结合蛋白似乎以某种方式帮助主要的RNA生产酶（RNA聚合酶Ⅱ）附着在DNA上，并推动其开始工作。不过，TATA框结合蛋白还会与多种其他转录因子及蛋白质产生相互作用，因此，似乎有各种“工作人员”参与启动转录的过程。我们完全无法确定这个工作团队中的成员是否一定总是保持一致，也无法确定它们是否对合作者特别挑剔。分子调控机制可能出人意料地松散，甚至看上去有些混乱，这大概能比较好地解释为什么分子这样工作。

支架

于是，多细胞动物蛋白质最重要的功能之一并不是以酶的方式催化某些特定的反应，而是在细胞的分子信息传递通路之间做“调解员”，创造新的对话通道并形成新的连接。不过，这些连接是怎么在细胞的庞大生化群落中可靠地建立起来的？要知道，按照现在的估算，每个细胞都包含大约10亿个蛋白质分子。一种建立方式就是简单地把蛋白质分别聚集在空间中的同一个部分，可以看作召集部分成员的面对面会议。支架蛋白质就负责这项工作。

传统观念认为，支架蛋白质这类分子具有与多种其他蛋白质对接的位置，它们就是纯粹而简单的“媒人”。随之而来的想法是，支架蛋白质与某个目标分子的对接会诱发一些别构性，这类构象变化会把信号传递给另一种结合目标，这样一来，这两个结合目标就不会发生直接的相互作用。教科书中展示的支架蛋白质图像往往带有许多空腔，其作用就是以钥匙与锁匹配的形式契合目标分子（图 4–14）。然而——我觉得你现在看到这两个字应该不会感到意外了——这种图像并不能很好地体现支架蛋白质的一般工作方式。恰恰相反，其实很多支架蛋白质都是固有无序的，它们也应该这样！从某种意义上说，支架蛋白质的全部存在意义就是它们擅长在各个信号通路之间形成新的连接，从而开辟新的发展可能。支架蛋白质不擅长量身定做，但善于即兴发挥，具体方式常常是重组它们拥有的结合域。

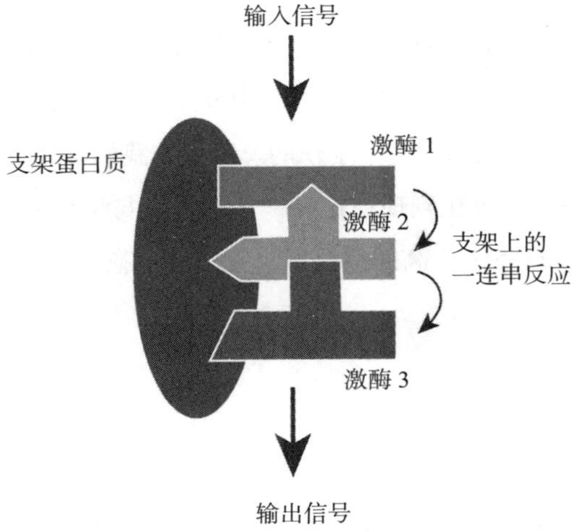

图 4--14　教科书中常见的支架蛋白质图像，显示这种蛋白质具有与特定目标契合的结合位点。这样一来，支架蛋白质就成了一种电路板——在支架蛋白质上，信号可以在与支架蛋白质结合的不同分子（通常是激酶）之间传递。然而，支架蛋白质其实很少在其相互作用中体现出强烈的专一性

通过隔离特定的蛋白质，支架蛋白质还能把信号通路同干扰通路的串扰隔离开来。在细胞表面，它们帮助协调细胞内部及细胞之间的通信。举例来说，一种叫作“肌动蛋白”的支架蛋白质充当了细胞之间的桥梁，而且可以通过改变其磷酸化状态来开启或关闭。除了充当开启或关闭某些信号或特性的开关，支架蛋白质还能通过与其他目标结合来提升或降低作用强度（见第 155 页知识拓展 4–1）。

很明显，分子生物学家经常把支架蛋白质这样的枢纽分子的作用称为“招募”。他们会说，支架蛋白质“招募”了目标，就好像打个电话让其他分子过来了一样。这种比喻性的表达再一次在某种程度上填补了我们理解上的空白，因为支架蛋白质其实并没有能力召集附近的分子。另外，我们还常常把支架蛋白质比作“即插即用”的电路板：在正确的位置插入正确的组件，就能得到你想要的信号。然而，支架蛋白质分子同样不以这种方式运作。它们嘈杂、随机，形成的组合很少能维持很长时间，往往很快就会分离。稍作思考就能发现，“支架蛋白质必须同时找到并抓住三四个目标分子才能完成工作”的想法完全说不通。实际上，我们从来没有见过这种井然有序的组合体（所有的结合伙伴都恰到好处地处在正确的位置）。事实上，我们根本不知道支架蛋白质究竟是怎么在细胞那嘈杂、不确定的动态环境中工作的。不过，我们会在下一章中看到，这类分子网络是怎么进化到现在这种样子的（对与哪种分子合作不甚苛求），以及在精确度不怎么高的情况下，我们的细胞是怎么形成可预测的可靠行为的。

秩序的终结

在 20 世纪 90 年代中叶之前，甚少有人意识到人体蛋白质中无序性的重要性。生物化学家萨拉·邦多斯和她的同事在 2021 年表示，即便是现在，因为基础生物化学和细胞生物学教学仍然很少提及蛋白质形状的无序性是多么普遍且多么重要，许多分子生物学家和细胞生物学家很可能都对此不甚清楚。他们还补充说，如果不考虑蛋白质外形的无序性，就不可能全面认识信号是怎么在细胞内外传递的。

讽刺的是，就在这个时候，用于推断蛋白质结构的实验工具和计算工具性能都提升到了新的高度，克服了传统方法的诸多限制（比如必须使用大的蛋白质晶体），可我们却开始意识到，蛋白质结构并不像我们曾经认为的那样，对蛋白质功能十分重要。尤其值得一提的是，在那些真正把人类及其他复杂动物同简单生命形式区分开来的蛋白质（更确切地说是它们的调控作用）中，有许多蛋白质的工作基础就是它们的动态活性及无序性。埃娃·格日博夫斯卡和她的同事说：

> 在过去的几十年里，我们察觉到，要想真正知晓生命的诸多功能是怎么来的，必须转变研究范式，从静态图像（只有规律折叠且拥有明确域的蛋白质才能发生相互作用并发挥功能）到更为复杂的动态图像（蛋白质构象必须具有可塑性，即它们必须有能力改变外形）……而固有无序性对这种可塑性至关重要。

这种范式转变不仅发生在我们对蛋白质的认识，更是深入生命运作方式的核心。正如我们在前文中看到的，在分子遗传学诞生之初，把基因同蛋白质联系起来的基本观点认为，基因序列将功能植入它们编码的蛋白质，具体植入方式则是通过指定某种特定的分子结构和形状。这样一来，重要信息就印刻到了蛋白质之中，接下去要做的就是找到“预设”的结合伙伴，并且以类似机器的准确方式执行工作。

有些蛋白质（比如酶）的工作方式确实很符合这幅图景。然而，选择性剪接过程本身及其调控方式，还有无序性对杂乱蛋白质网络来说的必要性，都意味着细胞的信息处理（需要警惕的是，“信息处理”本身就是某种泛化的计算类比）过程并不具有我们此前认为它具备的架构（见第 156 页知识拓展 4–2）。蛋白质对其宿主细胞的意义是随着整个细胞的状态改变而变化的，因而根本不取决于编码蛋白质的基因序列。

实际上，多细胞动物的细胞生存能力恰恰是以开放“这种意义”为基础的，只有这样，多细胞动物才可能是偶然出现的，而非某种绝对“设定”。我们可以粗略地将其类比为某种被称为“神经网络”的计算架构的运作方式。神经网络是阿尔法折叠等机器学习算法使用的系统，由许多互相连接的“节点”构成。在每个节点上，来自其他节点的多个输入信号集合成单个输出信号。没有任何一个节点的功能是由程序员预先设计的。相反，神经网络通过“训练”获取功能，即在输入诸多数据集后给出正确的输出，比如从众多输入的数字图像中准确识别出其中有猫的图片。即便是在神经网络经过适当的训练之后，通常也很难说出这个系统中的给定节点究竟具备了何种功能。不过，要是在训练之前就询问这些节点的功能是什么，肯定毫无意义。节点的作用只能通过“经验”来确定。如果用于训练的数据集发生变化，比如不再要求识别出有猫的图像，而是要求识别出有狗的图像，那么每个节点的运转方式也会发生变化。

这个类比远远谈不上完美，至少蛋白质不需要“训练”就能获取功能：如果蛋白质要经过训练才具备功能，那么细胞恐怕很难存活下来。[①]不过，蛋白质的功能的确源自它们拥有的“信息”之间的复杂相互作用。而这些信息的源头则有许多，如生产蛋白质的遗传序列，mRNA转录过程中发生的诸多处理操作（比如外显子剪接），翻译后的所有化学修饰，与附近其他蛋白质和分子的相互作用。上述这一切都由无序性提供的多功能性推动。可以这么说，蛋白质必须等待其他分子告知它具体做什么。通过这种方式，把预设的“自下而上”信息同细胞内外的输入信号组合起来，就能选择细胞的状态和要完成的工作。（另外，我们一定不能忘记，即便是来自基因预设的“自下而上”信息，也是以表观遗传的方式自上而下调控的。）换句话说，蛋白质工作的信息生态系统属于一幅开放

① 尽管如此，细胞本身确实表现出了学习的潜力。而且，更高层级的生物功能（比如免疫系统，还有大脑本身，后者是最为明显的）也确实发生了某种形式的训练。

的基因蓝图，而非封闭的。如果认为这个复杂系统的某个层级（无论是哪个）比其他层级更加“可控”，就完全说不通。我们必须以一种不同的方式好好思考这一切究竟是怎么运作的。

知识拓展 4-1

疾病中的支架蛋白质

支架蛋白质尤其倾向于同那些被称为“蛋白激酶”且无处不在的信号媒介结合。有一类这样的激酶在新陈代谢中扮演着诸多角色，名字是平平无奇的蛋白激酶A。生物化学家埃德蒙·费希尔和埃德温·克雷布斯在1968年发现了这种酶，并且凭借这项研究拿到了1992年的诺贝尔生理学或医学奖。蛋白激酶A有多种形式（它们构成了一个大家族），并且可以同一类叫作“蛋白激酶A锚定蛋白”的支架蛋白质结合。蛋白激酶A锚定蛋白普遍拥有一种结合模体，可以锁定蛋白激酶A及许多能够在其他通路中捕获蛋白质的域。像蛋白激酶A锚定蛋白这样的支架蛋白质在新陈代谢的协调中发挥着重要作用，并且已有证据表明其与肥胖、2型糖尿病等代谢疾病相关——这就是为什么费希尔和克雷布斯的研究意义如此重大。

不过，支架蛋白质重新连接通路的能力是一柄双刃剑。举个例子，导致艾滋病的HIV就会产生一种可以干扰宿主防御策略（产生能够阻止病毒复制的酶）的支架蛋白质。也就是说，该病毒产生的支架蛋白质是一种针对宿主抑制病毒的反制策略。

知识拓展 4-2

重新审视中心法则

正如弗朗西斯·克里克的中心法则在 1970 年（再次）提到的那样，编码在 DNA 和 RNA 序列中的信息可以转移到蛋白质序列中，一旦转移完成，信息就不可能“再出来”。也就是说，信息进入一个蛋白质的序列之后，既无法回到核酸中，也无法再次转移到另一个蛋白质中。另外，其实我们也完全不知道蛋白质有什么方法可以系统性地改变 DNA 序列。

克里克把这个想法称为“中心法则”（Central Dogma），（也许是）在无意间立下了战书。因为 Dogma（本义为“教条”）这个词与科学是对立的——在科学工作中，你必须时刻准备改变想法。这应该不是克里克的本意，因为他曾称“宗教教条”是一种缺少直接实验证据支持的信念。[①]另外，因为他那个关于生物学中信息流动的假说同样处于缺少坚实实验证据的阶段，所以他觉得可以使用同一个词。雅克·莫诺后来向他指出，“教条”这个词意味着一种“不容置疑”的信念。

尽管如此，许多科学家还是试图找出中心法则的漏洞，方法通常是通过寻找信息反向流动的例子。遗憾的是，他们讨论的常常是克里克的合作者詹姆斯·沃森引用的低配版中心法则，而沃森在逻辑上远没有克里克严谨（低配之处不止于此）。信息严格地分两步、单向地从 DNA 流动到 RNA 再到蛋白质——我们现在肯定认为这个观点是错误的。

中心法则其实简单描述了蛋白质结构信息如何通过遗传密码编码在 DNA 序列之中，在今时今日仍然有其作用。问题在于，我们现

① 克里克对神学一无所知，但他并不是唯一一个适用这个评语的生物学家。

在赋予它的意义远不止于此——这显然也是克里克的原意，否则怎么会称其为“中心”呢？我们认为，中心法则解释了信息作为整体是如何在生物学领域储存并传递的。在它讲述的故事里，DNA是细胞信息的储藏库，而蛋白质则负责读取这些信息。我认为，这种观点（引用物理学家沃尔夫冈·泡利的著名论断）恐怕连错都算不上。

因为，正如我们已经看到的，基因组（DNA序列）肯定没有囊括细胞或生物体所需的全部信息。我们甚至不清楚“全部信息”到底意味着什么。另外，无论如何，决定蛋白质和RNA结构的不只是DNA序列，后者只是在某种程度上编码了蛋白质和RNA。相反，决定这些结构的常常是某种全细胞协作机制，而这种协作本身受到邻近细胞信号的影响。因此，与其说中心法则描述了生命的“信息生态系统”，不如说它阐述了某种开始并结束于书架上的信息资源。

就像科学领域（及其他领域）的争论中经常出现的情况一样，真正的问题不在于谁对谁错，而在于各方的立场表明了各自背后的价值观和预设条件。沃森大概不是故意夸大中心法则，因为他其实并不涉猎分子生物学。相反，对他来说，修辞的重要性超过了语言的严谨性。在沃森看来，从DNA开始的信息单向流动强化了生物学中所有信息都源于基因的想法。正如伊夫琳·福克斯·凯勒所说，中心法则真正传递的信息是，它向生物学“保证了线性结构的因果影响”。如果中心法则有错，这就是它错的地方。

第 5 章

分子网络：构成我们的万维网

随着人类基因组计划在 20 世纪 90 年代不断向前推进，有些研究人员开始警告说，在更深入地了解所有这些基因及其编码的蛋白质如何协同工作之前，我们不太可能正确解释人类基因组计划的发现。转录调控的存在促使人们思考，并意识到所谓的基因作用并不是以线性方式（某个基因生产某种蛋白质，某种蛋白质又催化某种反应）发生的，而是以网络形式发生的。这个观点的核心是，基因之间在不断交流，而我们的任务就是发现谁在同谁对话：不仅要绘制基因组本身，还得绘制基因组赖以运作的连接组。

这一切背后的隐藏图景是分子在不断进行选择性对话。细胞中充斥着各类碎片，它们只能以非常特殊的方式拼合在一起，从而形成一种定义明确的相互作用网络。信息沿着明确的通道在细胞中穿行，而且我们可以像绘制计算机逻辑电路那样描绘这些通道。生物学家丹尼斯 · 布雷在 2009 年写道："蛋白质复合物和DNA的组合就像是微芯片，在不同细胞中开关基因，从而执行发育的'程序'。"

在 21 世纪初，这番描绘细胞回路的壮举成了"系统生物学"这门学科的重要分支。系统生物学的目标值得称赞：超越以所有自然分子组件为关注重点的还原论式体系，转而关注这些分子是怎么协同工作的，并且在理想状态下提出可以做预测的模型。这门学科的愿景是，一旦我们知晓了这张网络，就可以在计算机上对其建模，进而做各种预测，比如让某个基因或蛋白质失活（或许是通过药物干预）会产生何种效应。这些网络极为复杂，可以说令人眼花缭乱（图 5-1），网络背后的逻辑原理很难被识别与理解，我们甚至无法确定网络背后是否存在某种逻辑原理。不过，参数足够全面的计算机模型或许能借助蛮力执行这项工作，如此一来，我们就不需要明白网络的具体工作方式了？

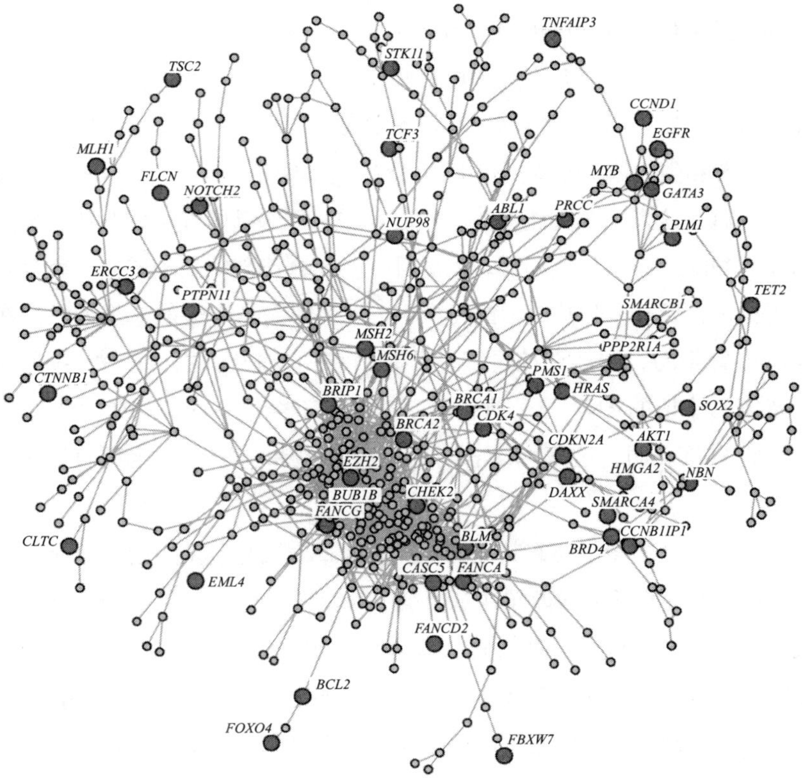

图 5-1　乳腺癌相关的部分基因网络

图片来源：由埃默特-斯特雷布等人绘制，2014。

基因回路图景是相当容易处理的，而且对细菌这样的简单生物确实很有效。研究人员甚至可以重连这些回路，通过遗传工程学方法加入新的组件，从而让生命体产生可以预测的预设效应。这个框架就是后来我们所知的“合成生物学”，我将在第 11 章中详细讨论。对更为复杂的生命体，系统视角的力量仍然令人印象深刻。2012 年，发育生物学家埃里克·戴维森和他的同事借助海胆基因调控网络的实验数据证明，他们可以相当准确地预测，随着时间逐小时推移，在由海胆胚胎 4 种主要组织类型（内胚层、中胚层、外胚层和小卵裂球）中的大约 50 个关键基因组成的网络中，具体哪些基因会开启或关闭。这样看来，知晓了网络的“接线图”，似乎就可以预测基因活动会如何展开。没错，这个结果的确令人印象深刻，但它并没有（像某些人认为的那样）全面描绘发育的具体过程，主要是因为它根本没有预测发育！我们必须手动输入所有有关细胞位置和生物体在发育过程中的形状的空间信息。

这就是这类系统方法的一大问题：知晓哪些基因处于活跃状态不足以让你判断基因的外形和形态。况且，要想真正理解分子层面上究竟发生了什么，仅有一张基因调控网络的“接线图”是不够的。正如我们在前文中看到的，许多调控过程并不是由蛋白质执行的，而是由各种不具备编码作用的RNA分子执行的。这显然不会给一般原则带来多大问题，它只是表明，这张网络含有的组件类型和连接数量比我们预计的更多。

然而，这幅图景还有其他的难点。一个谜团是，基因的调控元件似乎是以相当随意的方式散布在基因组中的。你可能会认为，如果DNA是线性信息串，它应该会把所有与特定指令相关的信息集中在一个地方，而不是要求读取器在染色体中搜寻其他重要信息。尤其是，虽然启动子元件往往出现在其基因附近，但增强子元件可能与其基因相隔数千个碱基对。这是怎么回事？为什么自然看起来如此反常？

另一个谜团是，对像人类这样的复杂生物体来说，由相互作用的分子构成的网络——术语叫作“相互作用物组”（interactome）——有时看起来不仅荒谬，而且复杂得不可思议。过去的主流观点是，生物分子之间的对话通过具有高度选择性的“亲密拥抱”展开。有时，这种信息交流需要同时召集几个分子。举例来说，一个具备调控功能的RNA分子可能以序列特异性的方式通过碱基配对与DNA的一部分结合，然后这个RNA分子就可以锁定在影响某些化学转化过程的酶上，相应的变化就此发生在序列选择的位置上。这就是甲基转移酶完成选择性表观遗传标记的方式，这种酶具有将甲基团黏附到DNA胞嘧啶碱基上的能力，并且适用面非常广。

不过，事实证明，其中一些相互作用需要同时参与的分子不是少数几个，而是许多个。我们现在知道，这并非不可能——我们之前已经看到，核糖体（将mRNA翻译成蛋白质的“机器”）是由几种组件构成的大杂烩，其中包括核糖体RNA和蛋白质。但是，对一个或多或少一直在发生的，并且对细胞功能如此重要的运作过程来说，看到如此精心设计的分子合作只是一个方面：可以说，细胞花时间来构建和维持这样一种复杂的装配机制是值得的。[①]更令人惊讶的是，描述蛋白质在细胞内四处传递信息方式的网络，竟然拥有一类枢纽，它们可能在信息传递的一瞬间，同时与 6 个（这个数字只是举例）其他枢纽相连。如果我们要想进一步认识基因调控过程，这个问题就会变得非常尴尬。网络必需的组件似乎在不断地增殖，因此研究人员不得不假设存在某些由至少十几个分子组成的临时性“复合物”。

图 5–2 就展示了其中一种复合物，它来自 2003 年的一篇以基因调控为主题的论文。你看到的这张图描绘的并不是一个分子事件，而是一个失败的范例。想象一下：在细胞的随机噪声中，蛋白质在一个混乱拥挤的环境中来回跳跃，它们的浓度不断波动，并且蛋白质之间的结合无论如何都是临时性的，一直在诞生与死亡中往复；你必须等待，直到所有正确的组件恰好在正确的时间和正确的地点聚集在一起，形成这个复杂到不可思议的结构。这简直是幻想在打台球时，某一次击球能让所有球以恰到好处的方式碰撞，最后重新形成在开球前摆出的那个三角阵。要

① 请回想上一章的内容，即便是核糖体，多少也有一些可以变动的组成部分。

是缺少了其中一个组件，会发生什么？剩下的组件是仍能正常工作，只是效果不佳，还是会像缺少某个齿轮的手表一样彻底失灵？

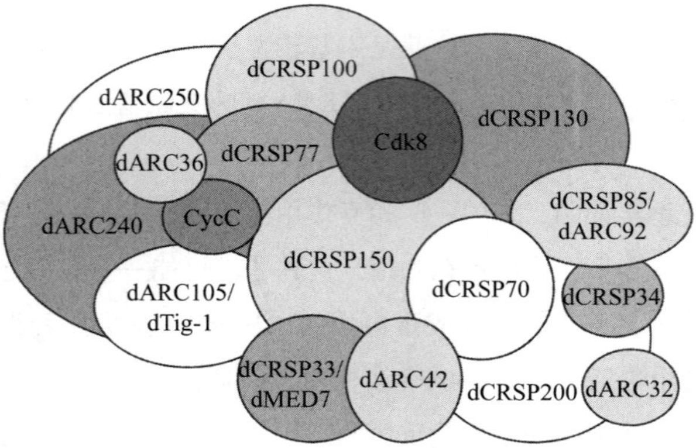

图 5-2 21 世纪初，研究人员假想出这种蛋白质“复合物”（每个团块代表不同的分子），以解释部分人类基因的调控过程。在现实中，像这样结构鲜明的实体在细胞中形成并保持稳定的概率为零

这还不是最糟糕的，系统生物学的“简洁”网络图景还有一个更重大的问题。正如我们在上一章中看到的，细胞内生物分子之间的相互作用并不总能完美地选择特定的目标，保证信号和信息流通的通道精确、可靠并且可以预测。尤其是，有些蛋白质并不具备这种精细分子识别必需的清晰形状，它们可能会以不同程度的精确度和黏性与其他各种分子结合。另外，这种混乱在相互作用物组的核心分子（被称为“转录因子”的蛋白质）中特别常见。其中一些转录因子并不需要多么确切的序列就能与DNA序列结合，或是彼此结合。我们该如何定义和建模这种模糊的网络呢？更重要的是，生命是怎么在这样看似随意且定义模糊不清的分子交换中可靠地运作的？

如果说人类生物学传统叙事的第一个挑战来自我们认识到基因与性状之间没有任何直接的联系；第二个挑战来自我们发现有机体的复杂性并不在于基因本身，而在于调控它们的方式；那么第三次重大思维转变是，支配这种调控作用的并不是性质明确的相互作用物组网络中的简单切换过程。现实情况与我们设想的截然不同，其中还有很多我们不了解的地方。不过，即便是我们已经切实知道的部分，也精妙到令人咋舌。这再次表明，生命在组织架构上的各个层级中各有规则，而且各个层级的规则之间并没有明显的联系。没有哪个层级的规则比其他层级的规则更基本。

环形中的信息

让我们仔细看看基因调控是怎么发生的。我们以前认为基因组是一个有序的线性指令序列，但事实并非如此，包裹在染色质中的DNA看起来更像是一个小储藏室，里面塞满了随意堆放的杂乱文件。然而，不知怎的，这种混乱中就是存在精确的交叉引用和协作机制。尤其值得一提的是，某个特定基因的表达可能会受到与该基因本身相距甚远的增强子序列的影响。DNA是怎么在这么远的距离上对自己施加作用的？

唯一可行的机制一定涉及某些物理相互作用，这些作用会通过折叠并弯折染色质的方式，把两块区域（基因和增强子）拉到一起。换句话说，DNA和蛋白质纠缠在一起形成的团块的三维形状与上述过程有关。这实在令人费解。染色质在其松散状态下看起来排布随意、极其混乱（常染色质，图 5–3）。它的各个部分是怎么以可预测的方式可靠地找到其他部分的？正如化学工程师安德鲁·斯帕科威茨（图 5–3 正是源自他的工作）所说："尽管在过去的 20 年里，我一直在研究染色体的组织和动力学，但我仍然对一个问题感到困惑：既然细胞核内确定存在不均一性，那还怎么实现稳定可靠的调控功能？"

基因调控的基础真的是这种混乱、松散、不断抖动的染色质缠结中的种种细微作用吗？基因组的某些部分在某个时刻碰巧彼此靠近，会不会只是纯粹的概率事件？这就像是在伦敦地铁的高峰时段把某个极其重要的信息交给某位乘客，让他和信息接收人从不同车站出发，然后希望二人能在各自随机选择的路线上碰巧遇见并认出对方。

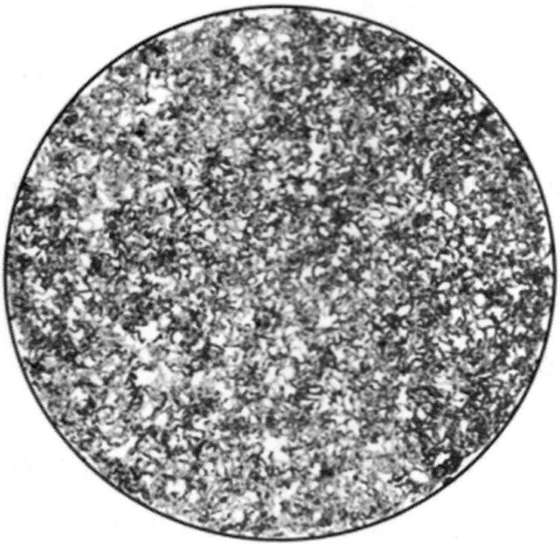

图 5–3 常染色质的计算机模拟图像。每一个斑块都代表一个核小体，即一块由组蛋白构成的圆盘，边缘包裹着DNA

图片来源：由斯坦福大学的奎因·麦克弗森和安德鲁·斯帕科威茨提供（参见麦克弗森等，2020）。

然而，事实证明，细胞确实有方法控制染色质丝的组织方式。它们编织成环形结构，就像从羊毛线团中拽出的线圈一样。这种环形结构可以受控制地生长，从而把原本相距遥远的区域连接在一起。因此，当环不断扩大的时候，包含增强子区域（用于提高某些基因的表达水平）的部分可能就会被拉近至相应的基因（图 5–4）。由相同增强子共同调控的基因对或基因组也可能通过这种方式聚到一起，从而使得基因活动能够以一种协调得极好的方式受到控制。

没错，即使这样，看上去还是不太可能：为什么某个特定的环状结构就一定会在正确的方向和角度上把两个目标区域连接在一起？我们对此依然没有充分、全面的认识。生物化学家钱泽南说："即使研究了这些东西 40 年，我觉得我们还是不怎么清楚这些环是怎么产生并起作用的。"不过，我们也不是一无所知。每个环的形成机制都是类似的：把一条染色质链的两个部分拧在一起，再用一个起到类似套索作用的小圈把它们绑起来。这个圈可以沿着染色质链滑动，从而允许整个环生长或收缩（图 5–5）。

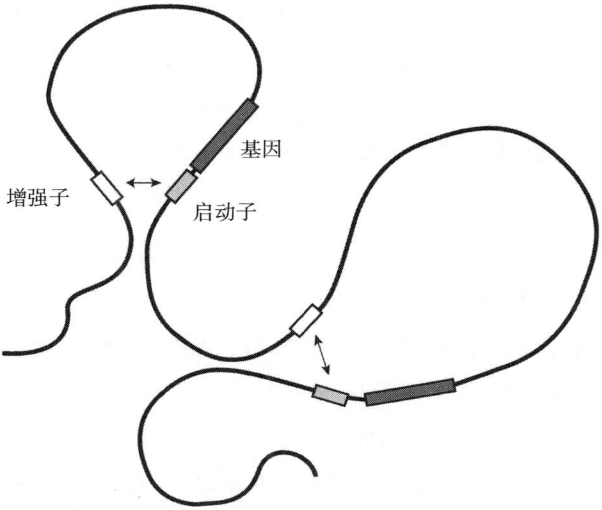

图 5–4　现在的观点认为，调控基因（附近也有启动子）的远端增强子通过染色质环靠近这些基因

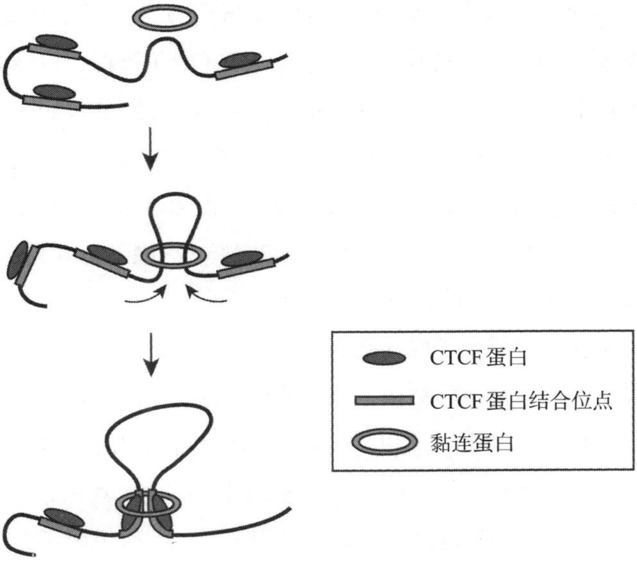

图 5–5　黏连蛋白和 CTCF 蛋白调控染色质环的方式

这个圈由 4 种蛋白质构成，统称为“黏连蛋白”。黏连蛋白在细胞中还能发挥其他重要功能，尤其是它能于细胞分裂期间在染色体片段（染色单体）复制并分离时，把它们拢在一起。黏连蛋白圈会把染色体粘到蛋白纤维纺锤体（遗传物质就是在这里分配的）上，这也是其得名的由来。

这种类似套索的黏连蛋白“结”滑动形成的环能有多大，部分取决于另一种被称为“CCCTC结合因子”的蛋白质（CTCF）。顾名思义，这个分子特别擅长同包含CCCTC序列的DNA片段牢牢结合——在整个基因组中，这样的序列数以万计，常常位于启动子位点附近。通常，CTCF蛋白是停止滑动的信号。具体来说，它会让环扩大到露出合适增强子的程度，然后立刻把结拉紧，防止进一步滑动，否则就会把不需要的其他基因的增强子带入环内。正是通过这种方式，CTCF蛋白充当了“绝缘子”，确保只有适合每个基因的增强子参与作用。

然而，就像分子生物学中经常出现的情况一样，这个故事其实也没有那么简洁明了。在某些情况下，CTCF蛋白似乎激活了其他增强子，而不是抑制它们。调控过程也可能包括去除CTCF蛋白，以解开结并允许染色质环重组。这似乎是一种名为“Jpx RNA”的ncRNA分子的工作，这种分子与X染色体的失活过程相关。Jpx RNA可以代替蛋白质在通常由CTCF蛋白占据的位置上与DNA结合，从而激活对失活作用至关重要的*XIST* lncRNA基因。没有Jpx RNA，X染色体就不能以正确的方式失活，这种情况对发育中的女性胚胎是致命的。

即便是在包含增强子的环结构形成之后，确保环靠近各自的基因也不是一件简单的事情。环结构本身就是松散的，而且染色质中通常可能同时形成数以万计的环，所以原子核内的环境仍然拥挤且嘈杂。此外，整个过程中还涉及数不清的其他参与者（图 5–6），尤其是那些与启动子区域结合以促进或抑制基因表达的转录因子。一些转录因子似乎以小组的形式工作，通常是与被称为“辅因子”的其他辅助性分子合作。我们在上一章中见过一个这样的例子：TATA框结合蛋白质，它与含有TATA

序列（TATA 框）的区域结合，并帮助RNA聚合酶开始工作。一个给定的基因可能有多个启动子，而且上下游都有，这些启动子在不同的组织或环境中调控基因。另外，绝缘子可能同增强子一起出现，防止后者激活错误的基因。与增强子一起出现的可能还有“系链元件”，它们会充当特定增强子–启动子组合的媒介。这样看来，与其说调控基因的是一群开关，不如说是整个委员会。正是这种惊人的复杂性，促使研究人员一度极为热切地调用由许多分子构成的复合物（比如图 5–2 中那个）。

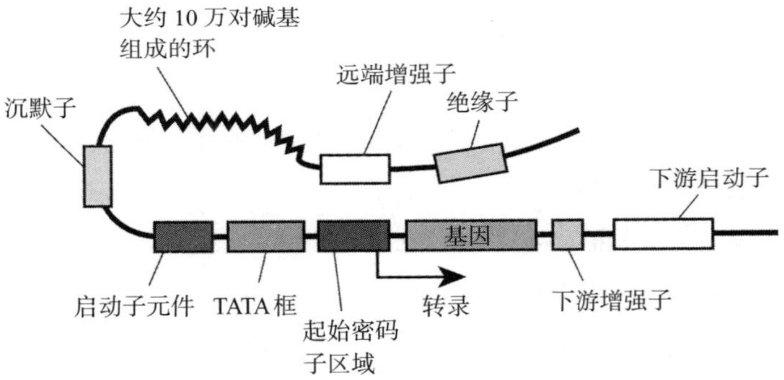

图 5–6　多细胞动物基因转录模块中的一些典型的基因组元素

当我们仔细观察细胞核内的整个基因组时，会清楚地发现在所有这些有关基因表达的执行决策背后有一个宏大的规划，数学生物学家埃雷兹·利伯曼·艾登和他的同事在 2014 年发表的研究成果就体现了这一点。他们发现，染色质似乎分隔成了 6 个不同的区室，这一点在不同类型的人类细胞中大体一样。在每个区室中，都有一张独特的染色质不同部分之间的“联系”网络（很像各种各样的社交网络），以及一类独特的表观遗传标记（就像一群穿衣品位相同的朋友）。每个区室还包括许多密集的DNA簇和其他分子，称为“拓扑相关结构域”（TAD）。这个花哨的名字其实只是代表不同的分子组件聚在相同的空间位置。在这些拓扑相关结构域内，染色质区域包含大约 100 万个DNA碱基对。拓扑相关结构域的概念呼应了荷兰细胞生物学家弗兰克·格罗斯维尔德和沃特·德拉特在

2002年提出的一个观点，即存在某种“染色质枢纽”，处于活跃状态的基因和调控元件聚集在枢纽内，以确保转录调控坚实、可靠且高效。这些特征再一次证明染色质的三维结构会以某种方式发挥重要作用。这样看来，DNA上的绝缘子调控元件在把这种空间结构分隔成拓扑相关结构域上发挥着关键作用。

染色质就像是一座几层楼（区室）的建筑，每层都有许多房间（拓扑相关结构域），房间内住着各自的委员会。在不同类型的细胞中，委员会的成员基本相同——即便是人类和小鼠，细胞中的委员会成员也完全相同。这样看来，各种由DNA、转录因子和其他分子构成的团组总是有聚集的倾向。但是，它们聚集的具体地点——你可以理解为楼里的那个房间——每个细胞都不相同。艾登说，从这个角度看，染色体就像雪花，系统整体的组织形式特点鲜明（雪花都有六个分支），但在细节上没有任何两个个体是完全相同的。

如前所述，相同拓扑相关结构域中的染色质片段往往具有相同的表观遗传标记，尤其是在它们的组蛋白上。组蛋白修饰的作用就像徽章，它会告诉每段染色质该加入哪一个委员会。因此，这些特殊的表观遗传标记似乎并不是指示其他分子是否同DNA结合并转录的信号，而是某种更高水平的基因组组织的特征。

临时委员会

拓扑相关结构域究竟是什么样子，又是怎么工作的？有观点认为，这类调控委员会是某种类似乐高积木的多分子集合，这似乎不太可信。按照这个观点，拓扑相关结构域内的场景就像是给委员会的每个成员分配一个桌边的特定位置，并且在所有人正确入座之前绝不开始会议。真按照这种模式，粗略估算，所有分子委员会成员聚到同一个房间内并正确落座需要几个小时，然后才能做“决定”。

即便是这样，前提也是委员会中的成员不会在“会议”期间漂走，而这对永远在运动的分子来说恰恰是常态。2014 年，钱泽南和他的同事测量了拓扑相关结构域内各种成分相互结合的时间，结果发现大约只有 6 秒。钱泽南说："我非常震惊，所以花了几个月仔细处理这些数据。当一切都在以这种快到不可思议的节奏运动时，低浓度的蛋白质是怎么做到与所有伙伴联合在一起触发基因表达的？"显然，这个委员会一定非常灵活：很可能没有固定的席位布置，也从不要求所有成员都出席，只要参会人数达到法定人数即可。整个过程的实际流动性可能非常强。

目前学界的意见是，所有这些蛋白质、RNA 和环状 DNA 片段并不形成结构精确的组合体，而是聚集成一种包裹着受调控基因的液体团块。这种液体团块不同于周围细胞质那样的水状液体，其内部含有高浓度的转录因子和其他调控基因需要的分子。在前面的章节中，我们在核糖核蛋白颗粒的形成过程中遇到过这种情况。当时，我解释说，这个过程就是"液-液相分离"：每一种液体构成不同的"相"，这意味着它们是不会互相混合的独特物质（尽管在这个例子中它们是混合物）。

相分离在无生命系统中相当常见，我们也很熟悉。当水温下降到开始结冰或是上升到开始沸腾时，就会发生相分离。在这类情况下，相是完全不同的物质状态：固态、液态或气态。不过，相分离也能在完全相同的凝聚态（液态或固态）之间发生，只要构成它们的分子区分度足够大——我的意思是，这些成分更倾向于与处于相同（或类似）相的物质聚在一起。[①]

蛋白质聚集成这类松散的液体团时（这里指拓扑相关结构域或染色质枢纽，也可以称作"凝聚体"），可以在基本保持位置、不扩散的前提下反复互相（或是与液体团块包裹的 DNA）结合或解绑。拓扑相关结构域形成的基础是所有正确的分子以相当低的概率偶然相遇，与此不同，凝聚体分子的化学性质意味着它们很有可能共同凝聚成一个能持续存在

---

① 这个略微拟人化的比喻可能比你想的还要贴切：一些关于社会隔离（比如阶级、种族、国籍）的数学模型产生的结果与这种相分离过程很相似。

的团簇。因此，它们的调控工作是包含许多反复结合事件的协同合作。这很像是委员会在达成最终决定之前，成员之间会有很多次个体之间的对话——即使可能一直没有机会全员在同一时间聚在同一个房间里。

这类集体过程与许多转录因子同DNA结合时展现的非专一性吻合：它们会以各种各样的强度黏附在各种不同的DNA序列上。正如我们之前看到的，有许多这类蛋白质含有固有无序的松散多肽链，从而让它们在互相结合时拥有高度灵活性。当然，它们可以黏附的地方有很多：ENCODE计划鉴别出了超过63万个看起来像潜在结合位点的基因区域，占到了整个人类基因组的8%左右。

是什么让某些分子，比如转录因子或DNA的增强子区域，倾向于在聚集的同时排斥其他分子？或许，表观遗传标记（比如组蛋白上的那些）可以调节染色质区域的化学性质，使其具有所需的亲和力；或许，转录因子的无序区域可以起到“黏性补丁”的作用；或许，lncRNA构成了某种与部分凝聚体成分发生相互作用并将其拢在一起的支架；或许，上述所有可能共同促成了这个结果。没有人能确定发生了什么。有一个问题：细胞内的成分实在太过多样且复杂，我们很难以这类推测性的液体团块为对象开发理论模型，毕竟它们不是像油和水这样的简单液体混合物。

通过形成液体团块来实现基因调控的理论图景很有市场，因为它能解释，为什么就整体而言，蛋白质在细胞内的浓度如此之低，却能在应该调控的基因中形成局部的高浓度。然而，问题在于，很难找到充分证据证明细胞核内互相纠缠的染色质之间确实有液体团块形成。我们已经在实验室中充满生化分子混合物的试管内看到了这样的液体团块，但试管内的环境与生物体细胞中的生理状况显然不一样。此外，细胞召集稳定的液体团块来诱发基因调控，这真的可行吗？毕竟，基因调控通常需要快速启动和关闭，液体团块形成之后要怎么分散呢？

或许，凝聚体不是持续存在的团簇，它们的存在可能比我们想得更为短暂、动态。钱泽南和他的同事格扎维埃·达尔扎克更中立地称呼它们为“枢纽”。达尔扎克和他的合作者探索了这些枢纽（或者说凝聚体，随你怎么叫）是怎么由名为“bicoid”和“Zelda”的转录因子（正是这两种转录因子启动了果蝇胚胎的极早期发育阶段）形成的。Zelda是一种所谓的先锋转录因子，它会“招募”[①]其他转录因子同染色质结合并激活基因。你可以认为，它就是那个召集委员会成员开会的人。与许多转录因子一样，Zelda转录因子也充满无序区域。

研究人员跟踪研究了果蝇胚胎中单个蛋白质分子的轨迹。他们给目标蛋白质贴上在光照下会像荧光灯一样闪闪发光的标签，这样就能在显微镜下看到这些蛋白质了。结果发现，虽然这些转录因子诱发的胚胎状态转换需要几分钟才能发生，但Zelda和bicoid与染色质的结合只需维持几秒钟，之后就会分离。这些蛋白质似乎形成了大小和形状不断变化的枢纽，就像一群在蜂巢周围翅膀扇得嗡嗡响的蜜蜂。枢纽的作用是把其他蛋白质集中起来，促使它们短暂但频繁地与DNA接触，从而以某种方式共同触发基因活动的开关，最终改变细胞的状态。

免费的结构

无论基因调控过程是否涉及液–液相分离，也就是液滴的形成过程，比较明确的是，细胞似乎至少在其他方面肯定运用了这种机制，因为它提供了“免费的结构”。我们已经看到，细胞中含有名叫“细胞器”的区室。在细胞器内，各种过程本质上是在与细胞其他部分隔离的情况下发生的，比如在线粒体中产生能量，或者在名为“高尔基体”的细胞器中加工并包装蛋白质，又或者在溶酶体这种细胞器中分解磨损的分子或外来实体（如病毒）的碎片。这些结构中的每一个都需要专门的酶来构建，这从空间、劳动力和时间角度看都代价高昂。不过，只要液滴的组成部分以足够高的浓度存在，相分离就会迅速且自发地形成液体团块，而且

---

① 又出现了这种比喻性的描述！就权且当它是我们尚未完全理解其中细节的标志吧。

这些液体团块可以在完成工作后立刻分离。因此，它们可以充当组织细胞过程的临时细胞器，其背后的基础仅仅是物理力，而非遗传特异性。钱泽南和他的同事们写道："相分离已经远不如我们以前认为的那样独特了。对许多人来说，相分离现在已经成为一种默认的解释，可以合理地阐述细胞如何打造各种类型的区室。"

2009 年，彼时在德国德累斯顿的马克斯–普朗克分子细胞生物学研究所与生物物理学家托尼·海曼一起工作的博士后克利福德·布兰韦恩报告说，一种名为P颗粒的致密结构（包含蛋白质和RNA，形成于生殖细胞内）就是这样的液体团块。"在那之后，我就想知道这个关于液态凝聚体生物分子的想法是否具有普遍性。"现就职于美国普林斯顿大学的布兰韦恩说。于是，他开始观察核仁，即细胞核中生成核糖体（负责制造蛋白质）的区域，结果发现核仁也具有液体团块的所有特征。就核糖核蛋白应激颗粒这个例子而言，这类临时区室起到了存储器的作用——即便是在基因表达速度经历不可避免的随机波动时，它也能保持各种细胞成分浓度稳定。当基因过度表达时，液体团块可以迅速吸收多余的部分；当基因表达不足时，液体团块可以释放部分存储起来的分子。

染色质本身的三维结构可能也有一部分是通过这种方式组织起来的。我们在前文中看到的那些互相缠结在一起的东西（染色质）通常都包含了密度高到几乎像是固体的区域（被称为"异染色质"），它们散落在结构更为开放的常染色质中。激活和转录基因的分子可以接触常染色质，而异染色质则倾向于将DNA封锁起来，使其沉默。这种不同密度区域互相隔离的样子很像是相分离，或许受到了染色质自身表观遗传标记的性质控制。布兰韦恩还推测，阿尔茨海默病等神经系统变性疾病背后的固有无序蛋白质纤维缠结可能就肇始于液体团块。如果事实确实如此，那么阻断凝聚过程可能可以规避这类疾病。"我们越来越觉得液相凝聚就是组织细胞内空间的基本机制。"布兰韦恩和他在普林斯顿大学的同事申永大写道。细胞显然很聪明，它们懂得接受并利用物理和化学定律免费提供的秩序，而不是从基因中的信息开始从头构建并控制一切。

无论确切性质如何，转录枢纽的存在都表明生物学在分子层面上的工作方式与传统观念（精确且具有专一性的分子相互作用，如发条一般精准引导细胞过程）极为不同。布兰韦恩说："许多教科书，甚至我们的语言都传达了这种运作于细胞内部的工厂车间图景。但事实上，生命背后的计算逻辑基础远比任何人想象的灵活、随机。"分子决策是由临时组建的特别委员会（至少看起来是这样）做出的，这个委员会的成员具体是谁，完全取决于哪些"人"碰巧在附近。海曼将其比作快闪族：他们在音乐响起时聚到一起，在音乐结束时迅速分开。

转录枢纽可能不仅参与细胞的常规运作，还参与了病理状态。生物物理学家罗希特·帕普认为，与亨廷顿病相关的*HTT*基因的突变会导致它编码的蛋白质（亨廷顿蛋白）变得黏稠并形成凝结状缠结。亨廷顿蛋白内存在无序区域，并且可以呈现多种不同的构象，进而与其他多种分子发生相互作用。亨廷顿蛋白的混乱和"黏性"多少有些典型，它参与人体内发生的各种过程，在许多不同组织中产生，只不过因为它位于大脑内，所以突变形式会导致可怕的后果。帕普认为，像这种带有黏性斑块的无序蛋白质可以充当形成凝聚体的种子。按照这个观点，蛋白质的角色取决于其所处的环境：可以黏附到某些蛋白质上的物质未必能黏附到其他蛋白质上。

无序蛋白质往往会不加区分地同其他分子形成短暂的相互作用，这一点似乎是促进凝聚体生成的理想特性。这对细胞来说相当有用，因为我们现在已经清楚，这些"无膜区室"功能多样，覆盖面极广。不过，这样的多功能性显然是有代价的，因为这些固有无序蛋白质也有聚集的倾向，它们就像朊病毒蛋白和亨廷顿蛋白一样，往往会聚集成对细胞有害的团块或缠结。我们的细胞就像是在走钢丝，而且我们必须假定自然选择已经发现凝聚形成的无序蛋白质的优点在整体上多于缺点。

即便是这样，对某些生物学家来说，光是想想生命会利用这种效应都令人不安。这样似乎将过多的控制权赋予大量太过混乱、模糊、随机的过程，于是很难让人心安理得地把指导细胞的重要任务委托给它们。

如果你最终依赖的是模糊不明的分子亲和力及那些定义不明的松散结构，那么向DNA、RNA和蛋白质序列注入所有这些精确无比的生物数字信息又有什么意义呢?

这是一个好问题，并且很好地说明了为什么我们需要理解生命运作机制的全新框架。乍一看，这确实是个难解之谜。如果读取遗传信息的环境如此嘈杂和模糊，为什么还要在原子结构上赋予分子如此精确的编码信息?这就像是精确告诉每个委员会成员可以和谁交流、可以说哪些话，却只是为了创造一些极其宽松的规则，以约束与会人员、会议时长等。

不过，再深入想想，这样的灵活性和模糊的指令可能正是生命良好运作的基础。如果严格限制每个委员会成员的发言和行为，他们最后有多大可能做出优秀决策呢?更重要的是，决策过程需要各种各样的技能和行为。当然，你肯定会想让部分成员带着某些精确的信息来到会场，比如带着财务细目的会计。但要想做出优秀决策，也需要精通各种领域的通才和专家，还需要那些擅长与他人交流并协调各方观点的人。

无论如何，许多委员会的任务其实并不是构思出非常详细的行动计划（详细到对每一个细节提出严格要求，却不管其是否契合特定环境），而是找到某种较为通用的策略或者基于大量已有的详细信息做出是或否的二元决策。实际上，这才是我们沿着生命运作机制的阶梯攀升时看到的生命的真正模样。生命需要的是在极其复杂的个体经历和周遭环境中做出可靠的通用决策。这通常要求对大量细节加以权衡、筛选和整合。

最后，我们讨论的是信息的管理：信息如何流动，如何组合并集成，以及如何处理意料之外的情况。如果生命的信息规划过分具体，输出结果就极易变得脆弱：太过精细导致无法承受变化和噪声。相反，生命一般要求稳健性，这通常意味着适应性和灵活性。生命需要的不是权力的集中，而是权力的分散。通过凝聚体中枢实现的基因调控可能在多个层面上受到影响，例如蛋白质分离倾向的改变（通过对选择性剪接的转录控制）、染色质的变化（通过改变DNA和组蛋白的表观遗传标记）、能够通过改变基因表达水平来实现细胞核内RNA和蛋白质混合比例的变化、特定ncRNA的转录。基因本身在这类事情中也发挥了作用，但追问最终掌控局面的到底是谁并没有明显的意义，这个过程是以整体的形式运作的。

组合

基因调控的变化可以通过来自细胞核之外（实际上来自细胞之外）的信号触发，比如激素抵达血液（这可能接连激活多种激酶），或者从周围组织发出的发育信号进入相关发育细胞（我会在接下来的两章中讨论这个过程）。这些消息是通过细胞质中蛋白质的相互作用网络传递的。类似地，蛋白质网络也会翻译并回应来自细胞核的信息，具体形式是基因表达水平的变化。这种“信号”是双向流通的。

或者说，“信号”是往各个方向流通的。一定要记住，此处“信号”的说法显然是从电气工程领域借用的比喻，表明它按照某些路径触发某个远端过程，或许类似电灯的数控开关方式。这个比喻有一定价值，但仍然只是一个比喻，不能全面地阐述生命的运作机制。发育生物学家阿方索·马丁内斯·阿里亚斯说，生物学家口中的信号传导不仅是指基因表达的激活或抑制（这点甚至不是最主要的），更是指相关过程“往往会彻底改变细胞的整体活动”——它可以改变新陈代谢、细胞黏附、分子包裹的胞内运输，等等。

我们不应该把基因调控视为某个固定回路中的一系列开关操作，更应该将其视为许多分子之间达成共识后形成的流动性更强、整体性更强的过程。类似地，我们不应该认为蛋白质相互作用网络中的信号具有精确的“数字”逻辑，它遵循的其实是独一无二的生物学原理。让我们仔细讨论下面这个例子。

我在前文中提到过一个典型的遗传学术语误用案例，即*BMP*基因，它编码一种叫作“骨形态发生蛋白”（BMP）的蛋白质。这个蛋白质之所以被如此命名，是因为我们在20世纪60年代发现，在错误的时间、错误的位置把这种蛋白质注入人体，可能会导致不应该长骨骼的地方生成骨骼。20年后，我们又发现BMP是有多种类型的蛋白质，而且它们会导致早期胚胎中的干细胞发育成负责形成骨骼和软组织的细胞。BMP属于一个叫作“转化生长因子β”（TGF-β）的蛋白质大家庭。这类蛋白质具有相当广泛的发育作用：它们属于所谓的形态发生素（成形因子），能够影响胚胎细胞和组织的分化与排布。

举例来说，有一类BMP与原肠胚形成有关。原肠胚形成发生在受精后14天左右的人类发育过程中。这是胚胎干细胞开始分化成不同组织类型的时段，胚胎此时开始真正具有形状，而不仅仅是之前的一团细胞。其他BMP也会指导随后的组织生长，它们在骨骼、软组织、肾脏、眼睛和早期脑部组织中都有表达，并参与伤口修复和血管网络重塑。BMP是一个典型的例子，足以体现为什么说某些蛋白质“做了什么”是毫无意义的：BMP对生物体的“意义”取决于它在何时何地表达。它是信使，而不是信件本身。

另一种说法是，BMP是蛋白质网络中的关键枢纽：多个信号经由这些节点传输，从而以某种方式指导细胞的行为和命运。BMP介导的路径始于细胞表面——这些蛋白质正是在这里与横跨膜结构的受体蛋白结合，从而别构性地改变受体蛋白的形状，具体方式是在细胞膜内表面记录受体蛋白另一端发生的结合事件（图5–7）。接着，一类名为“Smad”（Sma和Mad相关蛋白）的蛋白质记录下这种变化，将信号传递到细胞核。在细胞核里，这类蛋白质与其他分子发生相互作用，打开或关闭某些基因（换句话说，它们是转录因子），推动整个细胞回应抵达其表面的信号。不同的BMP（哺乳动物体内大约有11种BMP，每一种都由不同的基因编码）可以与各种受体蛋白结合，传递不同的信号。因为其他分子可以改变BMP与其受体蛋白的结合，所以BMP信号通路可以与其他信号通路产生相互作用，在发育期间让各个细胞对话。

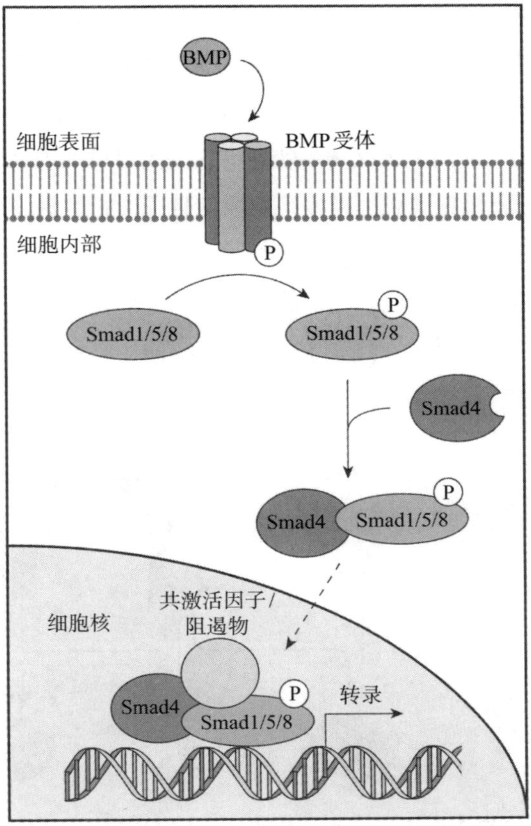

图 5–7　BMP 参与细胞信号传导的方式。BMP 与其受体蛋白在细胞膜中的结合会触发细胞膜另一侧 Smad 蛋白的磷酸化（在目标蛋白质上增加一个额外的磷酰基，图中用“P”表示）。这种经过修饰的 Smad 蛋白同其他各类 Smad 蛋白组合后便可以调控细胞核中的基因表达

每种 BMP 的化学结构各不相同，即其折叠链中的氨基酸序列不同。更重要的是，无论是 BMP，还是它们的受体蛋白，都是由不止一种蛋白质分子构成的。BMP 本身是成对存在的（二聚体），而它们的受体蛋白通常由 4 个部分组成。同时，虽然很多 BMP 二聚体都有指定的受体，两者的关系就像锁与钥匙一样，但并非所有 BMP 二聚体都是这样。这类分子并没有那么挑剔：每个 BMP 二聚体都会以不同程度的亲和力黏附在多种不同的受体亚基组合物上。这是一个组合系统，其中的组件可以通过多种方式组装（图 5–8）：与其说它们的关系类似锁和钥匙，不如说类似乐高积木。即使只是想想其中可能出现的排列组合都会让人筋疲力尽。那么，BMP 信号通路是怎么传递特定信息进而引导细胞命运的呢？这看起来很像是希望借助老式电话网络获取信息，接线员只是随机地接入电话，谁知道会出现什么状况？

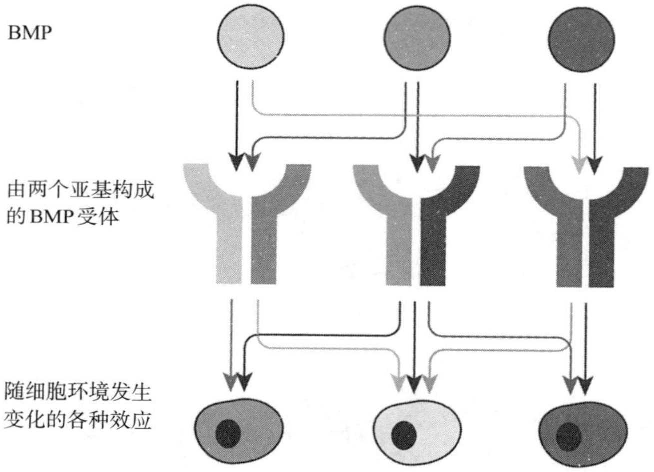

图 5–8　在BMP组合信号通路中，不同类型的BMP可以对接不同受体，这些不同组合可以对细胞产生各种各样的影响。为了简明，我在图中把每一个BMP表示为单个实体，而受体则表示为亚基对。实际上，上述每个实体本身就是一个蛋白质二聚体（由两部分构成）

然而，虽然BMP并没有高度选择性，但它们确实对某些受体有所偏爱。2020 年，迈克尔 · 埃洛维茨和他的合作者开始研究这个重要信号枢纽的规则。第一步，他们观察了 10 种主要哺乳动物的BMP和 7 种受体亚基（都在小鼠细胞中）之间的结合倾向，进而描述了各种可能组合的特征。这意味着他们要研究大量的组合，但前提是拥有一套能够计算各类细胞培育反应的自动化机器人系统。

研究人员根据“输出信号”的强度，即细胞内Smad蛋白的激活效应，推断出BMP的偏好现象。他们用生物工程学技术改造小鼠细胞，让Smad蛋白打开一种编码黄色荧光蛋白的基因，然后就能通过容易监测的细胞荧光亮度来测量某组给定的BMP及其受体亚基的输出信号。这就像是为了激活自动售货机，把一枚BMP硬币（共有 10 种类型）和两枚受体硬币（共有 7 种类型）投入 3 个插槽，然后观察机器的反应。

这种相互作用虽然混乱，但远非“怎么都行”。不同BMP和受体组合的效果都有明确的规律。举例来说，某些BMP的效果相当类似且可以互换，而另一些BMP则没有这种效果。比如，一个BMP加上两个受体亚基的组合，运作效果可能与由三个完全不同的组件形成的组合一样高效。或者说，只要受体保持不变，某种组合可能会容忍其中一种特定的BMP换成另一种。有时候，两个组合互换的组件可以独立发挥作用，这样一来，这两个组合的综合效应就是简单的相加。还有些时候，情况正好相反，这些影响可能会互相加强或者互相抵消。

一般来说，可以根据BMP在特定环境（比如特定的细胞类型）中是否具有相同的效果来对其分组。研究人员观察了两种类型的细胞：小鼠乳腺的上皮（器官内壁）细胞和小鼠的胚胎干细胞。举例来说，他们发现一对BMP可以在一种细胞中相互替代，在另一种细胞中却不能。这就有点儿像是在“答案是对的”（That's the right answer）这句话中，你可以用“正确”（correct）代替“对”（right）且语义不变，但在“这是我的右手”（That's my right hand）这句话中就不能这么做。

这就解释了一种我们之前发现的现象：某种已知的BMP在不同组织中的生物效应不同。例如，在促成血管网络形成的BMP信号通路中，BMP9 可以替代BMP10，但在涉及心脏发育的信号通路中就不行。这种由环境决定的效应严重违背了一个观点，即分子的通信基础是具有高度选择性的识别和结合的过程，要么配对正确，要么配对失败，没有其他可能。

为什么BMP信号以这么复杂的方式运作？为什么BMP信号通路中的信号可以使用诸多不同的输入，它们有时可以互换，有时却不能？埃洛维茨的研究团队认为，答案是：这样做能用更少的代价获得更多的东西。如果某个给定的成分（比如BMP）只有一种可行的运作方式，也就是你必须给它一对合适的受体亚基，否则它就什么都干不了，那结果就是只有少数几种元素的组合才能起作用。但是，如果每个元素是等效的，就没有任何限制了——你大概总会找到一些组合起来能发挥作用的组件，于是不可能降低信号强度或关闭信号。有了这样的组合系统，能够完成工作的选项就多得多了，同时还能保留使用范畴和意义表达层面上的区分度。这有点儿像是语言的运作方式：你几乎总能找到多种词汇组合来表达同一个意思，但这些组合也不是随意选取的。在许多特殊环境中，某些选项要比另一些效果更好，能更清楚或者重点更明确地表达含义。

这种输出组合多样性的一个优点是，它允许分子向各种类型的细胞传达不同的信息，于是便能在处于发育阶段的组织中借助一小撮信号分子产生更加复杂的模式。举例来说，可以把正在发育的胚胎中的一组细胞分配给以后的软组织，另一组分配给骨骼，其他各组细胞也各有安排。

拥有这么多可行的组合，可能会让细胞选择后续发展结果的标准变得模糊。不过，研究人员认为，通过与其他信号系统协同运作，这个标准还是会变得清晰起来，这有点儿像通过前后文的语境可以明确句子的含义。尤其是，涉及Wnt类蛋白的信号通路在胚胎的早期发育中发挥着与BMP信号通路同等重要的作用，并且它们似乎的确经常并行。有的时候，信号通路会互相拮抗（比如Wnt会抑制BMP的效果）；有的时候则会互相强化。Wnt信号通路遵循的组合规则可能与BMP信号通路类似，但这一点还有待实验验证。

然而，病原体也可以利用分子的混杂现象。例如，导致普通感冒的腺病毒会产生一类统称为E1A的蛋白质，这类蛋白质会破坏宿主的防御机制。E1A蛋白是固有无序的，因而能够与人类细胞中的各类调节蛋白质结合，其中包括与调控细胞周期及许多癌症有关的p53蛋白。通过与各类调节蛋白质结合，E1A蛋白就可以干扰受感染细胞的细胞周期，阻止它们按预定程序死亡（细胞凋亡），而死亡过程原本能阻止病毒复制。通过破坏调控机制，这一策略还可能产生一些严重的次级影响：感染腺病毒后，哺乳动物的细胞可能发生癌变。

混杂的好处

迈克尔·埃洛维茨和他的同事认为，BMP 信号通路中使用的组合化混杂分子信号可能代表了细胞分子排布的普遍设计原则。“就像神经元通过轴突和树突连接在一起便可以处理复杂信息一样，”埃洛维茨说，“蛋白质也可以通过生化作用连接在一起。”他的博士后詹姆斯·林顿建立了一个大体上类似嗅觉系统（可以确定气味）的模型。对人类来说，鼻腔嗅球的细胞膜排布着大约 400 种受体蛋白，它们共同发挥作用便可以让我们区分海量的不同气味（有人估计多达 1 万亿种）。因为如果每种气味分子都只能通过专门的受体识别，我们的嗅觉系统绝不会这么灵敏。相反，受体似乎以不同的亲和力，并且多少有些混杂地同气味分子结合在一起，由此输出到大脑嗅觉中心的信号也是由组合规则确定的。或许，就细胞的运作方式而言，最恰当的类比就来自生物学本身，比如嗅觉或认知。真正认识生命的唯一方式或许就是参考生命本身。

生物制造混杂且具备可重构性的网络或许不只是因为这么做能带来生存优势，这甚至可能是人类细胞这种复杂系统可以正常运行的唯一方式。只有这样，它才能变得坚实可靠，足够对抗无数细节中不可避免的随机性和不可预测性。基因调控凝聚体和 BMP 系统这样的信号通路——它们的分子混杂，运行逻辑组合化、模糊化，在处理和推进诸多不同细胞状态上体现出多功能性，以及它们明显具备可进化性——很好地证明了这类运作原理不仅可行，而且很可能是孕育多细胞生物的必要条件。因为，在多细胞生物中，就是无数基因层面完全相同的细胞在各类不同的特化状态下协同工作。这类运作原理甚至可能就是孕育人类这个物种的关键创新。毕竟，对细节不敏感正是许多大型多细胞生物身上广泛存在的特征。你可以在很多地方观察到这种特征，比如大脑神经网络的运行，细胞组装成组织的方式及它适应基因突变和缺失的能力。这看起来像是一个实现稳健性的有效通用策略。

毕竟，细胞系统很嘈杂。分子能在如此拥挤、吵闹的环境中相遇其实是非常偶然的。细胞在不同时刻产生的不同蛋白质数量也有随机性波动。这就是我们不能把细胞之间的连接比作笔记本电脑内复杂电子电路的原因之一：没有任何两个细胞会在任何时刻处于完全相同的状态，即使表面上它们做的是同样的工作，比如充当肌细胞或肾细胞。如果细胞中的每个组件都以特化的方式彼此相连，整个细胞就很容易受到无法控制的变异事件的影响。这就像是电路中的各种元素持续不断地随机进出网络。更重要的是，每次细胞分裂时，无法保证复制出来的是完全相同的线路，因为DNA在复制过程中总是存在随机复制差错。如果系统成功运转的基础是组件之间恰到好处的连接，那么其中的任何突变都可能破坏整个事件。但组合化的逻辑允许一定程度的模糊性，能吸收（甚至利用！）这样的突变。

生物系统通常具备这类稳健性：正如我们在前文看到的，如果我们禁用一个表面上看起来对生存至关重要的基因，结果往往是几乎不会产生任何影响。生物体会调整基因和蛋白质网络中的相互作用与信号通路作为补偿。正如BMP系统展示的那样，蛋白质在整个系统中的冗余状态和补偿功能，可能正是生命拥有这种能力的关键所在。

这些高度关联的混杂蛋白质网络还能推动生物体通过进化获得有用的新能力。“关联程度更高的系统往往更能进化出新的功能，因为这种系统更能容忍（系统组件的）有害突变。”生物学家朱梦（音译）说。进化生物学家安德烈亚斯·瓦格纳和他的学生乔舒亚·佩恩已经证明，转录因子的混杂结合确实可以提高针对突变的稳健性和进化能力。如果系统中存在漏洞，比如因为混杂结合允许一种蛋白质替代另一种蛋白质，那么混杂蛋白质网络有可能在不失去旧功能的情况下发展出新的功能。

多细胞动物很有可能通过进化得到了这种可进化性。与DNA结合的转录因子拥有诸多奇怪的特征，其中之一是在真核生物中，它们识别的碱基序列通常短得出奇——长度可能只有约 6 个碱基对。这损害了转录因子结合的选择性，因为如果你随机选择一个 6 碱基序列，很有可能会发现整个基因组中有许多这样的序列。但是，生物选择完全没有理由这么近似。实际上，原核生物的结合位点更长，因而结合对象也更加特异。因此可以这么说，是真核生物选择了模糊性。究其原因，很可能是这种特性允许生物发展出新的调控通路，从而通向潜在的变异和可进化性。至此，我又要提到大肠埃希菌与大象的区别。一般来说，大肠埃希菌的乳糖操纵子那种简洁而优雅的基因调控机制并不是一种诠释多细胞动物调控自身新陈代谢的优秀模型，因为后者往往远没有那么简单明了。细胞生物学家马克·基施纳认为，建立允许可进化性进入细胞分子通路的机制，对大型动物的意义可能比对细菌重大得多。因为大型动物的种群要小得多，所以不能单纯依赖在海量后代中产生的某些幸运突变。[①]

因此，简单来说，细胞的许多生物化学过程对这些细节的敏感程度可能远没有我们之前认为的那么高。这不是说细节不重要，而是说我们不能先入为主地草率判断哪些重要、哪些不重要。总而言之，这可以说是分子生物学的核心挑战。既然分子层面上有这么多的细节，我们自然会想当然地认为所有这些细节都对更高层级发生的过程至关重要。然而，正如基因敲除实验表明的那样，事实往往不是这样的。这里我又要提到，真正重要的不是每个“分子委员会”成员的评议过程，而是最终产生的集体决策。这些表面混乱的交互组件实际上构成了一个复杂系统，它可以可靠、高效地从无数复杂且随机产生的信号分子中提取出信息并加以处理。

理解细胞的组合化逻辑之后，我们就能更有针对性地控制它们。例如，这可能会对药物开发产生重要影响。普通医学面临的挑战之一是，

① 这个观点似乎是把某些目的论的预见性归因于进化，因为按照这个观点，生物体甚至在还没有遭遇环境变化的时候就开始朝着应对这类变化的方向进化了，就好像它们在为明天做规划一样。然而，这并不是看待这种观点的正确方式。相反，在频繁变动的环境下，具有进化能力的生物世系就是更有可能被自然选择。

药物可以对靶蛋白具有高度专一性，但靶蛋白在其表达的细胞类型方面可能是非特异性的。换句话说，你可能能够非常准确地命中靶蛋白，但不能确定这些靶蛋白结合药物之后会在不同组织中产生什么影响，甚至不能确定是否会产生影响。细胞的组合化逻辑表明，真正有效的药物应该比单分子“特效药”更加复杂：为了诱发细胞做出我们想要的回应，药物的目标或许应该是诸多组织特异性靶点的各种组合。

涌现

针对复杂系统的研究为我们提供了诸多关于如何更广泛地思考分子和细胞生物学这类运作原理的建议。这些原理的目标就是很大程度上从分子本身的掌控中剥离因果关系。无论是给定细胞的发育方向、制造组织和器官时的细胞合作，还是生物体对外部刺激的行为反应，为了可靠地产生一些大尺度上的反应，更好的策略都是让“因”的尺度同“果”的尺度匹配起来。复杂生物体似乎天生就具备这种“因果涌现”特性。所谓涌现，是指由诸多部分构成的复杂系统表现出了一种整体行为，仅观察研究系统中的组件无法预测或理解这种整体行为。涌现现象的确存在，而且毋庸置疑。无论你多么深入且准确地在神经元层面上研究鸟类的思维模式，都不可能完全理解椋鸟的集群行为；无论你多么详细地分析汽车的动力机制，都无法知道交通堵塞是怎么形成的（图 5–9）。

饶是如此，还是有一些研究人员对涌现这个概念持怀疑态度。在他们看来，涌现似乎是在呼唤某种准神秘主义，就好像在系统中添加了一种神奇成分，这种成分超越了系统组件之间的力及物质与能量的交换。这些研究人员断言，我们仍然可以通过自下而上的剖析理解整个系统，但前提是要投入足够多的计算机算力，把所有信息碎片组合在一起。

可是，因果涌现的观点并不反对把系统切割成组件加以研究的方式，也不需要往系统里添加任何元素。相反，它的核心在于，我们不能认为大尺度行为的成因主要源自微观尺度上的相互作用。要想以有意义

图 5–9　涌现指的是复杂系统在整体上表现出某些无法纯粹通过研究（哪怕是穷尽式地彻底研究）其组成部分而理解的行为或结果，比如图中的鸟群和交通堵塞现象

图片来源：Shutterstock。

的方式讨论这种成因，我们就必须承认，存在更高层级上的实体和影响。我们还必须意识到，这些更高层级上的实体和影响就像整个系统的基本组件一样真实且根本，而不仅仅是组件的随意集合。这些才是系统整体行为的成因，而且它们不只是诸多微观行为成因的总和。

我们已经凭直觉觉察到，有些现象具有涌现性。我们知晓，人类就是自身的因果能动性之源。无论怎么说，这本书的真正作者都不可能是我的神经元。神经元（及其他各种身体组件）使我能够写下这本书，而且我的遣词造句、谋篇布局的能力确实可以归因于特定的大脑回路。不过，这样的还原论分析一旦超过一定限度，任何关于这本书宏观层面真正成因的概念就会开始消失。毫无疑问，这本书的作者身份、创作思想、创作动机，在我身体内的质子和电子层面并无意义。出于同样的原因，神经元本身也是真实存在的实体，我们理解大脑的运作机制时需要它们，在这个过程中肯定不能把它们看作随意分割的基本粒子云。

然而，因果涌现始终是一个很难在科学上界定的概念。“大多数（科学家）认同宏观层面存在因果关系，”神经科学家拉丽莎·阿尔班塔吉斯说，“但他们也坚持认为，所有宏观层面的因果关系都可以完全还原为微观层面的因果关系。”这是还原论的观点：所有的因果关系都从最低层级开始向上流动。我们怎么才能知道这种观点是对是错？

为了量化因果关系，我们提出了许多不同的方法，目标不仅是确定复杂系统的行为方式，更是确定这些行为的成因。不过，神经科学家伦佐·科莫拉蒂和埃里克·赫尔通过研究得出结论，至少有十几种这样的因果关系测量方法都表明，在一些复杂的系统中，因果关系确实主要是以涌现的形式在更高层级的组织上产生的。这就是说，微观元素之间的“因果力”大多只驻留在它们形成的更高一级结构中，在微观事件层面可以忽略不计。目前看来，所有这些涉及神经科学、经济学和哲学等领域的因果关系测量方法都出错且混淆因果关系发生之处的可能性似乎极低。

按照赫尔的说法，这类因果涌现的例子拥有的共同特征就是“降噪”。他用这个词是想表达，因果涌现与微观层面上的随机波动或偶然事件产生的结果无关。细胞对某个特定外部信号的回应，不可能由某种特定蛋白质是否在正确的时间以正确的浓度出现在正确的地点这种偶然事件决定，就像整个生物体的反应（一般而言）不可能取决于大脑中特定的神经元是否在正确的时刻激活一样。因此，进化“设计”出能够体现因果涌现特性的复杂生物体是完全合理的，即让“因”的尺度与“果”的尺度完全匹配。生物系统也因此变得更加稳健、可靠，不仅能抵御噪声，还能抵御攻击。赫尔说：“如果生物学家能够弄清楚如何处理（基因或蛋白质的）接线图，那么病毒也可以。”因果涌现使得生物行为的成因在微观尺度上变得神秘，从而在只能依附于特定分子的病原体面前隐藏了这种机制。

这并不是说，复杂生物体中的所有因果关系都具备涌现性。显然，单基因突变会对表型产生重大影响，而以特定蛋白质为目标的药物有时也会扰乱生理反应。与其说进化把所有因果关系都转移到了更高层级，不如说进化让因果关系在各个层级之间传播。对某个特定过程来说，具备一定程度的涌现性（程度可大可小）是最好的选择。我们可能会推测，这个现象背后是有原因的，但即便真有原因，我们通常也无从得知。

因果涌现虽然似乎是生命的一般设计原则，但在人类的技术中很少出现。相反，我们设计的机器倾向于使用简单的因果链：这个齿轮带动那个齿轮，去掉一个齿轮后机器就停止运转。但可以说，在计算机技术中，现在明显出现了一些涌现性更强的东西。我们倾向于认为（这种倾向是正确的）屏幕上发生的一切，成因在于编程它们的算法和机器代码，而不是计算机晶体管中的电子分布。令人震惊的是，一些旨在提升计算机算力的方法专注于让计算机变得更像人类的神经回路，特别是在创造功能更强、更全的人工智能方面。无论是通过使用所谓的人工神经网络进行机器学习，从而产生可以像我们的大脑一样自我重构的“神经形态”电路，还是赋予高级AI类人特征（比如对外部世界的内部表征），都是如此。换句话说，未来更优秀的计算机或许会具备更强的因果涌现性。

如果存在一种真的能在因果意义上模仿生命运作原理的人类技术，可能还得是语言的“有机技术”。在这种技术中，随着我们的尺度从字母（或音素）上升到词语、句子、段落等，语言的内涵和实质上的因果力（诱发思想、情绪、行动的能力）也会不断增强。在这种情况下，如果你把关注点放在构成文本的字符上，就肯定完全无法理解文本的真实内涵：字符本身不仅没有任何表达效果，也没有任何固有功能。

因此，在生命的运作方式中，因果涌现现象如此普遍的关键原因在于，涌现就是利用嘈杂的系统组件完成整项工程的方式。如果你正在用精密铣削的粗大齿轮制造机器，那么不需要因果涌现，因为就制造机器而言，这些部件足够可靠：齿轮不会随心所欲地偏离它应该在的位置。然而，分子会！因果涌现或许并不是驯服这类随机系统的唯一方法，但到目前为止还没有人发现其他可行方法。

多细胞结构的涌现性

埃里克·赫尔与其他研究人员合作，研究了各类生物体中蛋白质相互作用网络（相互作用物组）内出现因果涌现现象的方式和位置。这个小组总共研究了大约 1 500 种细菌、11 种古菌（单细胞原核生物的另一个主要类群），以及包括人类和其他哺乳动物在内的 190 种真核生物。这些研究人员使用一种被称为"有效信息"的测量方法量化因果关系，进而在网络中寻找"信息性宏观尺度"——在这种情况下，一组或一簇蛋白质之间的相互作用可以被网络中的单个"宏观节点"取代，后者的作用与这些蛋白质的整体作用相同。我们可以把这类宏观节点看作在表型层面上产生可观测结果的自主单元。这有点儿像是从地理角度把人口划分为城市和城镇两类：这不是随意的划分，而是具有离散且可识别影响的"真实事物"。即便组件存在噪声或者发生某些变异，这类宏观节点也能可靠运作。它们成了在更高组织层级上运作的真正因果实体，它们是因果涌现的动因。

赫尔和他的同事们发现，真核生物的因果涌现现象明显比原核生物更多，即前者的信息性宏观尺度更多（图 5–10）。实际上，在进化史后期出现的更为复杂的多细胞生物，往往会把负责因果关系的角色分配给其网络中更高层级的组织。通过这种方式，这些生物体就可以容忍更多微观尺度的噪声和不确定性，因为微观尺度并不是体形和行为等表型结果的主要决定因素。

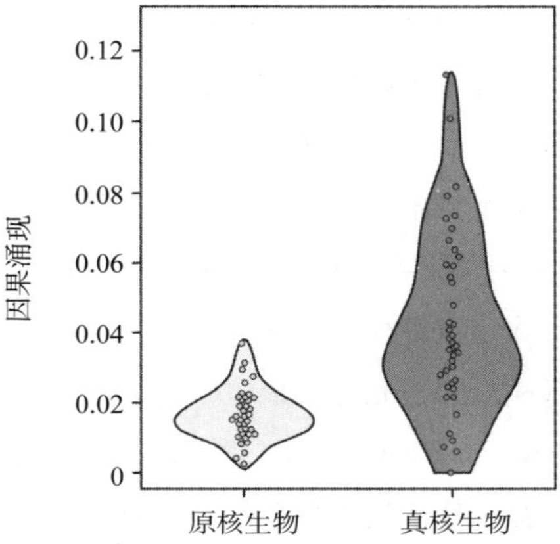

图 5–10　相比原核生物，因果涌现现象在真核生物中更为常见，尤其常见于复杂多细胞生物中。换句话说，进化产生了“因果传播”现象，即随着生命变得越来越复杂，越来越多的因果关系被赋予更高的组织层级。这张图就是所谓的小提琴图，图形的宽度代表对应的每个竖轴值上有多少个数据点

在相互作用物组网络中，因果关系从微观尺度到更高层级的转移是由单细胞生物向多细胞生物转变引起的吗？还是说，多细胞是实现这种转移的前提？这个问题很难回答，因为要想获得真实可靠的证据，就必须追溯到多细胞生物首次出现的进化时期。不过，我们可以通过观察如今存在于单细胞和多细胞分界线上的物种来获得一些线索。举个例子，西班牙进化生物学家伊纳基·鲁伊斯–特里略和同事研究了单细胞真核生物 *Capsaspora owczarzaki*（一种变形虫）的基因组。这种生物是与第一批多细胞生物（比如海绵及被称为“刺胞动物”和“栉水母”的海洋生物）亲缘关系最近的进化近亲之一。

相比目前已知的其他单细胞生物，*Capsaspora owczarzaki* 拥有更多参与功能调控的基因（通常是通过编码转录因子实现调控）。鲁伊斯–特里略和同事发现，这些转录因子控制的网络也经常在动物身上出现，也就是说，在真正的多细胞生物出现之前，这些网络已经“做好了准备”。考虑到这类单细胞生物（如变形虫）已经可以在其生命周期的某些阶段表现出多细胞合作，能够聚集成临时的集体（看起来有点儿像是“临时拼凑起来的动物”），这也许并不令人惊讶。

然而，通过转录因子连接起来的基因和蛋白质网络只是基因调控发挥作用的一种方式。举例来说，正如我们之前看到的，动物体内的调控通常是由lncRNA分子完成的，而*Capsaspora owczarzaki*也有大量这种分子。实现调控的方式还有不少，比如改变染色质的压缩方式，以及基因与染色体上某个远端增强子元件汇聚在一起（具体方式目前尚未被完全理解）。不过，*Capsaspora owczarzaki*并没有这样的远端增强子，这意味着也许正是这些增强子使生物体从自主细胞的松散合作发展成为永久性的多细胞组合。相比人体调控过程中极为丰富的各种蛋白质及在蛋白质簇中出现的其他分子（或许是液态凝聚体），*Capsaspora owczarzaki*中的调控启动子位点往往与相应基因距离较近，并且只有少数蛋白质聚集在调控复合体中。[①]鲁伊斯–特里略及同事认为，前者这种非常复杂的结构能够出现的前提是，它们拥有了能够重塑和重组染色质的酶。这种酶使基因组内的相互作用方式变得更加多样，从而扩大了各种相互作用的组合可能性。

因此，向多细胞生物的转变似乎并不涉及更多原始遗传资源（更多或更多样的基因）的出现，而是涉及调控原始遗传资源的新方法。鲁伊斯–特里略和他的同事说：“在向多细胞生物过渡的过程中，我们看到的许多基因内容上的创新，都根植于对已有基因家族的大规模‘修补’。”这种观点再一次出现了！举例来说，这种“修补”可能会从现有的结构域产生新的转录因子（蛋白质），从而在网络中产生新的连接。它还可能产生新的基因调控方式，以响应来自细胞外的信号，这要归功于某些蛋白质的出现，它们推动细胞黏附在一起，并且可以接收和传递来自细胞膜外分子的信号。

这类变化的默认前提是，它们由自然选择驱动。也就是说，一些随

① *Capsaspora owczarzaki*与蜗牛等多细胞动物共生，它们的基因组非常小。

机突变赋予了细胞世系能够带来繁殖优势的新调控功能，然后这些突变就消失了。然而，这并不是唯一的可能性。即使是涉及生物体复杂性的深刻变化，比如由新调控机制实现的向多细胞生物的转变，也可能根本不是自然选择的产物。虽然人们通常认为“进化”和“自然选择”是同义的（也许是因为诸多流行于世的观点都暗示甚至直接说明了这一点），但事实并非如此。进化导致的变化还有其他驱动因素。

追根究底，这种“非达尔文式”变化也往往来自随机的基因组突变。这类突变在生物种群中固定下来，不是因为自然选择，而是纯粹的偶然：含有特定突变的生物只是碰巧存活下来，而不是因为它们最能适应生存环境。这个过程叫作“随机遗传漂变”，在较小的生物种群中尤为明显。在较小的种群中，生存可能更像是碰运气：更有可能出现的情况是，“最适应”[①]环境的生物不幸遭遇了捕食者。如果某种突变不会对生物的适应性产生任何影响，即这种突变是“中性”的，或者只是对生物的生存产生极为微小的负面作用，它大概就会以各种方式延续下去，因为没有强大的自然选择压力将其淘汰。实际上，大多数生物学家都拒绝接受“生物的每一个特征都具有适应性，都是严格的自然选择的结果”这一观点。举个例子，一类名叫“放射虫”的微小海洋生物身上生长着各种形状复杂的矿物外骨骼，而且每一种放射虫的矿物外骨骼的形状都不相同。不过，所有形状的功能很可能同样重要。放射虫矿物外骨骼形状之间的差异是随机遗传漂变造成的，而不是自然选择造成的。

进化生物学家迈克尔·林奇认为，一些推动生物变得更加复杂的基因组变化之所以发生，可能不是因为它们具备适应性，而是因为随机遗传漂变，比如允许多细胞生物进化得更高级的调控变化。毕竟，多细胞生物真的有明显的生存优势吗？就算有，我们目前也不知道这种优势究

---

① 这实际是从根本上质疑了整个“适应”概念：如果某个个体在生存方面表现不佳，那么称其“更适应”环境又有什么意义？因此，“适者生存”这个概念本身就有循环论证的问题，它也一直让进化生物学家感到不适。时至今日，进化生物学家都还在争论“适应”这个概念的合理性。

竟是什么。

除此之外，如果这样的普遍生存优势真的存在，那么我们完全可以合理地推测，在目前仍然主宰全球生物圈的巨大单细胞生物世界中，复杂的多细胞生物本应多次出现。然而，事实显然并非如此。在整个进化历程中，复杂的多细胞生物只出现过两次：动物和植物。（或许可以算是三次，真菌勉强算是复杂，但它们压根儿没有动植物那样的组织多样性。）[①]“考虑到单细胞物种在全球范围内对多细胞真核生物的巨大优势——无论是物种的多样程度还是个体的数量多寡，”林奇写道，“（因此）如果生物体的复杂性真的有巨大的生存优势，而自然选择竟然没有放大这种优势，就太不可思议了。”更重要的是，多细胞生物无疑存在一些严重的缺陷——我们将在第 10 章中看到这方面的内容。

如果林奇是对的，结果可以说颇令我们难堪：人类之所以出现，不是因为我们这类动物的多细胞生命形态更加高级或者更具优势（尽管这种形式显然足够成功），而是因为随机突变为新调控方式和多细胞行为的出现（自然选择只是找不到任何需要消除这类突变的理由）创造了可能性。鲁伊斯–特里略针对单细胞物种的研究成果也与这个观点一致：使多细胞生物出现的创新，似乎完全不需要多细胞生物本身。换句话说，即使存在多细胞生物这样的选择，仅凭自然选择很可能也缺少“逃离”单细胞生活方式的足够动力。从人类中心主义的角度来看，进化向多细胞生物的迈进还需要再来点儿纯粹的运气。

随着生物体变得越来越复杂，通过新基因调控模式——将因果关系转移到更高层级的组织中——实现进化的现象一直存在。2011 年，发育生物学家克雷格·洛、戴维·豪斯勒及他们的同事研究了自大约 6.5 亿年前最早的脊椎动物出现以来基因调控机制的进化方式。要在基因时代理

---

① 多细胞藻类也有三种，只不过我们可以争论一下它们到底有多“复杂”。多细胞生物本身独立进化过许多次，或许能有 25 次左右，但这件事本身就带出了更多问题，即多细胞生物进化之后究竟是否能从复杂性显著提高的形态和组织形式中获得更多收益。

解进化，起点通常是比较各种生物体的基因组差异，这种方法也确实能提供非常丰富的信息。通过列举基因组序列之间的相似与不同之处，研究人员可以推断出各种生物体是如何分化的：按照什么顺序分化，以及在某种程度上明确分化的时间点。他们可以通过这种方法创造出所谓的分子系统发育学，也就是“生命之树”的新版本，可以将其同其他版本（比如以更古老的比较解剖学传统为基础推导出的版本）做比较，从而解决有关哪种生物从哪种生物进化而来的一些争议。

洛和他的同事们做的远较上面所述具体。他们考虑了名为“非外显子元件”的基因组序列片段，即位于编码蛋白质结构的外显子之外的序列。他们不仅把目光投向了蛋白质编码序列，还投向了已知可编码调控 RNA 的序列，也就是我们现在通常称为“非编码基因”的序列。他们的假说是，如果发现这些非外显子元件中有一部分高度保守——在不同物种的基因组中或多或少保持不变——我们就能假设它们拥有某种功能，因而受到选择压力的保护得以保留：它们不是随机产生的垃圾，因而不会在不同物种之间快速退化、分化。这类保守非外显子元件很可能具备调控功能。

研究人员已经知道，动物身体在形状和功能上的许多差异源于基因调控元件的差异，而不是全新基因的获得或丢失。他们认为，保守非外显子元件表征了在整个脊椎动物的进化史中发生了哪些类别的调控变化。洛和他的同事们比较了人类、奶牛、小鼠和两种鱼类（棘鱼和日本青鳉）基因组中的保守非外显子元件，以寻找这些生物的共同之处及其共同祖先很可能拥有的特征。

研究人员发现，在过去的 6.5 亿年里，保守非外显子元件出现频率的变化并不是平稳而渐进的，而是形成了 3 个明显不同的变化时代。直到大约 3 亿年前哺乳动物与鸟类和爬行动物在进化之路上分离的时候，调控的变化似乎主要发生在靠近转录因子的那部分基因组及它们控制的关键发育基因上。从距今 3 亿年前到 1 亿年前，这类变化逐渐减少，取而代之的是在编码蛋白质分子（在细胞表面充当信号受体）的基因附近发生的变化。换句话说，对这类进化变化至关重要的应该是细胞间交流方式的转变。最后，自距今1亿年前以来，随着胎盘哺乳动物（有袋类动物和针鼹等单孔类动物之外的所有哺乳动物）的发展，调控变化似乎转而与翻译后修饰蛋白质（尤其是那些与细胞内信号转导相关的蛋白质）结构的机制有关。

因此，我们可以认为进化接连发现了创新并产生新生物体的方法：首先，重新布置了发育基因的开启和关闭方式；其次，改变了细胞的交流方式；再次，重塑了信息在细胞内传递的方式。在所有情况下，这些作用都不是在基因层级上发生的，而是发生在更高层级的网络组织中（但在基因组中留下了痕迹）。这项工作证实了米歇尔·莫朗热的观点，即“我们在进化过程中观察到的重大变化，更多的是（基因调控）网络重组的结果，而不是对形成它们的蛋白质连接的修饰”。

因果传播

如果以上观点是正确的，那么它们意义深远。我们现有生命观的中心支柱是，生命是一种统一的现象。对此，几个世纪前就有人提出疑问，但达尔文的进化论为这个观点奠定了理论基础，而20世纪初的现代综合论更是深化了这种观点。在某些层级上，这种统一性是毋庸置疑的。除了大家广泛接受的病毒这个复杂特例，所有生命都是细胞生命，都在DNA中传递遗传信息，并使用蛋白质和类型相对较少的其他分子。这个共同点催生了如下观点：我们可以通过研究较为简单的生物来了解大量有关更复杂生物的信息，比如通过研究较为简单的生命了解人类自身，同时意识到两者之间存在重要的细节差异。举个具体的例子就是：我们认为，适用于大肠埃希菌的机制对大象同样适用。

不过，我们有一种想要看到或接受简单生物与复杂生物的差异不仅局限于细节的意愿，而宏大的达尔文理论往往抑制了这种意愿。事实上，现在人们普遍接受了现存各种生命形式之间存在的一些主要区别：我们已经看到真核生物与原核生物的细胞组织方式差异极大，我们还将看到多细胞生物的细胞必须满足的需求与单细胞生物差异极大。不过，目前的普遍看法是，与这些进化转变相关的原理并没有变化。我们仍然认为，DNA 编码蛋白质，蛋白质催化代谢反应，而且所有这一切都发生在与外界隔绝的细胞微环境中。

然而，我在本章中描述的研究似乎表明，在整个进化历程中发生变化的不外乎“因果关系的轨迹”。我称这种现象为“因果传播”。[①]

因此，如果我们想要理解诸如寒武纪生命大爆发中复杂体形和生活方式的出现、神经系统与新认知模式的出现，以及哺乳动物同其他脊椎动物分离等关键进化转变背后的机制，就不应该把目光局限在基因组。因为在基因组中，我们只能找到发生在更高层级组织中的真正因果因子的回声，这些因子包括各层级之间相互作用网络的变化、分子组件调控网络的变化，以及细胞自身相互作用、相互黏附和集体改造方式的变化。

我确信，同样的故事也适用于人类认知层面上的涌现性。人类的大部分认知能力根本没有什么特别之处。我们的大脑容量并不是最大的，例如成年抹香鲸的大脑容量是我们大脑容量的 3 倍多。[②]我们的许多大脑能力，比如空间导航能力或记忆能力，都不是整个生物界顶尖的。研究人员经常宣称，他们认证了一些至关重要的基因，并且相信正是它们支撑着人类的认知能力，从而将我们与其他类人猿区分开来。然而，我们在更深入了解相关基因之后，往往会发现这样的论断站不住脚（见第

---

① 在引入这个术语之后，我并不意外地发现自己并非创造这个词的第一人。心灵哲学家安迪 · 克拉克和戴维 · 查默斯在他们 1998 年出版的图书《延展心灵》（*The Extended Mind*）中就引入了“因果传播”的概念。生物哲学家丹尼斯 · 沃尔什则在他 2015 年出版的作品《生物体、能动性和进化》（*Organisms,Agency and Evolution*）中借用了这个概念。如此种种都让我确信，这个概念肯定大有前途。

② 很多时候我们都会把大脑尺寸同身体质量结合起来考虑，这似乎是评估认知能力的一个重要参数。然而，背后的原因并没有那么明显。做一个带有倾向性的类比：计算机并不会因为安置在较小的建筑物内就获得额外的处理能力。

197 页知识拓展 5–1）。在我看来，我们终会发现，赋予我们其他任何物种都没有的认知能力（尤其是发展语言、抽象思考及保持高度细节化的社交互动能力）的是更高层级上的变化，即大脑涌现特性上的变化，而不是基因组层级上的。“让我们成为人类”的不是任何一个基因。

这个故事如此复杂，并且阻碍了我们尽早观其全貌的原因在于，因果关系向更高系统层级的迁移并不是完全的，因此应称其为“传播”，而不是“转变”。正如埃里克·赫尔及其同事的研究所展示的（见第 189 页图 5–10），因果涌现在真核生物中体现得更为明显，但也没有完全取代层级相对较低的因果关系。然而，正如我们将在第 10 章中看到的那样，即使基因个体保留了一些因果力量，也可能很难被确定。于是，因果传播需要的概念框架的变化就变得微妙起来。

可是，概念框架确需要改变。我来举一个例子，让你感受一下关于生命运作机制的旧观念，也就是更加细化地阐述相同的基本原理，怎么连专家都误导了。几年前，我写了一篇关于ENCODE计划的文章（这个计划发现转录活动在整个基因组中无处不在），结果收到一位转录和调控领域专家（我确信他是专家，他曾凭借在细菌转录调控方面的开创性研究而获得诺贝尔奖提名）充满愤怒的来信。他在信中质问，如果所有这些RNA都真的具备功能，那么既然分子之间的相互作用没有专一性，其结果的专一性又是怎么产生的？他还补充说，当时刚离世的细菌操纵子发现者之一弗朗索瓦·雅各布要是看到我的文章，估计棺材板都压不住了！

在相互作用没有专一性的前提下，其结果怎么可能出现专一性？这个质疑实在太好了。但其实他并没有索求答案，他的表述方式明显很荒唐。不过，当时的我不知道该如何回应。现在，我知道了。把至关重要的致因过程重新定位到超越分子个体及其相互作用的层级之上，这位专家质疑的事情就完全可能发生。这位专家之所以完全无法想象这种情况，是因为他完全沉浸在原核生物的调控机制中。

这就是为什么我一开始就很谨慎地指出，“生命是如何运作的”这个问题并没有放之四海而皆准的答案。要解决涉及人类的问题，我们就需要在人类的尺度上思考。现在，让我们迈出跨过分子世界的第一步，看看我们细胞的致因机制。

知识拓展 5-1

是什么让我们与众不同？

2021 年，发育生物学家马德琳·兰开斯特和她的同事们报告了一个相当引人注目的例子，说明精细的调控变化是怎么带来重要进化转变的。他们在培养皿中培养神经元，使其发育成名为“类器官”的与大脑类似的微型结构，进而研究人类与其他猿类（大猩猩和黑猩猩）大脑的不同之处。我们可能会出于本能假设，是一些基因突变让我们长出了与其他灵长类动物不同的大脑。然而，研究人员发现，人类和猿类大脑类器官的外观差异似乎是由神经元前体细胞形状的变化引起的，也就是说，这些变化在神经元开始发育之前就出现了。这种形状变化在人类大脑类器官生长过程中出现的时间点晚于猿类。兰开斯特和同事们追溯这种变化的源头，发现它与一种名为 *ZEB2* 的特殊基因的表达方式相关。*ZEB2* 基因的产物是调控神经元前体细胞分化过程的转录因子。最关键的不是这个基因表达了什么，而是何时表达：它在猿类大脑类器官发育过程中的表达时间点早于在人类大脑类器官中的表达时间点。在研究人员操控人类大脑类器官，使其更早表达 *ZEB2* 基因后，这些类器官看起来更像是大猩猩的了。这并不是说，人类和其他猿类之间的所有认知差异都是由这种细胞形状变化发生的时间差异造成的，但它确实表明，至少有部分区别可能来自基因调控的精确动态内容——调控的具体时机——而不是某个关键“认知基因”的任何突变。

这就是为什么那些我们耳熟能详的说法已经荒谬到足以误导很多人的程度了，例如人类基因有98.8%与黑猩猩完全相同，或者有50%与香蕉完全相同。与其这样说，还不如说我们和黑猩猩、香蕉的化学组成（体内每种元素的含量）几乎一模一样。这确实是事实，但是几乎没有讨论价值。生物相互作用可不只是在这些生物成分的层面上发生。正如弗朗索瓦·雅各布几十年前观察得到的结论：“区分各种脊椎动物的是基因表达的时间点及基因产物的相对数量的变化，而不是在这些产物的结构上观察到的微小差异。这是一个调控问题，而不是结构问题。”雅各布没有强调，正是出于这个原因，复杂生物体内的因果关系更加集中在调控网络的层级上，而不是在基因的层级上。不过，我们现在看到了这一点。

第 6 章

细胞：决定，还是决定

对许多人来说，第一次看到细胞是通过学校里的显微镜观察洋葱皮或是其他植物组织（图 6–1a）。实际上，这与人类第一次记录观察细胞结果的场景非常相似。17 世纪 60 年代，英国自然哲学家罗伯特·胡克借助显微镜（当时的显微镜还比较粗糙）观察了软木塞切片（图 6–1b）。胡克把这个活组织中的区室称为“细胞”，正是因为它看起来空荡荡的：细胞（cell）这个词本来指僧侣隐居的空荡小房间。除了细胞核里的斑块，洋葱皮的那些区室里似乎确实没有多少东西。

当然，我们现在知道，大多数细胞的成分要复杂得多，它们由种类繁多的分子组成。不过，在细胞的传统图像（比如我在第 23 页图 1–2 中展示的那种）中，留给生命分子完成任务的空间看上去很大。把镜头再拉近些，你会看到分子像是在一个黏糊糊的大洞穴里做着自己的事情。例如，装有分子货物的包裹必须在细胞内运输，这个过程有时是在一种由蛋白质构成的轨道系统（微管）上完成的。某些“马达蛋白质”附着在微管上，携带着装满分子货物的膜囊（囊泡）沿着微管移动（图 6–2）。

看到这类图像，我们就能理解为什么通常把细胞描述为一座工厂，里面充斥着自觉为分配到的任务而努力的分子“工人”。然而，这类图像呈现的细胞内部基本都是大大的空腔。（严格地说，细胞内部充斥着被称

a

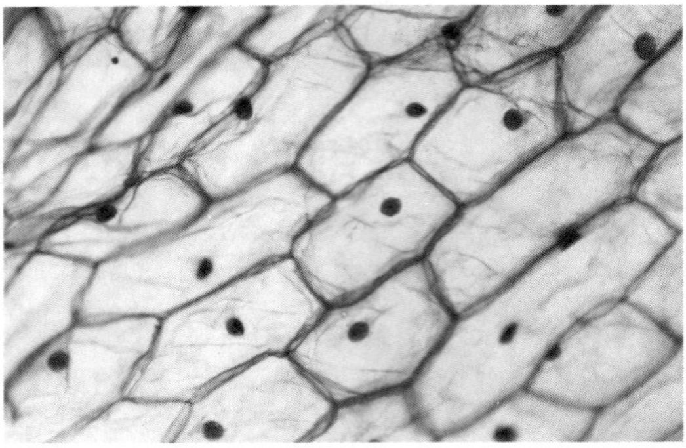

b

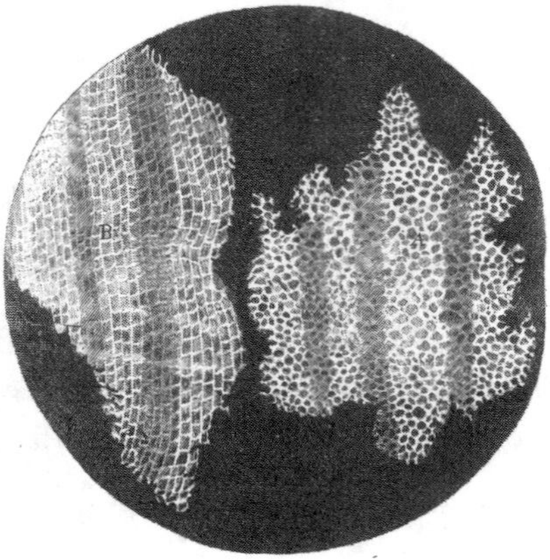

图 6-1　a：通过显微镜观察到的典型的植物细胞；b：罗伯特·胡克绘制的软木塞切片细胞，出自他在 1665 年出版的著作《显微图谱》

图片来源：Shutterstock。

图 6-2　这张艺术概念图描绘了马达蛋白质是如何沿着蛋白质微管拉动装载货物的囊泡的

图片来源：《细胞的内在生命》，由《细胞视觉》、哈佛大学和XVIVO科技动画公司提供。

为“细胞质”的水状液体，但不论出于什么目的和意图，这些液体在这类图像中的形象都是纯粹的空腔。）这是个问题，因为真实的细胞根本不是那样的。图 6–3 展示了细胞内部真实的样子。

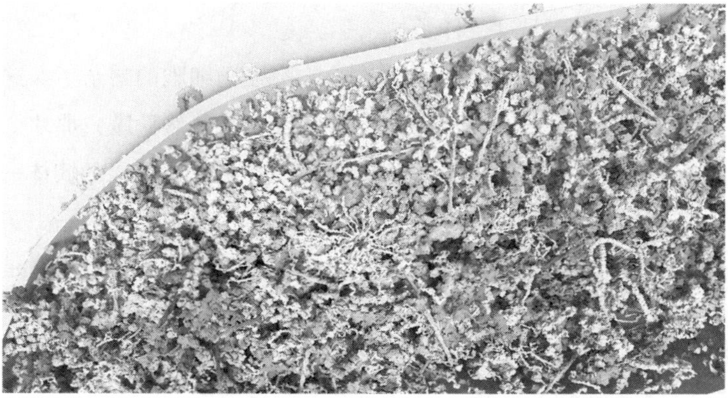

图 6–3　细胞内部成分的快照。科学家先用显微镜研究人类神经元内不同蛋白质的种类和数量，然后基于这些真实的实验研究数据建立计算机模型，最后得到这张快照。请注意，在图中显示的蛋白质之间的空间中，还存在其他更小的分子和离子。图中展示的这部分神经元位于突触上，即两个神经元的连接处。从细胞表面伸出的分子可以帮助电信号跨越神经元之间的空隙

图片来源：由哥廷根大学医疗中心的西尔维奥·里佐利提供（黑尔姆等，2021）。

这像是工厂吗？看起来更像是人满为患的夜店。分子要怎么在“人群”中自由走动？更不用说直接找到它心仪的伴侣了。在许多描绘细胞成分工作方式的酷炫电脑动画中，会放大到整个画面都展示分子本身，然后展示它像受全球定位系统引导的无人机一样直接与目标对接。这种生动的表现方式太过简化了，以至于无意中暴露了：要想真正理解细胞内部究竟发生了什么，就必须把各种细胞成分看作具有某种目的或者某种程度主观能动性的主体，否则寸步难行。实际上，没有任何分子可以远程确定自己的目的地，并且有意识地导航前往这个位置，就像没有任何分子可以将其他分子召唤（“招募”）到自己面前一样。虽然像微管与马达蛋白质这样的系统确实可以创造某种程度的指向性运动，但总的来说，分子只是随机地在细胞质中漂流，不停地受到四周“邻居”的冲撞。即使这个空间里遍布水分子，它们的行为也和玻璃杯里的水分子大不一样，因为在这样狭窄的空间里，它们“感受”着周围所有的生物分子并做出回应。生物化学教科书常常把细胞说得像是一袋袋稀释的化学物质一样，但细胞肯定不是这个样子的。

至此，你就能明白我为什么要在前文中强调细胞的嘈杂了。这么疯狂的分子派对要是能始终保持让生命顺利发育的井然秩序，那才令人震惊。大约 37 万亿个如此嘈杂的微观世界在一个数十亿倍大的实体——你和我，以及一切拥有自我意识、目标、记忆和感受的存在——中实现合作，这似乎是奇迹。即使到了今天，也有很多人质疑“我们不过是分子和原子的集合”这一纯粹的唯物主义观点是否足以解释生命的诞生与存在，现在你应该理解他们为什么这么想了。他们或许是对的，只不过科学目前并不需要借助唯心主义假说。实际上，细胞比你想的更聪明。

来自细胞

传统教科书的细胞图像中还隐藏着另一个尴尬的事实：这幅图像暗示所有细胞大致相同，至少人体内的所有细胞大致相同。把足够多的细胞粘在一起，就造出了一个人。事实当然不是这样的，我们可不仅仅是一群同质化的细胞！科学家首次成功在人体之外的玻璃皿内“培育”细胞，让它们在营养液中生存、复制之后，一些科幻故事开始想象这类人为培育的组织成长为一种无定形的物质，它们会溢出实验室，像丑陋的人形蛙卵一样在地球上肆虐。但这些故事从没有想象过细胞会以某种方式自发地组织成一个人。

以随机的一大群细胞为基础造出一个人，这件事能成功的概率绝不会高于你现在从大街上随便拉 100 个人到一幢办公楼里，然后成功打造出一家能正常运转的企业。在一个随机群体创造出有用的东西之前，成员之间需要沟通，需要有人专门给他们分配任务，并且让他们以协作的方式共同执行任务。我们的身体在从最初的单细胞受精卵开始不断增殖生长的过程中，发生的事情与上述情形很是类似。不同的细胞扮演具有不同功能的角色，发展成特定类型的组织，在人体内的特定位置发育成各自应有的形状。最后，这个细胞群落的成员可能看起来彼此相似，但其实已经发育成适应自身专业工作的形状（图 6–4）。在本章中，我会介绍细胞是怎么在发育过程中获得这些个性特征和能力的，在接下来的两章中，我们则会看到它们是怎么把自己组织成各种形状和整个身体的。

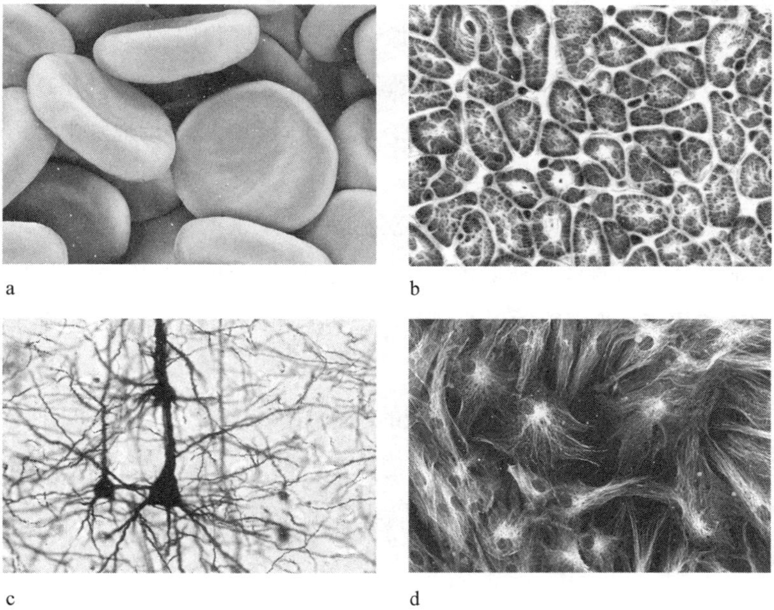

图 6–4　一组人类细胞照片。a：血红细胞，b：心肌细胞，c：神经元，d：成纤维细胞

图片来源：Shutterstock。

在威廉·哈维等早期现代自然哲学家意识到人类是卵子和精子结合创造的之后，他们便被“形态发生”问题难住了：这些小小的玩意儿是怎么形成一个人的？ 1694 年，荷兰学者尼古拉斯·哈特措克阐述了一个较为普遍的观点：这种身体形状一定通过某种方法，以极小的形态存在于细胞中，它们要做的只是不断变大而已。这个观点叫作“先成论”。带着那个时代标志性的沙文主义，哈特措克提出，这个极小的“小矮人”一定住在精子里，然后像种子一样植入卵子这个被动母体的土壤中。①

我们现在假定身体的形状从受孕开始就固定下来了，即身体结构以某种方式编码在了我们的基因组中。这个概念在本质上与先成论极为相似，而且同样具有误导性。当然，有人可能会说，我们无法通过某种方式在遗传序列中看到身体结构，它只是像计算机代码一样印刻在其中，要是我们知道怎么读取它就好了。然而，事实是，你永远不可能凭借看一眼狗的基因组就推断出这是外形像狗的生物的“代码”。我的意思不只是我们缺少得出这个结论的计算资源或理论知识，更是说“狗的外形”压根儿不在遗传序列编码的信息中，就像任何和弦或复调规则中都不可能编码巴赫的赋格曲一样。

要想真正理解生物体的外形究竟是从哪里来的，我们必须从最小的生命实体，即身体最初的那个细胞开始研究。正如 19 世纪的德国生物学家鲁道夫 · 菲尔绍所说：*omnis cellula ex cellula*（所有细胞都来自细胞）。

我们已经大致了解了不同类型的细胞是怎么产生的，也就是细胞会选择使用基因组的某些部分，同时忽略某些部分。表观遗传效应负责打开、关闭基因或根据需要调整其活跃程度，而细胞则会承诺“分化”，即获得特定的命运。不过，细胞的命运并不是由某些在适当的发育阶段启动的内部指令决定的。相反，命运是集体决策的结果，是基于当下的环境随机做出的决策。

细胞通过观察并评估邻居在做什么来决定自身的发展。这很像集体举手表决的过程：我们可能会偷偷看看其他人怎么投票，再决定自己怎

① 当然，这也带出了一个（字面上的）先有鸡还是先有蛋的问题：这个“小矮人”最早是怎么来的？不过，在那个人们普遍相信上帝造人的时代里，这个问题不是很严重。

么投。另外，我们如果掌握了新的信息，就可能改变想法（前提是我们原本就不太坚定）。丹尼尔·丹尼特和迈克尔·莱文说，当早期胚胎通过分裂产生新的细胞时，“它们会关注自身的进一步发育，在没有父母进一步指导的情况下塑造自身和所在的环境。它们变得相当自主，完全不像精心设计的发动机里那些完全没有思想的齿轮和活塞。它们会自己找到自己的发展道路”。

是什么引导细胞找到它们的发展道路的？这个故事我要放到后续章节讲述，因为它需要我们思考更大尺度上的过程，比如整个组织的生长和形状。接下来，我会先介绍当细胞外部的信号悄悄告诉细胞“是时候让后代决定日后想成为生物体的哪些部分”之时，细胞内部究竟会发生什么。

我认为，有必要在详细阐述这个问题之前明确一点：到目前为止，我们尚不知道细胞究竟是怎么知晓自身命运的，即便这个问题的答案对人体的构建极为重要。不过，在过去的几年里，出现了分析胚胎生长过程中哪些基因在大量单细胞中转录的技术，凭借这项技术，我们对上述过程的认识已经大有进展。在某些方面，这些新进展证实了原先的理论：在发育过程中，即从可以产生人体内各种类型细胞的多能干细胞开始，到最终形成某种确定状态的成熟细胞结束，细胞的功能变得越来越专业化。然而，我们也发现，这一过程远比我们原来想象得更加偶然、更加多变，甚至更加可逆。这彻底摧毁了之前的简洁观点：发育过程只是预先存在的生长规划不可阻挡的展开过程。

调查景观

英国生物学家康拉德·沃丁顿提出了一种将细胞分化和特化过程可视化的方法。他说，可以把这个过程想象成一个小球滚下山谷。一开始，小球只有一条路径能够穿过山谷。但随着时间的推移，山谷分出了两条岔路，小球可以沿着任意一条穿行（图 6–5）。

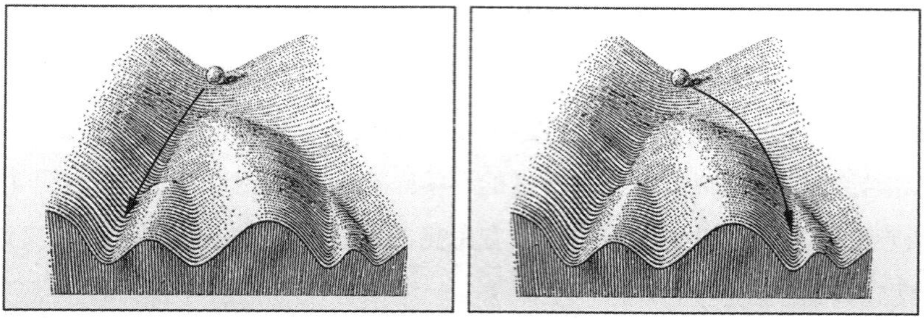

图 6–5　康拉德·沃丁顿的“表观遗传景观”是生物学的标志性比喻之一。细胞不断分化的过程，就好比山谷分出越来越多的岔路

于是，细胞分化的过程就是逐步细化沃丁顿景观：随着山谷不断分出岔路，它看起来像是河流网络的流域系统——只不过是反向的。在自然界中，水流顺着山坡向下流动，各个方向的水道最后汇集在单一河谷内；而在沃丁顿景观中，随着这个带有隐喻性的小球不断向下滚动，山谷系统的分岔变得越来越多，而不是越来越少。

1940 年，沃丁顿第一次提出了这种“表观遗传景观”。当时，他正在努力把发育生物学的思想纳入遗传学的现代综合论和达尔文学说，因为他觉得这两大理论本质上都忽视了发育生物学的内容。[①] 在试图可视化细胞命运决策的过程中，沃丁顿最初引用了火车轨道在某个切换点分岔的图像。他猜测，分岔发轫于某个基因的作用。不过，山谷的隐喻反映了基因不只是在这些决策点发挥作用，它们（这个集体）还塑造了整个景观的形状。更重要的是，如果火车脱轨了，它会无处可去，而山谷的容错性就大得多了：河水的流动可以少许偏离河道，然后找到合适的路径返回。为了描述这种容错性，沃丁顿提出了“渠限化”一词来反映

① 如果事实的确如此，那也不是朱利安·赫胥黎的错。赫胥黎在 1942 年出版的同名著作《进化：现代综合论》中创造了“现代综合论”这个词。他在书中写道，现代综合论是“一门研究发育过程中基因效应的科学”，“对我们认识进化、研究突变和自然选择同等重要”。值得玩味的是，为什么人们后来无视了赫胥黎的这番训诫。或许，部分原因是生物学者最终发现，这项重大任务的第二部分（研究突变和自然选择）相对容易。

发育过程的稳健性：哪怕基因型或者环境发生变化，生物体也能产生稳定、一致的表型。

既然小球是在不可抵挡的引力作用下滚动，沃丁顿景观就自然而然赋予这个过程某种冷酷性。不过，这个小球究竟代表着什么呢？它代表的不是某个依次经历所有这些转变的细胞。相反，小球的运动轨迹刻画出许多细胞复制并分裂产生的细胞谱系进化。每个细胞都继承了其亲本细胞的表观遗传修饰基因组。在基因组中，某些基因静默，其他基因被激活。但在外部信号的引导下，细胞可能发生进一步的表观遗传修饰，从而进一步改变自身的命运。从这个角度上说，生物体的发育就是一个关于细胞逐步选择命运的故事——在每个发育阶段，细胞谱系都会选择一条发育路径，此后便不能踏上其他发育路径。

沃丁顿景观起点处的唯一一座山谷包含的是从一个受精卵开始形成的细胞。按我们的说法，这些细胞都是“全能的”：这样的细胞不仅可以形成胚胎多能干细胞（随后发育成胚胎的各类组织），也可以形成支撑胚胎的其他各种类型的组织，比如最后发育成胎盘的滋养层，以及最后生长为卵黄囊的下胚层。首先，全能干细胞可以选择成为滋养层细胞或成胚细胞（内细胞团）。接着，后者又可以分化成上胚层细胞（随后发育成胎儿）和下胚层细胞（图 6–6）。在沃丁顿的景观比喻中，这意味着全能干细胞所在的山谷首先分岔为成胚细胞山谷和滋养层细胞山谷，然后前

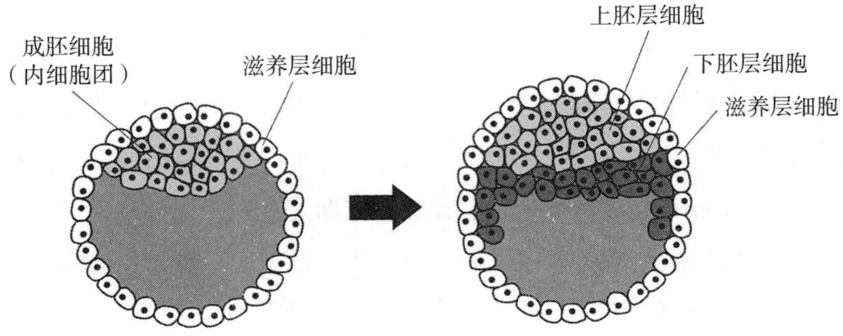

图 6–6　人类胚胎在成胚细胞阶段和上胚层细胞阶段的样子，前者的整个胚胎结构被称为“囊胚”

者又分岔成上胚层细胞山谷和下胚层细胞山谷。

上胚层细胞山谷又分成三条河道，对应的细胞类型分别是外胚层、中胚层和内胚层。外胚层细胞最终将成为脊髓、神经系统和大脑中的神经元，中胚层细胞最后会变成肌肉、心脏、肾脏等内脏及血细胞，而内胚层细胞最后则会形成肺和肠道等器官（图 6–7）。我们将在后文中看到，细胞种类的变化伴随着细胞在空间中排布方式的变化，这就催生了暗示未来身体结构的第一个迹象。

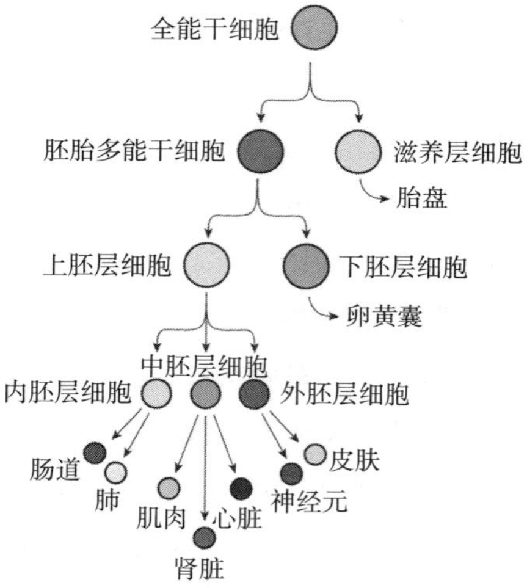

图 6–7　完整的细胞发育谱系，从全能干细胞到完全分化的各类组织细胞

与科学领域中经常出现的标志性比喻图像一样，沃丁顿的景观图像在其看似清晰的表面信息之下也隐藏着一些棘手的问题。当细胞谱系来到分岔点时，是什么推动它做出抉择？细胞谱系的决策过程是随机的吗？显然，我们不希望所有的上胚层细胞都变成外胚层细胞，因为生长中的胎儿也需要中胚层和内胚层细胞（及由它们进一步衍生出来的细胞类型）。我们是依靠概率才得到数量相同的各种类型的细胞吗？我们是否真的需要各种类型的细胞数量完全相等？或者说，如果我们只是生成少量细胞，上述各类细胞的数量分布是否存在失衡的风险？

最初是什么决定了沃丁顿景观的地形？比如说，为什么只需要三种类型的前体细胞（外胚层细胞、中胚层细胞、内胚层细胞）就能产生所有类型的完全分化的人体细胞？为什么不是两种，或是 20 种？是什么决定了分化何时发生？这些山谷究竟因为什么而存在？又是什么在推动细胞分化的过程中发挥着山谷中引力的作用？

事实是，从某种角度上说，生物学空间中的沃丁顿景观并不会在那里静静等待细胞前去填充。相反，它会在发育期间构筑自身。只有当所有类型的细胞都在空间中占据了恰当的位置时，它们才能互相发送推动下一次分化所需的信号。就这个层面而言，胚胎的发育就像是城市的自然扩张：让城市变成最后我们看到的那个样子的，不是任何规划蓝图，而是城市的扩张过程本身。因此，接下去会发生什么就取决于之前发生了什么。这就产生了一种偶然性和必然性微妙交织的舞蹈。与所有的人类个体一样，所有的城市在细节上都不相同，但大多数城市的整体轮廓是相似的，比如它们的交通网络、商业区和居民区的分布往往都差不多。如果让伦敦重新从罗马人的定居点开始发展，最后形成的城市一定与现在的伦敦不完全一样，但二者很可能会有许多明显的共同点。

这意味着，存在某些约束着城市扩张方式的通用原则。这些原则不对具体细节做要求，但会产生具有广泛性的普遍结果。另外，这些原则也不是以某种方式编码在房屋和街道中，甚至不会编码在建筑师和城市规划师的脑海里。它们是那些构成城市的要素在相互作用的过程中体现的涌现性特征。细胞和组织同样如此。

不过，沃丁顿景观的惊人之处是它看上去如此简单明了。谁能预料到，在 2 万个基因与数量多得多的 ncRNA 和蛋白质中，只会出现少量的稳定细胞状态，并且每种状态都对应着独一无二的山谷？鉴于各种分子之间的相互作用数量是天文数字，细胞要怎么找到缩小选择范围的路径？为什么沃丁顿景观不只是一片覆盖着无数小坑洞的平原？为什么我们可以把它想象成三维景观，而不是我们永远无法可视化且更加难以想象的多维空间？细胞是怎么在如此复杂的基础上达成如此明了的简洁性的？

简短又可能有些同义反复的答案是：没有这些简洁明了的特征，生命就无法运作，它们很快就会走进进化的死胡同。可是，这样复杂的系统是怎么在不稳定的状态下进化的？我在前文中曾把分子比作委员会，那么，委员会中数以万计的成员是怎么达成共识的？

生物学是怎么在如此复杂的细胞成分中形成相对简单的细胞状态的？很少有人深究这个问题。也许部分原因在于，我们还不知道这个问题的答案。不过，无论如何，我们都应该首先指出，没有任何事与人能够先验性地保证这个现象就是调控网络的属性。显然，调控网络具备的某些特征使科学家口中的“降维”成为可能：在众多分子之间疯狂、混乱的相互作用中，整个系统只有一小部分能够真正发挥作用。于是，我们才能把高维空间简化为某个表面或者类似的东西。如果你最初把目光放在基因组序列上，就不可能理解这究竟是为什么，也不会理解系统中哪些部分才是真正重要的，哪些部分不重要。

换句话说，要想理解分子之间相互作用的网络是怎么催生出各种稳定的细胞命运的，我们要讲述的故事就必须与分子生物学通常的叙事完全不同。后者的叙事框架是特定分子同其他分子“对话”：受体X与激酶Y发生相互作用，然后Y脱离X，前去修饰酶Z，以此类推。沃丁顿景观的语言已经比这类故事更加抽象，也更加宏大了。那么，景观的网格坐标和大体轮廓实际指的是什么？在这幅景观图像里，分子之间的对话发生在哪里？理解细胞分化和细胞命运决策这些重要过程所面临的挑战是：首先，要把景观图像放在以实验数据为基础的更精确基础上；其次，解释它是如何与基因、蛋白质等实际存在的物质联系起来的。这些内容就是你马上要看到的。

绘制单个细胞

我们现在能用沃丁顿景观描述细胞发育过程的原因之一是，近年来，随着相关技术的发展，我们已经可以绘制出生物体发育过程中的真实细胞状态。我们可以用多种方法表示细胞的“状态”。其中大多数是即时的分子细目，就像对一个国家做人口普查一样。

原则上，我们可以让这个核算过程尽可能全面：把给定时刻存在的所有RNA、蛋白质和脂质、糖等物质全部考虑进来，再加上其中哪些分子正在与另一些分子发生相互作用的详细资料。这是一项艰巨的任务，而且目前还不可能实现。一种相对简化的测量方法是考虑哪些基因（也许还有基因组的其他部分）正处于活跃状态，正在被转录。换句话说，我们可以转而观察细胞中的全部RNA分子，即细胞的转录组。就现在的技术条件而言，这个方案对给定组织样本中的所有个体细胞乃至整个处于发育过程中的生物体都是可行的。转录组并不能描述故事的全貌，因为来自基因组编码部分的单个转录RNA可能为诸多不同的蛋白质提供基础。因此，我们可以转而考察细胞中的所有蛋白质，即“单细胞蛋白质组”。这个目标现在还不能完全实现，但研究人员正在努力，可以肯定在不久的未来就会实现。2021 年 7 月，美国国家卫生研究院宣布将投资 2 000 万美元推动单细胞蛋白质组领域的发展，可这个数字与估算中私人投资者提供的 20 亿美元相比，简直是小巫见大巫。

然而，即使知道了细胞的整个转录组和蛋白质组，我们也无法知晓有关细胞在用这些分子具体做什么的全部信息，因为某些分子会在不同的环境中发挥不同的作用。打个比方，在某个特定时刻给某座城市的居民拍张快照，得到的照片并不能告诉我们这些人正在做什么。正如一位杰出的生物工程师所说，细胞并不仅仅是“一袋RNA”。

要想收集新生生物体所有细胞的转录组信息，需要以下几个步骤：阻止胚胎继续生长，将其分解成各类组成细胞，然后使用一种被称为“单细胞RNA测序”的方法推断哪些基因在生物体生长过程中处于转录活跃状态——携带这些基因的细胞占比大概是数千分之一。这种方法是在 21 世纪头 10 年快结束时开发出来的。2009 年，生物学家阿齐姆·苏拉尼和同事报告了一只处于卵裂球阶段的小鼠胚胎的单细胞转录组。通常情况下，研究人员会分离细胞，使其破裂以释放细胞内的物质，然后使用一种逆转录酶将已有的RNA分子“逆转录”成相应的DNA链。接着，再用聚合酶链反应把每条DNA链复制成多份——这个过程被称为“扩增”。[①]之后，再使用为基因组测序而开发的成熟DNA分析技术确定细胞中存在哪些RNA。标准单细胞RNA测序可以为样本中的每个细胞创建RNA图谱，但不会显示每个细胞在原始组织中的位置——因为细胞在接受分析之前就分离了。尽管如此，在理想情况下，我们还想知道细胞状态和命运是怎么同生物体涌现出的外形及最终形态联系在一起的。最近，研究人员开发了一系列方法，可以根据细胞在原始样本中的位置对其进行标记，这样一来，就可以在处于发育状态的整个生物体中构建基因活动的空间地图。当然，这只是这类标记技术的用途之一。

单细胞RNA测序显示，当赋予细胞特定的命运时，它们会发育出不同的基因活动模式。也就是说，转录的模式类型是有限的。随着胚胎不断生长，转录模式会朝着我们在各类成熟细胞（比如脊髓的神经元或血细胞）中发现的相应模式进化。完整描述这一过程就会得到一些极为庞大的多维图像，图像中的每根轴都对应一种不同RNA分子的浓度。不过，令人庆幸的是，通过单细胞RNA测序收集的数据通常可以降维，也就是把复杂到难以想象的高维图像投射到一张只有几根轴的图像上，甚至可以少到只有两根轴。我们可以认为，图像中的每根轴都是诸多不同浓度的RNA通过某些抽象且复杂的方式混合在一起的结果。通过这种方式降维会丢失完整数据集中的一部分信息，就像我们无法从某个三维物体的二维阴影中看出它的完整形状。不过，投影足以捕捉到关键细节。尤其是，它可以揭示对应不同细胞命运的沃丁顿山谷究竟是什么样的，以及细胞为了实现命运所要采取的发育路径。换句话说，我们可以由此绘制出细胞命运景观，并阐明处于发育状态的生物体的细胞是怎么在不同时刻填充这些景观的。接着，研究人员就可以把这些模式绘制成图，

① 这与我们分析测试样本是否感染新冠病毒的过程基本一致：测试人员将由RNA构成的病毒遗传物质逆转录并扩增，以此判断是否感染。

从而展示一群最初完全相同的细胞如何分裂成通往不同细胞类型（比如血液、前脑、菱脑和眼睛的细胞）“山谷”的独立“支流”。图 6–8 展示的是一个斑马鱼胚胎的这种图。我们可以把它想象成在胚胎发育过程中某一瞬间的沃丁顿景观鸟瞰图，该胚胎内部充满大量细胞。

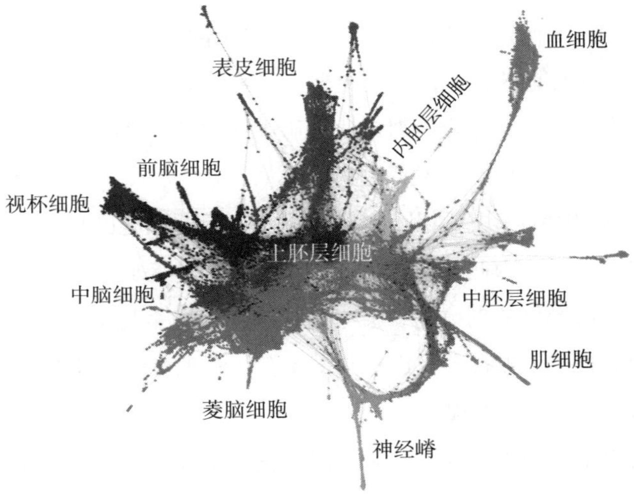

图 6–8　斑马鱼胚胎细胞获取其命运时的基因表达轨迹。各种色调表现了各种终极命运。在发育的任一给定阶段，不同细胞都会处在这些轨迹上的不同位置。举例来说，有些细胞仍然待在“中间的池子”里（哪怕它们已经开始特化），还有些细胞或多或少地处于轨迹的尾端

图片来源：由哈佛医学院的丹·瓦格纳、肖恩·梅加森和阿隆·克莱因提供。

我们要注意的第一件事就是，真的存在某种景观！举例来说，所有血细胞或者视杯细胞（在鱼类眼睛的早期发育阶段出现）的转录模式都极为相似——它们身处同一个山谷。但这座山谷的景观显然要比平滑、优雅的沃丁顿景观复杂得多。尤其是，大多数细胞谱系都起源于广阔的中央盆地。从这里开始，未来将获得不同命运的细胞谱系（比如菱脑和中脑）会通过不同色调的数据点显示出来。将处于图像同一区域的细胞划分为不同轨迹，是不是有点儿武断？我们的判断标准是怎样的——尤其是对那些位于边界处的细胞来说？答案是，如果数据降维得不那么严重，比如我们在三维或更高维度的图像（我们无法画出这种图像，但可以用数学表示出来）中使用更多坐标轴，那么在这个图像中看似重叠的区域实际可能是分离的。举例来说，你可以想象，在图 6–8 这张鸟瞰图中，菱脑发育轨迹上的细胞实际要比前脑发育轨迹上的细胞“更高”。

然而，即使可以做这样的区分，这些单细胞转录组的图谱也破坏了某些关于细胞如何获得其命运的传统观点。例如，图 6–8 中的“血细胞”山谷表现为一种地峡，通过一个狭窄的尖嘴与各种细胞类型的主体相连。这条通道上有一些数据点，对应着细胞在通往“血细胞”命运之路上的不同位置。换句话说，在发育过程中的某一特定时刻，并非所有属于血细胞谱系的细胞都采用了相同的RNA图谱：有些细胞已经变得比其他细胞更像血细胞了。因此，细胞状态的切换通常是逐步发生的，而不是在景观中某个轮廓鲜明的分岔位置突然切换。细胞生物学家杰伊·什杜尔说，这个过程“不太符合我们常常试图套用到现实中的离散细胞类型的分支图及突然切换的模式”。

细胞也不是简单地穿过某条特定的发育轨迹，直到某个分支点将它们整整齐齐地汇聚到某个山谷中。在任何阶段，都有大量的细胞似乎还没有决定它们“想要成为”什么。在任何阶段，都有多种路线可以到达目的地（而且目的地不止一个）。另外，还有一些细胞谱系似乎会沿着奇怪的发育轨迹走向它们的最终命运。举个例子，“视杯细胞”山谷沿着多条不同河道（其中一部分只能算是“细丝”）与中央区域相连。有一个山谷很是特别地从“中脑”区域分出来：一些细胞看起来像是处于未来会成为中脑细胞的细胞谱系中，随后却转变为眼部的视杯细胞。我们原本可能想象的是，发育是逐步特化的细胞进行有序、连续成长的过程，但事实并非如此。发育看起来更像是偶然的，举例来说，就好像新生的“眼睛区域”决定从新生的“大脑区域”中攫取一些细胞来增加自己的数量。细胞的这类大迁移现象蕴含着数不清的故事。

同时还要注意的是，每个“命运盆地”都含有RNA图谱略微不同的各类细胞：它们很相似，但并不完全相同。你可以说，盆地和山谷的底部相当开阔，或者说最后成为血细胞（只是举例，其他类型的细胞同理）的方式不止一种。打个粗略的比方，即便用词和口音一样，每个法国人说法语的方式也不会完全相同，但所有法国人使用的语言一定明显不同于英国人，因为他们必然遵循某些相同的基本法语规则。这证明了我们的一种直觉，即生命的调控不能太过精细：生命给灵活性和多样性预留了一些空间。只要细胞仍处于山谷范围内，细节就没有那么重要。生命相当稳健，足以应对通信线路和表达模式中存在的一些随机噪声。

凭借这些技术，我们现在能够以前所未有的精确度绘制出人体图像。2022 年，包括总部位于美国加利福尼亚州的“人体白板联盟”在内的多项独立计划都使用单细胞 RNA 测序及相关方法，在大规模人类胚胎和成熟组织中创造了细胞类型的“地图册”，这些独立计划总共分析了 100 多万个细胞，认证了 500 种细胞类型。一些团队研究了不同组织中免疫细胞状态的差异，明确了免疫系统为什么对人类健康如此重要（见第 10 章）及不同组织中免疫系统的差异。这些研究还探明了，在全基因组关联分析中发现的与疾病相关的遗传区域在身体的哪些器官和部位表现得最为突出，这可能为我们理解疾病是怎么出现的及寻找药物的靶点提供重要线索。

对特定生物体来说，即便遗传资源发生变化，细胞命运景观似乎仍旧相当稳健。举个例子，肖恩·梅加森、阿隆·克莱因、亚历山大·希尔和他们的合作者研究了如果在与发育有关的关键基因中人为引入突变，鱼类的表观遗传景观可能会如何变化。这种名为“chordin”的基因编码了一种会破坏关键发育蛋白 BMP 的蛋白质。BMP 这种蛋白质的一大作用是帮助确定背腹轴：背腹轴划分了鱼的顶部和腹部，出现在胚胎发育的初期。如果背腹轴发育过程出错，会产生严重的后果：相较正常的发育结果，鱼类顶部的组织会变小，而腹部的组织则会扩大。然而，这些研究人员发现，该基因的突变并没有真正改变景观的外形；它改变的是细胞在景观中的分布方式，就好像把整个景观“倾斜”了，让小球沿着沟渠向下滚动，最终不成比例地落在特定的某些山谷中，其他山谷则完全没有小球落入。

换句话说，细胞命运景观似乎是一个相当稳健的对象，超越了基因组的细节。它在相当程度上由DNA、RNA和蛋白质之间的相互作用网络定义，也正是从这些网络中涌现了某些稳定的分子群落。另外，细胞命运景观定义了生物体在细胞层面上能够达到的极限。可以这么说，基因组提供了制造细胞生物分子库所需的基本资源，而转录景观——这些生物分子之间相互作用产生的一种涌现特征——决定了可用于制造生物体的细胞资源。此外，正如基因组可以限制细胞状态但不能有意义地编码它们，细胞类型库也能限制从库中生产的组织和机体，但同样不能编码它们。

绘制景观

构成转录景观廊道和盆地的差异很早就开始在细胞中出现了，甚至早于任何胚胎外形产生差异的迹象，也就是说，此时整个胚胎仍像是一团未分化的细胞。细胞谱系似乎很早就开始为不同的命运做准备，此时，生物体的形态甚至还来不及反映这一点。这就带来了一个关于发育的关键问题：究竟什么才是最早发生的？细胞是不是先开始改变状态，而状态的改变随后迫使它们进入胚胎的不同位置、形成不同的形状？还是说，这些差异本身就为改变转录模式提供了线索？

正如我在前文中所说，多年前我从《自然》期刊的生物学编辑那里听到的最有用的观点之一是，生物学中的答案总为“是”。可能是这样或是那样？是。像人类这样的生物的生长和生存，是一场微妙的（也是稳健的）因果之舞，在空间和时间的各种尺度上层层堆叠。“这个”导致“那个”，但接着“那个”又创造了一个新的“这个”。正是出于这个原因，我们只能把生命理解为一个从诞生到死亡的动态过程。

我们可以从单细胞RNA测序得到的数据信息中读出这个真相。这些数据揭示的景观是一幅幅快照，即生物体成长过程中的无数瞬间。随着发育的继续，细胞谱系不会单纯沿着命运选择的廊道前进，直到所有细胞都进入最后的死胡同。相反，景观本身会为了回应居于其中的细胞的变化而进化，并涌现出某些特征。例如，当上胚层细胞变成外胚层细胞、中胚层细胞和内胚层细胞时，上胚层细胞并不会真的从上胚层山谷进入另外三个胚层山谷中的一个。相反，是上胚层山谷本身变成了三个新的盆地。在某个时间点之后，继续处于上胚层细胞状态不再是胚胎的一种选择：属于上胚层细胞的时代已经过去了。景观的各个横断面代表的就是这类重要时刻。

2021 年，以色列科学家埃默斯·塔纳伊、约纳坦·施特尔策和他们的同事使用单细胞RNA测序技术绘制了一幅细致的图片，描述了在早期小鼠胚胎被称为“原肠胚形成”的关键生长阶段发育过程中，细胞发育景观是如何演变的，此时，图 6–6 所示的团状细胞开始折叠，并在大约 3 天的时间内获得更复杂的形式。这样一来，研究人员就得到了一幅真正可以和经典沃丁顿景观（图 6–5）相媲美的细胞发育地图。如图 6–9 所示，实际情况与沃丁顿景观大不一样。与沃丁顿景观中逐渐分岔的山谷不同，真实的景观包含了各种类型细胞之间相互连接和过渡的复杂模式，而且这些模式根本没有真正映射到二维的“流域”表面。这个空间是更高维度的，用“隧道”将一张复杂网络中的山谷连接起来。在这里，细胞状态之间的变化（沿着山谷向下“流动”的过程）是由整个基因簇表达的细微改变控制的。这些基因簇以整体形式共同发挥作用，成员之间没有明确的区分。换句话说，这里的细胞运转逻辑也是组合化的。

现在，研究人员已经开始着手了解控制这些细胞状态变化的原理。描述这些原理的恰当语言借用自数学物理学的一个分支，名叫“动力系统理论”。我们用这个理论理解组件之间频繁发生相互作用的系统的变化过程。相比由动辄数千个分子构成的细胞，那些只有少量组件的系统更能说明动力系统理论的相关概念。典型例子就是我们的太阳系，由一颗恒星和数颗行星构成，彼此之间通过引力发生相互作用。

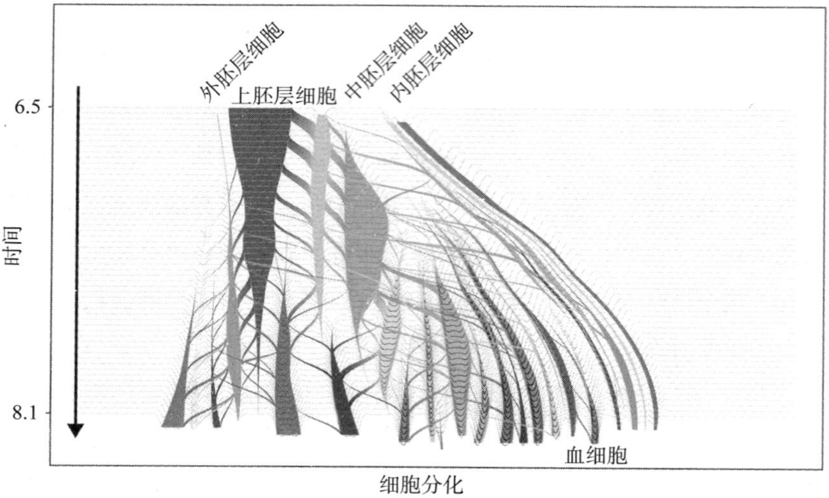

图 6–9　小鼠胚胎在原肠胚形成阶段（大约是在整个胚胎发育阶段的第 6.5 天至 8.1 天）的细胞分化景观。每种色调的条带都对应着不同类型的细胞，从上胚层细胞开始，直到由此演变成的三类基本组织细胞：外胚层细胞、中胚层细胞和内胚层细胞。到第 8.1 天，许多成熟类型的细胞（比如血细胞）就出现了

图片来源：由魏茨曼科学研究所约纳坦·施特尔策和埃默斯·塔纳伊提供（改编自米特宁兹维格等，2021）。

想象一下，假如地球是太阳系中唯一的行星，这就是一个非常简单的动力系统，并且相关运动方程（基于牛顿力学定律）有一个简单的解：地球绕太阳运行。①这是一个稳定的动力学状态：如果碰巧有另一个天体从附近经过，暂时把地球稍稍拉出它的椭圆轨道，那么一旦这个天体离开（扰动结束），地球就会回到原来的轨道上。

① 严格地说，因为太阳通过引力“拉拽”地球的时候，地球也通过引力“拉拽”太阳，所以太阳和地球实际上是共同围绕一个不严格与太阳中心重合的点运动。然而，因为太阳的质量比地球的质量大得多，所以这个系统的引力中心仍旧相当接近太阳的中心，而且就在这颗恒星内部深处。无论如何，以上种种都意味着地球让太阳在空间中的位置产生了极微小的摆动。对像木星这样比地球大得多、重得多的行星来说，这种摆动效应会更为显著。天文学家也正是通过观测恒星精确位置的摆动效应，得以推测出其他恒星附近存在行星。

现在让我们把另一颗行星加入太阳系：木星，一颗质量大概是地球质量 300 倍的气态巨行星。在这个系统中，三个天体中的每一个都受到另外两个天体的引力拉拽，我们无法立刻明确它们最终会各自进入什么样的状态。实际上，艾萨克·牛顿就意识到，即使只有三个这样的天体，也不可能通过求解他提出的运动方程来计算出它们的轨迹。不过，我们仍然知道最可能出现的结果是什么：地球和木星将围绕太阳运行。但是，现在有了微妙的“三体”运动效应，比如由于木星的影响，地球轨道的形状和位置会随着时间的推移发生非常轻微的变化。

如果我们现在把八大行星都算进去——更不用说冥王星、小行星和像谷神星这样大小同行星相若的天体——情况就变得非常复杂了。我们认为太阳系是一个稳定的动力学系统，每颗行星都沿着各自的轨道运动，但实际上，随着时间的推移，这些轨道不断地发生微小变化，比如其椭圆轨道的偏心率或距角就会改变。这个系统的动力学状态实在太过复杂，无法用纸和笔计算，我们能做的就是用计算机模拟这个系统，然后看看输出的结果。此类研究似乎表明，太阳系目前的结构实际上并不能永远保持稳定，最终可能会解体。更重要的是，距太阳较远的气态巨行星的轨道并非一开始就是这样的：在太阳系形成之初，它们的位置与现在略有不同，然后逐渐迁移到现在的位置。总之，这是一个非常复杂的动力学系统，而且在不断变化。

如果连太阳系都是这样，细胞就更是这样了！然而，太阳系现在的结构显然相当稳定，即使出现小扰动也能保持稳定：如果出现某种宇宙层面的外力稍稍改变了行星的轨道，后者也会逐渐回到当前的位置。用动力学系统的术语说，太阳系的这种状态称为“吸引子”。它就像动力学景观中的一个山谷：稍微把系统推离这个稳定状态（想象一下把沃丁顿景观中位于谷底的小球往上滚一点儿），它仍会回到原来的状态。

吸引子就是现代版的沃丁顿山谷。沃丁顿景观比喻的要点不仅在于分化使细胞谱系沿着一系列分岔中多种可行的路线之一走下去，而且在于它能以一种对细节不敏感的方式做到这一点。与吸引子一样，在沃丁顿景观中，小的偏差是可以容忍的。根据定义我们就能几乎推断出，这种渠限化过程意味着因果关系从基因或分子层面转移到了另一个更高的组织层次。这似乎是复杂多细胞生物体的普遍属性。

然而，如果你严重扰乱了太阳系，比如在金星的位置上凭空增加一颗木星大小的行星，会发生什么？你很可能会发现，多颗行星迁移到了与现在完全不同的轨道上：出现了新的景观和新的吸引子状态。或许，你甚至不需要改变这些行星的组成，只需要改变它们的排布——完全打乱现有的全部行星——就会发现它们形成了一种完全不同的模式。这就像是用力地踢了一脚位于沃丁顿景观谷底的小球，结果它越过山谷的顶部，落入相邻的山谷。

我们在前文中看到，细胞的状态可以通过抵达细胞表面的外部信号（比如激素）改变，这会触发细胞内部推动基因表达发生某些变化的信号通路，进而打开某个永久性的表观遗传开关。这基本就是细胞决定自身命运时发生的事，并且研究人员已经证明，可以用动力学系统理论的工具来描述上述过程。

数学家戴维·兰德、生物学家詹姆斯·布里斯科和他们的同事发现，诱导细胞状态变化的信号重新“布置”了景观，使细胞从一个盆地（吸引子）“倾斜”到另一个（图 6–10）。一般来说，细胞有两种新的状态可

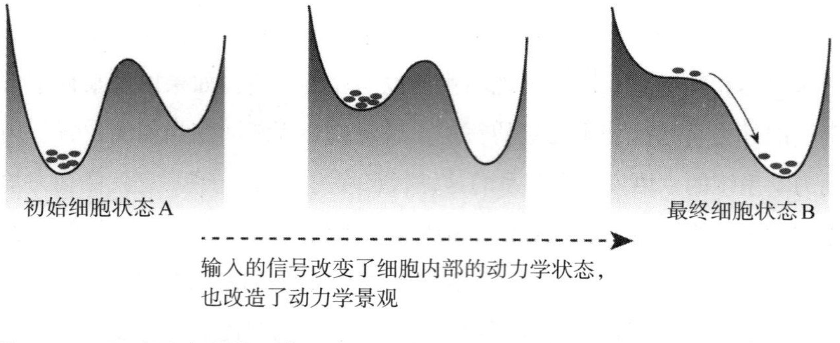

图 6–10　可以用动力学系统理论把细胞状态的切换描述为吸引子景观（图中的盆地）的重排。在诱使细胞切换状态的信号抵达后，它就会重塑景观，让细胞“倾斜”到新的盆地内

以选择，这样的转换就叫作“分岔”。这非常类似于沃丁顿景观中的小球滚下山谷，到达一个岔路口，在那里被迫进入两个新山谷中的一个。在某些情况下，信号通道细胞就是会优先选择一个山谷——它们必须选择一种命运，不是这种就是那种。在另一些情况下，信号会重塑景观，使得一些最初奔赴一种命运的细胞“翻转”到另一种命运，结果是奔赴两种命运的细胞以不同比例混合在一起。这种分岔可以从数学角度用“突变论”描述，该理论由法国数学家勒内·托姆在 20 世纪 60 年代建立并推广。

用这类抽象的数学理论描述生物学系统招来了许多批评，其中之一是认为这些理论与可测量或可操作的事物相距过远，对生物学家来说没有多大用处。然而，兰德和他的同事们已经证明，通过观测真实细胞，就能以实验的方法推导出细胞命运的动力学景观。他们研究了小鼠上胚层细胞的命运决策过程，发现它可以分化成三类不同细胞：构成“神经嵴”（中枢神经系统的祖细胞）的两种形式的神经元，还有中胚层细胞。

在这个例子中，决定细胞命运的只有两种基因的活动，它们编码了一种我们在前文遇到过的信号蛋白 Wnt，同时还编码成纤维细胞生长因子（FGF）。显然，在这些细胞中，基因的表达远超这些，但它们的“动力学景观”可以坍缩成这种低维描述。通过测量不同浓度信号分子环境中不同类型细胞的相对比例，研究人员就可以推断出动力学景观的形状。他们发现，从上胚层细胞到神经元的转换似乎具有某种“选择”结构，此时细胞有两种可以选择的发展方向。从上胚层细胞到中胚层细胞的转换更像是一种“翻转”变化，原来的盆地消失了，细胞转而向对应中胚层细胞的吸引子状态倾斜。

现在已经证明，在名为“造血干细胞”的通用祖细胞向特化类型血细胞转换的过程中，存在类似的动力学景观进化。某些组织会保留一些相对特化的干细胞，它们可以产生所在组织需要的一小部分类型的细胞。造血干细胞就是其中的一个例子。顾名思义，存在于骨髓中的造血干细胞可以分化成各种类型的血细胞。它们首先产生多能祖细胞，这些祖细胞本身就可以产生各种特化的血细胞，比如红细胞和归属于免疫系统的白细胞（如淋巴细胞和巨噬细胞）。

2007 年，黄穗（音译）和他的合作者绘制出了细胞命运动力学景观的一部分。他们详细观察了一种子代造血干细胞（一种被称为“髓样祖细胞”的多能细胞类型）是怎么分化成红细胞[①]或者某些白细胞前体的。主导这个分化过程的两种转录因子分别叫作Gata1 和Spi1（PU.1）。Gata1 过多会促使造血干细胞向红细胞状态转变，而Spi1 过多则会使其向白细胞（髓样细胞状态）方向转变。是什么决定了其中的平衡？这个问题比较复杂。首先，正如你可能知道的，这两种蛋白质都是自我推动的：每一种都可以与自身对应基因的启动子位点结合，进而提高基因的表达水平。于是，从这个角度说，这两类蛋白质的含量越高，表达就越显著。然而，与此同时，这两种蛋白质又会互相抑制，它们就像一对竞争激烈的自私自利者。因此，在这个系统中存在着相当敏感的反馈机制，其最终发展方向完全不明显。

黄穗和同事借助分析分化细胞的mRNA转录组实验和理论计算，绘制出动力学景观的进化图。这张景观进化图的两根轴分别代表Gata1 和Spi1 的浓度，起初只包含一个对应髓样祖细胞的盆地。但随着分化的继续，相较景观图中与高浓度Gata1（红细胞状态）和高浓度Spi1（髓样细胞状态）对应的两个新盆地，对应髓样祖细胞的盆地变得不再稳定——它变得“更高”了。于是，不用费什么力就能让细胞谱系朝两个新方向倾斜，最终进入上述两个新目的地。不过，这股翻越山脊的推力是哪里来的？或者说，在沃丁顿景观中，是什么让小球滚动的？别急，我马上就要讲这个了。

---

① 我把细胞的这个分化方向简单说成“红细胞”，但实际上，这一支可以转变成红细胞或者另一种被称为“巨核细胞”的血细胞。

实际上，细胞会根据它们在三种类型空间中的位置来决定自身的命运。首先，细胞存在于我们熟悉的三维空间内，在胚胎的各类组织中都有特定的位置，这决定了细胞会有哪些“邻居”，以及会接收到哪些信号。其次，细胞在基因表达空间或转录空间中也占据了一个位置，这反映了它是哪种类型的细胞，比如它是更接近干细胞，还是更接近中胚层细胞。最后，细胞谱系具体沿哪条发育轨迹发展，则取决于它在由山谷和岔路构成的“决策空间”中所处的位置。

噪声的艺术

在很长一段时间里，我们都认为，决定细胞命运的机制是确定性的：细胞对来自周围其他细胞（及其所在环境的其他特征）的外部信号做出反应，这些信号“告诉”它应该变成什么样子。这显然是决定细胞命运过程中的关键部分，我将在下一章中讨论这些信号究竟是什么，以及它们如何把众多细胞整合在一起，形成组织。不过，一般来说，细胞的命运并不完全由这些信号决定，后者对前者的作用也不是唯一的。

我们已经看到，细胞和分子所在的微观世界是多么嘈杂，用专业术语来说就是“随机”。这些噪声中有一部分是在转录过程中形成的：在任一给定时刻，活跃基因能产生的特定RNA（如果这类RNA还参与编码过程，也会产生对应的蛋白质）数量就牵涉许多概率因素，并且细胞内RNA和蛋白质分子的浓度会因所在位置的不同而波动。细胞所做的决定——是否转录某个基因，或是向哪个方向发展——也往往涉及诸多影响因素的整合。很少会出现单个信号就能明确告诉细胞“做这个”或“做那个”的情况。因此，无论是细胞的内部状态，还是它受到的外部驱动力，都不总是清晰、确定的。在胚胎发育的过程中，这类随机性的某些方面可能会不断放大，从而产生形态和功能上的变化，具体结果永远都不可能被完全准确地预测。[①]杰伊·什杜尔说："局部随机事件和选择的结果仍是可复现的，小鼠胚胎发育完成后出现的肯定是一只小鼠，但即便是基因完全一样的小鼠也不可能以完全相同的方式发育。"你在看到每只小鼠成长之路上跨越的真实发育景观有多么复杂（图 6–9）之后，应该就很难对这个结果感到意外了。

这种变异性究竟是系统的故障还是特点？在工程学中，一般把这类噪声视为需要规避的潜在问题。因为对你来说，具体工程进程的结果通常都是越明确、越可预测越好。在计算机电路中，噪声会产生错误，使计算偏离轨道。在电话或网络连接中，过多的噪声会淹没信号，打乱信息。因此，我们往往会想当然地假设，噪声在生物学中也是一种惹人厌的东西。实际上，我们看到，复杂生物网络中的因果涌现现象可以隔绝噪声并保证网络可靠运行，尽管在分子尺度上存在不可避免的随机性。

不过，事实证明，噪声有时候其实是一种资源。适度的随机性可以帮助我们摆脱窘境。如果你把装盐的小瓶倒过来，在盐停止流动之前，可能只有几粒盐漏出来。这是因为盐粒会互相挤在一起，谁都逃不到瓶子外面，哪怕单颗盐粒完全可以穿过盐瓶上的小孔。盐粒可能会形成像石桥那样的拱形，这种结构可以自我支撑，不会在重力作用下坍塌。这

---

① 秀丽隐杆线虫是一种生活在土壤中的线虫，我们在研究动物发育的过程中，常常用这种线虫作为一类非常简单的模型。秀丽隐杆线虫的发育结果具有相当高的可预测性。它有两种性别形态：一是两性体（雌雄同体），性成熟后始终具备959个体细胞；二是雄性体，具有 1 033 个体细胞。秀丽隐杆线虫体内的每一个细胞都有确定的分类和位置，这看起来无疑肯定了基因组的"蓝图"论。然而，除了这种线虫，几乎所有多细胞物种的特化程度都远没有这么高。因此，从这个角度说，秀丽隐杆线虫才是不具有代表性，反而具有误导性的例子。值得一提的是，这种线虫基因组中含有的基因数量大致与人类相当（2 万个），但其发育过程涉及的调控机制远没有人类复杂。这就再一次证明，人类发育过程中的真实生化作用并不是在基因层面发生的。或者，换一种说法，正如杰伊·什杜尔在与我的私人通信中说的："秀丽隐杆线虫的细胞谱系是完全程式化的，而哺乳动物胚胎的细胞谱系完全不是这样。即便如此，哺乳动物在发育过程中仍然表现出了如此之高的可复制性，这才是让我感到震惊的地方。"也就是说，确保发育过程正常的规则并非来自基因组，而是来自其他地方。

个时候，你摇一下瓶子——注入一些随机噪声——就会打破这种堵塞的状态，使盐粒保持流动。同样的道理，当多肽链折叠成球状蛋白质时，原子的随机运动（成因是它们的热能和周围水分子的冲击）会防止多肽链长时间陷入部分折叠或错误折叠的状态。多亏这类分子晃动，多肽链可以探索构象景观，并沿着景观漏斗一路向下，找到最稳定的折叠态。

生命经过进化，已然可以利用噪声的这些优点。毕竟，既然生命在微观尺度上不可避免地会有噪声，如果自然选择的创造性未能很好地利用这一特性就是怪事了。自然选择本身依赖噪声和随机性：正是因为随机突变（部分源于DNA复制过程中分子机制的错误），达尔文式进化才可能发生。

决定细胞命运的过程表明，噪声得到了很好的利用：转录速率的微小变化可以增强（而不是抑制）细胞对决定其命运的信号的反应。细胞生物学家乌尔里希·施泰德尔和他的合作者在研究小鼠造血干细胞分化过程中转录噪声的影响时发现了一个这样的例子。正如我们在前文看到的，这个过程是由两类转录因子Gata1 和Spi1 主导的。不过，在施泰德尔研究的这个例子中，转录因子Gata2 也参与其中。Gata2 与Gata1 一样，与Spi1 呈拮抗关系，但它能促进Gata1 的产生。研究人员使用一种显微镜技术监测 3 个相应的基因*Gata1*、*Gata2* 和*Spi1*（*PU.1*）的转录速率。他们将带有与这些基因的RNA转录物互补序列的DNA小片段添加到细胞中，这些片段会通过碱基互补配对原则选择性地附着在相应的RNA分子上。研究人员在这些DNA分子上添加了在适当波长的光线下会释放荧光的化学基团（每种基因使用的颜色不同）。通过这种方式，就可以通过各个细胞的发光点的数量测量 3 种基因的转录数量。

我们在前文中看到，转录因子Gata1 的数量占优就会推动造血干细胞朝红细胞方向发展，而Spi1 占优则推动其往某些类型的白细胞方向发展。这样看来，细胞的命运似乎是由一种拨动开关决定的，就好像沃丁顿景观中的分岔口装有铁路指示灯，那根横杆决定过往车辆是否可以前行。然而，施泰德尔和同事们发现，大多数造血干细胞及它们最初形成的祖细胞表现出前述全部3种基因零星且随机（嘈杂）的爆发式转录，即使这3种基因之间是相互拮抗的。看起来，这种分化方式相当随意，但实际上，研究人员在用计算机模拟了关于这3种基因相互作用方式的理论模型后发现，这类转录波动能够帮助细胞更加可靠地抵达两个目标谱系，而不是让它们堵在通往其中任何一个目标的道路上。研究人员认为，这种利用噪声的方式可能代表了“对多细胞动物进化至关重要的干细胞和祖细胞特性背后的核心和统一原则”。噪声有助于让所有细胞命运的选项保持开放状态。

这一原则的应用价值很可能超越多细胞动物的范畴。系统生物学家约翰·保尔松和他的合作者已经在细菌中发现了类似的由噪声驱动的细胞命运决定方式。你可能会说：“细菌是原核生物，它们不会分化！”没错，确实是这样，但许多细菌仍然可以发展出表现不同行为的不同细胞状态，具体如何取决于它们所在的环境。举个例子，枯草杆菌生活在土壤中，在人类的肠道微生物群中也有发现。这种细菌可以从单个个体不断移动的状态切换到多个个体头对头连接成链不再移动的状态，在后面这种状态下，它们可能会保持长达80轮左右的细胞分裂，再回到移动状态。枯草杆菌形成的链的黏性相对较高，可以附着在可能找到食物的环境表面。枯草杆菌似乎通过在这两种状态之间切换两头下注：有时充分利用近在咫尺的食物资源，有时自由地寻找更好的觅食地点。

这种状态的切换似乎是随机发生的，由SinR和SinI这两种蛋白质控制。在枯草杆菌体内，这两种蛋白质都在不间断地表达。SinR抑制在“链形成”状态下活跃的基因的转录，而SinI附着在SinR上并阻断其作用。因此，只要存在足够多的SinR，细胞就能保持移动；但如果SinI覆盖了所有SinR，并阻断了后者的抑制效果，枯草杆菌就会切换到成链状态。因此，切换状态需要两种蛋白质中的任意一种稍稍超量——这完全可能只是转录噪声在偶然间造成的。保尔松和同事们证明，这种简单的噪声拮抗作用的确会产生我们在枯草杆菌身上观察到的那种行为。保尔松说：“从某种意义上说，噪声完成了一切。它在几乎什么都没有的情况下创造出了这两种状态，要是没有噪声，所有这些动力学机制都会消失。”

换句话说，噪声可能同基因和蛋白质网络中的拮抗相互作用耦合，从而放大反馈机制。进化可以利用这一点，创造并维持大量有用的细胞类型。这似乎很可能发生在胚胎发育期间的细胞命运决定过程中，在那些从转录景观看尚未完全分化的细胞池中，一些转录噪声使细胞处于一种模棱两可的状态，它们的选择仍然是开放的。因此，细胞可以根据环境的需求进入各种通道，如果需要，甚至可能直到相当晚的发育阶段再改变进程。从基因层面到行为层面，生命都需要噪声，因为它无法承受确定性太强导致的后果。你永远都不知道未来会发生什么。

细胞重编程

直到几十年前，大多数发育生物学家都认为细胞的命运是不可逆转的，比如一个注定成为肝细胞的细胞只能分裂成更多的肝细胞。一些研究人员怀疑，当细胞分化时，它们可能会失去不需要的基因，或者说，一些基因无论如何都会永久静默。然而，20 世纪 60 年代的实验表明，在分化后细胞中关闭的基因可以在合适的环境中被重新激活。在这些研究中，实验人员把来自分化青蛙细胞的染色体植入青蛙卵细胞，这些染色体可以引导卵细胞发育成青蛙胚胎。结果发现，参与早期胚胎生长的基因明显仍然存在于那些来自成熟细胞的移植染色体中，并且可以被重新激活。正是这些实验为克隆生物技术奠定了基础。

在 21 世纪前 10 年中叶，日本生物学家山中伸弥与高桥和利证明，可以通过一种相对温和的干预方式取消细胞既定的发育方向。这种干预方式涉及相对简单的基因操作。二人证明，成熟、特化的哺乳动物细胞可以像早期胚胎的干细胞那样恢复到一种多能状态，具体方法是将这类干细胞中活跃的基因注入已经成熟、特化的细胞。实际上，能产生这种效果的基因有许多，但山中伸弥与高桥和利惊讶地发现，只需要 4 种这类基因就足以实现上述变换。这 4 种基因分别是 *Pou5f1*（*Oct4*）、*Sox2*、*Myc*（*c-Myc*）和 *Klf4*，它们都负责编码可以重置细胞转录网络的转录因子。这些重新编程细胞命运的相对最低要求再次说明了多细胞生物相互作用物组令人咋舌的复杂性所涉及的“降维”现象：对具体的细胞命运来说，只有少数成分才是真正重要的。

2006 年，山中伸弥与高桥和利先是用小鼠成纤维细胞演示了细胞重编程的过程。他们通过让细胞感染携带遗传信息的病毒，向细胞内注入含有重编程基因的混合物。第二年，他们和其他人在人类体细胞上得到了同样的结果。这种预编程细胞被称作“诱导多能干细胞”，因为它们与早期胚胎的干细胞一样具有多能性，可以发育成人体组织需要的所有细胞谱系。你可以提取一些皮肤细胞，放在培养皿中，用“山中因子”将它们培养成诱导多能干细胞，然后推动它们（可能借助其他指导细胞命运的基因）沿着其他发育路线前进，变成不同种类的细胞，比如神经元或胰腺细胞。

大约在同一时间，其他研究人员发现，可以只用一步重编程体细胞，并不用先让它回到干细胞状态，再使其在发育景观中沿着不同路线前进。也就是说，通过添加基因并给予适当的“刺激”，皮肤细胞就可以直接转换成其他细胞，比如心肌细胞或神经元。

我们在前文中看到，细胞保持干细胞状态的能力和进行分化的能力都是由 miRNA 调控的。因此，成熟细胞也可以通过 miRNA 重编程为干细胞。因为 miRNA 是小分子，所以无须借助基于病毒的转移技术（这种技术的缺点是基因插入宿主基因组中的方式相当随机）就能把它们添加到细胞中。研究人员还会使用 miRNA 直接重编程某种类型的细胞，使其变成另一种细胞，比如让成纤维细胞变成心肌细胞。我们希望 miRNA 能让这个过程变得更安全、更不容易产生肿瘤，从而使其在临床上更具实用性，比如用于修复受损组织。

人体细胞的发展方向，以及人类组织和机体的本质，显然远没有我们之前认为的那样绝对和不可逆转：生命物质具有可塑性，并且是可编程乃至重编程的。我们正在探索把细胞重编程技术应用于再生医学的可能性。举个例子，一些研究人员正试图通过重编程眼部细胞，使其产生对光敏感的视网膜细胞，从而对抗常见的致盲原因——黄斑退化。另一些研究人员则希望利用由诱导多能干细胞制造的神经元来治疗脊柱损伤或神经系统变性疾病，因为这种神经元可以将受损的神经网络重新编织在一起。

除了这些应用价值，细胞重编程还揭示了决定细胞命运的动力学机制的一些基本原理。你可以把它看作让小球滚出原来所在的沃丁顿景观山谷，然后滚入不同的山谷（或者直接越过分隔相邻山谷的山脊）。细胞重编程也相当于恢复戴维·兰德及其同事绘制的动力学景观中一些消失的盆地，然后将这些细胞倾倒进新的盆地中。日本复杂系统专家金子邦彦和他的同事已经证明，确实可以用动力学系统理论描述重编程技术。他们已经证明，山中因子（如 *Pou5f1*、*Sox2* 和 *Klf4*）表达水平的振荡变化至关重要，这个效应能让细胞保持多能状态，并且遏制导致分化的表观遗传变化。分化的细胞失去了这些振荡变化，但重编程技术可以将其恢复。研究人员证明，在包含数千个基因的基因组中，这种振荡状态是由少数几个基因定义的吸引子。

细胞命运的可塑性，即通过增添可以重新连接相互作用网络的分子来改变细胞命运的可能性，迫使我们思考：到目前为止，我们绘制的这些细胞命运图景是否已经详尽描述了所有细胞命运？还是说，从原理上讲，相互作用物组网络还可以产生新的景观山谷、新的细胞类型，只是在人体发育过程中通常不会用到它们？举例来说，我们是否可以复现曾经在我们的进化史中出现的古老细胞命运？这看起来似乎具备一些可行性，比如我们在实验中把大鼠多能干细胞添加到小鼠胚胎中，从而把前者整合入小鼠的胆囊。现在的大鼠根本没有胆囊，但大鼠和小鼠的共同祖先有。目前看来，大鼠干细胞保留了某种关于如何制造部分胆囊的记忆，如果它们从其他物种的细胞中获得正确的发育信号，就可以解锁这种记忆。

甚至，在得到正确的信号后，我们的细胞有没有可能形成一种全新类型的组织，尽管它们在我们的进化史中从未这样做过？没有人知道这个问题的答案，但如果答案是肯定的，也并不令人惊讶，因为这样的创新本来就是进化的产物。

贯穿各个层面的认知

我在本章中谈到了细胞决定它们的命运，即选择景观中的哪个山谷继续往下走。这听起来非常拟人化，但事实并不一定如此。毕竟，我们也经常谈及计算机系统做决定，尤其是在人工智能领域，例如IBM公司的人工智能系统“沃森”会根据提供的信息给出商业建议和医疗诊断建议。而细胞肯定会执行某种计算，将从周围环境中获取的各类信息加以整合，产生适当的反应。不过，这与由硅芯片执行的计算有很大的不同，因为细胞会不断地重新配置它们事实上的“电路”，并纳入新的组件。[①] 它们的操作具有适应性和偶然性，同时具有嘈杂、模糊和易出错的特点。

生物学家丹尼斯·布雷说，简而言之，细胞的电路（如果这能算是一个好比喻）“与硅芯片或人类设计的任何电路都有很大的区别”。他写道，我们对生命系统了解得越多，“就越能意识到它们（相对于计算机）是多么特殊且离散”。特别是，他提及“生命细胞对它们所在的环境有一种与生俱来的敏感性，这是一种反射性，一种检测并记录它们周围环境显著特征的能力，这对它们的生存来说至关重要”。这一特征“深深编织在生命细胞的分子结构中”。布雷认为，对环境的原始意识是生命起源的基本要素。他称细胞为“人类思维的基石”：一种关于认知可以做什么及认知应当意味着什么的最小模型。

---

① 计算机领域也在探索这种被称为“可重构计算”的能力。在这类计算中，可以主动改变电子设备及其之间的连接，以适应眼前计算任务的需要。这又是一个能够证明传统机器概念正在改变的例子，而且明确反映了机器的运作方式正在学习生命的运作方式。

因此，这里再次体现了迈克尔·莱文和丹尼尔·丹尼特的观点，即生命是“贯穿各个层面的认知”。二人曾表示：“认知系统的核心是它们知道如何探测、如何呈现为记忆、如何预测、如何做决定，以及（至关重要的是）如何尝试施加影响。”凡此种种，细胞都能做到。英国计算机科学家理查德·沃森及其合作者利用计算机模拟模型表明，细胞分化的过程涉及细胞相互作用物组的重新配置，在形式上等价于神经网络执行学习任务的方式，即整合来自多个来源的信息并做出决定。这些研究人员表示，实际上，这是一项分类任务：细胞需要找出哪种细胞状态适合给定的某组输入数据。沃森和同事们证明，细胞群可以通过学习编码在其调控网络中的规则来实现复杂的发育目标。这些研究人员表示，这是一种强有力的方式，可以快速找到符合特定环境需求的良好适应性解决方案。换句话说，“处于进化中的基因网络可以展现出某种适应原则，而且这种原则与细胞在认知系统中已经熟悉的相似”。

在莱文和丹尼特看来，只有认识到细胞的自主认知、自主决策能力，即将它们视为拥有目标、具备能动性的主体，我们才能真正理解它们并预测它们的行为。二人曾表示：“假设你在细胞发育期间干扰它，把它从寻常的‘邻居’周围移走或是干脆剪切下来，然后查看这个细胞是否能够恢复并执行正常的功能，这个细胞会知道自己在哪儿吗？它会尝试寻找原来的‘邻居’吗？还是说不论它现在在哪儿，都会直接执行原来的任务，又或者找点儿其他事情做？”我们将会看到，在这种情况下，细胞确实会找到“智能”的解决方案，它们的行为就像是真的拥有主观能动性一样。

这并不意味着细胞一定是有知觉的。莱文和丹尼特说，这类行为主体“不需要有意识，不需要有理解能力，不需要有思想”，“但它们确实需要拥有能够利用物理规律的结构，这样它们才能利用信息……来执行任务。第一个任务便是自我保护这项根本要务”。然而，“细胞拥有知觉”这一可能也明显没有被排除，尽管你第一次听到这个概念时会觉得不太可能。信息学专家诺曼·库克和他的同事们提出，仅仅凭借对环境影响保持开放“态度”，单个神经元就获得了“原始感觉”的能力，而这足以使它们成为“具有感知能力的基本单位”。①

这个想法并不新鲜。1888 年，发明了第一个智商测试的法国心理学家阿尔弗雷德·比内出版了《微生物的精神生活》（*The Psychic of Micro-organisms*）。他在书中提出了一个假设：即使是单细胞微生物也有感觉和目标。他认为，感觉存在于所有生命物质中。美国动物学家赫伯特·詹宁斯在 1906 年出版的《低等生物的行为》（*The Behavior of the Lower Organisms*）一书中也提出了同样的观点。②不过，要接受“细胞是具有认知能力的行为主体，不仅需要获取所在环境的信息，而且需要获取有意义的信息（我们可以合理地称其为‘知识’）”这个观点，我们并不需要拘泥于认为所有生命都具有某种程度的意识这个颇具争议的概念。芭芭拉·麦克林托克在 1983 年因发现转座子而获得诺贝尔生理学或医学奖，她在获奖演讲中说：“未来的目标是确定细胞对自身的了解程度，以及它如何在受到挑战时以‘有思想的’方式利用这些知识。”

如果你觉得这听起来有些异想天开，那就看看纤毛虫吧。纤毛虫是单细胞真核生物。③它们真的很像微小动物：纤毛虫的长度有 1 毫米，有用于推进的附肢（纤毛），有一种可以吸收食物（主要是细菌和藻类）的嘴——口沟，以及一个用于排泄废物的“肛门孔”。纤毛虫可以表现出像习惯化这样的复杂行为，这涉及一种学习机制：没有造成伤害

---

① 2022 年，我出版了一本《思维之书》（*The Book of Minds*）。我在书中讨论了一种观点：所有生物都可能具有能够感知环境的“原始思维”。这种观点就是“生物心灵论”。

② 詹宁斯是一位思想复杂的有趣学者。詹宁斯是一位优生学家，但就其生活的时代而言，他对种族的看法可以说是相当进步的。同时，他对那些过于简化的孟德尔遗传学说观点持怀疑态度。他在 1924 年的文章《遗传与环境》中对基因做了极有先见之明的判断。詹宁斯称基因为“化学包裹”，它们“双行排列，就像两串串珠……每串珠子中的每个包裹都对应着另一串珠子中的包裹，因而这个整体就形成一套包裹对”。这番话描述的并不是 DNA 双螺旋结构，但两者产生了显著的共鸣。

③ 纤毛虫这种真核生物有些特别，它们拥有两类细胞核：一类携带细胞的种系（遗传的染色体），另一类控制新陈代谢等非生殖功能。

的重复刺激会逐渐导致纤毛虫的回应越来越少，就好像它已经知道这类刺激没有威胁一样。一种叫作“喇叭虫”的纤毛虫外形如同喇叭，它似乎会在感受到某种刺激（比如喷水）的威胁时选择如何回应：它可能会缩回自己附着的表面，也可能会自行脱离并漂走。选择哪种回应方式似乎是随机的，二者的出现概率大致都是 50%。纤毛虫没有神经，但用最基本的标准衡量，它表现得确实好像具有认知能力。与此同时，一种叫作 *Erythropsidinium* 的鞭毛藻属单细胞真核生物甚至具有一种名为“单眼状”的感光斑，它像一种原始的眼睛，引导 *Erythropsidinium* 朝向光。

认知系统的存在是为了整合来自许多源头的信息，从而产生目标导向反应。从这个定义来说，几乎所有生命系统都必须是某种程度的认知主体。进化将这种能力赋予生物的事实反而不应该引发特别关注，因为认知显然是一种处理不可预见之事的好方法：让生物体能够灵活、迅速、合理地对在进化史中从未遇到过的环境做出符合生存需要的反应。生物体越复杂，或者更确切地说，生物体所处的环境越复杂、越不可预测，它就应该拥有越多的认知资源。

我不期望生物学界在短期内就如何定义生命的问题达成共识。不过，在我看来，与引入新陈代谢和复制等更为被动的能力相比，认知提供了一种更好、更贴切的谈论生命定义的方式。新陈代谢和复制大概是必要的，但它们是达到目的的手段，并不是生命的真正意义。而生命具备意义这一事实是嵌入生命定义本质的，是生命与生俱来的。我们将在第 9 章中看到这种意义是如何产生的，以及该如何思考其内涵。在此之前，我们先来看看生命如何利用细胞的认知能力创造更高层级的生命阶层。

第 7 章

组织：如何构筑，何时停止

我们经常听到这种说法：生命唯一确定的事，就是死亡。但如果你是真涡虫，情况或许不是这样。这些微小扁虫中的许多种类生活在淡水和咸水中，给人一种长生不老的感觉。如果你把一只真涡虫切成 100 多块，每块碎片都会长成一只真涡虫。按我们目前所知，即便遭受了极端的残害，真涡虫的再生能力也不会受到任何影响。如果从真涡虫身上切下一块，它的伤口会通过完全再生出缺失的部分愈合。从中间切开真涡虫，也就是把它的头部和身体分离，每一半都会长成一只新的真涡虫。而且，真涡虫不仅仅是具备再生能力的生物组织团块。这种动物多少有些复杂，拥有大脑、神经系统、眼睛、嘴巴和肠道。然而，所有这些组织都能再生，就好像真涡虫的每一个部分都包含着对整体的记忆，借此补足缺失的部分，不多不少。

真涡虫挑战了我们对生命的看法，但它们并不是唯一具有再生能力的生物。像蝾螈这样的两栖动物可以再生失去的肢体，而结构更简单、形如海葵的水螅也可以从其碎片中再生出完整的个体。不过，从再生功能的复杂性和多样性上说，真涡虫的再生能力傲视整个生物界。没有人知道它们是怎么做到的。显然，它们的细胞保留了多能性，能够增殖成各种类型的组织。但这不足以解释为什么真涡虫的每个身体部位都好像具有“身体记忆”，在被切割成各种样子后仍然能创造出与原来大小、形状一模一样的结构。单从基因的角度很难解释这一点。为了刚好补足缺失的部分，细胞在生长时必须以某种方式“知道”什么还在，什么缺失了。它们似乎有一种整体感、一种目的感，这种感觉告诉它们应该构建哪些组织和器官，又应该在何时停止。细菌群落和真菌就没有这样广阔的视野：它们擅长生长，但看不到任何特定的目标。

构成生物的细胞（无论是个体还是整体）究竟知道什么，又是怎么知道的？

细胞通信

细胞是构筑我们身体的“砖石”，这个说法显得细胞很是被动，就好像它们是堆叠在组织大厦中的砖块。事实上，它们很聪明。正如我们在前文中看到的，每个细胞都是一个生命实体，能够繁殖、决策，并且能够回应、适应自身所在的环境。生命物质有自己的计划，这个计划可能会要求构成它的细胞移动或改变状态。

这一点在从受精卵发育成新生物体（比如人类）的过程中体现得非常明显。当受精卵这个细胞变成 2 个、4 个，最终变成数十亿个细胞时，它从一个由完全相同细胞构成的看似无组织的小球，变成了一具形状清晰、内含各种不同组织的身体。各类组织中的细胞承担着不同功能，比如促使心脏协调、规律地收缩，或是形成大脑的电神经网络，又或是推动胰腺分泌胰岛素。

在没有生长蓝图可以参考的情况下，早期胚胎这个毫无特征的细胞团怎么知道要做什么，在哪里做呢？答案是，细胞通过对话产生秩序和形态，也就是通过互相之间的交流与回应。每个细胞都包裹着一层布满分子的膜，这些分子可以接收抵达细胞表面的外部信号，并且在细胞自身的相互作用分子网络中将其转换为信息。这种信号通常会引发特定基因的激活或抑制，从而改变细胞的内部状态。

这些外部信号的传递主要有三种模式。第一种方式是化学的：细胞外的分子扩散到细胞表面，并与那里的蛋白质受体结合，触发细胞膜内部的一些变化，启动内部的信号级联。例如，在各个神经元之间的连接处（突触）就发生了这种变化。电脉冲沿着丝状轴突到达突触处，触发一个神经元，后者释放出多巴胺或血清素这样的神经递质分子。这些神经递质分子以扩散的形式穿过突触连接处多个神经元之间的间隙，最后附着在另一个神经元的表面。通常情况下，神经递质的到来要么刺激神经元产生自己的电脉冲，要么抑制它这样做。此外，激素相当于细胞表面受体记录的化学信息。

第二种方式是通过机械信号改变细胞内部的活动，比如当一个细胞被另一个细胞黏附并拉拽时，它的细胞膜就拉伸了。通常情况下，外形呈管状或孔状的膜蛋白会“转导”这些机械信号，将其转换成一些内部效应。当受到拉拽或挤压时，这些膜蛋白可能会打开或关闭，从而允许或阻止带电离子穿过细胞膜进入细胞内。正是因为这些行为对机械效应相当敏感，细胞在柔软表面（可以随着组织的发育而变形）和坚硬表面（不能变形）上培养时，发育过程可能不同。

第三种细胞通信方式是电通信。因为细胞能够控制离子穿过细胞膜的通道，所以它们可以变得电极化，比如让细胞膜内外的电荷不平衡（产生电压）。这就是电脉冲能够借助细胞膜内外钠离子和钾离子的往复运动，沿着神经元的线状轴突传播的根本原因。具体来说，这个过程是通过一种叫作“离子通道”的蛋白质实现的，这种蛋白质是允许水溶性离子穿过细胞膜脂质内表面的孔状结构。离子通道一般会严格筛选，决定哪些离子能通过，哪些不能。例如有些离子通道允许钠离子通过，有些则允许钾离子通过。借助这种方式，细胞就可以控制细胞膜两侧的电荷差异，也就是细胞膜内外的电压。

虽然我们常认为电信号是神经元特有的，但实际上电信号是大多数细胞的共同特征，因为离子通道广泛存在于细胞中，从进化角度看，其历史相当悠久。离子通道本身可能对附近的电场很敏感，会随着电压的变化而打开和关闭。这意味着一个细胞的电状态可以对另一个细胞的电状态做出反应，形成类似电路中各个元件之间的反馈回路，使得细胞能够执行某种整体计算。细胞接收的电信号作用可能与化学信号类似：触发细胞内部的反应，最终引发基因表达或表观遗传控制方面（如染色质的组织形式）的变化。通过这种方式，生物电信号便能帮助指导生物体的分化和生长。

一些细胞通过间隙连接完成电通信。在这个过程中，它们的细胞膜彼此紧挨着，经由蛋白质通道连接在一起。脊椎动物的这些蛋白质被称作“连接子”：由 6 个蛋白质组成的圆柱形结构，可以像照相机光圈一样移动、变形、打开、关闭（图 7–1）。连接子在每个细胞膜上并排放置，这意味着离子和小分子可以在两个细胞之间穿行，可以共享两个细胞的内部成分，从而实现某些功能，比如一个细胞可以改变另一个细胞的细胞膜内外电压。它们也可能对电压的变化敏感，从而建立起细胞之间的电路。

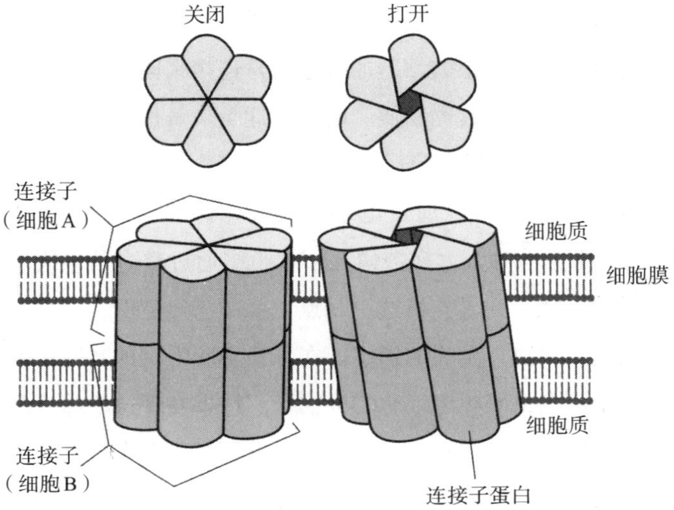

图 7–1　两个相邻细胞的细胞膜中称为“连接子”的蛋白质通道并排放置，创造了细胞之间的间隙连接。每个连接子都由 6 个蛋白质（连接子蛋白）构成，它们会通过构象的变化打开或关闭通道

间隙连接基本上就是突触，也就是那种连接大脑中各个神经元的结构。不过，间隙连接出现在全身各处几乎每一种类型的固态组织中。在心肌中，正是因为有间隙连接，各类组织中才会存在大规模有组织的电活动波；也正是间隙连接诱发了规律心跳。可以说，间隙连接就是心肌细胞通信的基础。如果心肌中的电波被扰乱，比如相关组织遭到破坏，心跳就会演变为毫无规律、杂乱无章的断续电脉冲，甚至可能导致心脏衰竭。

一些研究人员认为，神经元就是上述细胞通信模式的一种特殊版本，它允许信号在多细胞生物体中远距离传输，而不仅仅是在一个细胞的近邻之间传输。当然，构建神经系统所需的遗传资源并不会在拥有神经系统的生物体中突然全部出现：已知与真涡虫神经系统形成相关的基因中，有整整 30% 的基因也出现在了植物和酵母中。目前看来，以细胞和大脑为基础展开的认知活动在某些方面很可能只是所有细胞都具备的认知能力的一种复杂表现形式。细胞利用这种能力协调自身活动。

就连某些单细胞生物也能利用电信号协调自身活动。举个例子，我们可以在细菌群落形成的一种名为“生物膜”的坚韧、黏滑层状结构中观察到这种现象。群落中的细胞通过电信号连接来同步代谢过程中的振荡，以便更高效地共享营养物质。此外，这类信号也可以让生物膜对它们经历的一切产生某种集体记忆。

几乎所有组织都可以通过电耦合展开“计算”。它们在计算什么呢？迈克尔·莱文认为，大多数情况下，组织通过整合信息决定成长模式及长成后的形状。为了支持这一观点，莱文已经证明，生物电信号的变化可以改变真涡虫再生后的形态。在一项实验中，他和同事们使用化学物质破坏了真涡虫碎片中细胞的电耦合，结果发现这些碎片最后长出的头部形状不同。这个实验令人震惊的地方是，研究人员采取的这种干扰方式并不是让真涡虫碎片失去再生能力，或是让再生以一种无序的方式发生。相反，真涡虫头部（包含所有内部布置、眼睛等组织）仍以一种具备全部功能的方式生长，只是形状不同。另外，真涡虫头部的生长方式也不是随意选择的。研究人员发现，一种真涡虫可以长出同另一种扁形虫一模一样的头部。这就好像（我为这个怪诞场景道歉）人类可以通过外界诱导的方式重新长出一个黑猩猩的头或狗的头。

这样一来，我们就能看出其中的特别之处。我们总是认为，体型在某种程度上是基因组的特征：人类、黑猩猩和狗的头部完全是通过高度特异化修补各自基因而偶然发育出来的身体结构。然而，真涡虫头部的生物电转变似乎表明，至少对扁形虫来说，决定其头部形状的某些因素与基因组无关。莱文说："我们现在可以直接观察到默认'长出一个头'的生物电模式记忆。而且，我们现在可以把它改成'长出两个头'或者'长出其他物种的头'。我们已然触及各类生物组织为了未来生长而存储相应模式的相关介质。通过重新指定生物组织对正确形状的记忆，我们就能改变这些介质，进而修复大脑损伤和颅面畸形。"

也就是说，供生物选择的外形状态是有限的，这与个体细胞偏爱选择对应特定细胞命运的状态类似。结合前文，我们可以这样理解：转变发生在一个充斥各种可能但具有特定稳定解（吸引子）的景观中。在莱文看来，真涡虫的情况应该也是这样：正如基因和蛋白质网络用特定的解决方案"计算"细胞状态，真涡虫细胞的生物电计算在形态发生景观中也存在吸引子。如果我们像通过添加关键的发育基因扰乱细胞的遗传网络一样充分破坏计算过程，就可能把这个系统踢到景观中的另一个山谷，从而产生不一样的吸引子状态。

莱文的青蛙实验支持了这种把组织和生物体的形状看作形态空间中吸引子的观点。要成为青蛙，蝌蚪的脸部结构必须重组。我们以前认为，青蛙的基因组为每一个面部特征固定了一套细胞运动。莱文表示："我对这个说法持怀疑态度，所以制作了我们称之为'毕加索蝌蚪'的物件。通过操纵电信号，我们让毕加索蝌蚪内部的一切都出现在错误的地方。也就是说，我们把一切搞得像土豆先生[①]一样乱，只不过我们是故

① 土豆先生是美国玩具公司推出的一款塑料玩具，主要由一个塑料土豆和各种可拆卸的部件组成，可以自由组合。——编者注

意的。”然而，即便特征如此抽象地重组了，蝌蚪最后还是发育成了正常青蛙。莱文说：“在变形过程中，毕加索蝌蚪的器官会踏上正常蝌蚪器官通常不会走的发育之路，直到它们在正常青蛙脸部的正确位置上稳定下来。”这就好像发育中的生物体设定了一个目标，有一个全局计划。无论从哪种初始配置起步，最终都要实现这个目标。这与认为细胞发育的每一步都是在“服从命令”的观点截然不同。莱文说：“系统以某种方式存储了一张大型地图，上面标明了生物应该构建的东西。”然而，这张地图并不在基因组中，而是在细胞自身的集体状态中。正是这种集体状态制定了一种引导生物体在形态发育空间内前行的策略。

因此，莱文认为，生物电信号可以支撑一种非神经信息处理过程，这类过程甚至可能涉及大脑的构建。他和同事已经证明，大脑神经网络的生长似乎是由后续成为神经元的细胞的细胞膜内外电压控制的。研究人员破坏了一种叫作“*Notch*”的关键基因（这种基因会诱导青蛙胚胎中的相应细胞变成神经元），从而完全扰乱了大脑发育过程。不过，他们只需改变邻近细胞的膜电压就能修复这个基因。换句话说，生物电信号可以覆盖从基因中渗出的信息，从而保证胚胎按正常的发育轨迹完成形态变化。也可以这么说，就细胞而言，膜电压传递的信息至少和基因活动同等重要。一些发育信号分子（比如Notch、Wnt或BMP）的作用，可以因为接收这些信号的电环境而改变。

上述关于生物电信号在细胞组织和形态发生过程中所起作用的观点存在争议。从普遍意义上说，究竟是什么真正控制了生命形态的出现和维持？在这个问题上，我们当然也没有达成共识。一些研究人员认为，机械效应发挥了比电效应更大的作用。然而，无论分歧如何，关键仍然是：细胞朝哪个方向发育、以何种形式组装，都不是由预设好的“程序”决定的。这些决策是生物体细胞以集体形式做出的，并且涉及外部影响与基因、RNA和蛋白质网络内部活动状态之间的复杂相互作用。

某些海蛞蝓如果被寄生虫严重感染，就会自我诱导“斩首”（这个词的含义和你经常遇到的情况不同），将头部与身体分离，然后在几周内重新长出完整的新身体。这个例子很好地说明了细胞的确有可能自行找到通往形态空间中特定吸引子的道路。某些生物的进化方式也印证了“目标”身体规划的存在。这些生物可以直接跳转到成熟形态，无须经历相似物种必须经历的中间发育阶段。例如，大多数海胆都是经由一个叫作“长腕幼体”的幼虫阶段达到成年形态的。然而，有些种类的海胆却直接从卵变成了成虫形态。通过改变调控基因 *Otx*（在节肢动物和脊椎动物中，这种基因与胚胎前后轴的形成相关）的表达模式，这些物种显然不再需要中间发育阶段，即便这个阶段曾在它们的进化史中存在。就好像这些物种的卵“知道”它的目的地在哪儿，而且找到了一条捷径。部分种类的青蛙也被发现拥有这种“直接发育”模式：大约 900 种属于 *Terrarana* 类群的新大陆无尾目蛙类在发育过程中不会经历蝌蚪阶段，它们直接从卵孵化成了完全发育的小青蛙。

第一次折叠

因此，在这个细胞联邦中，组织和身体的形状和形态不是通过某些将每个细胞插入指定位置的数字填色游戏决定的。相反，这是一个不断细化、自我强化的生长过程。每一种新形态的出现，都为下一个发育阶段打好了环境基础。这一过程主要涉及机械力：细胞层和其他细胞聚集体扩张时可能会在周围环境的限制下弯曲、折叠，或者细胞因为不同类型细胞之间的黏性（黏附程度）差异而分离、重构。在这个过程中，形状既是原因，也是结果。下面，我们通过追踪哺乳动物胚胎最初几天的发育过程，看看这一切究竟是怎么运作的。

胚胎和组织生长的一大根本谜题是物理学家口中的“对称性破缺”：最初对称的系统怎么发展成不那么对称的系统？一开始，人类胚胎是一个高度对称的球，由看上去完全相同的细胞构成，最终却发育成了由各类组织构成的外形精致的生物体，仅存的对称性是左右对称（还不是完美对称），即我们左右两侧的身体大致呈镜像对称。早期胚胎是怎么发生对称性破缺的？这是一个谜。也正是这个谜题激发了关于身体发育规划的最有想象力的想法，具体情况我将在下一章讨论。有一种比较简单的方式可以实现这个想法：利用发育组织中的表面和边缘地带，划定区分“这里”与“那里”的界限，进而获得更多结构。

举例来说，我们在前文中看到，早期胚胎的发育过程中存在囊胚阶段。在这个阶段，一种由滋养层细胞构成的中空球状结构（外壁厚度为一个细胞）包裹着一团被称为“内细胞团”的多能干细胞。内细胞团的一侧与滋养层接触，另一侧则与囊内的液体接触。这两种不同的环境足以诱导内细胞团中的细胞分化，使面向液体的那一层细胞发育为下胚层。下胚层细胞沿着内壁扩散形成一个最后会发育为卵黄囊的腔。剩下的内细胞团则变成所谓的上胚层，在胚胎的上部打开一个空间，最后成为羊膜腔（图 7–2）。于是，上胚层和下胚层组成了夹在羊膜腔和卵黄囊之间的圆盘状结构。其中，只有上胚层（在这一阶段还只是胚胎的一小部分）会继续发育为胎儿。

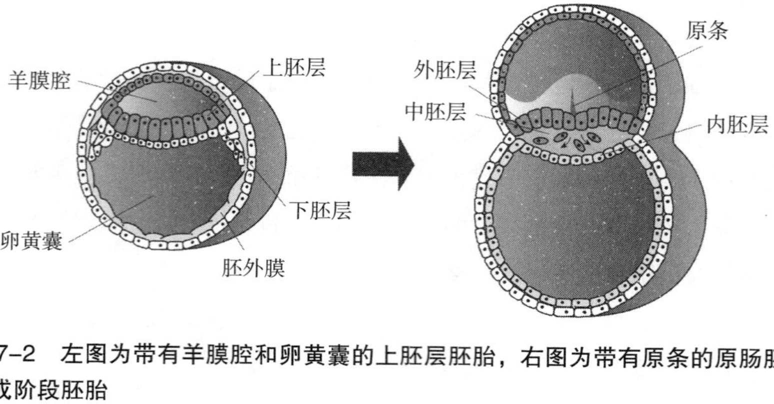

图 7–2　左图为带有羊膜腔和卵黄囊的上胚层胚胎，右图为带有原条的原肠胚形成阶段胚胎

接下来发生的事件可以说是发育过程的核心：原肠胚形成。据说，南非裔英国发育生物学家刘易斯·沃尔珀特曾经声称：“在你的生命中，真正最重要的时刻不是出生、结婚或死亡，而是原肠胚形成。”原肠胚形成是我们能看到存在人体发育规划迹象的最早时刻。具体来说，在原肠胚形成阶段，形成了一条最终将成为口–肠–肛门系统通道的中心生长轴，以及一条最终会变成脊柱和中枢神经系统的定向轴。

原肠胚形成确实对人体形态发育无比重要，甚至有人认为它标志着人之为人的起点：原肠胚形成是这团细胞真正开始成为“你”的阶段。这一阶段开始出现称为“原条”的体轴，它就像是上胚层组织中的一种褶皱。原条大约出现在人类胚胎受精后的第 14 天，大致对应胚胎不再可能继续分裂成双胞胎的时间点，因此我们可以认为一个独一无二的人就在此刻诞生。也正是出于这个原因，长期以来，我们一直把原条的出现看作“人之为人”的标志，并以此为标准设定使用体外受精周期中废弃的人类胚胎做实验的法律限制。不过，除了法律上的考量，这种限制也有现实层面的考虑——直到近年，我们才掌握了让人类胚胎在体外存活并正常发育长达 14 天的能力。

“14 天原则”意味着我们无法在体外研究人类胚胎的原肠胚形成这一至关重要的过程，而认为这一过程对发育意义极为重大也是对其加以限制的原因。然而，这个限制可能会出现松动，这不仅是因为我们已经可以在体外培育人类胚胎超过 14 天，更是因为国际干细胞研究学会在 2021 年建议，如果有充分的科学依据支持超越这一限制的行为，就应该考虑放宽这条法律限制。

当然，目前来说，由于上述对人类胚胎体外培育的法律限制和实际限制，我们对胚胎发育 14 天后情况的所有了解几乎都来自对其他物种（特别是小鼠和鸟类）[①]相同发育阶段的观察结果。因此，我在本书中介绍的有关胚胎发育 14 天后生长阶段的一切信息都来自对其他物种的实验。研究人员认为，这些物种的发育存在很多与人类相似的地方，但也有一些重要区别。

---

① 目前已知最早的胚胎学研究是亚里士多德对鸡胚胎的观察。他小心地打开鸡蛋壳，观察小鸡在各个发育阶段的生长状况。

原肠胚形成过程中出现原条的必要条件是，打破上胚层–下胚层圆盘原本大致对称的圆形结构。我们至少已对鸡胚胎的这一过程有了一定了解，人类胚胎可能大致相似。下胚层圆盘中心的部分细胞开始特化（相对于圆盘边缘的细胞）：它们表达了一种叫作*Hex*的基因，然后移动到圆盘的边缘。这里说的移动就是字面意义上的移动，这些细胞会“爬”过整个细胞层。具体移动到哪一侧的边缘并不重要，只要表达*Hex*基因的细胞聚在一起，它们的运动就会导致圆盘的一侧与另一侧不同。对称性就这样被打破了。

一旦发生这种情况，表达*Hex*基因的细胞对侧的上胚层细胞就开始形成原条，并向内延伸到上胚层的中心（图 7–3a）。在这里，引导细胞命运的信号涉及在各个物种中普遍存在的发育基因*Wnt*和*Nodal*，同时还受到其他各种基因的协助和支持。此时的关键是，上胚层中圆盘状的细胞层获取了极性——如果你愿意，可以称这个细胞层出现了“头”和“尾”，而生物学家更倾向于委婉地称其为“前”和“后”。

细胞的生长会导致整个细胞层变形，在这个过程中，原条会在细胞层中产生一个浅浅的凹点（原结）。这种变形相当于一种机械信号，出现后便会激活其他基因，其中一部分基因编码抑制上皮钙黏素产生的转录因子。上皮钙黏素有助于细胞结合，当细胞不再生产这种蛋白质时，它就失去了黏性，具备了移动能力。这种从黏附性强的组织形成细胞转变为黏附性相对较弱的可移动细胞的过程，被称为“上皮–间充质转化”（EMT）。[①]在原结上，这个切换过程允许一些细胞从上胚层迁移出去，并在上胚层下方积聚形成一层新的结构。上胚层顶部的细胞会分化成外胚层；迁移出去的细胞就是“中内胚层”细胞，随后会形成中胚层和内胚层。[②]这样一来，原来的胚体就变成了一个三层的三明治

① 在基因*Wnt*和*Nodal*诱发上皮–间充质转化的过程中，还伴随着一种名为“brachyury”的基因的表达，它编码转录因子，已知这个基因还参与中胚层的形成。

② 这个过程还涉及下胚层：第一批从上胚层迁移到下胚层的细胞形成内胚层，随后抵达的细胞则散布在两层之间，形成中胚层。

结构，在这个“三明治”中，每种类型的细胞都会产生特定种类的组织（图 7–3b）。

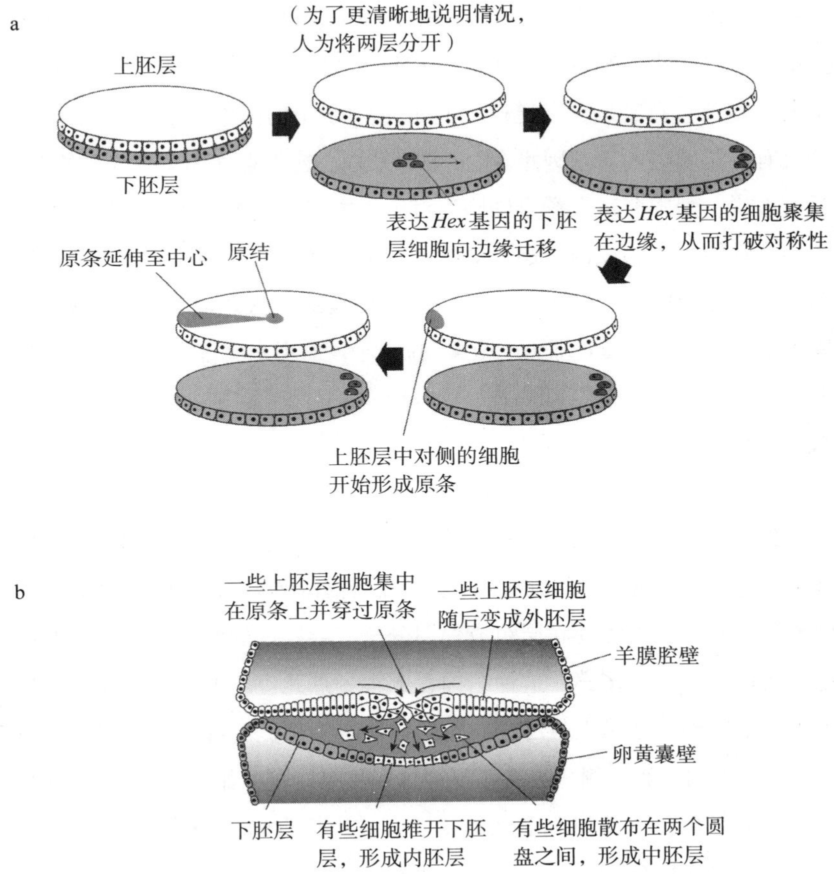
a
（为了更清晰地说明情况，
人为将两层分开）
上胚层
下胚层
表达Hex基因的下胚
层细胞向边缘迁移
表达Hex基因的细胞聚集
在边缘，从而打破对称性
原条延伸至中心
原结
上胚层中对侧的细胞
开始形成原条
b
一些上胚层细胞集中
在原条上并穿过原条
一些上胚层细胞
随后变成外胚层
羊膜腔壁
卵黄囊壁
下胚层
有些细胞推开下胚
层，形成内胚层
有些细胞散布在两个圆
盘之间，形成中胚层

图 7–3　a：原条的形成；b：上胚层通过细胞迁移分化成中胚层和内胚层

这个过程相当复杂，难以描述，也难以可视化，但我们还是在此停留片刻，看看在这个过程中究竟发生了什么。在自上而下抵达细胞的信号和基因调控自下而上发出的指令之间，存在一种微妙的双向交互。举个例子，从邻近细胞扩散出来的蛋白质或由整个组织变形引发的机械力，会触发开启和关闭基因的细胞信号通路，并刺激细胞朝新的发育方向分化。[1]这些发育方向通过让细胞变得不那么黏稠、允许它们迁移到新位置等方式改变细胞的行为。接着，这类变化有可能触发新的细胞命运决策过程。讨论这个过程中谁控制着谁毫无意义：细胞的行为支配着基因的活动，反之亦然。如果一定要说存在什么“蓝图”，那也不是在基因中定义的，尽管它确实是在一定程度上通过基因的作用实现的。相反，其实并没有什么明确的“基因指令”，有的只是一连串存在因果关系的事件。举例来说，细胞命运究竟是细胞发育行为方式（比如表现出不同的黏附性和运动能力）的成因，还是对细胞行为所在环境的回应，并不总是明确的。发育生物学家阿方索·马丁内斯·阿里亚斯认为，至少在原肠胚形成阶段，是“基因随着细胞的节奏而起舞”，而不是反过来。

长出脊柱

到了这个阶段，胚胎呈花生状，顶部是羊膜腔，底部是卵黄囊，横在中间的是一个透镜状的细胞团。这个细胞团最终将发育为真正的胎儿：由外胚层、中胚层和内胚层组成，划分这三层结构的则是从后端延伸至中部的原条。毋庸多言，这种结构看上去一点儿也不像人体，除非从最抽象、最粗略的意义上考虑：此时的胚胎有头部、尾部，以及两者之间的一条左右对称轴。很多人会错误地认为这是刚刚开始绘制的人体蓝图，事实并非如此，从任何有意义的角度看，生长中的生物体都不“知道”自己将会变成什么，就像受精卵不知道它是否会变成双胞胎一样。最后的发育结果取决于接下来发生什么。

---

① 一般而言，给定信号的“含义”，也就是细胞如何回应信号并不仅仅取决于细胞的性质，还与细胞的存在状态（细胞此前经历了什么）相关。这有点儿像是你和朋友借钱的场景：朋友那天心情的好坏很可能会导致完全不同的结果。这同时也是生命实体与传统机器的又一个不同之处：对传统机器来说，按下特定按钮通常都会产生一个可靠、可预测的结果。

接下来切实发生的是，左右对称轴变得更加清晰。内胚层的中央部分向上弯曲并增厚，将上方的中胚层一分为二。这个增厚的脊状结构随后在内胚层中“发芽”，成为从“头”至“尾”贯穿各层中部的棒状结构，被称为“脊索”（图 7–4）。所有脊椎动物的胚胎都会长出一条脊索，它由类似软骨的组织构成。脊索有助于稳定胚胎，在真正的脊柱形成之前，为胚胎提供某种效果类似骨骼的支撑。不过，脊索本身并不会成为脊柱。[①] 相反，它是一种临时性[②] 的组织结构，主要功能是向周围的组织发送化学信号。这些信号将引导周围的组织接下来的发育。脊索是下一个发育阶段的组织中心。

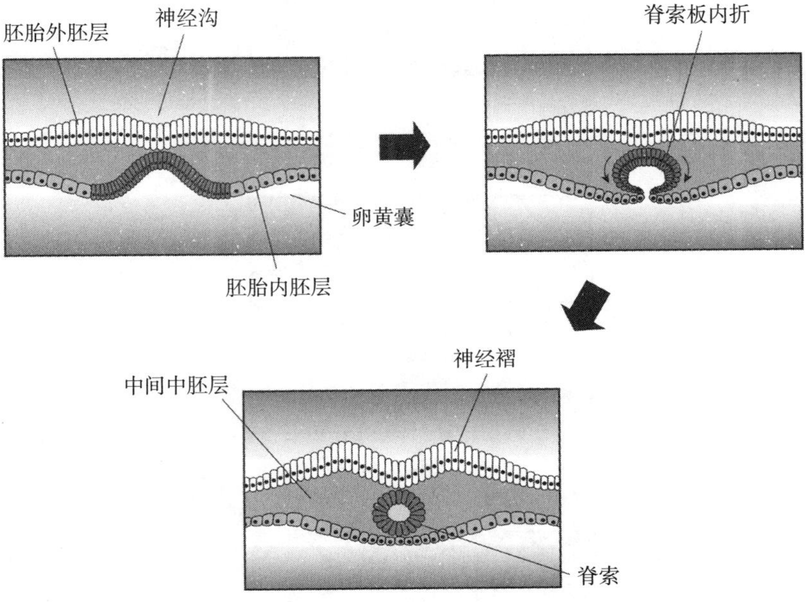

图 7–4　脊索的形成

---

① 文昌鱼是一个例外，常常被看作远古进化中的返祖案例。文昌鱼会在长成后保留脊索，而不是长出正常的脊柱。

② 脊索最后会分解，相关细胞被回收利用，产生能够缓冲相邻椎骨间压力的软组织。

首先，脊索释放出信号分子。这些信号分子到达脊索上方的外胚层后，推动中心的细胞变形，使其变得更像楔形，就像拱门上的石块一样。这样一来，外胚层就会向脊索弯曲。同时，外胚层中不断生长的细胞强化了这种弯曲的隆起效应，直到两侧的褶皱相连、聚合，最后形成一种叫作“神经管”的管状结构（图 7–5）。同时，外胚层中的信号分子（包括始终存在的Wnt和BMP）推动褶皱周围的细胞转化为“神经嵴”细

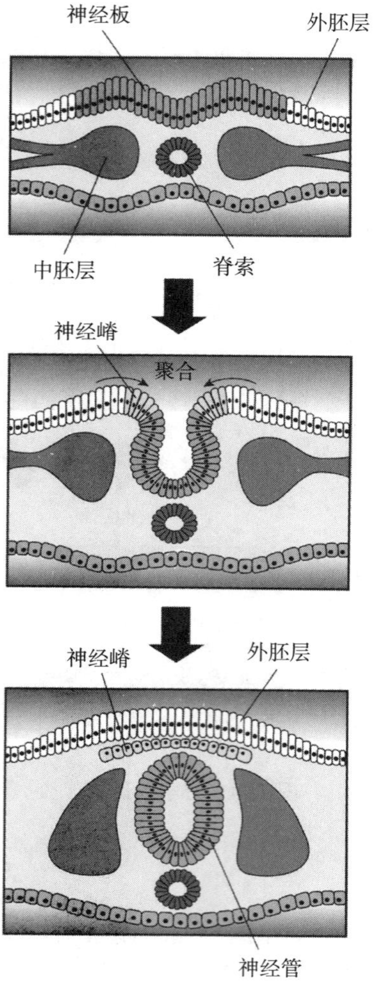

图 7–5　神经管的形成

胞，这些细胞最终会变成各种类型的组织，其中包括神经系统、肾上腺、色素细胞和脸部的一部分。这是另一种上皮–间充质转化，意味着神经嵴细胞不再附着于邻近细胞，具备了移动的能力。这样一来，神经管就能完全脱离外胚层，它最终将成为脊柱和包括大脑在内的中枢神经系统。其他神经嵴细胞会在接收到来自目标环境的正确信号后，迁移到它们将要发育成熟的地方。

一些发育缺陷可能是神经管未能闭合引起的。如果孕妇缺乏维生素 B_9（叶酸，是绿叶蔬菜、豆类和谷物等健康饮食中常见的成分）或 B_{12}，就可能出现这种情况，这就是为什么有时会建议在孕期补充这些维生素。神经管不完全闭合可能并且几乎总会导致胎儿出现危重状况（而且常常致命），包括脊柱裂和无脑畸形。患无脑畸形的胎儿的大脑和头骨部分发育不全，会导致胎儿在出生前或出生后不久死亡。这类神经管缺陷是常见的出生缺陷，全球范围内通常每 1 000 个新生儿中有 1~10 人受其影响。

其中一些缺陷似乎与特定基因的突变有关。不过，虽然缺乏叶酸显然是一个风险因素，但出现这些缺陷也存在一定的偶然性：神经管形成过程牵涉的机械折叠和细胞重排并不总是能以最佳方式进行。这是发育的“错误”吗？为了胎儿，这肯定是我们想要竭力避免的后果，但这类缺陷完全符合约束这一阶段胚胎生长的“规则”，其在胚胎中广泛存在的事实就说明了这一点。

在神经管形成期间还会出现另一种极为罕见的复杂情况，它同样能说明这些“规则”是多么开放。如果胚胎变成了双胞胎，并且两个胚胎在同一个羊膜腔内，就有可能出现其中一个较小的胚胎被另一个胚胎的折叠神经管吞没，永远密封在后者内部的情况。你可能会想象，在这种情况下，这些被封闭在内的组织会意识到（打个比方）它们不在“应该”在的位置，也没能从胚胎的其他部分获得正确的信号，于是它们就不再正常发育了。有些时候，情况确实如此：被吞没的胚胎会变成一种肿瘤。不过，因为发育的规则只是确定了大致的发育方向，所以偶尔还是会有足够的空间让较小的胚胎继续发育成胎儿，这就形成了一种叫作“胎中胎”的情况：一个胎儿在另一个胎儿体内生长。1982 年，英国神经外科医生为一名头部异常肿大的 6 周大的婴儿做了脑部手术。在大脑的脑室（充满脊髓液的腔体）内，医生发现了一个 14 厘米长的胎儿，已经发育出了头、躯干和四肢。医生将其取出后，患儿康复了。

这听起来像是怪诞童话故事里的情节。但同样，这种情况并不是因为发育规则出现了问题，而是发育规则容许出现的一种低概率结果。正如解剖学家杰米·戴维斯所说，胎中胎的存在“凸显了一个重要观点，即胚胎发育并不仅由基因决定，而是基因与环境相互作用的结果”，其中包括纯粹偶然的相互作用。类似的状况还有双胞胎中的一个胎儿被另一个胎儿的肠道吞没，于是前者就困在了后者的腹部，有时可能长达多年未被察觉。

肠道本身由内胚层形成，也就是面向胚胎卵黄囊的那层组织。随着胚胎不断伸长，内胚层在前端和后端都会形成管状结构。这些管状结构在两端下弯，使胚胎呈现出蘑菇状，而卵黄囊则相当于“蘑菇”的茎干（图 7–6）。胚胎中随后成为真正胎儿的那部分弯曲成虾状，而通往卵黄囊的开口则成为处于发育状态的肠道的一小部分。前端（头）的管状结

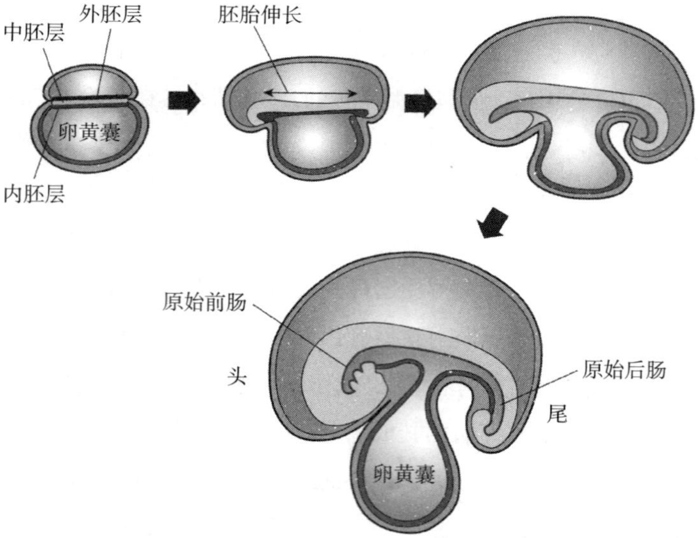

图 7–6　肠道的形成

构成为胃和前肠，而后端（尾）的管状结构则成为后肠。同样，这些形状和结构的形成并非依据某种预先设计的身体规划（也就是是“蓝图”），而是各组织像折纸那样延伸和变形的自然结果。

与此同时，神经管开始形成神经系统。脊索分泌一种叫作“音猬因子”（SHH）的信号蛋白。SHH蛋白是一种普遍存在的模式分子（形态发生素），其在发育过程中的作用因表达的时间和位置不同而异。来自脊索的SHH蛋白抵达神经管下侧后，与Wnt和BMP等其他调控分子一起，诱导细胞决定其发育方向，比如成为特定类型的神经元、骨骼等。戴维斯说：“信号传递并非单向的命令传递，而是由陈述与回应构成的真实对话，而且这一切都是用蛋白质生物化学语言完成的。”“蛋白质生物化学语言”是一种由产生相应蛋白质的细胞的移动和形状变化介导的语言。细胞生物学家斯图尔特·纽曼表示：“就像身体结构的整体遗传一样，能够可靠地形成四肢、心脏或肾脏等器官的能力的遗传，需要的不是这些结构的基因组表征，而是生产一套……受相关通用效应影响的合适组件。”

虽然这样一个由相互作用和偶然性构成的过程不能豁免“错误”，但它是让发育过程保持在正轨上的最佳策略。这意味着各类组织通常会在彼此之间形成恰当的关系，从而具备了纠正局部异常的能力。（全局性疏失则是另一回事，这就是为什么会出现一个胎儿在另一个胎儿脑中发育的情况。）戴维斯说：“只要发育过程中的错误不是非常巨大，胚胎就可以利用细胞之间的持续交流，根据实际情况（而非‘应该’如何）来调控发育。”在后文中，我还会继续讨论“发育错误”的相关情况，这个概念本身就存在问题。

组织折纸

是什么决定了组织在形成这些结构时的形状变化？答案很复杂。基因的激活和抑制、细胞的通信，以及组织生长、弯曲和折叠时的机械力影响等因素都会发挥作用。同样，这些影响因素中没有任何一个“控制”着另一个。相反，这些过程是双向的，或者应该说是多向的。举例来说，作用于细胞表面使细胞膜弯曲或拉伸的机械力可以触发细胞内部的信号级联反应，从而打开基因，使细胞走上特定的发育路径。然后，细胞的生长可能会改变组织的形态及它承受的机械力。我们将在下一章看到，分子形态发生素怎么为创造这种模式做出一部分贡献。这些分子形态发生素可能会在组织中扩散，并且产生位置感，就像山坡的梯度告诉我们哪个方向通往山脊，哪个方向通往山谷一样。关于细胞命运的其他决定则是在局部层面做出的：取决于一个细胞对其相邻细胞“说”了什么。

发育生物学家埃米·施耶说：“我们过去常常认为，只要我们越来越深入且严谨地研究基因组，一切都会变得清晰起来，但重要问题的答案可能并不在基因组层面。”施耶通过实验展示了作用于真皮层的机械力是怎么催生鸡胚胎羽毛毛囊排列模式的。“这种决策过程可能发生在细胞之外，通过细胞之间的物理相互作用实现。”

一切都与生殖差异有关：胚胎从最开始的均一状态中形成形状。在组织层一侧发生的事件大概只会引发同侧细胞的变化，促使其内部成分浓度产生一些差异，这就是所谓的细胞极性。细胞极性可能导致细胞形状出现局部差异，从而使其从均一的一团变成特定的几何形状。例如，如果原本在组织层中并排排列的细胞只有顶部收缩，导致整体呈楔形，组织层就会在顶部收缩，变得弯曲起来。

那么，这种不平衡收缩是怎么发生的呢？一种方式涉及名叫“细胞骨架”的支架蛋白质网，它编织在细胞膜的整个内表面。这张网的纤维由一种叫作“肌动蛋白”的蛋白质构成。肌动蛋白分子呈不规则的团块状，它们端对端连接起来后，就能自发组装成细长的丝。附着在肌动蛋白长丝上的是一种叫作“肌球蛋白”的蛋白质。[①]肌球蛋白是一种马达

---

① 实际上，肌球蛋白会与另一种叫作“肌钙蛋白”的蛋白质结合，而肌钙蛋白则黏附在由“原肌球蛋白”构成的链状结构上。原肌球蛋白链同肌动蛋白交织在一起，整个场景很像是手工编织绳中的多彩丝线。

蛋白质，它可以通过“燃烧”ATP，以循环的方式改变形状，进而像棘轮那样沿着肌动蛋白长丝滑动。每个肌球蛋白分子都附着在多条长丝上，有效地把它们交联成“肌动球蛋白网络”[①]。当肌球蛋白分子沿着链移动时，肌动蛋白长丝会互相拉拽，使整张支架蛋白质网扩张或收缩。同样的过程也发生在肌肉中。在肌肉中，肌动蛋白链并排排列，由肌球蛋白簇连接：这些肌球蛋白簇可以将肌动蛋白链拉拽成交错结构，从而让整个组合体变短，这也是肌肉收缩的方式。

通过附着在细胞膜上的肌动球蛋白网络的运动，细胞自身就可以变形。这可能导致细胞一侧在收缩时使原本扁平的细胞层发生弯曲和折叠。换句话说，组织层的这类形变并不一定是对生长的被动反应，而是由与肌动球蛋白细胞骨架相互作用的基因网络主动控制的。由肌动球蛋白细胞骨架诱发的弯曲，会导致果蝇胚胎原本光滑的椭圆形外形在自行组织成各个身体部位和各类组织的最初阶段产生凹痕和皱纹。

在神经嵴和神经管的形成过程中，组织的凹陷和折叠也受到肌动球蛋白细胞骨架的控制。这种模式化涉及一系列复杂的信号事件，其中的关键角色是Shroom（意为“致幻蘑菇”）蛋白质家族。我们把这个蛋白质家族中对脊椎动物最为重要的几种蛋白质标记为Shroom2、Shroom3和Shroom4。[②]Shroom蛋白的作用方式非常间接：它们调控一种叫作“Rho激酶”（有时简称为 Rock）的蛋白质。与大多数激酶一样，Rho激酶通过磷酸化和去磷酸化（会改变激酶的外形和活性）控制其他蛋白质的形状和活动。Rho激酶会修饰肌动球蛋白网络中的关键马达蛋白质（肌球蛋白II）的活性。因此，Shroom蛋白的变化或突变可能会改变肌动球蛋白细胞骨架拉动上皮细胞内表面的方式，令其产生弯曲。于是，这种突变体可能会阻碍神经管正常闭合，导致脊柱裂。

通过影响细胞膜的力学特性，肌动球蛋白网络可以充当一种刚度传

---

① 促使肌动蛋白长丝交联的还有一种叫作“α–辅肌动蛋白”的非运动蛋白质。

② Shroom这个名字其实是对mushroom（蘑菇）的一种相当隐晦的缩写，意指Shroom蛋白突变体导致的神经管缺陷呈现的横截面形状。

感器。当已经变得间充质化（移动性相对变强、黏附性相对变弱）的干细胞在柔性表面（比如橡胶塑料）上生长时，它们往往会分化为神经元；而在刚性表面上，它们通常会变成一种骨细胞。从中，我们不难看出组织发育是如何相互支持的——字面意义上的“支持”。一种组织类型的存在可以通过机械信号交流，决定什么类型的细胞才能在其附近生长。

细胞通过形状变化调控基因的方式有很多。就连细胞核本身也可以充当变形传感器，因为细胞膜形状的变化可以扭曲细胞核，并且改变细胞核内染色质的包裹方式和可及性。这类机械感知的关键分子机制之一是所谓的Hippo（河马）信号通路，该信号通路以在果蝇体内发现的一个基因命名，这种基因的突变会导致组织过度生长，形成像河马一样的肿胀身体。就像我们在本书中经常看到的情况一样，这种基因看似明显地“导致”了上述表型，甚至因这种表型而得名，但其实就结果而言，它发挥的作用并不多于其他许多基因。*Hippo*基因在信号通路中编码了一种蛋白激酶（Hpo），这条信号通路将细胞表面的机械信号转化为细胞核中的基因变化。在人体内，*Hippo*基因被称为“*MST1*”（及一个相关的基因*MST2*），因为我们首次在人体内发现这种基因时，场景完全不同。Hippo信号通路可能由细胞表面的蛋白质（实际上是一种G蛋白偶联受体）触发，结束的标志则是两种转录因子YAP和TAZ被去磷酸化并进入细胞核。在细胞核内，它们与其他转录因子发生相互作用，开启了促进细胞增殖的基因，并抑制细胞自发死亡的倾向，进而遏制胚胎移除组织的倾向。

和许多信号通路一样，相关细节看起来极其复杂，但真正的关键点是：组织是否应该继续生长，取决于细胞从周围其他细胞处“感受到”的东西。正是通过这种方式，组织和器官能够感知到它们自身的大小。的确，很难想象还有什么方法能比这更好地控制像人类这样的生物的器官大小和形状（甚至，我们可能根本想不出另一种方法，遑论其好坏）。这本质上是一个反馈过程，在这个过程中，由于组织生长导致的张力变化，使器官可以自我调节大小。

控制细胞变化的方式，除了重塑肌动球蛋白细胞骨骼，还有简单的被动弯曲。如果组织层的边缘被周围其他组织固定住，那么在细胞不断分裂、生长的过程中，组织层将弯曲、隆起——想想纸张受潮膨胀时的表现。这种现象发生在肠道内壁上皮的生长过程中。接着，这种隆起就会触发细胞状态的反馈，引导组织朝着特定结构发展。此时，细胞会分泌前面提到的形态发生素蛋白——SHH 蛋白。SHH 蛋白可以将上皮细胞转化为移动能力更强、结合方式松散的间充质细胞。当隆起发展成褶皱时，细胞发出的 SHH 蛋白可能受困并聚集在尖端，从而让那里的细胞分化（图 7–7）。因此，只有那些处于褶皱底部的细胞才能保持其干细胞特性并持续增殖，使褶皱变窄，成为被称作“绒毛”的突出物。绒毛是一种外形类似手指的结构，它的出现大大增加了肠道的表面积，使肠道能够更高效地吸收营养物质。

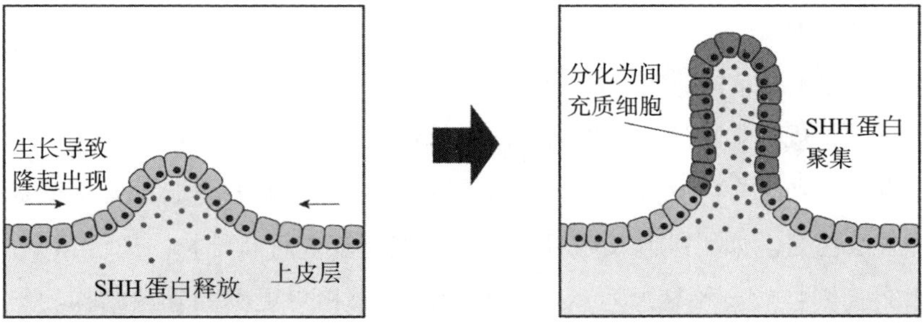

图 7–7　由于 SHH 蛋白信号的刺激，肠道内壁开始形成绒毛

一般来说，从紧密排列、具有类固体特性的细胞转变为更具流动性、移动能力更强的细胞（比如间充质细胞），这样的行为被认为控制着胚胎发育过程中的各种形状变化，比如鱼、小鼠或鸡胚胎沿着头尾（前后）身体轴伸长。这就像是组织在熔融状态和固态之间切换时，身体像软塑料或热玻璃一样被挤出。细胞组织和命运的改变也可以由流体流动产生的力诱发。肺气道在发育过程中产生的气压可以影响这类状态切换，血液流动同样可以，如斑马鱼胚胎心脏心室中的细胞分化可以由压力诱导。值得一提的是，正是胚胎在发育过程中最开始的那一次心跳告诉细胞要变成什么。血液泵动产生的压力能被生长组织中的细胞“感受”到，并且会触发一个生化开关，开启影响那些细胞最终命运的基因。心脏驱动并塑造了自身的形态，完全凭借自己的功能实现了自身的存在。

生命是生成性的

即便知道形态学的基本规则，我们仍然难以理解或预测它们究竟是如何发挥作用的。形态的形成是一个微妙的过程，涉及整个生物体尺度上信息的相互作用、细胞中的基因和分子活动，以及介于两者之间的一切；这是自下而上、自上而下、自内向外的信号传递机制的复杂混合。迈克尔·莱文说，通过这种方式，“相同的细胞机制可以根据特定的信息承载生理状态，构建出几种解剖学结构之一”。也就是说，这个系统具有可塑性，为突变、即兴改造和适应过程留下了空间。如果出现了小小的差错，组织通常能适应它继续生长，而不会偏离正轨。

生长规则如何适应不可预见的生长环境？最引人注目的例子之一是蝾螈的一种名为“原肾管”的管状结构的发育。顾名思义，原肾管就是肾脏的前身。如果细胞接收到了告诉它们组装成管状结构的遗传指令，那么我们自然会预期原本就较大的细胞形成相对更大的管状结构。然而，在20世纪40年代，胚胎学家格哈德·范克豪泽观察了细胞形成管状结构的过程——因为范克豪泽观察的这些细胞拥有额外的染色体，所以它们比正常的细胞生长得更大。结果，他发现，细胞形成的管状结构的直径和厚度同正常细胞一样，只是管状结构中含有的细胞数量少一些。最大的细胞几乎光靠变形就能形成这种管状结构。这就好像细胞集体“知道”它们的目标结构是什么，并且相应地调整了各自的行为。阿尔伯特·爱因斯坦对这些实验很感兴趣，他写信给范克豪泽说：“我们似乎相当不了解决定形态和组织的真正因素。”从某些角度说，情况至今仍然如此。

体现多细胞生物这类显性“整体意识”的一个更加惊人的例子是那

些能够通过再生长出受损或被截断身体部位的生物，比如能够再生出四肢和尾巴的美西螈和火蜥蜴。这些生物体内储备了多能干细胞，用于上述修复工作。不过，制造身体缺失的部位似乎要求再生细胞拥有“读取”整体身体规划的能力：以整体视角审视身体，了解真正缺失的部分，并相应地采取适应措施以保持形态完整性。莱文认为，这种信息是通过生物电信号传递给正在生长的细胞的。不过，其他可能性同样存在。斑马鱼的尾巴被截断后，不仅能重新长出来，而且包括条纹在内的一切特征都与原来的尾巴一模一样（图 7–8）。为了解释这一点，细胞生物学家斯特凡诺·迪塔利亚认为，目标形状的记忆以某种方式编码在整条尾巴的细胞中。他提出，从效果看，伤口边缘记录着重新长出缺失部分需要的不同细胞生长速率。

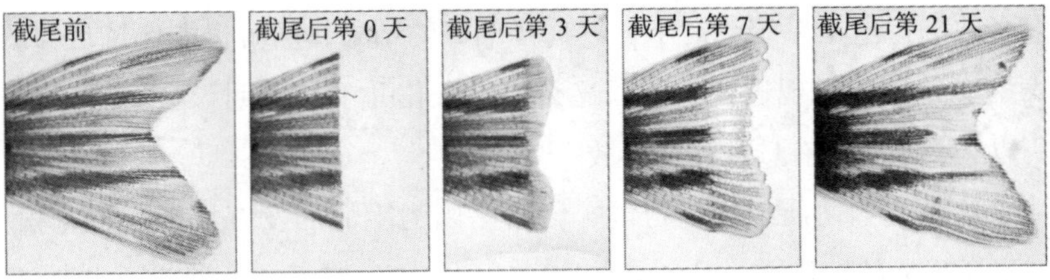

图 7–8　斑马鱼尾巴的再生。原来的尾巴（最左）被整齐截断（左二）后，会在几周内重新长回来，而且近乎完美地再现复杂的形状、结构乃至色素分布

图片来源：由杜克大学的斯特凡诺·迪塔利亚、阿什利·里奇和卢子琪（音译）提供。

无论这些生物是怎么做到再生的，参与再生的增殖细胞都需要收集关于自身位置和环境的自上而下信息，才能“知晓”它们必须成为哪种细胞，并且在实现目标后停止生长。如果我们想要找到赋予身体这种再生能力的方法，只添加基因是不够的。我们需要了解并掌握那些约束组织和器官形态的整体规则。目前还没有人知道这些规则究竟是什么，比如是什么因素诱使细胞增殖并扩散成扁平的层状结构，或者聚集形成致密团块，又或者形成类似器官的有形结构。莱文认为，无论答案是什么，其意义都超出了生物学范畴。他说：“这是一个普遍存在的问题。未来，我们将被物联网、群体机器人，甚至企业和公司包围。我们不知道它们大尺度上的目标从何而来，也不善于预测这些目标，当然也不善于对其做规划或编程。”然而，我们未来确实需要做到这些。

我们最好把形态目标中的一部分看作吸引子状态。一般来说，无论你从哪里开始及如何开始，系统都会产生相同的结果。在稳定的吸引子状态中，大体上的形态特征对基因突变相当不敏感：你很可能最终得到的是相同的总体结构，或者什么都没有。不过，如果这个系统受到显著扰动，它就会跨越形态景观中的一个脊，进入一座完全不同的山谷。按照这种观点，基因本身提供的是材料而非蓝图。

有一件事似乎显而易见：生命创造的不是能够执行或建造单一事物的系统，而是产生细胞及其遗传、转录和蛋白质网络等实体，这些实体中蕴含了广泛的选择范围。生命必须掌握的诀窍在于：在正常情况下，它必须确保这个系统趋向于自然选择偏好的结果，同时仍能保持足够的表型变异性以实现进化。可以这么说，进化并不知道明天会需要什么，所以它必须对所有选项保持开放。①

这种变异之所以成为可能，恰恰是因为生命的发育规则比较宽松。如果说生命的运作方式具备某种核心特征，那一定是它的创造既非随意，也非完全预先决定结果的能力。我们可能会认为生命是一个精心编程且相当确定的过程。这是很自然的想法，因为生命产物乍看起来确实是唯一确定的：苍蝇的胚胎永远不会发育成狗。不过，之所以能够可靠地获得最终结果——一只苍蝇或一条狗——并不是因为精确制定了约束发育的规则，而是因为这些规则以一种渠限化的方式运作，就像沃丁顿指出的那样：它们能够适应不精确性和变异（在一定程度上）。换句话说，通往最终形态的路径并不是独一无二的。像苍蝇和狗（及人类）这样的复杂生物之间的许多关键区别，都是在基因调控网络中通过进化调整相当

① 用这种颇具主观能动性色彩的语言描述自然选择，会招来某些人的谴责。毕竟，客观而言，自然选择并不会“想要”或者“需要”任何东西。我在这里想表达的是进化并没有先见之明，进化从来不会因为有些结构具备很好的适应性而去创造它们。

宽松的相互作用规则产生的。调控网络具备的这种可塑性要求我们以多少有些不同的方式（超越物种基因库渐进式变化的既有思维）思考进化变化是如何发生的。

因此，约束生命的规则并不是规范性的，而是生成性的。正如生物学家马克·基施纳、约翰·格哈特和蒂姆·米奇森在 2000 年“基因组蓝图”倡议热度最高的时候颇有先见之明地写下的那样：

> 现在已经很清楚，基因产物在多种通路中发挥作用，而且这些通路在网络中相互关联。显然，可能出现的结果要比基因的数量多得多。无论我们多么深入地分析基因型，都无法预测实际呈现的表型，只能提供关于所有可能出现的表型的知识。

鉴于进化似乎要求创造出“正确”的表型，生命以这种方式运作，岂不是听天由命？是，也不是。面对不可预测的环境时，对生物体施加宽松约束的实际表现可能更加强健，反而没有那么脆弱。要是采用预先设定蓝图的方式，尤其是制造像人类这样复杂的生命时，一个步骤出错，整个过程就可能脱轨。允许在某种程度上自上而下地指导发育过程，意味着有时可以通过一种全局视角来纠正错误并修复损伤。

生物体展现出的形态可塑性，或许是制造像我们这样复杂的生物实体的优良途径，甚至可能是唯一途径。复杂生物实体实际产生的结果很少能完全体现可供它们选择的理论可能。我实际使用的计算机功能相当有限，无非用文档工具 Word 写作、发送电子邮件及用 Firefox 浏览器（别根据浏览器评判我）搜索资料，超出这个范围的功能我很少用到。就算我的计算机只能做这三件事，我也可以完成几乎全部工作，因此我对这台机器感到满意。然而，要设计出一台只具备这些功能、不能做其他任何事情的计算机，你需要采取一种相当奇特甚至有些反常的设计方法。实际上，我都不确定是否有可能设计出这样的计算机。正如艾伦·图灵早在 20 世纪 30 年代就意识到的那样：制造出一种在一般意义上甚至普遍意义上可编程的设备，再为特定功能开发软件，这种做法有意义得多。正如我们将在后文中看到的，生命真正具备的功能同样比它通常向我们展示的要多。

对还是错?

通过宽松规则制造生物体的必然结果是，渠限化的专一性虽然非常稳健（大多数苍蝇的形状都相同），但不是绝对的。一般来说，一种精确规定的算法要么成功实现目标，要么失败。然而，如果规则是生成性的，结果就会多样化，哪怕它们被渠限化到不同的山谷中。其中一些可能仍然对应可运作的生物体，另一些则可能无法正常运转。

"不完美"、容易不可避免地受到模式故障和规则导致的不可行结果的影响——难道我们不是一次又一次地在各个层级上看到，生命确实就是这样运作的吗？我在第 4 章中指出，利用蛋白质中的无序性优势（可能出现的状态的灵活性和多样性）时也会产生诸多危险，其中之一是可能导致蛋白质错误折叠及相关的疾病，如感染朊病毒和神经系统变性疾病。正如我在第 4 章中解释的，这些疾病并不完全是因为蛋白质错误折叠，而是系统被引向不同吸引子的结果。在第 10 章中，我将展示一种方式，可以更好地看待这些困扰我们的常见棘手疾病：与其把它们看作错误或外部病原体导致的故障，不如把它们看作人类细胞和生理机能运作方式的潜在必然结果。

当生物体的生长或维持进入对应异常状态的谷底时，我们往往会认为这是生命规划出了差错。其结果可能是发育缺陷或疾病，我们倾向于将其归类为"错误"。这完全可以理解，因为其中有些病症或缺陷确实会严重影响日常生活。[①]然而，什么才是真正的"正常"？约束生物分子、

---

① 需要明确的是，我们所有人的基因组中都肯定携带与疾病相关的等位基因，但其中的大多数是隐性的，或者对个体的影响微不足道。

细胞和组织的规则可能比我们想象的更容易出错，而且我们很可能都有某种“缺陷”。举例来说，2022 年的一项研究得出结论：50 岁的人中有 17%，70 岁以上的人中有 1/3，其大脑中存在一些淀粉样斑块——我们认为这是痴呆的表征——但对他们的认知能力没有产生显著影响。说到身体，你自我感觉怎么样？许多女性的子宫内部或周围都有非癌性增生，被称为“子宫肌瘤”，但没有表现出不良症状。良性皮肤增生有许多类型，例如我在成年之后，上臂一直有一个脂肪瘤。

胚胎发育就是一场大多数参与者都不会中奖的抽奖活动。大多数（占比或许高达 70%~90%）的人类受精卵从未发育成活，因为在发育过程中出现了“差错”导致妊娠终止。这些“差错”可能是遗传因素、环境因素，或者纯粹的偶然因素导致的。这看起来可能效率很低，但也许这就是大自然在制造人类这样的生物时能做到的极限了。如果通过调整基因组能以进化的方式使生长规则变得更可靠，自然选择早就应该发现了，因为如果这种方法真的奏效，它在进化中的优势显而易见。高失败率或许反映了一种策略，即对那些状况太差、不值得进一步投入资源的子代，应该尽早止损。

因此，发育“异常”才是一种常态，真正重要的是异常的程度。我认为，这种观点上的转变不仅对医疗领域有帮助，对整个社会也有帮助。以阿比盖尔·亨塞尔和布里塔妮·亨塞尔为例，她俩的身体极不寻常。两人是同卵双胞胎，共用一个身体，但肩上有两个独立的大脑。正如我们在前文中看到的，通常来说，并没有任何基因突变会导致发育中的胚胎分裂成双胞胎。[①]阿比盖尔和布里塔妮的情况之所以发生，可能只是因为细胞团运作机制的某些随机波动。这类波动可以一直持续到受精后第 14 天左右、胚胎开始发育出中枢神经系统为止。大多数同卵双胞胎的分离发生在囊胚中的内细胞团阶段，而不是在整个胚胎的早期阶段。接着，

① 有的时候，一个家族中会出现多组双胞胎，这表明偶尔也会涉及遗传因素，但这并不是常态。

胚胎通常会形成独立的羊膜腔，但共用一个胎盘。分离后的胚胎能够发育成两个独立的个体，而不是单个个体的两个独立（且无法存活）的部分。这个事实的基础是，细胞能够调节自身发育过程以适应环境的变化，而不是拘泥于某种既定方案。

像亨塞尔姐妹这样的连体双胞胎是因为分离不完全而产生的。出现这样的情况时，胎儿常常会在子宫内死亡，但有时细胞和组织的适应能力足够强，足以应对这种不寻常的身体结构，胎儿就能活下来。认为阿比盖尔和布里塔妮这样的身体不“应该”出现，是一种错误的观点。这种观点认为，在受精卵中，存在一种可能实现也可能无法实现的“身体计划”。然而，就我们所知，到目前为止，没有任何因素“干扰”亨塞尔姐妹的发育。相反，她们互相连接的身体正是发育过程可能出现的一种结果，尽管这种结果极少出现。诚然，我们的细胞不可能随心所欲地发育。例如，显然存在某种强大的限制，阻止人类囊胚分裂成数百个不同的胚胎。不过，发育其实是一场偶然性与必然性之间的舞蹈，它不可能是“错误”的，就像你想象出来的产物不可能是“错误”的一样。

某些其他生长异常源于特定等位基因产生的不寻常发育路径。例如，*NF1* 基因和 *NF2* 基因突变体会导致神经纤维瘤病，患者的神经系统可能出现肿瘤。英国演员兼主持人亚当 · 皮尔逊头部和面部畸形的真正原因，就是神经纤维瘤导致的神经系统肿瘤。我们将这类病症定义为“缺陷”——它们无疑会给患者造成困扰。不过，对皮尔逊来说，困扰主要来自社交层面，源于他人对他的看法和反应。然而，亨塞尔姐妹和皮尔逊都是人类，这点毋庸置疑。这意味着他们都拥有人类基因组（及其他人类共同点），他们的身体都是人类受精卵可能发育出的结果。如果分析亨塞尔姐妹的基因组，我们完全没有理由认为其中有什么不寻常或是“有问题”的地方（至少“异常”程度不会比其他人的基因组更高）。另外，皮尔逊的基因组也并没有决定他的外形。皮尔逊有一个同卵双胞胎兄弟尼尔，后者的神经纤维瘤病表现与皮尔逊截然不同。

人类的大脑同样如此。认为这样复杂的系统只有一种发育方式是很荒谬的想法。人们过去常常视为“异常”的症状——比如孤独症谱系障碍——其实并不是变异（再强调一次，这并不是要否认这些病症可能给患者人生造成的困难），而是创造大脑的发育过程在人类基因组的影响下可能出现的结果（就大脑这个具体对象而言，所谓的异常结果绝非罕见）。把生命比作蓝图会极大阻碍我们对生命运作原理的认识，就在于这个比喻与让生命成为可能的那些原理背道而驰。“生命的蓝图”这个比喻在客观上阻碍了我们对生命的认识和教育，除此之外，我认为它在道德层面上也是失败的，因为它迫使我们将生命视为一个具有规范特征的计划，而现实总可能或多或少地偏离这个计划。事实恰恰相反，生命是一个过程，一个实实在在不断展开的过程。是时候摒弃那些旧观点了。

第 8 章

身体：发现模式

在 1997 年上映的电影《千钧一发》中，伊桑 · 霍克饰演的主角文森特同乌玛 · 瑟曼饰演的艾琳一同去听钢琴独奏音乐会。精彩的演出结束之后，钢琴家把丝质手套扔向欣喜若狂的观众。艾琳抓住了一只，戴在了手上，并向震惊的文森特展示，这只手套就像钢琴家本人一样，多了一根手指。“难道你不知道吗？”艾琳问文森特。“12 根手指也好，一根手指也罢，关键在于你怎么弹。”文森特轻蔑地回答。艾琳反驳道：“不，这首曲子只能用 12 根手指弹出来。”

音乐家很可能会忍不住思考这需要 12 根手指才能演奏的曲目是否有必要，因为对只有 5 根手指的手来说，也有许多高难度的炫技曲目，比迈克尔 · 尼曼专门为 6 根手指的弹奏者谱写的乐谱还要难。然而，问题的关键在于，《千钧一发》中的钢琴家是经过基因改造，双手才各多了一根手指的。在这部电影的反乌托邦世界中，到处都是这种通过基因改造获取的能力，有 6 根手指的钢琴家只是一个例子。而文森特则是一个“缺陷人”，他是通过自然受孕降生的，基因组没有经过改造。在电影虚构的未来社会中，那些没有通过基因增强手段获益的人面临着歧视。统治社会的是“优生人”，他们经过基因改造，消除了常见病或异常性格特征等缺陷；而“缺陷人”则低“优生人”一等，生活在社会的边缘。

虽然人们普遍把《千钧一发》视作一种警示，警告我们通过人类基因工程手段创造的“完美”社会有多么危险，但电影的结尾其实发出了一些意义更为复杂的信号（不论是否有意为之）。那位钢琴家不仅摆脱了基因缺陷，更得到了增强，在人类追求自身进步的浪潮中“超越”了寻常设计。随着通过基因筛选为体外受精胚胎选择某些“优秀”特质（如智商）的议题进入讨论范畴，再度引发了人们对“优生社会工程”的恐惧，《千钧一发》这部影片无疑是一次及时的提醒。然而，电影似乎也接受了一个错误的前提：基因层面的因素足以决定人类的特质。许多设想中的基因筛选技术都以这个错误的前提为基础，而我们已经在前文中看到了这种观点的缺陷。

碰巧的是，影片中那位钢琴家的多指/趾畸形（手指或脚趾数量比正常情况多）在现实中确实存在，只是我们通常视其为一种缺陷而非益处。多指/趾畸形并不少见，每 1 万名新生儿中就有 3~36 人会出现这种情况，而且在男性中更为常见。通常情况下，多指不会影响手部功能，但如果拇指重复，或许会造成影响，因为两根拇指可能都无法正常使用。尽管如此，出于社交和美观的原因，有多指/趾畸形的人通常会通过手术切除多余的指头。多指/趾畸形一般是先天的、可遗传，尤其与名为“极性活性区调控序列”（ZRS）的基因组区域的突变有关。ZRS 并不是具体的基因，而是一个增强子，会影响一种无处不在的发育调控基因（*SHH* 基因）的表达。按照基因组特有的复杂运作方式，ZRS 完全位于另一种基因的内含子（非编码区域）内。

不过，在现实中，通过干预基因组从而稳定、可靠地设计出外形完美且功能齐备的第 6 根手指的方案还远未得到验证。多指/趾畸形的遗传和发育相当复杂，因为肯定不存在“五指基因”。就像 *SHH* 基因一样，与手指数量有关的基因在发育过程中发挥着多种作用。另外，我们已经在前文中遇到了许多与手指数量相关的重要基因，比如 *BMP*、*Wnt* 和 *Sox9*。《千钧一发》中关于多指/趾畸形的说教式寓言根本不是为了说明我们的外形完全由基因操弄。相反，它完全可以激发一个反寓言：外形从更高层面的过程中涌现，在这类层面上，基因不过是一些基本原料而已。无论是以基因设计还是以发育意外的方式改变外形，更多的还是改变基因发挥作用的时间和位置，而不是改变基因本身。我要再次强调，基因并没有编码约束生命展开方式的规则，只是提供了执行这些规则所需的原料。

梯度

你我在诞生之初都只是一团看似均匀的细胞，后来却不知怎么获得了形态。这个过程究竟是什么样的？

我们已经目睹了这一过程的最初阶段，即从中空的囊胚（不成形的内细胞团）到原肠胚形成（各类组织折叠成脊柱和肠道）。此后不久，在这个外形似虾的原始生命实体中，第一次出现明显的头部，同时长出四肢及随后的手指、脚趾。接着，眼睛、鼻子和耳朵在头部成形，各居其位。观看鱼或小鼠等生物胚胎发育过程的加速影片（出于伦理原因，我们不能拍摄人类胚胎的发育过程），会让人产生一种感觉：这一系列发育过程拥有神奇的必然性，仿佛这种模式早已存在于胚胎中，只是在等待展开而已。

理解发育的关键问题是：细胞怎么知晓自己在身体中的位置？毕竟，只有知道这一点，它才能推断出自己应该发育成何种形态。这种位置信息可以通过某些信号蛋白的浓度梯度在整个组织中传递。这些信号蛋白的表达在某处激活，然后通过组织扩散，有点儿像是你通过气味的浓烈程度判断离厨房有多远。

关于浓度梯度可能引导胚胎发育的观点，最早是在19世纪末由德国生理学家特奥多尔·博韦里提出的，他的大部分结论来自用海胆做的实验。大约在1901年，他提出，受精的海胆卵通过其细胞质中的某种物质获得了两个“极点”，即顶部和底部，或者我们现在大概可以称其为“前后轴”。而这种物质是在海胆卵受精之前由“母亲”注入卵中的，换句话说，球形卵细胞内部最早的形态标记并非由其内部因素决定，而是由来自母体的一种信号决定。[①]博韦里猜想的这种物质就是我们现在所说的形态发生素：一种成形分子。

因此，形态发生素的源头或许充当了生物外形形成中心，决定了因扩散产生的浓度梯度的峰值。1924 年，德国胚胎学家希尔德·曼戈尔德与其导师汉斯·施佩曼证明，胚胎中的某些细胞或细胞群可能担任了“组织者”的角色，它们能决定邻近细胞的命运。[②]曼戈尔德研究的是细胞相对较大的两栖动物胚胎，她将部分胚胎（正在发育成身体的某个部位，比如肢体或头部）的细胞转移到另一个区域，结果发现这些细胞会在那里诱生出相同的身体部位。换句话说，身体的最终形态取决于组织者区域的相对位置。施佩曼凭借这项研究赢得 1935 年诺贝尔生理学或医学奖——要是曼戈尔德没有在 1924 年的一场家庭煤气爆炸事故中不幸离世，她一定会分享这个奖项。

虽然博韦里之前就提出了浓度梯度的想法，但施佩曼并不认为这是组织者区域工作方式的基础。相反，按照施佩曼的设想，组织者或许是磁场或电场产生的一种“组织场”。然而，在 20 世纪 30 年代初，康拉德·沃丁顿通过细胞移植实验证明了鸟类胚胎中存在组织者，并且提出“发育场”确实是化学驱动的，由形态发生素的扩散产生。

1968 年，约翰·桑德斯和玛丽·加瑟林的鸡胚胎移植实验更是印证了沃丁顿的观点。我们在前文中看到，当外胚层（皮肤的前体组织）中

---

① 因母体因子浓度不平衡而导致的受精卵对称性破缺现象在某些物种中确有发生，比如海胆、果蝇和青蛙。然而，对像人类这样的哺乳动物来说，情况就不一样了。哺乳动物对称性破缺的起源仍存在争议。有些人认为，原因是反馈机制放大了细胞内部浓度的随机波动。或者，细胞内部结构导致的固有性非对称就足以打破形态对称性，比如细胞核不在正中心或者其他细胞器分布不均衡。又或者，因为多细胞生物胚胎的对称性破缺最初是在径向方向发生的，这样才能区分处于外沿的细胞和处于中心的细胞。无论如何，外层细胞后来成了滋养外胚层，而且这些组织最终会变成滋养层并发育成胎盘。滋养外胚层打开了充满液体的囊胚腔，将液体泵入胚胎，同时把剩下的细胞浓缩成内细胞团。

② 施佩曼因曼戈尔德的性别而无视其出众的能力，但后者还是做了这项研究中的大部分工作。接着，施佩曼还在曼戈尔德报告相关发现的论文中坚持署上自己的名字。

的上皮细胞转变为间充质细胞时，年轻的胚胎就可能表现出形状和形态——间充质细胞的黏性弱于上皮细胞、移动能力更强，因而更容易变形，我们有时把它们看作一种细胞“汤”。这种间充质组织可能会隆起形成最初的肢芽，肢芽随后分化成骨骼、肌腱和肌肉。桑德斯和加瑟林研究了鸡胚胎肢体的萌发过程，尤其关注原本没有形状的肢芽如何发育出指（趾）。对鸡来说，这些指（趾）最后会成为翅膀的骨骼框架；对人类来说，同样的过程则会形成手指（脚趾）。

桑德斯和加瑟林发现，肢芽“下”边缘的组织——所谓的后部区域，也是距离禽类屁股最近的区域——似乎控制着指（趾）的形成。当两位研究人员将这些细胞移植到肢芽的顶部（前部）边缘时，就会出现额外的指（趾），并且与正常情况下观察到的指（趾）呈镜像关系，就好像翅膀的结构变得对称了，类似人类的手，在顶部和底部都有拇指。后部组织起到了“极性活性区”（ZPA）的作用，相当于施佩曼和曼戈尔德观点中的组织者，它决定了翅膀或手的上下方向。按照这个理论，极性活性区中的某些基因表达了一种分子，这种分子在肢芽中扩散并形成浓度梯度，充当位置信息的坐标系，“告诉”其他细胞它们在手部发育过程中所处的位置，进而决定它们成为什么样子。直到 1993 年，我们才鉴别出这类可以扩散的形态发生素，它就是我们的老朋友 SHH 蛋白。

不过，还有一个问题：形态发生素的浓度梯度相当平滑，可它产生的不只是一根从顶部到底部的轴，还能将肢体的末端分割成多根各不相同的指（趾）——对人类来说是明确分为 5 根——这是怎么做到的？ 20 世纪 60 年代末，刘易斯 · 沃尔珀特提出了一个解释。他猜想，其他发育基因会在形态发生素的浓度跨越特定阈值时开启和关闭。例如，在某个阈值处，一种基因被激活；在某个更高的阈值处，另一种基因可能被开启，与第一种基因发生相互作用，从而引导另一个发育过程，以此类推。通过这种方式，平滑的形态发生素浓度梯度就在几个不同的区域之间创建了突兀的边界，就像山坡在地图上似乎被等高线划分成不同的台阶一样。沃尔珀特还用法国国旗阐述了这个想法：形态发生素的浓度每超过一个阈值，就会有一种不同的颜色亮起，形成红色、白色和蓝色条纹（图 8–1）。沃尔珀特提出，打个比方，每条条纹都可能对应初始肢芽中的一根指（趾）。

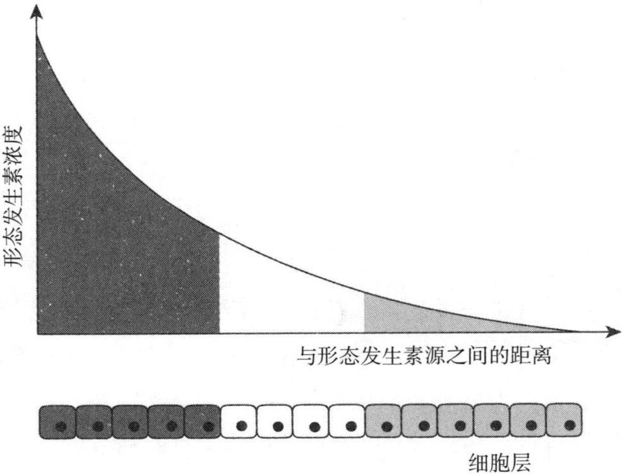

图 8–1　刘易斯·沃尔珀特用“法国国旗”模型阐述胚胎如何通过形态发生素扩散浓度的阈值（超过阈值，细胞便分化）建立身体各个部分的边界或区隔

这种极性活性区通过形态发生素的扩散来区分组织的概念非常有效，并且似乎的确在果蝇胚胎的初始发育阶段发挥了作用。这些胚胎多少有些不同寻常，因为它们最初没有分裂成不同的细胞。受精卵复制含有染色体的细胞核，但只是将复制产物聚集在单个细胞边缘附近。这样一来，形态发生素就不会受到细胞膜边界的阻碍，得以在整个胚胎中自由扩散。[①]

① 如果形态发生素扩散只能发生在细胞膜包裹的细胞内，情况又将如何？答案目前仍不明确。有充分的证据表明，至少有一部分通过浓度梯度参与胚胎发育的形态发生素确实只是在细胞间充满液体的空间中扩散。这类形态发生素通常凭借与细胞表面的受体结合来影响细胞命运，就像我们之前看到的BMP那样。不过，有些形态发生素（比如SHH蛋白）的溶解性相当差，因而似乎会寻找其他方式扩散，比如沿着由蛋白质和构成“细胞外基质”的其他分子形成的网络跳跃。

果蝇胚胎整体上呈椭圆形，决定其前后轴的是bicoid蛋白的浓度梯度。这种蛋白质在前端表达。然而，这似乎制造了一个先有鸡（当然在这里是果蝇）还是先有蛋的问题：胚胎是怎么打破自身对称性，从而做到让bicoid蛋白只在一端表达，在另一端不表达的？这个问题的答案同样是母体“干预”。卵最初附着的卵泡包含所谓的抚育细胞。抚育细胞在卵受精前就向附着端分泌制造bicoid蛋白所需的RNA分子。请注意，这是胚胎正常发育必需的关键信息（告诉胚胎“沿这条路走”），但它并非来自胚胎的基因组。

不过，还有另一种形态发生素参与果蝇胚胎的定向过程。这种形态发生素名为“尾侧因子”，在后端产生。尾侧因子和bicoid蛋白发生相互作用，当两种形态发生素在胚胎两端形成的浓度梯度达到特定阈值时，其他发育基因就会被激活，将胚胎分隔成头部/胸部区域和腹部区域（图8–2）。其他形态发生素的扩散则会进一步分隔身体，同时建立背腹轴。就这样，身体结构逐渐从各种形态发生素绘制的纵横交织的位置信息轮廓中涌现。

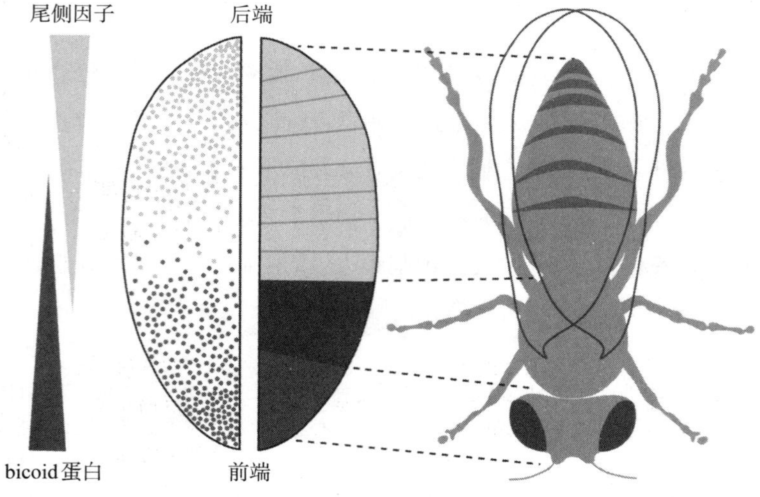

图 8–2　由形态发生素bicoid蛋白和尾侧因子的浓度梯度创造的果蝇胚胎的体节划分和位置信息

最早发现果蝇胚胎分节过程中特定基因影响的，是德国发育生物学家克里斯蒂亚娜·尼斯莱因–福尔哈德和埃里克·威绍斯。二人在 20 世纪 70 年代做了一系列艰苦的实验：在处于发育阶段的胚胎中随机破坏基因，随后将参与早期胚胎分节的基因范围缩小到 15 个。他们称这些基因为“裂隙基因”。失去任何一种裂隙基因都会减少分节的数量，例如删除其中一种基因会导致所有偶数编号的分节消失，因此二人称这个基因为“偶数跳读基因”；另一种裂隙基因会跳过奇数编号的分节；其他基因则会让生物体在完成发育后出现相应的身体畸形，它们也因此得名，比如 *Hunchback*（驼背）基因、*Giant*（巨型）基因、*Krüppel*（瘸腿）基因。它们都是在 bicoid 蛋白和尾侧因子的背景浓度梯度中发挥作用的。这项关于早期身体结构“模式基因”的发现改变了我们对基因影响发育的方式的认识，尼斯莱因–福尔哈德和威绍斯也因此获得了 1995 年诺贝尔生理学或医学奖。①

无论从哪个角度说，裂隙基因都不是形成胚胎分节的基因。事实证明，它们编码的是增强或抑制其他发育基因的转录因子。然而，奇怪的是，对早期果蝇胚胎中裂隙基因的表达来说，胚胎个体之间的差异很大，但似乎并不影响胚胎分节的形成。换句话说，裂隙基因的模式系统似乎对其具体表达方式的偏差和变化拥有惊人的容忍度。你可以大幅改变参数，最后仍然会得到相同的条纹。这么高的灵活性从何而来？

这似乎又是一个基因调控网络将决策权从基因手中夺走并移交更高层级的例子。因为裂隙基因是交互调控的：它们相互控制。在这张相互作用的网络中，涌现了一些不依赖具体细节的稳定整体状态。这又是一个吸引子的例子，就像我们之前看到的控制细胞命运的吸引子一样。可以这么说，分隔身体结构的过程太过重要，不能把它交给一两个基因的变迁，这些基因可能在正确的时间和位置表达，但也可能做不到这点，

---

① 和二人一起分享当年这个奖项的还有遗传学家爱德华·刘易斯。他发现了名为“同源异形框”（*Hox*）的模式基因。自此，我们才真正开始理解基因导致发育突变的方式。

甚至可能发生突变，进而破坏整个过程。将裂隙基因组合成一张交互调控的网络，分隔身体结构的过程就可以免受偶然事件的影响。因此，这是一个生物学“渠限化”的例子，它在不可预测的大背景中创造了稳健性。

图灵模式

形态发生素扩散形成的浓度梯度为传递位置信息提供了一个非常通用的手段。通过这种方式，细胞就能根据自身与形态发生素源的相对位置选择不同的分化发育方向。这样一来，无论是在整个身体中还是在特定的区域（比如某个肢体或器官），形态发生素都能够在胚胎发育的过程中区分出对称轴。于是，通过逐步精细化引导起初完全没有任何形态特征可言的细胞团，就能慢慢构建起复杂结构。

然而，特定形状和形态的形成应该远没有刘易斯·沃尔珀特描述的那么简单，即通过跨越某些浓度阈值时基因的开启或关闭来实现。举例来说，我们在前文中看到，细胞之间的相互移动及它们黏性的变化（正是这些变化改变了组织的刚性和韧性）也会创造结构。这些过程会发生相互作用，进一步细化涌现的身体模式。我们已经看到，在哺乳动物和鱼类等双侧对称动物的中央对称轴上，细胞可能会折叠成后续发育为脊柱和神经系统的神经管。这些细胞中有一部分特化为不同类型的神经祖细胞，整个过程受脊索释放的SHH蛋白浓度梯度的影响。不过，由于各个位置的SHH蛋白浓度存在波动，一种相当“嘈杂”的命运决定信号产生了。结果，神经管并没有清晰地划分成分属各种不同类型细胞的区域，只是形成了一个相当粗略的嵌合体，其中难免有些细胞位置错乱。肖恩·梅加森、托尼·蔡及其同事已经证明，在SHH蛋白信号产生的这些细胞间差异中，有一部分在于它们表面的黏附蛋白类型不同，因而不同类型细胞的相互黏附强度也不同。因此，它们会通过机械方式自行分成相对黏附性匹配良好的区块。换句话说，细胞黏附性的差异纠正了SHH

蛋白信号噪声导致的误差，在明确分类的细胞之间建立了清晰的边界。

此外，胚胎发育过程中的关键形态发生素（如BMP、Wnt、SHH和Nodal等蛋白质）可能会以微妙的方式发生相互作用，要么增强、要么抑制彼此对细胞命运的影响。形态发生素之间的这种相互调控现象可以创造复杂的反馈机制，将简单的梯度扩散改造为更令人震撼的模式。这种基于形态发生素的更为复杂的相互作用机制同样可以塑造生物的形状和结构。1952 年，传奇英国数学家艾伦·图灵率先证实了这种机制。

图灵曾经名不见经传，而现在人们普遍称赞其为富有远见卓识的天才。这种转变在一定程度上要归功于 2014 年的传记电影《模仿游戏》，以及英国政府将图灵印在 50 英镑钞票上的决定。图灵在 24 岁时发表的研究成果应该算是他一生中最重要的成果。图灵在相关论文中证明了存在一些不可计算的数，“不可计算”的意思是无法在有限时间内以十进制数字的形式把它们计算出来。为了证明这个观点，图灵引入了自动“计算机器”的概念，我们现在视这个概念为数字计算机（一种可以存储和执行程序的通用计算设备）的蓝图。1939 年战争爆发时，图灵应征加入盟军在英国布莱切利园的破译行动。在那里，他帮助破解了德国海军使用的恩尼格玛密码。战争结束后，图灵前往位于伦敦的英国国家物理实验室，协助建造按照他勾勒的方案设计的电子数字计算机。在此期间，他奠定了后来我们熟知的人工智能的基础。

彼时同性恋在英国仍属非法群体，图灵却是一个活跃的同性恋者。1952 年，他因此受诉，鉴于他在战时的工作（其中一些工作内容在整个 20 世纪都是机密），当局视他的性取向为一种安全风险。最终，法庭判决他接受“矫正”激素治疗。据说，图灵带着“幽默的坚韧”接受了这一判决，但羞耻感和激素对身体的影响驱使他在 1954 年吃下含有氰化物的苹果，结束了自己的生命。[①]图灵在去世时仍处于相当高产的阶段，失去图灵是科学界的重大损失。

---

① 有些人认为图灵的死是意外。我们永远无法知晓图灵真正的死因和动机了。

图灵在英年早逝的两年前发表了一篇论文，试图解释胚胎是怎么以化学形态发生素的扩散及相关反应为基础形成模式的。他写道：

> 处于球形囊胚阶段的胚胎具有球对称性，但是具有球对称性的系统，即使其状态因化学反应和扩散而不断变化，也会永远保持球对称性……这样的系统肯定无法产生像马这样非球面对称的生物体。[①]

如果不考虑从一开始就打破某些动物（如果蝇和青蛙）受精卵对称性的母体因素，这个问题似乎就变得深奥起来。如果只是受随机分子扩散的约束，那么原本均一的胚胎细胞团要怎么产生非均匀形态？康拉德·沃丁顿猜想，答案一定在于物理力，而非生物学。他在 1961 年出版的《生命的本质》一书中写道：

> 发育始于一颗或多或少呈球形的卵，但由此发育出的动物绝非球形……任何局限于化学陈述的理论都无法解释这一现象，比如基因控制特定蛋白质合成的理论。无论如何，我们必须找到将物理力引入上述过程的方式。要想将物质推向恰当的位置并将其塑造成正确的形状，这些物理力是必不可少的。

在此之前，图灵提出过这样一个打破对称性的过程，涉及两种分子形态发生素之间的化学反应。其中一种形态发生素现在被称为“激活剂”，是一种自催化剂，它能够加快自身细胞的生产速率。这是一个正反馈过程，如果不加以控制，就会不断加速，直至制造激活剂的化学成分耗尽。通过这种方式，这类自催化作用就可能放大随机波动：在任何时

---

① 这平淡无奇的最后一句话隐约体现了图灵狡黠的智慧。有人认为，他患有孤独症谱系障碍，这或许可以解释他为什么会不顾世俗眼光地向警方报案称自己的一位同性爱人遭遇盗窃，正是这个行为导致图灵被起诉。但即便图灵真的患有孤独症谱系障碍，他也不是《模仿游戏》中塑造的那种无趣、笨拙的理性主义者。

刻，激活剂在不同位置的浓度都会发生偶然的微小变化，这样才可能在放大后打破对称性，否则随着时间的推移，浓度会趋于平均。

不过，单靠激活剂并不足以产生组织化的稳定结构。还有一种形态发生素是一种抑制剂，它可以破坏激活剂的自催化作用。图灵在数学层面上证明，就一定范围内的激活剂和抑制剂的扩散和反应速率而言，这两种成分的均匀混合物会自发形成浓度各不相同的斑块。具体来说，如果抑制剂的扩散速度快于激活剂，就会发生这种情况。这样一来，激活剂可能会在局部斑块中扩大自身浓度，但抑制剂会限制这些斑块，于是，这些斑块彼此不会靠得太近。

图灵说，假设存在一种形态发生素，一旦其浓度超过某个阈值就能充当开关，开启一个基因，那么我们最终可能会得到这样一组细胞：其中一些细胞的基因被激活，而另一些则没有。这恰恰是生物形态出现的第一步。通过一系列这样的激活–抑制过程，生物形态就可以逐渐变得复杂。

为了简化问题，图灵研究了把这套理论套用在一排简单细胞上会出现什么情况——这排细胞弯曲成环，这样就没有了边缘的干扰。他写下了描述形态发生素反应和扩散的方程组，并证明有两种可能的结果。无论哪一种结果，形态发生素的浓度都呈波浪状绕环上升和下降。只不过，在一种结果下，波浪是静止的：浓度的峰值和谷值保持在同一位置，形成一系列带状（图 8–3a）。在另一种结果下，波浪是振荡的，也就是峰值和谷值绕着环移动：它们是行波。

此外，图灵计算了平坦细胞层中可能出现的模式。这项任务的计算过程更有挑战性，[①]图灵只能大致得到最后可能的样子：不规则的斑点图案（图 8–3b），让人联想到斑纹动物皮肤色素的分布模式。一看到图灵的论文，沃丁顿就立刻给他写信，说他的理论的最佳应用场景应该是

① 为了解决这个问题，图灵用上了他所在的曼彻斯特大学研发的数字计算机，那是全球第一批数字计算机之一。

"在明显均匀的区域内出现的各种斑块、斑点和条纹，比如蝴蝶的翅膀，软体动物的壳，老虎、豹子等动物的皮肤"（图 8–3c）。图灵本人则在思考如何用这个理论解释植物的叶片排列和水母圆柱形躯干上的触手分布。①

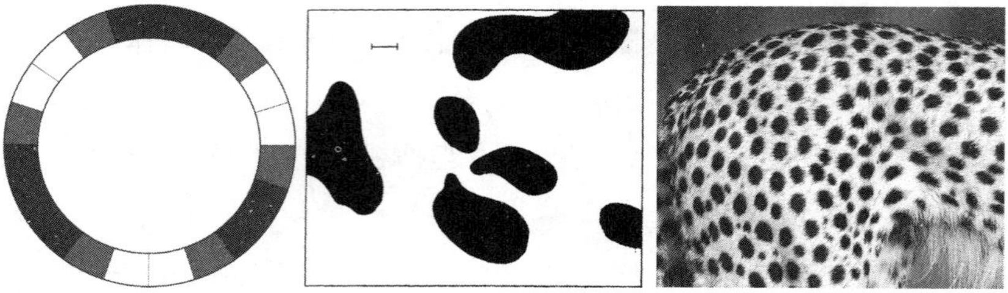

a　　b　　c

图 8–3　a：艾伦·图灵推导出的细胞环中的形态发生模式，不同灰度表示浓度差异；b：图灵通过计算得出的形态发生素理论在二维情形下创造的"斑点模式"；c：理论推导结果与动物（图中为猎豹）斑纹有明显的相似之处，尽管此时还只是定性的相似

图片来源：图片 c 由 flowcomm 提供。

图灵的分析过程高度数学化、抽象化，几乎没有任何直观物理图景可以解释这些模式的产生方式。直到 1972 年，相关的一般性原理（尤其是形态发生素可以充当激活剂和抑制剂）才逐渐清晰。德国发育生物学家汉斯·迈因哈特和阿尔弗雷德·吉雷尔提出了一种由扩散试剂推动生物模式形成的理论。这个理论与图灵的类似，只不过二人事先并不知晓图灵的研究，直到评审两人论文的学者②指出了这一点。借助迈因哈特和

① 发育生物学家汉斯·迈因哈特提出，一种形式的 Wnt 可以充当形态发生素，将水母的触手沿其圆柱形躯干组织起来。

② 据可靠消息，那位评审学者不是别人，正是德裔美国人马克斯·德尔布吕克。这位从物理学家转型为生物学家的科学家，因其在病毒复制领域的研究成果获得了 1969 年的诺贝尔生理学或医学奖。普遍认为，正是德尔布吕克唤醒了一整代物理学家对分子生物学问题的重视。他的研究是埃尔温·薛定谔出版于 1944 年的著作《生命是什么？》的重要支撑。

吉雷尔的理论，我们就能看到图灵理论的具体含义了。现在，我们称这套理论为“反应–扩散系统”，因为其基础是反应和扩散这两个过程的相互作用。

图灵设想的数字计算机成为现实后，推断激活剂–抑制剂系统创造的通用模式立刻就变得容易了。形态发生素聚集形成近似有序的斑点和条纹，它们的大小和间距大致相同（图 8–4）。这些结果——如果你愿意，可以称其为某种化学豹子和化学斑马——使得图灵模式更有可能解释动物的斑纹了。

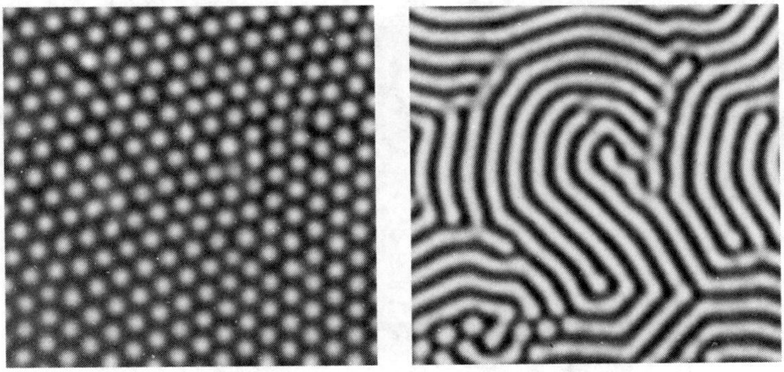

图 8–4　激活剂–抑制剂理论的两种通用模式

图片来源：由波尔多大学的雅克·布瓦索纳德和帕特里克·德凯珀提供。

20 世纪 80 年代，迈因哈特和数学生物学家詹姆斯·默里各自独立开展研究，证明图灵的理论为从斑马到长颈鹿再到贝壳等各种各样的动物色素模式提供了一种可能的解释。现在已经证实，图灵模式能够重现动物斑纹的一些更为精细的细节，例如美洲豹的玫瑰斑点、瓢虫翅盖上的图案、海洋中鳐鱼的皮肤，以及长颈鹿明亮的细密皮肤条纹网络（图 8–5）。

然而，除了这些特殊情况，多年以来的事实证明，很难找到例子证明图灵模式能为胚胎发育中的模式形成提供一种足以替代简单浓度梯度模型的合理方案。图灵似乎早已意识到这些困难，据说他曾说过，关于

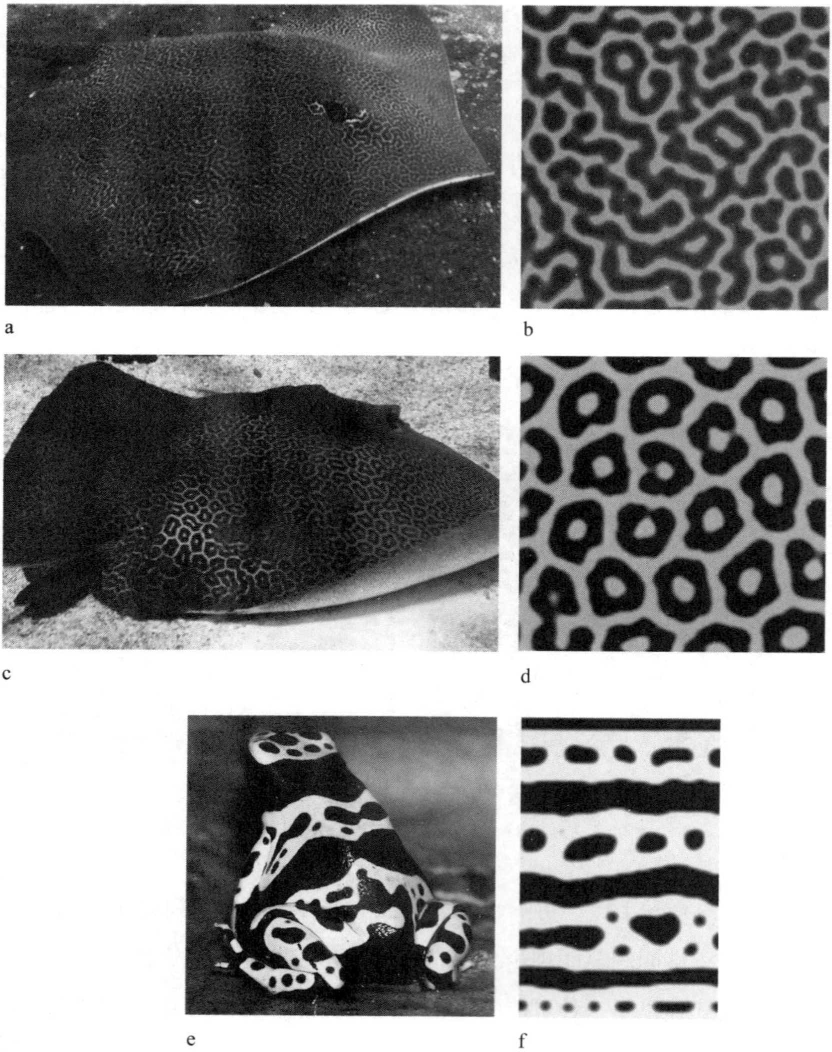

图 8–5　一些复杂的动物斑纹（左列），可以通过图灵模式形成模型重现（右列）。a和b：网纹魟鱼；c和d：蜂窝纹魟鱼；e和f：黄带箭毒蛙

图片来源：由里约热内卢联邦大学的马塞洛·马列罗斯提供，经德戈门索罗·马列罗斯等人许可复制（2020）。图片a和c由布赖恩·格拉特威克制作（CC BY 2.0），图片b、d、f由马塞洛·马列罗斯制作，图片e由阿德里安·平斯通制作。

斑马，“好吧，斑很容易解释，但马的部分要怎么解释”？ [①]

所以，如果你在 20 世纪 70 年代和 80 年代询问发育生物学家有关图灵对形态发生的假设，他们很可能会说这是一个有趣的想法（前提是他们知道这个假设），但似乎并不是自然界生物身体模式化的重要组成部分。它也许可以解释动物的斑纹（如果可以找到假想中的形态发生素），但几乎不能用来解释身体部位的形成。我们完全可以理解这种想法。毕竟，图灵不是生物学家，他在 1952 年发表的论文也几乎没有包含任何生物学内容。即便是他本人，也从一开始就承认，“这是一个理想化的简化模型，难免偏离事实”。他只是简要提及了关于化学形态发生素扩散的早期研究，并引用康拉德·沃丁顿在 1940 年出版的《组织者和基因》一书作为支撑观点的一般性证据。至于形态发生素究竟会是什么，图灵没有太多想法。他只是试验性地提出基因本身可能以这种方式起作用，同时意识到基因位于染色体的“巨大分子”中，因此“极不可能扩散”。简而言之，他的理论几乎没有任何生物学依据。

另一个问题是，图灵模式具有重复性。刘易斯·沃尔珀特以浓度梯度为基础的位置信息理论能够区分这里和那里，而图灵模式则创造了两类一般意义上的位置——这里和那里，它们排列在空间中。然而，生物体似乎并没有太多这样的重复特征。或者，它们真的有？最近，研究人员发现了多种重复的身体结构，而且似乎确实是由图灵的激活剂–抑制剂系统产生的。图灵模式中，在空间内规则排列的斑点可能会让你联想到“鸡皮疙瘩”，即毛囊的排列。当寒冷使毛囊突出、让我们的头发竖起时，这种分布会变得更加明显。小鼠毛囊的形成过程似乎涉及 Wnt（激活剂）及名为 Dkk2 和 Dkk4 的抑制剂蛋白。基因突变导致 Dkk 蛋白水平异常高的小鼠，其毛囊模式与图灵激活剂–抑制剂理论模型预测的结果相符（应用图灵模式时，相应调整了抑制剂水平）。这种模式形成过程的

① 发育生物学家卢恰诺·马尔孔告诉我，尽管包括弗朗西斯·克里克在内的许多人将这句俏皮话归为图灵所说（而且它确实符合图灵的语言风格），但他一直没有找到明确的出处。

细节很可能相当复杂，涉及各种蛋白质和基因发生相互作用的网络，而非简单的激活剂–抑制剂配对。类似毛囊的模式形成过程可能也作用于鸟类羽毛及蜥蜴鳞片和蝴蝶翅膀的规律排布。

羽毛通常会形成相互平行的一排排规律羽支。汉斯·迈因哈特与鸟类学家理查德·普鲁姆合作，提出这些羽支是由SHH蛋白作为激活剂、BMP作为抑制剂产生的图灵式条纹。[①]通过这些成分的相互作用，发育中的羽芽的均一上皮细胞分成一系列条纹状的脊，预示着它们将进一步分裂成不同的羽支。（普鲁姆还提出，单根羽毛上瑰丽的条纹和斑点色素模式是图灵模式。）另外，哺乳动物口腔结构中规律排布的脊（被称为“腭皱”，在狗身上尤为明显）似乎是按照图灵式反应–扩散机制排列的，其中涉及FGF和SHH蛋白（分别作为激活剂和抑制剂），可能还涉及包括Wnt类蛋白在内的其他蛋白质。

你可能发现了，前面提到的这些过程并不需要专属基因或蛋白质。相同类别的蛋白质家族（SHH、BMP、FGF和Wnt）作为推测中的形态发生素不断反复出现，发挥的作用不尽相同。它们是多功能发育工具包中的元素，可以以不同的组合方式被反复使用，以执行不同的任务。这些蛋白质信号通路与其他将信号转化为明确解剖学结果的信号通路相连。例如，Wnt和BMP信号通路可以与*Sox9*基因连接，这个基因从胚胎形成之初就开始发挥作用，尤其是推动组织凝聚并分化为致密的骨骼和软骨物质（最初人们认为前者是BMP的关键功能）。另外，Wnt还与名为“钙黏蛋白”的蛋白质发生相互作用。钙黏蛋白能推动细胞互相粘连，从而控制组织的弹性和完整性。通过这种方式，图灵的形态发生素反应–扩散机制提供了一条途径，能够将细胞之间的相互作用范围和结构扩展到整个组织，而非仅限于相邻细胞。于是，我们再一次看到，比起单个细胞，生命机制在更大尺度上实现更为复杂的功能时，其组成部分并不需要任何新内容，它可以利用物理和化学定律推动早已存在的系统提升复杂性。

---

① 具体细节仍有争议。转录因子FGF4可能是一种替代的或额外的激活剂。

手指生物学

手指（脚趾）的形成在身体结构创建过程中体现得最为明显，也正是这个过程最早引起了汉斯·施佩曼和希尔德·曼戈尔德的兴趣，并促使刘易斯·沃尔珀特提出了基于形态发生素浓度梯度的位置信息模型。事实证明，这种模型（调用了极性活性区组织者）仍不足以解释人类手指的形成。毕竟，它们是条状的。

1993 年，遗传学家克利夫·塔宾及其同事宣布，他们终于认证了脊椎动物肢芽后侧极性活性区释放的那种难以捉摸的形态发生素。显然，这种形态发生素会触发手指的形成。这是一种对应此前未知基因的蛋白质，他们将其命名为“音猬因子”（Sonic hedgehog，简称 SHH）。科学家之前在果蝇体内发现了一种 *hedgehog*（刺猬）基因，它与果蝇身体的分节现象相关。而音猬因子基因（*SHH* 基因）则是 *hedgehog* 基因在脊椎动物中的对应基因（专业术语称为“同源基因”）。如果缺少 *hedgehog* 基因，果蝇幼虫就会变得短小且多刺——这个基因也因此得名。罗伯特·里德尔是塔宾实验室里的一名英国博士后，他在看到一则热门电子游戏《刺猬索尼克》（*Sonic the Hedgehog*）的广告后，为脊椎动物的对应基因取了“音猬因子”这个名字。

几乎在同一时间，其他研究人员发现，*SHH* 基因似乎还在发育过程中发挥着其他作用，特别是会在中枢神经系统的发育初期在脊索中表达。音猬因子似乎具有某种在组织中建立极性的通用功能：在极性活性区中产生的 SHH 蛋白浓度梯度使得胚胎能够区分“上”和“下”。*SHH* 基因的突变或缺失会诱发各种生长缺陷，而且它参与的信号通路与某些癌症有关。

然而，根据梯度模型，SHH 蛋白浓度应该具备多个关键阈值，每个阈值都会界定出不同手指生长的区域。具体过程是什么样的？显然，SHH 蛋白肯定以某种方式参与其中，因为人为向发育中的肢体添加额外的 SHH 蛋白会引发多指/趾畸形——正如我们之前看到的，先天性多指/

趾畸形可能是*SHH*基因的调控元件ZRS发生突变引起的。然而，我们后来发现，即使肢芽完全不表达*SHH*基因，或者另一种基因消除了SHH蛋白的浓度梯度，手指也会形成。所以，事情显然没有那么简单。

既然简单的位置信息模型不起作用，研究人员自然就想知道手指的规律分布是否会以图灵模式出现。这种规律分布现象在胚胎发育的早期阶段甚至更为明显，此时我们可以依据Sox9（推动骨骼和软骨形成的蛋白质）的浓度辨别出这类模式（图 8–6a）。刚长出的手指看起来就像是从“手”的中心向外分散的一系列条纹。

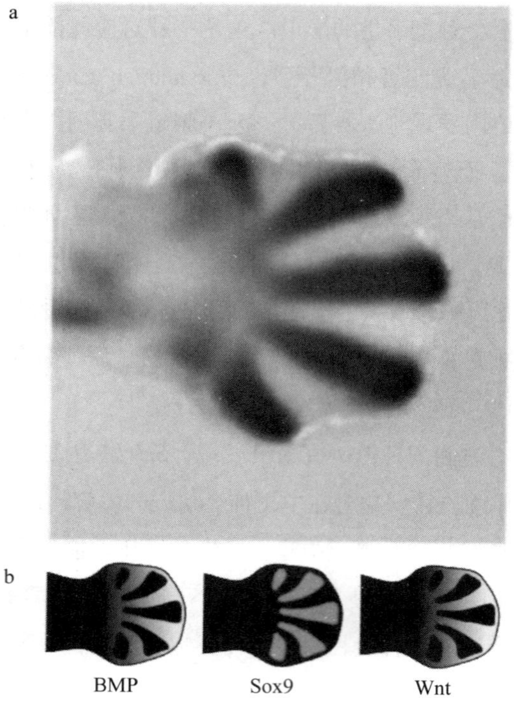

图 8–6　a：小鼠肢芽中Sox9的浓度，颜色越深代表浓度越高；b：在手指形成的图灵模式中，BMP、Sox9和Wnt的表达模式

图片来源：图片a来自谢思等人（2012），图片b由塞维利亚巴勃罗·德奥拉维德大学的卢恰诺·马尔孔提供（鬼丸等人，2016）。

如果这确实是一种图灵模式，那么形态发生素是什么？2012 年，瑞士研究人员提出了一个图灵式模型，其中包含大量涉及BMP及其细胞表面受体、SHH、FGF等蛋白质的相互作用。不过，两年后，发育生物学家卢恰诺·马尔孔就和詹姆斯·夏普提出了目前看来最有说服力的模型，其中关键的形态发生素是BMP和Wnt。这两种形态发生素与Sox9 发生相互作用，形成了一张彼此激活、抑制的三向网络，能够有效地以图灵模式组织Sox9 产生条纹：在BMP和Wnt浓度都低的位置，Sox9 的浓度就高；反之亦然（图 8–6b）。

这些研究人员证明，BMP会影响最后产生的手指数量，而Wnt则控制手指之间的间隔。当研究人员操纵小鼠肢芽中BMP和Wnt的活动时，手指数量与厚度的变化与他们的模型预测结果相符。通过调节Wnt或BMP的浓度水平，研究人员可以关闭不同手指的形成（从而使多根手指融合），或是将手指数量从 5 个变为 3 个或 4 个。

然而，这里有一个复杂的问题：手指的辐射状排列意味着它们的根部比尖端更窄，互相之间的距离也更近（图 8–6）。实际上，条纹的波长从根部到尖端逐渐变长。然而，正常的图灵条纹宽度是均匀的。但夏普及其同事早在 2013 年（在他们确定形态发生素之前）就展示了波长调制机制。他们证明，这似乎是由另一种基因*Hoxd13* 的产物的浓度梯度控制的。① 当Hoxd13 蛋白的浓度较低时，图灵模式的波长较小，于是相同的空间内便能嵌入更多的手指。在某些情况下，人为操控Hoxd13 蛋白的浓度水平可以产生多达 14 根手指。

原则上，图灵机制可以产生任意数量的手指。之所以只有 5 个，是因为在形成手指的阶段，条纹的固有尺寸恰好使得可用空间内可以容纳 5 根手指。这类模式的特征尺寸偶尔会出现与可用空间匹配得不太和谐的状况，因而产生额外的手指，这并不奇怪。此外，如果条纹狭窄且均

---

① 实际上，研究人员起初宣称，控制波长调制过程的基因是*Hoxa13*。直到 2014 年，他们才在随后的研究中将控制基因改为与*Hoxa13* 密切相关的*Hoxd13* 基因。显然，*HOX*基因家族在形态发育过程中发挥着诸多作用。

匀，那么当它们向外展开时就可能会分裂成两根手指，以填补条纹之间的空间，确保不会留下太大的间隙。手指在指尖附近一分为二的现象是多指/趾畸形的常见形式。因此，人类基因组中没有任何事物强制规定我们的手只能长出5根手指：只有当肢芽尺寸合适且模式形成过程在合适的时间点启动时，才能保证长出5根手指。

如果肢芽包含许多呈辐射状的狭窄骨骼，看起来就会更像是鱼鳍（鱼鳍拥有许多名为“鳍条”的骨骼结构），而不是手或翅膀。夏普及其同事推测，或许动物在3.5亿年前从海洋登上陆地时，*Hoxd13*基因或*HOX*基因家族的其他相关基因（甚至可能是FGF！）控制了从鱼鳍到四肢的转变过程。他们认为，像猫鲨这样的鱼类也使用与我们相同的BMP-Wnt-Sox9系统产生鱼鳍的图案。因此，将鱼鳍转变为四肢，只需要调整完全相同的基本模式形成过程即可（至少对手指生长来说是这样）。

在手指的骨骼形成后，手指仍然通过新生手部的间隔组织网络相连。随着这些细胞死亡，相应的组织也会逐渐消失，从而将各根手指分开。这个例子说明，身体的形成不仅是增加组织的过程，也是去除组织的过程：受控制的细胞死亡（细胞凋亡）过程起着至关重要的作用。同样，又是邻近组织发出的化学信号为这些注定死亡的细胞编程，使它们走上细胞凋亡的道路，即受控死亡并被重新吸收。

这就是身体软组织自行调整并适应骨架要求的一个例子。无论四肢或身体的大小和形状如何，所有组织始终会相应地按比例缩放并塑造成形，这难道不奇怪吗？如果某人的四肢异常短小，或者由于侏儒症等生长状况导致身形较小，其身体和四肢的比例仍然是和谐的。这种情况之所以可能出现，唯一合理的原因就是细胞和组织发育遵循的规则取决于环境且具备偶然性，而不是某种一刀切的“蓝图”——这一点我们遇到过多次了。举个具体的例子，皮肤通过机械反馈来调节自身大小：如果细胞由于皮肤变紧而感受到过多的张力，它们就会增殖以缓解这种张力。这再次解释了为什么我们不应该把侏儒症患者较矮的身形视为异常，而应该视其为人类基因组和约束人类发育方式的规则支持的众多可能结果之一。

人类手部的图灵模式并不只体现在手指上，它似乎一直延伸到指尖。在指尖上，Wnt、BMP 与基因 *EDAR* 产生的蛋白质之间的相互作用创造了一个反应–扩散系统，驱动条纹状细胞增殖，促使皮肤弯曲形成指纹的旋涡状脊线。这样看来，这种可以用来识别身份的法医学特征并非“编码”在人类基因组中，而是生命标志性计划（将模式印刻于血肉和骨骼之上）的一大偶然结果。

分支

图灵机制似乎能够产生超越规则模式的结构。我们肺部的气道存在一种名为“分形分支”的形式，中央的“主干”反复分裂成越来越小的分支。通常，最宽的肺通道形状可预测，个体之间差异不大，而较小的通道形状就更加随机和个性化了。分支肇始于反复执行的精细化过程：一个分支发芽并变长，尖端分裂成更细小的通道，而且这个过程会不断重复，只是尺度越来越小。在肺部，这个过程涉及上皮内层细胞的变化。在形成芽的同时，尖端细胞发生上皮–间充质转化，这样一来，它们的移动性更强了，能够侵入邻近组织。这类变化及细胞增殖速率的改变，由包括普遍存在的 FGF、BMP 和 SHH 蛋白在内的信号分子控制。

在肺部的发育过程中，管状通道的尖端通过一种图灵式细胞分隔产生新分支点，其中涉及 SHH 蛋白和 FGF10（属于 FGF 蛋白质家族）之间的反馈过程。SHH 蛋白是一种自催化蛋白，同时 FGF10 还能促进 SHH 蛋白的生产；但反过来，SHH 蛋白则会抑制 FGF10 的生产。这些关系催生了一种激活剂–抑制剂作用过程，能够将 FGF10 集中在尖端的各个区域，细胞状态的相应变化会在那里催生新的分支。

于是，组织模式虽然发源于高度程式化的过程，但最后具备了偶然性：肺分支的精细结构事先没有任何确定之处，如果胚胎再次发育，肺部的细节看上去可能会大不相同。重要的并不是哪些细胞去了哪个位置，而是肺这个器官的整体形状具有分形形式，非常适合吸收氧气并将其转移到肺尖的微小气囊（肺泡）下方的血管中。这样一来，器官和身体的形成过程便涉及偶然性与必然性之间的微妙平衡——这是一场基因同基因网络、机械力和环境的对话。

这就是身体形成方式的美妙之处：身体的形成规则指向的并非精确定义的终端产品，而是某种更为通用的东西。这点对我们的血管同样适用，比如动脉需要处于基本正确的位置，但细小的毛细血管就不需要任何预先设定。相反，细胞有一种聪明的办法确保血管生长在需要的地方。细胞如果离血液供应太远，就无法获得新陈代谢所需的氧气，因而进入缺血状态。这会导致它们释放名为“血管生成生长因子”的蛋白质，其中包括FGF1和血管内皮生长因子（VEGF）[①]。这些分子在组织中扩散，直到到达血管，促使血管萌发出新的芽。新的芽朝着血管生成生长因子浓度上升的方向生长，也就是说，朝着那些因缺血而受损的细胞生长。这些细胞实际上是在呼救，它们迫切需要携氧血液。于是，如果一切顺利，无论组织最后发育成何种形状，其任何部分都不会出现血液供应不足的情况，也不会有血管生长在不需要的地方。在细胞的DNA中，自始至终都没有生成过这种血管系统的所谓蓝图。相反，这种分支管系统是在细胞之间相互作用和反应规则约束下涌现的一种形态。这些规则允许生长过程自我调控，适应不可预见的情况，自行找到出路。这些规则的根本目标是制造能够正常运作的身体。

区分左与右

我们的身体分为左右两侧，从外表上判断，左侧与右侧呈镜像关

① 血管内皮生长因子是缺氧细胞发出的“求救信号”，由一种名为*HIF1A*的转录因子基因表达触发——当周围的氧气不多时，这种基因的表达会上调。生物学家威廉·凯林、彼得·拉特克利夫和格雷格·塞门扎凭借发现*HIF1A*基因及对细胞感知、响应氧气供应方式的研究，获得了2019年诺贝尔生理学或医学奖。

系，只有一些细微的差别。然而，从内部来看，情况就大不一样了。肝脏在身体右侧，脾脏和胃在身体左侧，心脏也位于中间稍偏左的位置。身体的非对称性在胚胎发育极早期就开始出现了，甚至在胚胎只有两个细胞的阶段，似乎就有了“左”和“右”之分。不过，这种差异真正变得显著，要到原肠胚形成阶段。1995 年，克利夫·塔宾与他当时的博士生迈克尔·莱文及相关合作者证明，在原肠胚形成阶段，鸡胚胎的左右不对称现象似乎与 3 个基因的表达有关：其中两个基因属于所谓的 TGF-β家族（其中包括与原条形成相关的*Nodal*基因），另一个基因就是我们见过多次的*SHH*基因。不过，真正的问题在于这种非对称基因表达最初是怎么诱导发生的。

1996 年，日本分子生物学家滨田宏及其合作者发现了另一种TGF-β家族的基因。在处于发育过程中的小鼠胚胎内，这种基因仅在左侧表达，他们因此称其为“*Lefty*”（左撇子）。*Lefty*基因的突变会导致左右区分混乱，引发心脏和肺部畸形等发育缺陷。随着研究的深入，我们逐渐明白，*Nodal*和*Lefty*是区分身体左右的关键基因，这两种基因还控制着中内胚层的分化和前后轴（身体分为两侧的基础）的形成。那么，Lefty蛋白的偏向性是怎么产生的？图灵模式似乎同样能给出答案。

回想一下，在原肠胚形成阶段的晚期，胚胎已发育成外胚层、中胚层和内胚层细胞，它们将原本中空的胚胎结构一分为二。与羊膜腔接触的外胚层在位于下方的脊索引导下开始分化为神经板，这是中枢神经系统的起源。此时，内胚层则面向卵黄囊，长出名为“纤毛”的微小毛发状蛋白质丝。在诱使胚胎发生形状变化的马达蛋白质的作用下，这些纤毛可以四处摆动，像小鞭子一样跳动。

内胚层最后会形成肺和肠道。纤毛在肺中起着至关重要的作用，其跳动会推动肺内壁的黏液层。这些黏液积聚了污垢、碎屑和病原体，而纤毛就像刷子，将这些物质从肺部清除，保持肺部清洁。因此，妨碍纤毛正常功能的遗传缺陷可能会引发呼吸系统疾病。这类罕见病症中的一种名为“卡塔格内综合征”，患病儿童在幼年时期会有呼吸问题。这种综合征的遗传学原理很复杂，但显然与纤毛无法正常工作有关。

不过，卡塔格内综合征还与另一种奇怪的现象有关：大约50%的卡塔格内综合征患者会出现内脏器官的左右不对称分布与正常人完全相反的情况。这种情况称为“内脏反位”，本身就可能造成问题。对纤毛功能异常的人来说，内脏器官原本正常的左右分布好像变得随机起来，各类器官出现在左右两侧的概率都变为50%。这表明，在胚胎发育的早期阶段，纤毛细胞也以某种方式参与了左右不对称性的形成过程。我们现在知道，在这个阶段，跳动的纤毛会在卵黄囊的液体中产生流型。每根纤毛都像一个小小的打蛋器，将液体搅拌成旋涡。纤毛在内胚层表面的朝向决定了组织前端的液体整体上从右向左流动，但在后端变为从左向右流动（速度较前端慢）。换句话说，通过向特定方向转动，纤毛打破了胚胎的左右对称性，产生了一种更为常见的流动方向。我们的器官能正确定位在身体左侧或右侧，正是纤毛搅拌控制下的结果！①

部分关键发育过程竟然由流体流动方向决定，这似乎相当奇特。这有点儿像是为了执行某种计算或算法，计算机中的电路要打开一组小风扇，将空气吹入另一个机室。在第二个机室中，突然增加的气压会激活传感器，从而翻转第二个电路中的晶体管开关。这简直是小题大做！

不过，胚胎组织外部液体的方向性流动究竟是怎么转化为发育过程中的差异的？就其本身而言，这种方向性流动为胚胎表面细胞创造的信号非常微弱。不过，*Nodal*和*Lefty*这两个基因的相互作用会放大这个信号，而且具体实现方式是一个图灵式过程。*Nodal*基因调控自身的表达，具有自催化作用，可以作为激活剂。*Lefty*基因则会抑制其表达，更为重要的是，Lefty蛋白的扩散速度比Nodal蛋白快，这正是激活剂–抑制剂机制的要求。如果任由*Nodal*和*Lefty*这两个基因自行发展，它们会创造出一种几乎算不上模式的图灵模式：将胚胎一分为二，50%的Nodal蛋

① 迈克尔·莱文及其合作者提出，在纤毛参与之前，胚胎的左右对称性已经被打破了，这是因为细胞骨架中存在的一种扭曲现象。纤毛方向的转动可能只是放大了左右不对称性，而非创造了它。

白浓度相对较高，50% 的 Lefty 蛋白浓度较高。[①]

换句话说，在这个例子中，模式的波长大小与整个系统相同，所以整个系统的空间当然只够容纳一种模式元素。在其他图灵模式的形成过程中从未出现过这种情形，也许只有蜜獾（背部为白灰色，腿部和腹部为黑色）的色素分布符合同样的二分方式。

事实证明，图灵的图案模式形成机制遍布物理世界，而不仅仅存在于发育系统中。它甚至可能在生态系统层面发挥着作用，比如一些蚂蚁会将死去的同伴尸体间距均匀地堆放，以及半干旱地区呈斑块状分布的草地。我们也可以用同样的激活与抑制基础过程解释风积沙的波纹，以及金属合金凝固过程中出现的结构。因此，对图灵结构塑造身体这个现象，我们最好不要单独看待，而是视其为自然界利用物理世界既有特点（而非费力地从头开始创建定制方案）孕育万物的众多例子之一。其他例子包括液-液相分离、胚胎各部分的分隔和流体流动。物理定律在生命物质中不会失效，进化只会利用物理定律，而非颠覆它们。也正是通过这种方式，生命有时才能“免费”获得秩序和组织。

模式基因

无论如何，就动物身体而言，规律重复的模式并不少见。例如，昆虫的分节式身体、人类脊柱中堆叠的椎骨和肋骨的骨架。然而，总的来说，这种模块化分节并不需要图灵模式。相反，在所有动物共有的某种特定基因组的引导下，由浓度梯度传递的位置信息似乎就足以产生这类模块化分节。

人类形体构型的分区过程始于原肠胚形成阶段。在这个阶段，各类

---

① 研究人员在 2023 年年初发现，部分纤毛自身显然也能感知流体流动产生的左右不对称性并将其转化为化学信号，引导发育。具体来说，这类纤毛实际上并不移动或搅拌流体，而是通过与流体一起弯曲的方式充当机械传感器。这个过程显然很复杂，仍有很多需要深入研究的地方。

组织刚刚开始从外胚层、中胚层和内胚层这三层结构中涌现。分区过程受所谓的*HOX*基因控制，它提供了一个完美的例子，让我们看到身体如何通过基因、调控网络和信号分子之间的复杂相互作用、表观遗传染色质包装，以及诸如组织的机械屈曲等大尺度现象逐渐变得组织化。

1978 年，爱德华·刘易斯首次发现*HOX*基因，当时他正在研究果蝇胚胎的分节模式。在哺乳动物中，*HOX*基因共有 13 种基本类型，每一种类型的形式都是由 A、B、C 和 D 四种亚型组成的基因簇。在发育过程中，它们依次激活，例如先是激活*HOXA1*，然后是*HOXA2*，以此类推。令人相当惊讶的是，这个激活顺序也反映了这些基因出现在染色体上的物理顺序——要知道，目前看来，基因组的结构很少提供有关其功能的任何线索。造成这个特殊现象的原因很简单，这类激活过程需要从紧密的染色质中挤出一段DNA 环才能读取，而挤出DNA 环的过程由染色质包装酶调控。因此，在依次把各种*HOX*基因从染色质束拉出的过程中，它们就按顺序启动了。

*HOX*基因并不编码人类形态构型的特定部分，正如我们已经看到的，基因组并不是像分子尺度上的小人一样简单地存储此类信息。相反，*HOX*基因的产物（转录调控蛋白）通常与影响细胞分裂、调整形态涌现规则的分子通路相互作用。胚胎的分节区块名为“体节”，每段体节都以不同的精巧方式发育成相应的身体部位，如肋骨、椎骨和肌肉。在人类胚胎中，体节大约在胚胎发育第 4 周结束时就基本齐备了（图 8–7），并且每一段体节都有遍及身体大部分区域的神经管和肠管贯穿其中。每段体节的细化发育过程各不相同且相当复杂，但通常都涉及我们现在已经相当熟悉的调控分子和信号分子，比如 Wnt、Notch 和 FGF。

这种分节设计也在四肢中不断重复，比如手臂在肘部和腕部关节处的进一步细分，以及手部外侧分化出手指，并且每根手指又在手指关节处分节。可以这么说，进化决定了由位置信息浓度梯度产生的分节是一种产生复杂形态的实用技巧，可以一次又一次重复。例如，手臂的分节是由生长过程中肢体尖端FGF 的浓度梯度及肩末端产生的一种名为“视

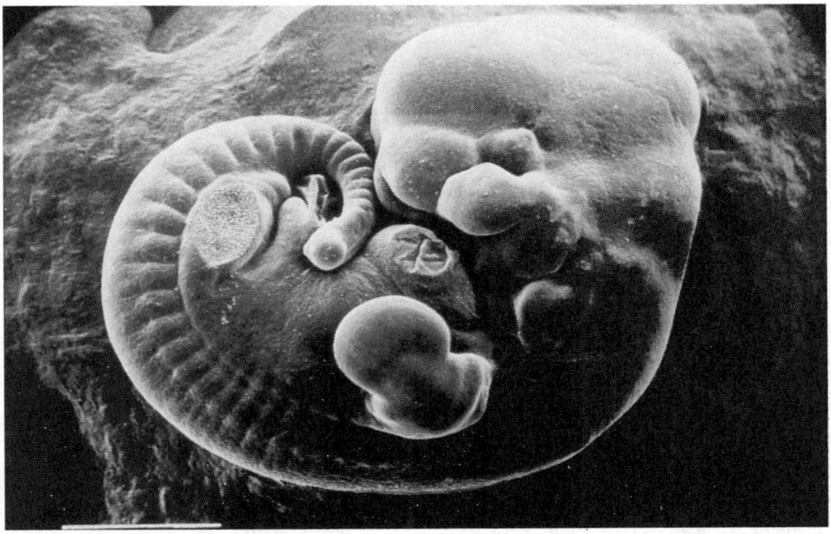

图 8–7　发育第 32 天的人类胚胎，身体已经分隔成了被称为“体节”的各个区块

图片来源：由保罗·马丁/惠康博物馆提供。

黄酸”的形态发生素决定的。我们在前文中看到了，SHH蛋白的浓度梯度是怎么确定手部从拇指到小指的生长轴的。同时，Wnt蛋白的浓度梯度决定了手掌和手背的区别。模式形成过程中由随机性、外界干预或基因突变导致的微小调整，可能会在同一套生成规则下以截然不同的方式产生截然不同的结果。

大自然的隐藏选项

以形态发生素的生化扩散为基础的身体模式过程在复杂生物中普遍存在，这表明进化充分利用了这些形态发生素，有效地从分子中获取大尺度组织。之所以出现这个结果，其中一个原因肯定是形态发生素能够在比分子或细胞层级更大的尺度上产生结构。另一个原因似乎是它们非常稳定可靠：分子细节上的微小变化（有时甚至是相当大的变化）并不会真正改变结果。这意味着，生物体可以在基因层面自由突变和进化，却不会完全破坏它们在整体尺度上产生可靠形式的能力。在这里，我们再次看到了自然设计的一大原则：在自上而下、自下而上和由内向外的生物体构建机制之间找到正确的平衡，从而在为适应和突变提供基础的同时，让创新（挑战“设计图”的全新解决方案）成为可能，并且不会因为对微小变化过于敏感而发生危险。自发涌现的各种形式创造了一个通用底盘。在这个稳定可靠的底盘上，生命得以实验、构建更复杂的组织与结构。

我们不知道这些实验可能出现多少种结果，但可以肯定，结果的数量比大自然迄今容许出现的更多。在 20 世纪 40 年代和 50 年代，康拉德·沃丁顿利用热、盐及化学处理（暴露在乙醚之下）来诱导果蝇胚胎基因表达发生变化，从而令果蝇形体构型发生剧变。最后，沃丁顿培育出的果蝇的细长躯干上多了一对翅膀。从本质上讲，沃丁顿的这些操作是把名为“平衡棒”的器官（顾名思义，与昆虫的身体平衡有关）转变成了第二对翅膀。这其实是一种进化逆行现象，因为我们认为平衡棒是从飞行昆虫祖先的后翅进化而来的。这种更古老的身体形式并未被“遗忘”，在以这种方式处理许多代果蝇之后，沃丁顿培育出了无须任何刺激也会长出多对翅膀的果蝇。从效果上说，他唤起了身体形态的“潜在可塑性”，然后选择了其中一种特定的形态。

1998 年，生物学家苏珊娜·拉瑟福德和苏珊·林德奎斯特表明，与其说基因影响产生了这种可塑性，不如说是约束了它。她们报告称，果蝇中的Hsp90——一种保护细胞免受高温伤害的“热休克”蛋白质——似乎起到了一种缓冲作用，使许多原本可能表达的表型处于“隐藏”状态。拉瑟福德和林德奎斯特人为诱变或以化学方式伤害Hsp90 后，发现果蝇出现了各种各样的表型，腿部、胸部、翅膀、眼睛、腹部等部位都发生了变化。她们说，Hsp90 似乎充当了某种“形态进化电容器”，储存了各种各样的形态。当生物体承受压力（比如高温）时，这些形态就可能被释放出来，生物体就有机会找到适应压力环境的突变形态。

“形态进化电容器”这个比喻是否妥当值得商榷（目前尚不清楚 Hsp90 是否真的起到了类似电容器的作用），但拉瑟福德和林德奎斯特这项发现的关键在于，与其说基因产生了各种形态，不如说基因是在各种可能出现的形态中做了选择。这些表型是由更高层级上的组织原理决定的。细胞生物学家斯图尔特·纽曼提出："原则上，我们在胚胎早期发育过程中观察到的几乎所有形态发育和模式形成效应，都肇始于作用在胚胎细胞或组织上的一般过程。"这些过程包括折叠、细胞黏附性的差异、相分离、分支事件及反应–扩散机制。这是一个非常有力的观点，但可能有些过头了：显然，大自然有时候会以"困难的方式"做事，也就是使用复杂且高度特定的基因调控反馈机制；不过，自然选择往往满足于开发、改造和使用仅凭物理和化学规则便能提供的东西，而不是寻找专门的形态发生机制。

这幅身体模式形成图景为我们提供了一个看待趋同进化的新视角。趋同进化指的是多种生物通过各自独立的进化途径，最终进化出了相似的特征或身体形状。通常认为，趋同进化标志着某些形状或结构因其物理性质成了适应特定环境的最佳方式：由扁平薄膜构成的翅膀最适合飞行，鱼雷形状的流线型身体最适合游泳，等等。因此，趋同进化认为，进化会独立、反复地自行找到"良好"的工程解决方案。这很可能有一定道理，但同样可能的是：有些时候，相同的形态在自然界中独立出现，因为它们是物理机制在产生形态时普遍允许的唯一形式。在进化生物学中有一股趋势，视自然选择为一种具有无限选项的过程：只要不违反物理定律，任何情况就都可能出现。然而，物理定律的限制很可能远没有这么宽松，这恰恰是因为生物学利用了这些定律，而不只是默默忍受。斑马和斑马鱼身上的条纹很相似，这并非因为条纹是最适合它们生存环境的图案[①]，而是因为条纹是一种源自图灵激活剂–抑制剂机制的通用模式。纽曼说，或许"进化'选择'的是预先存在的模板化通用形态，而

---

① 实际上，我们并不知道斑马生存环境中的哪些因素促使其进化出了条纹图案。长期以来，我们一直假定条纹起到了伪装的作用，在某种程度上可能确实是这样，不过至少在开阔的稀树草原上，伪装效果没有那么显著。还有人提出，条纹可能起到调节体温或驱赶蚊虫以减少叮咬等作用。

不是通过非适应性的中间状态从一个适应性峰值逐渐迁移到另一个适应性峰值”。

纽曼认为，这可以解释我们在进化记录的生物形态空间中看到的一些现象。举例来说，在起始于大约 5.4 亿年前的寒武纪，地球生命身体形态多样性的爆发式上涨发生在大型复杂动物（多细胞动物）出现后不久。从狭义的新达尔文主义视角来看，这令人费解。如果所有形体构型都严格地编码在基因组中，为什么会在短时间内产生这么多突变和变异？从事实角度出发，寒武纪早期对形体构型的探索似乎过于浪费：在那个时期化石记录中发现的一些形体构型后来很快就消失了。为什么选择它们，又为什么迅速淘汰了它们？为什么在寒武纪之后，地球生命身体形态上的创新如此之少？

然而，如果只需稍微调整基因就能得到截然不同的身体形状，例如略微改变形态发生素的扩散速率或者细胞的黏附性，寒武纪生命大爆发就不再是个谜了。另外，正如我们已经看到的，这套工具包很可能是通过再次利用和整合多细胞动物诞生之前就已经开始形成的基因和调控网络而产生的。细胞生物学家约翰·格哈特和马克·基施纳说：“从寒武纪开始，动物反复利用那些很久以前就进化齐备的过程和组件，产生新颖的解剖学和生理学特征。”

一旦自然界获得了这套制造复杂生物的身体工具包，无数种最美丽的身体形态就几乎立刻出现在它的掌控之中，随后通过基因突变得以稳定和巩固。没有什么能够阻止大自然快速探索各种可能性，而自然选择随后就能够“利用”这些可能性睿智地判断各种生物形态的适应能力。如果自然选择是最终的裁决者，那么似乎存在一套丰富、多样且富有创造力的工具包，用于制造它裁定的各种产品。

第 9 章

能动性：生命获取目标和目的性的方式

你现在大概意识到了，对“生命如何运作”这个问题，其中一个答案是：它很复杂！从基因到蛋白质、网络，再到细胞、组织和身体，每个层面都有各不相同又相互作用的一系列原理发挥作用。这样才能维持生命运转，并利用下层提供的能力创造结构、功能和秩序。在这个层次结构中的每个层面，都会发生一些对具体细节相当不敏感的事件。这些事件将物质编排成在时间和空间上允许生命展开的形态和模式。

在每一个层面上，你都无须太过深入树林，否则树木就会遮挡你的视线。每一个诸如“那个部分是怎么运作的？”的问题都有可能把你拖入死胡同，很快就会让你忽略所有更大尺度上的图景。有些人可能会用一生来研究p53 蛋白、Wnt信号通路或者上皮细胞向间充质细胞的转化。有些学者确实做了这样的研究，我们要感谢他们，因为要想更为缜密地认识生命的运作方式，这些细节必不可少。

生命运作的故事仍然存在许多缺漏，这没有什么好奇怪的。我们不应该感到惊讶或失望，因为过去我们对生命运作机制的理解过于简单。我们曾经将其归因于灵魂或者灵魂的某种粗糙替代品，比如“生命力”“基因作用”这些含糊不清的术语，或者所谓的基因蓝图。当更好的解释出现时，我们完全可以摒弃这类不成熟的想法，并且完全不用因为自己曾珍视这些想法而感到难堪。毕竟，谁能预料到像生命这样无处不在的现象不仅极其复杂，而且与人工装置的运行方式如此不同？

诚然，我们可能仍对建造这种复杂的理解体系感到不安，这合情合理。即便我们已经窥见一些创造稳健特征而非脆弱特征的原则，但仅凭所有这些细节就能涌现出某种结构、某种生物，这个事实仍然令人不安。这么多步骤竟然能如此协调、同步，最后创造出人类这样的生物，这究竟是怎么做到的？举例来说，为什么蛋白质折叠形成酶的过程会同尺度大上数千倍的细胞迁移过程协同作用，从而形成某种组织？所有这些过程的运作都好像受到某种总体规划的支配，而这种总体规划的最终目标就是创造出我们这样的生物。看起来，生物学就是具有某种目的性，这有些不可思议，也正是这种想法困扰着一些生物学家。

然而，我们不能让这种不适感成为严肃对待这个问题的阻碍。所谓严肃对待，就是要问一问：生命机制如此复杂、精巧，究竟是为了什么？这听起来可能是一个危险的神秘主义议题，或者至少也是形而上学的问题。不过，我们不应该因此简单地忽略它，而应该把这个问题塑造成一种有用、可处理、可检验的形式。也就是说，生物学面临的一大挑战是，为了理解能动性、信息、意义和目的性等概念，发展出一个合理且能够实际产出结论的框架。对具有哲学倾向的学者来说，一旦我们解决了生命微观尺度运作机制的所有细节问题，上述概念就都不是可有可无的附加选项了。相反，它们正是生命的核心。要是没有这样的全局意识，我们最终的收获就相当于知晓了精密机器运作原理的所有细节，却不了解它实际的功能是什么。毕竟，如果我们不知道生命在追求什么，知道生命是怎么运作的又有什么意义呢？

死亡即平衡

一种阐述这种挑战的方式是称生命借助极不寻常的手段颠覆物理学。然而，就我们目前所知，生命并没有违反任何物理定律。不过，它似乎执意要给人留下违背物理定律的印象。在生命看似想要“颠覆”的诸多基本物理定律中，其中一个是热力学第二定律，通俗地说，就是宇宙会不可避免地走向更加无序的状态。这个概念常常用熵（一种表征无序程度的度量单位）来表示。热力学第二定律指出，在所有变化过程中，宇宙的熵都必须增加。另一种似乎不那么抽象的表述方式是：能量倾向于扩散到周围环境中并被消耗，因而储量越来越少；作为执行有用工作的燃料，它的质量也越来越差。

热力学通过第二定律规定了所有变化过程的首选方向。请你想象一滴墨水滴到一杯水中的场景。墨水总是会在水中扩散，直到均匀地分布于整杯水中；这种稀释的墨水溶液中永远不会自发地重新形成原来的墨水滴。按照热力学第二定律，这类变化总会导致整体熵增加。

归根结底，变化过程的这种方向性只不过是概率的结果。熵实际上是一种度量方式，衡量构成系统的粒子（原子或分子）有多少种不同但等价的重排方式。一般来说，可供无序系统选择的重排方式要比一个有序的结构化系统多得多。因此，变化过程总是朝着最有可能的组态方向发展。物理定律完全不禁止在均匀墨水溶液中悬浮的颜料颗粒通过随机运动全部整合起来，重新形成原来的墨水滴，只是这种情况非常少见：要在一杯水（其中含有大约 10^{25} 个分子）中观察到这种情况发生，你要等待的时间甚至长于宇宙当前的年龄。就个体层面而言，分子之间的相互作用是可逆的，它们之间的碰撞无论是在时间上向前发生还是向后发生，都符合运动定律，但由于在数万亿次的碰撞中对应的概率不同，这些相互作用会在时间上变成单向的。

生命似乎无视了熵增定律。生命的活力依赖于秩序的创造和维持，也就是依赖于非常特定的分子模式和分布——这类模式和分布极不可能是偶然产生的。甚至，我们的思想和记忆能够持续存在，似乎也违背了热力学第二定律——按照这个定律，思想和记忆应该分解为神经元的随机放电。所有这一切之所以能够发生，完全依赖生物体内的能量调动。生命必须收集、储存能量并以明智而审慎的方式使用能量，尽可能减少浪费。

从某种程度上说，这一点儿也不神秘。热力学第二定律只是要求变化过程中的熵总体增加。因为维持生命需要消耗能量（获取能量的方式多种多样，有些形式更令人愉悦）并产生热量（你在通过运动增加能量消耗时能体会到这一点），所以我们其实一直在为细胞和身体的逆熵增倾向买单，方式是让周围环境变暖，也就是提高周围环境的熵。既然如此，为什么生命还要选择精打细算地使用熵？而一旦生命停止——当我们死亡时——完全一样的生命物质就会不可阻挡地自行向腐烂和无序的深渊滑落。[①]

产生秩序而非造成混乱的能力并非生命独有。在非生命系统中，这种情况一直都在发生。虽然固体材料在受力后碎裂可能会产生一堆杂乱无章的碎片，但在合适的环境中，材料可能会产生一种近乎几何规则的惊人规律，比如北爱尔兰巨人石道岬的那些玄武岩——这些熔融状态的岩石在冷却和收缩的过程中断裂，被塑造成一种由大体呈六边形的柱体构成的网状结构。地球大气中狂暴的气流有时会形成龙卷风和飓风这样的有组织结构。即使是太阳那炽热的表面也不是无序的旋涡，翻腾的等离子体有序地组织成名为“米粒组织”的对流元（图 9–1）。

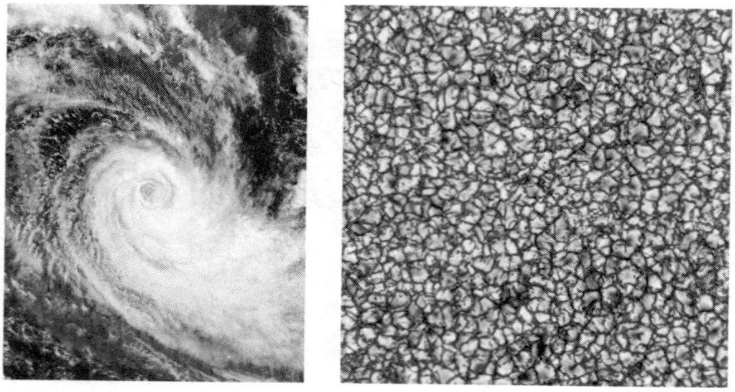

图 9–1　混沌中的结构。左图为飓风，右图为太阳表面的对流元

图片来源：左图来自NASA；右图来自NSO/AURA/NSF，井上建太阳望远镜。

① 从这个角度说，死亡尤其不可思议。尽管我们有时能让看似身体停止运转的人苏醒过来，但总体而言，那些平静死去的人似乎相当突然地完成由生到死的转变，而且这个过程是绝对不可逆转的，然而他们的身体状况在死亡前后其实几乎没有变化。在呼吸停止的那一刻，他们除了生命，似乎什么也没失去。

所有这些例子都表明，那些朝着远离平衡态的方向发展的过程完全可能产生秩序。在平衡状态下，系统整体上不会有变化，因为没有驱动力迫使它改变。静止在平面上的球体处于平衡状态，因为作用在球体上面的力是平衡的，所以它不会移动。在平衡状态下，系统中的任何位置都没有温度差异——如果有，系统就可以通过让热量从高温处扩散到低温处来增加熵。同样，当墨水滴中的颜料颗粒均匀地分散在水中时，墨水就达到了平衡状态，随后不再有人眼可见的变化。

相比之下，非平衡系统一直在变化，比如不断旋转的飓风、逐渐扩大的裂缝、翻腾的太阳表面。这类变化之所以能够发生，是因为不断有能量或物质流入系统。飓风是由大气中的大尺度运动驱动产生的，与海洋表面水汽的蒸发和对流上升有关。这种能量流驱动系统偏离了平衡状态。当我们用燃气灶烧水时，水会因对流（或许还有水蒸发时产生的气泡）而受到搅动；在关掉燃气后，水最终会冷却到与周围环境相同的温度，然后就不会有进一步的变化了。在分子尺度上，变化和运动仍在发生：分子个体仍在水中不断随机漂流。不过，平均而言，向一个方向运动的分子数量总是与朝相反方向运动的分子数量相同，因此，这种微观尺度上的运动不会让系统整体运动起来。

生物体是非平衡系统。我们的心脏不断跳动，将血液泵至全身。我们条件反射式地呼吸，无须刻意尝试，甚至完全不需要留意。即使在休息时，我们的大脑也是一片忙碌，各种信号在复杂的神经元网络中快速传递——活着时大脑永远不会安静下来。身体的每个细胞都在消耗能量以驱动代谢过程。这一切的基础都是持续不断的能量输入——对人类来说，富含能量的食物提供了维持不平衡状态所需的能量，但归根结底，地球上几乎所有生命[①]的能量都源自太阳，正是太阳为处于食物链底端的植物的生长提供了动力。此外，你最好希望自己尽可能长时间地保持

① 一些生态系统依靠地球深处释放的热能存活。这些热能通过海洋地壳中的火山裂缝和名为“海底热泉”（位于完全得不到阳光照射的海洋深处）的狭缝释放出来。

非平衡状态，因为平衡意味着死亡。

这是否意味着生命只是一种特别复杂的非平衡现象？也就是说，我们是物质和能量错综交汇产生的旋涡，在某个瞬间绽放出辉煌的光芒，直到死亡让生命之线松散开来，原本交汇的物质与能量散落一地。这是一个诱人的想法（我是这么认为的，但有些人可能会觉得它令人恐惧或没有灵魂），但我认为它并不完全正确。首先，我们不像沙尘旋风那样每次吹起就换个形状。每个人体内的基因组中都深藏着一段进化记忆，虽然它们并不是蓝图，但确实编码了历经漫长岁月塑造并传承的信息。这些信息对我们的形成不可或缺。换句话说，生命是一种后天习得的过程。

生命在多大程度上受达尔文式记忆的支配，又能够在多大程度上利用自发秩序机制，是认识生命运作原理的核心问题之一。我们已经看到，上述两个因素都会产生影响。但我确实认为，进化出的性质使我们与其他非平衡有序系统的例子有着本质上的区别，这不仅是因为这些性质为我们的身体结构和举止行为赋予目标和意义，还在于它们以能动性的形式表达出来。可以这么说，我们是有目标的沙尘旋风，在积极自我维持和自我保养的同时繁衍后代，让后代也做同样的事。在这个过程的细节中，热力学仍然发挥着约束作用：我们无法摆脱热力学定律。然而，热力学的描述不足以涵盖生命的方方面面。我们是一种性质非比寻常的非平衡系统，在掌握能够解释这种不同寻常性质的理论之前，我们永远不可能正确理解生命的运作方式。

薛定谔的细胞

奥地利物理学家埃尔温·薛定谔在他 1944 年出版的作品《生命是什么？》中认定，用书名提出的这个问题的终极谜团就是我上面提到的这种性质。他写道：

> 当一个非生命系统被孤立于或放置于均一环境中时，由于各

种摩擦，所有的运动[①]通常都会很快停止……之后，整个系统逐渐变成一个毫无生气、静止不动的物质块。系统达到一种永久性的状态。在这种状态下，不会发生任何可以观察到的事件。物理学家称这个状态为“热力学平衡态”或“最大熵”状态……正是因为避免了快速向“平衡”的惰性状态衰减，生命才看上去如此有活力。

生命是怎么做到这一点的？通过新陈代谢。但正如薛定谔所知，所有此类过程（比如食物消化时产生的化学变化）必然会产生熵，所以生物体在生存过程中会不可避免地积累熵，并逐渐接近那个致命的最大熵平衡状态。他写道：“生命只有不断地从环境中汲取负熵，才能避免熵的积累，从而维持生命活力。”因此，生命真正的生存基础是负熵。“或者换一种听起来不太矛盾的说法，新陈代谢最为重要的意义是，生命借此成功摆脱了生存过程中不可避免产生的全部熵。”在薛定谔之前，从没有人阐述过类似的观点。

在 20 世纪上半叶，生物学出现了明显的化学倾向：专注于新陈代谢的生化过程、维生素和激素的作用、酶的性质等。当时的科学家认为，这些过程与其他任何化学过程都很相似：生物过程的细节更难理解，涉及的分子也比化学家通常习惯研究的更为复杂，但本质上与化学过程并无不同。与此同时，出现了大量遗传学和遗传机制方面的研究。然而，当时没有人深入思考生命的方方面面是怎么相互关联、构成一幅更大图景的。薛定谔撰写《生命是什么？》的目的就在于此，如今人们常常认为这部作品标志着生物学研究重点的重大转变，并促使像弗朗西斯 · 克里克和乔治 · 伽莫夫这样的物理学家把注意力投向生命的奥秘。

1938 年，因纳粹德国吞并奥地利，薛定谔从奥地利流亡至爱尔兰的都柏林圣三一学院——薛定谔曾激烈反对希特勒政权，而且纳粹政府认定他的妻子为非雅利安人。薛定谔应时任爱尔兰总理埃蒙 · 德瓦莱拉的

① 薛定谔在这里讨论的是宏观（大尺度）运动，他已经认识到随机的微观运动始终存在。

私人邀请，前往这个彼时新成立的共和国。德瓦莱拉希望这位著名的物理学家（薛定谔凭借对量子理论领域的贡献于 1933 年获得诺贝尔物理学奖）能够在爱尔兰建立一座高等研究院所。[①]尽管薛定谔没有接受过生物学方面的训练，他对生物学的兴趣也不过是业余爱好者水平，但他还是在 1943 年选择就生命问题举办一系列讲座，并在次年出版了以这些讲座的文字记录为主要内容的书籍。书中写道，关键问题在于：

> 如何能通过物理学和化学解释生物体的时空边界内发生的各种时空事件？

在我看来，相比“生命是什么？”（这个问题目前仍未达成共识），用“生命是如何运作的？”重新表述这个问题更好，也更简洁。

尽管薛定谔的结论可能有些令人失望，但他确实切中了要害：我们不知道。或者说得更恰当一点儿：物理学和化学（就 1943 年时对这两门学科的认识而言）无法完全解释生命，但没有任何理由怀疑，随着认识的深入，这两门学科的确有解释生命的能力。然而，这里的“深入”不仅仅是渐进式进步的问题。薛定谔指出：“我们必须准备好发现一种（在生命中）占主导地位的新型物理定律。”他当时不知道这种新型物理定律会是什么，但提出这需要一种能“从秩序中产生秩序”的原理。在常规热力学中，我们看到大尺度上的秩序源自微观上的无序。例如，我们可以证明孩子们在学校里学到的简易气体定律，比如给定数量气体的压力与其体积成反比，源自组成气体的所有粒子在极度无序、随机的运动中产生了整体上的均一性：气体在任何地方看起来都是一样的。

然而，生命并非如此。生物体在生长和维持生存的过程中体现的秩序与结构，在微观尺度和宏观尺度上都适用。我们的身体在宏观上是高

---

① 2022 年 1 月，都柏林圣三一学院宣布，将为一间此前以薛定谔命名的演讲厅改名，原因是有充分的文字记录表明这位物理学家同多名年轻女孩发生了性关系。

度非随机的实体，就连染色体中也存在着某种分子秩序——在薛定谔生活的时代，人们就认识到，这种秩序控制着生物体的生长。那么，这种“秩序中的秩序”是怎么产生并逃离热力学第二定律确定的无序化倾向的？对生物系统逃离热力学无序化倾向这个事实，薛定谔只在他那部简短著作的第 6 章有所提及。《生命是什么？》的大部分内容都在探讨一个难题：分子尺度上的事件——染色体中的突变——如何引发生物体在宏观层面的变化。

对当下的我们来说，这似乎完全算不上难题。我们学到的遗传学和进化的运作方式是这样的：DNA 的随机突变可能引发表型变化，然后自然选择在这些表型变化的基础上发挥作用。然而，正如我们在前文中看到的，一旦我们承认微观世界的运作并非像机器一样，就完全有理由仔细思考其中的怪异之处。遗传、进化过程十分嘈杂：充斥着因为分子运动和相互作用方式的偶然性而产生的波动。正常来说，我们认为，微小的变化不会产生太大的影响，当然也不会产生稳定、可预测的影响（我们在这里讨论的可不是以蝴蝶效应为代表的混沌理论）。然而，基因突变的影响与我们的这种预期相反。这正是薛定谔在评论“秩序中的秩序”时要表达的：分子尺度事件的专一性怎么决定性地产生并影响生物体尺度的结构。

对 20 世纪初的物理学家（或者像薛定谔自称的“天真的物理学家”）来说，这种效应看起来尤为奇特。薛定谔和大多数专业上的同行得出结论：在最精细的原子和分子层面上，大自然在本质上是无序的。不仅分子运动随机且不可预测——这一观点发轫于 19 世纪中叶，并在 1908 年经法国物理学家让 · 佩兰证实——而且量子力学表明，微观事件本身（量子跃迁）就是由偶然性和概率支配的，而非决定论的。你无法知道微观事件具体何时发生，只能知道它们发生的概率。牛顿物理学的框架是可预测的，而量子力学显然与其相去甚远——应该说，物理学从未如此偏离决定论。

因此，我们可能会认为，为了保证平稳运转，生物体需要的那种规律且可靠的物理定律必然涉及大量分子，似乎只有这样才能抹平微观层面上的随机性，就像气体定律那样。这种规律本质上是统计性的，就像伦敦夏季的平均气温比冬季高一样可靠。然而，薛定谔提出，基因突变的影响意味着，物理学家的这番期待显然是错误的。他证明，突变一定只发生在染色体上“极小的原子团”中。[①]他写道：

> 尽管这些原子团实在太小，不足以呈现明确的统计学规律，但它们确实在生物体内极为有序且合乎规律的事件中起主导作用。它们控制着生物体在发育过程中获得的可观测大尺度特征，并且决定了生物体运作过程中的重要特性。

薛定谔总结说，从分子尺度到宏观尺度都能维持这种“控制”的唯一途径就是消除分子尺度中的随机性：施加一种下至原子层级的秩序，它能以一一对应的方式映射到生物体的宏观结构上。他说，“染色体纤维的结构”必须对应一种“代码脚本”，而生物体就是从这种脚本中以决定性的方式产生的。这种代码脚本编码的不只是所有生物机制指向的目标结构（生物体），还有读取和执行生物机制指令的手段。从信息的角度说，它本身就是完备的，将所有细胞的秩序来源集中于一处：

> 同时，染色体结构在引发它们预示的发育过程一事上也能发挥作用。它们是立法权与执法权合一的结构，或者换一个比喻，它们结合了建筑设计师的精妙规划与建筑工人的娴熟技艺。

什么样的原子尺度结构能够产生这种秩序和协调能力？当然，科学

① 在薛定谔提出这个观点的时候，只有一些迹象表明染色体的关键成分是DNA，大多数生物学家仍然认为基因是由蛋白质构成的。薛定谔准备1943年的演讲时，生物学家正在收集能够证明DNA关键作用的证据，美国纽约洛克菲勒研究所医院的奥斯瓦尔德·埃弗里也确实在肺炎球菌相关的实验中收集到了相关证据。

家当时已经知道，秩序和规律在原子尺度上也是可以存在的，并非每一种物质内部都在疯狂地随机起舞。具体来说，晶体的结构就是有序的，晶体中的原子有规律地排列成行、层和晶格。不过，很难看出晶体的这种秩序对引导生物体发育及其模块化有多大用处，因为这类秩序的信息量不足——晶体不过是一遍又一遍重复完全相同的东西。薛定谔推测，染色体需要的秩序与晶体类似，但没有晶格的规律性或“周期性”。用他那句广为流传的话来说：代码脚本必须是一种非周期性晶体。

这意味着什么？晶体怎么可以没有周期性？如果没有，那它还能算晶体吗？薛定谔在这里指的是一种精确且可以复现（这点是最重要的）的结构，但它又不是通过简单的重复来体现秩序。这正是文本或脚本的特点。我写下的文字必须按照一定的顺序排列才能传达其含义，如果被随意打乱就会毫无用处，但它们的顺序本身并没有任何重复（即便偶尔重复，也只是我出于修辞考虑有意为之）。

现在看来，薛定谔口中的“非周期性晶体”极为惊人地预言了DNA结构——在《生命是什么？》出版仅仅9年后，生物学家就发现了DNA结构。回头去看，如果非周期性晶体有什么具体意义，那显然是它必须看起来像DNA。[①] DNA分子具有规律性，其形式是优雅的双螺旋结构，并且每隔3.4纳米就重复这种双螺旋外形。另外，这种形状足够规律，所以当分子聚在一起时，DNA甚至能够形成晶体。我们还可以利用X射线晶体学分析这类纤维状晶体，罗莎琳德·富兰克林和她的学生雷·戈斯林正是借助这种方法获得了促使詹姆斯·沃森和弗朗西斯·克里克发现DNA双螺旋结构的线索。不过，DNA并非真正的晶体，因为其碱基对的排布没有周期性。

当沃森和克里克最终揭示DNA双螺旋结构，并随之揭晓编码、复制遗传信息方式的线索时，薛定谔的代码脚本理论似乎得到了证实。沃森

① 1984年，人们发现了一种截然不同的非周期性晶体形式：一种金属合金，其原子以一种看似规律但永远不会完全重复的结构排列。我们现在称这种晶体为“准晶”。起初，科学家因为它看似不那么对称而认为它违背了对称的基本原则，但实际并非如此。

和克里克明确指出了薛定谔的观点对他们的启发。克里克在 1953 年写给薛定谔的信中说："我和沃森讨论过我们是怎么进入分子生物学领域的，结果发现我俩都受到了您那部简洁著作的影响。"他还补充说："目前看来，您提出的'非周期性晶体'这个术语非常贴切。"[①]沃森则坦承，正是由于薛定谔的《生命是什么？》，他才决定学习遗传学课程，进而了解了奥斯瓦尔德·埃弗里指向"DNA是基因载体"这个结论的研究，并开始思考什么是基因。

尽管薛定谔在如何描述生命一事上提出了正确的问题，但他给出了错误的答案。后来，生物学家接受了那个答案，却忘记了最初的问题。如今，大多数分子生物学家担忧的是随机性问题，或者说噪声问题，但这并不是薛定谔当时忧心的问题。当然，随机性问题确实值得忧虑。薛定谔思考的是：怎样才能克服噪声，进而以确定性的方式得到可靠的输出，即能得到稳定生存的生物体？薛定谔认为，这个过程之所以发生，一定是通过某种能够严格地将秩序和组织加于混沌之上的程序，那就是基因！

然而，正如我们已经看到的，实际情况并非如此，也不可能如此。受基因严格限定的程序根本行不通。你无法以这种方式驯服分子系统的噪声：它太脆弱了。我们在前文中看到，从嘈杂组件中获得确定性结果的方法（也许是唯一的方法）就是依赖因果涌现。无论是细胞、大脑的

---

① 沃森和克里克对《生命是什么？》的推崇并非人人认同，一些专家对此嗤之以鼻。分子生物学家马克斯·佩鲁茨后来表示："薛定谔书中正确的内容并非原创，至于那些原创的内容，大部分在他写书的时候就已经被认为是不正确的了。"举例来说，早在薛定谔之前，马克斯·德尔布吕克的研究就预示了非周期性晶体是基因载体。（德尔布吕克本来是物理学家，后来转向生物学研究。薛定谔在基因突变方面的思考深受他的影响。正是德尔布吕克证明了无论基因是由什么构成的，它们都必然是分子级别的。）杰出的化学家莱纳斯·鲍林则认为"负熵"的概念是无稽之谈，并且称薛定谔处理热力学的方式"模糊且肤浅"。《生命是什么？》确实很奇怪，它先是把原子尺度上结构的稳定性描述为一个深刻的谜题，然后又毫无必要地用量子力学强行解释，这肯定会让化学家感到困惑。因为每个化学家都很清楚，原子能够通过强力的化学键形成稳定的分子。

状态，还是生物体的行为，宏观现象的大部分因果关系都必须在更高层级上产生。[①]

这究竟意味着什么？

现在阅读《生命是什么？》是一种痛苦的体验，至少对我来说是这样。这部著作几乎就要朝着有益的方向迈进，最终却走向现代生物学的“机械之神”——基因蓝图。为了解释“遗传物质如何工作”，即发育和新陈代谢如何利用遗传信息使生物体在其所说的时空“四维模式”中的每一刻都能构建并维持自身，薛定谔只能求助于猜想中的“新型物理定律”，而对这个定律本身，他再也没有更深入地介绍。不过，通过引入熵、随机性和秩序的概念，薛定谔开始窥见更大的图景：看到生物能够向统一目标调动物质的发育框架。就他书中的内容而言，这幅图景还缺少两个关键概念。

第一个关键概念是信息。这个词在《生命是什么？》中并未出现，但我们现在意识到，它是书名问题的核心。然而，就实际情况而言，在薛定谔撰写这本书的时候，“信息”即将成为生物学的流行词——尽管不是在非常恰当的语境下。詹姆斯·沃森和弗朗西斯·克里克提出的DNA双螺旋结构表明，DNA显然是一个线性的“数据库”，其中碱基对的序列编码了用于生产蛋白质的信息。在20世纪50年代，这一形象几乎不可思议地与计算机硬件中用于存储信息的磁带产生了相似之处。更重要的是，生物数据也是数字化的，尽管用的是4个字符（A、T、C、G）而不是二进制的1和0。然后，活细胞似乎能够直接读取这种数据，并且具有复制编程指令、传递给后代的惊人能力。换句话说，我们当时把生命看作编码在DNA中的计算结果，而实现这个结果的软件就是细胞。

---

① 与此同时，我们也没有必要把随机性视作必须消灭的敌人。通过前文可知，对“知晓”如何利用随机性产生多样性与变化的系统来说，随机性也可以变成一种资源。

于是，产生了如下推论：

1. 生物体就像机器一样。
2. 生物体具有不可阻挡的目标[①]：生存并繁衍。
3. 基因为生物体提供生存和复制的程序。
4. 为应对不同的环境，自然选择打磨出了不同的生命机器。

这是一种看似合理的生命解释，优点明显：它似乎为原本复杂的问题提供了一个简单的解释。然而，除了我们在前文中看到的那些重大缺陷，还有一些人出于美学原因反对这种观点，即该观点似乎在以一种极其贫瘠和黯淡的方式思考自然界的丰富性和多样性。我们可能觉得生物学应该为我们提供更有意义的东西。且不论这种看法是否正确，它至少指出了《生命是什么？》中缺失的另一个关键概念：意义。

在生活中，我们能在各种各样的事情中找到意义，例如与朋友和家人的关系、艺术和文学、宗教信仰，这并非人类思维自带的怪异现象。这些人类属性与我们在其他动物身上看到的类似属性之间存在明显的连续性。我们当下不知道，并且很可能永远无法真正了解黑猩猩对其幼崽的情感，狗对主人的情感，以及狗蜷缩在炉火旁舒适毯子里的感受。不过，我们有充分的理由相信，这些动物是可以感受到一些东西的，也就是说，它们的反应不是机器人那样的自动反应。动物会在其所处环境中找到一些意义：它们经历的事物与它们拥有的目标和驱动力之间存在着某种关系，而这在由体验赋予的心理价值中得到了体现。

人类属性与更简单的生物体之间也有连续性。就个人而言，我不认为细菌游向营养来源或远离危险源时有任何感受，细菌不会感到兴奋或恐惧。但我认为，称“这些刺激对细菌有意义”仍然是合理的，甚至是

① 在传统生物学观点中，总是小心翼翼地使用“目标”这类词汇，几乎可以说是极不情愿。传统观点通常认为，生物体像编程好的机器人那样，盲目地朝着人为设定的目标努力。

必要的。这种想法不涉及任何神秘学内容。相反，我们需要的是对生物学中意义的恰当理解，这也是目前我们缺乏的。

对意义问题的忽视有其历史原因。我们意识到DNA是一种信息承载分子之际，恰逢名为“信息论”的计算科学分支兴起之时。1948 年，数学家克劳德·香农在美国新泽西州贝尔实验室研究随机噪声如何削弱电信线路传输的信号时，发现信息与熵的概念有关。香农提出了熵的一种定义，并使其与信号所含的信息量成正比。

不过，香农的想法受到了一种关键限制。为了发展有关熵和信息的想法，他在分析过程中系统性地剔除了所有关于意义的思考。这样一来，重要的只是信号的复杂性，也就是在不损失任何信息的情况下，能够将一串比特压缩成多短的字符串。这就类似你接到一通中国人打来的电话，重要的不是你听不听得懂中文，而是对方的语速究竟有多快。我们能将意义重新纳入信息论，构建一种生物学信息论吗？如果可以，它又会怎样引导、影响生物的能动性？

这种迫切需要与我之前提到的其他概念密切相关，而这些概念正是薛定谔寻找的宏大生命视角的核心：目标和能动性。我所说的能动性，指的是生物实体为了实现目标（达到目的）而操纵和控制自身及其所在环境的能力。具备能动性的行为主体之所以能够做到这一点，是因为它们能够为自身和周围环境（包括其他具备能动性的行为主体）赋予意义——我不是说它们一定要有意识地这么做，而是说它们要以某种方式从内部表现出这一点。它们能够关注对自身来说重要的事情。它们体验环境时，不是将其视为一系列中性相互作用和事件的简单连续，而是以“可利用性”为依据，即考虑周围环境是否具备有助于实现自身目标的条件。我们对生命意义的体验是：这种能力是精细发展的产物，在所有生物行为主体中都是如此。这种精细化发展既神奇又相当令人困惑，因为它看起来常常与任何强调适者生存的达尔文进化框架都相去甚远。

这正是生物与其他自组织非平衡结构的不同之处：生命具有价值和

意义，并且具有目标。换句话说，生物并非偶然产生的抵抗熵增无序倾向的非平衡结构；相反，生物这种结构为实现这个目标而特地进化出了这种能力（并且，我认为最好把这些能力视为认知能力）。接下去，我们需要了解生物是怎么做到这一点的。

麦克斯韦妖的故事

早在香农和薛定谔为生物学做出贡献之前许久，熵、信息和能动性之间的联系就已经建立了。为了理解生命如何克服分子世界的基础随机性，创造局部防御来对抗热力学第二定律以实现某些目标，薛定谔阐述的内容本质上与苏格兰物理学家詹姆斯·克拉克·麦克斯韦在 1867 年提出的问题没有什么两样。麦克斯韦当时假想了一个极其微小的主体（后来被称为“麦克斯韦妖”）要怎么从分子的随机热运动中提取有用的能量，也就是物理学家所说的“功”。热力学第二定律规定，以热噪声形式耗散的能量无法被回收用于做功，这本质上就是难以抵挡的熵增现象的原理，而麦克斯韦妖的举动显然违背第二定律。

麦克斯韦提出这个问题的动机主要是宗教方面的，可以说宗教本身就是在追寻意义。他之所以构思出这个“妖”，是为了回应根据德国物理学家鲁道夫·克劳修斯在 1850 年提出的热力学定律所做的悲观预测：能量守恒（热力学第一定律），热量不可逆地从高温处转移到低温处（热力学第二定律）。麦克斯韦觉得热力学第二定律似乎挑战了人类的自由意志。如果事情只有一种可能的发生方式（熵增的方式），我们似乎就会陷在僵化的决定论中，人类的自由意志也只能是幻象。作为一名虔诚的基督徒，麦克斯韦无法接受上帝会这么安排。然而，要怎么在不违反热力学定律的情况下拯救自由意志呢？

对宗教信徒来说，热力学的潜在影响似乎比这还要糟糕。威廉·汤姆孙（也就是后来的开尔文勋爵）指出，热量在所有过程中都会不可避免地耗散，这最终必然会造就一个温度均匀的宇宙，在这样的宇宙中无法提取任何有用的功，也不会再有任何事情发生。这是一种“宇宙热寂”，与教义承诺的永生相去甚远。

麦克斯韦觉得，一定有办法摆脱热力学第二定律。他在 19 世纪 60 年代关于气体微观理论的开创性研究展示了要怎么做到这一点。正如我们之前看到的，热力学第二定律只是统计学定律。[①]气体分子的运动速度统计分布呈钟形，速度快的分子具有更多的能量，因而从某种意义上说，它们“更热”。气体内部温度的任何初始变化都会被抹平，因为比起速度快的分子偶然聚集在一起形成一个“热”区，速度快的分子与速度慢的分子均匀混合的概率高得多。麦克斯韦认为，没有任何力学定律禁止前面这种情况发生，只是它发生的概率极低而已。

然而，如果我们能够安排这种情况出现，会怎样呢？那就会推翻热力学第二定律：你可以利用温度差（一座小小的热量库）来做功，比如为某些机器提供动力。麦克斯韦意识到，我们无法在实践中实现这种“冷”“热”分子的区隔，因为我们不可能知道所有分子个体的速度。但如果像麦克斯韦指出的那样，存在一个“有限实体”，它小到能够看到并跟踪气体中的每个分子，并且能够在充满气体的容器内起区隔作用的壁上打开和关闭一扇活板门，情况会怎样？这个实体可以把快速移动的分子赶到一个方向上，从而将热量聚集在一个隔间内，分开“冷”“热”分子并产生可以用来做功的温度梯度（图 9–2）。

1867 年 12 月，麦克斯韦在给他的朋友、物理学家彼得·格思里·泰特的一封回信中提出了这个想法。当时，泰特正在撰写一本讲述热力学历史的书。麦克斯韦告诉泰特，他的目标很明确，就是要在热力学第二定律中“找个漏洞”，并且证明它“只是统计上的必然结果”。这个思想实验找到了一个可能拯救自由意志的漏洞。

麦克斯韦从未打算称这个小生物为“妖”。1874 年，汤姆孙在一篇

① 至少传统观点是这么认为的。如今，有一些物理学家认为，在量子信息理论中，热力学第二定律可能有更深层次、更为基础的内涵。

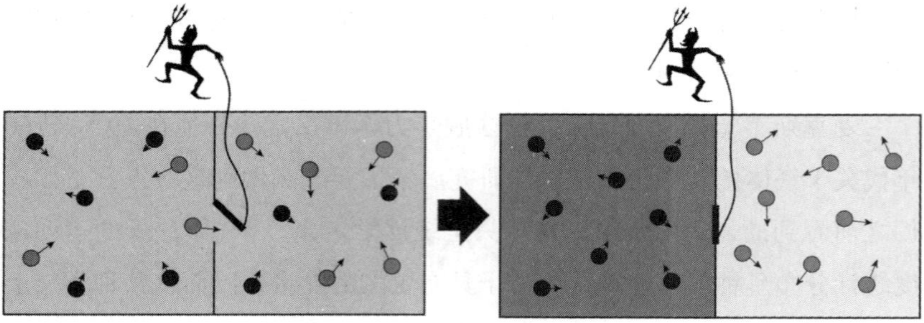

图 9–2 麦克斯韦妖试图通过分隔"热"的快速移动分子（灰色）与"冷"的较慢速移动分子（黑色）来打破热力学第二定律。麦克斯韦妖打开了一扇活板门，有选择地把分子赶往不同的隔间。结果就是，两个一开始温度相同的隔间最终变得温度不同

论文中将其定义为"一个具有自由意志的智能存在，拥有足够精细的触觉和感知组织，能够观察并影响构成物质的分子个体"，从而为其贴上了"妖"的标签。换句话说，这是一种能够在分子尺度上起作用的原型主体。虔诚的麦克斯韦对此并不高兴，他向泰特抱怨道："别再称它是妖了，叫阀吧。"

麦克斯韦看似战胜了热力学第二定律，但实际只是惨胜，因为正如他本人承认的那样，我们绝不可能做到这个妖做的事。麦克斯韦本可以辩称，未来有一天我们的技术手段能够发展到实现这一思想实验的高度，但他似乎对此不抱太大希望。他对分子世界的看法与几十年后的薛定谔相同：它是一团乱麻，由随机分子运动构成，我们只能在平均意义上感知并研究它。

然而，麦克斯韦的思想实验还有另一种可行的方式：这种妖或许真实存在。麦克斯韦似乎考虑过这种可能性，因为他很认真地思考过自由意志以这种妖为基础的可能性。与他同时代的多位学者几乎毫不怀疑应该按照字面意思理解这些"妖"。汤姆孙更是亲口强调麦克斯韦妖是合理的，他称其"并没有任何超自然之处，（它）与真正的动物之间的区别仅仅在于它极其微小且敏捷"。泰特则显然认为，麦克斯韦妖可能存在，并且可以招募它们实现非同寻常的事业。1875 年，泰特和苏格兰热理论专家、物理学家鲍尔弗·斯图尔特一起出版了《看不见的宇宙》，两人试图证明“我们总是假定科学和宗教互不相容，但现实并非如此”。泰特和斯图尔特意识到，基督教涉及灵魂不朽的教义显然与热力学第二定律冲突，因为根据热力学第二定律，宇宙最终会陷入无意识的停滞状态。二人承认：“能量一定会不可避免地耗散，这点毋庸置疑，尽管我们可以通过在可见宇宙中储存能量来推迟这个衰退过程，但不可能无限地阻挡这种趋势。”麦克斯韦妖为他们提供了一条出路。他们写道：“可以人为制造出‘克拉克·麦克斯韦设想的妖’，进而做到在不消耗功的前提下恢复当前宇宙的能量。”结果就是“有可能实现永生”。

大多数科学家对这类推测不屑一顾，他们认为热力学第二定律是不可违背的。然而，如果真是这样，那么麦克斯韦的论证中哪里存在缺陷呢？ 1929 年，匈牙利物理学家莱奥·西拉德认为自己发现了问题——他很快就成了又一位被纳粹主义迫害而流亡的科学家，先是流亡到英国，然后流亡到美国。为了测量分子的运动速度，麦克斯韦妖必须消耗能量，而这就会令足够多的能量耗散，产生足够多的熵，从而抵消麦克斯韦妖的操作。不过，在 1961 年，德裔美籍物理学家罗尔夫·兰道尔根据香农提出的信息处理过程与热力学之间的关系指出，原则上，麦克斯韦妖可以在不增加熵的前提下进行测量。

不过，只有保留麦克斯韦妖获取的全部信息，才能做到这一点。但是，兰道尔表示，如果麦克斯韦妖真的是一个具有有限记忆的“有限实体”，这种数据的积累就不能永远持续下去：为了给更多数据腾出空间，最终必须删除一些信息。兰道尔证明，虽然测量可以没有熵成本，但删除数据不行。重置一个二进制数字（比如把 1 重置为 0）必然会消耗虽然微小但可以精确量化的能量，这就是“兰道尔极限”。因此，实际上，麦克斯韦妖会在遗忘过程中产生熵。物理学家查尔斯·本尼特后来证明，这种“遗忘”行为是不可避免的，因为它相当于重置设备，为下一次测量做好准备。现在，学术界的共识是，由于信息与热力学之间的这种基本联系，麦克斯韦妖没能找到热力学第二定律的漏洞。

这一切与生物学中的意义、目标和能动性问题有什么关联？麦克斯韦妖似乎实现了薛定谔试图解释的东西：在分子尺度上创造秩序（根据分子的能量区隔它们）并降低熵。它将高熵系统转化为低熵系统，从效果看，它利用了负熵。（麦克斯韦妖最终必须偿还这笔债务，但这是次要问题，毕竟薛定谔从未设想生物体真的能违反热力学第二定律。）

薛定谔并没有发现这种联系，着实有点儿奇怪。也许他当时没有太在意，因为生理学家阿奇博尔德·希尔（因研究肌肉如何产生功和热而分享了1922年的诺贝尔生理学或医学奖）、生物学家李约瑟和爱尔兰化学家弗雷德里克·唐南已经在20世纪初讨论过这个问题。希尔在1924年写道：

> 可以想象，终极微观机制，尤其是最小的活细胞，或许能够以某种方式规避约束较大系统的统计规律。例如，它或许能够像麦克斯韦妖那样将分子分类，利用运动速度更快的分子的能量……从而避免普遍存在的熵增趋势，而熵增似乎是其他所有物质变化的约束因素。

唐南甚至估算了生物体（或细胞）需要小到何种程度才能实现这一点，并得出结论："似乎很有可能存在维度极小的生物系统，小到经典热力学定律不再适用于它们。"

尺度是这里的核心问题。宏观上的妖能够把一罐弹珠按颜色分开，这没有什么令人困惑的。实际上，这个分类过程甚至可以自发发生，比如你摇晃一袋什锦麦片，里面的大坚果会从小颗粒中分离出来。这些现象并不违反热力学第二定律，因为它们伴随着能量耗散和熵的产生。然而，生命系统必须找到方法抵御分子世界中无处不在的随机性，而熵就起源于这些随机性。

麦克斯韦妖是怎么做到这一点的？通过发挥能动性。麦克斯韦妖有一个目标，并且有一种实现这个目标的方法。按我们的想象，麦克斯韦妖具有思维和感知器官，能够推断出每个分子的运动速度，并根据这些数据来决定是否打开活板门。麦克斯韦妖通过操纵周围的环境执行计划。

我们现在知道，分子生物学中似乎充斥着行为类似麦克斯韦妖的实体。例如，细胞膜含有名为“离子泵”的蛋白质，它们能够将氢离子之类的粒子逆着浓度梯度“向上”泵送，使这些粒子从细胞膜浓度较低的一侧移动到浓度较高的一侧。而正常的扩散过程会不可阻挡地把这些粒子推向相反的方向，即扩散到浓度较低的地方。逆转粒子流向就像是从低温区向高温区泵送热量。细胞需要这样的分子泵来控制内部离子和其他成分（包括水）的浓度。

更像麦克斯韦妖的是马达蛋白质，比如肌球蛋白（参与肌肉收缩）、动力蛋白和驱动蛋白（沿着名为“微管”的蛋白质细丝“行走”，把分子包裹运送到细胞周围）。这些分子利用自身的随机热涨落，朝着特定的方向移动，将看起来在各个方向都相同的随机性转化为定向运动。实现这一点的具体方式则是它们内置的方向偏好，就像棘轮一样。随机运动（布朗运动）可以让分子朝任何方向移动，但分子（或其轨道）本身的构造方式使得它往某个方向移动比往其他方向更容易。

不过，前述这些分子系统都需要消耗能量才能发挥功能，因此都不是真正的麦克斯韦妖。和宏观层面的泵一样，离子泵也需要燃料，这些燃料通常以能量储存分子ATP的形式存在。因此，总体而言，热量仍在消散，熵仍在增加。还是那句话：只要愿意付出熵增的代价，你就能获得秩序。

此外，按照描述，麦克斯韦妖应该在没有任何能量输入（或者几乎没有能量输入）的情况下完成工作。活板门不产生任何摩擦力，因此热量不会以摩擦力的形式耗散，移动活板门就几乎不需要任何能量。当然，这些都是不切实际的理想状态，但至少我们可以想象制造这种接近零能耗运行成本极限的机械装置。

不过，真正推动这个过程的不是能量，而是信息。麦克斯韦妖利用收集到的周围分子的信息来做决定，并且不是什么信息都可以，而是关于粒子能量的特定信息。如果气体是空气，麦克斯韦妖不需要费力去查明这些分子是氧气还是氮气。它当然也可以收集这些数据，但如果只是想按照温度高低分隔空气分子，那么这些信息毫无用处。换句话说，麦克斯韦妖需要分辨哪些信息有助于实现目标，它只关注对实现目标有意义的信息。

现在，我们终于有点儿实质性进展了。

更重要的是，在麦克斯韦妖收集了这种能量之后，必须有地方储存。当然，它只需要当下的信息——一旦活板门接受或拒绝了某个分子，麦克斯韦妖就不再需要这个分子的信息了。不过，它需要神经科学家所说的工作记忆，以及计算机科学家所说的随机存储器，即一个在内部登记信息的地方。而且，无论这些数据存储在哪里，它们都不会自发消失：麦克斯韦妖需要一种重置内存的方法，正是这个重置过程回收了麦克斯韦妖工作时失去的所有熵。

预测机器

麦克斯韦妖之所以能体现能动性，能克服（哪怕只是暂时性的）分子世界的随机化和无序化倾向，是因为它具有四个特点：

1. 它有目标。
2. 它会收集有助于实现这个目标的信息。
3. 它把信息存储在记忆（内存）里。
4. 它根据这些信息，以目标导向的方式操控环境。

对麦克斯韦妖的现代分析表明，信息论和热力学之间存在惊人的联系：信息（我指的是为实现某种目的而特意选择的有意义信息）和能量是可以相互转换的。也就是说，麦克斯韦妖可以利用信息创建一座热能库（创造一些秩序），用于做有用的工作。更确切地说，在这里起作用的不是信息本身，而是为信息提供存储空间的能力（记忆，或者说内存）。只要我们不断给麦克斯韦妖提供更多内存，它就可以不断积累热量并做功。只有当内存耗尽时，麦克斯韦妖才必须抹去已有的信息，并且在这个过程中产生熵。

这种生物体想要在嘈杂的环境中发挥作用，而且不能像软木塞一样，稍微碰撞就四处飘荡，它必须收集哪些信息？关键在于，生物体可以通过与环境关联来利用环境。你如果想穿过熙熙攘攘的人群，就要调整自己的动作，与周围人的动作协调一致，比如在有空隙时迅速钻进去。否则，你只会毫无意义地反复与他人碰撞。你如果想旅行，最好根据目的地的公交车时刻表安排抵达时间。类似的例子还有很多。麦克斯韦妖必须把活板门的开关同靠近它的分子的热涨落性质关联起来。同样地，如果细菌始终稳定地朝着食物源的方向游动，那么它肯定比漫无目的地随机游动、只靠偶然性才找到食物的细菌更能繁盛兴旺。在进化适应的过程中，生物建立了许多这样的关联：多亏基因组中记录的祖先记忆，生物体天生就倾向于以一种非常适合自身所在环境的方式本能地行动。当然，这些关联也可能通过从经验中学习产生（毕竟，我们并非生来就会查阅公交时刻表）。

生物体的状态与其所在环境状态之间的关联意味着它们共享信息（这就是为什么我们有公交时刻表）。数学家和物理学家戴维·沃尔珀特与同事阿尔特米·科尔钦斯基表示，正是这种共享信息帮助生物体保持非平衡状态。因为就像麦克斯韦妖一样，生物体能够根据周围环境的波动调整自己的行为，进而从环境中提取功。生物体如果没有获取这些信息，就会逐渐恢复到平衡状态：它会死亡，接受随机命运的无情打击。

因此，我们可以把生物体看作利用有意义的信息适应环境（与环境关联起来），进而获取能量、逃离平衡状态的实体。更进一步，我们可以把生命看作一种旨在优化此类有意义信息的获取、存储和使用的计算过程。而且，事实证明，生命在这方面表现得极其出色。罗尔夫·兰道尔解决麦克斯韦妖悖论的过程为有限内存计算所需的能量设定了一个绝对下限，即遗忘所需的能量成本。当今最好的计算机在能源消耗方面远远超过了这个极限值，消耗、耗散的能量通常比这个极限值高出 100 多万倍。不过，沃尔珀特估计，一个细胞完成所有计算的热力学效率仅比兰道尔极限值高大约 10 倍。

沃尔珀特说，这意味着“自然选择非常关心如何将计算的热力学成本最小化，它会尽一切可能减少细胞必须执行的计算总量”。换句话说，生物学似乎非常谨慎，避免过度思考生存问题。根据这幅复杂结构（如生物体）适应环境波动的图景，我们便能推断出它们存储信息的方式。只要这类结构被迫高效利用可用的能量，它们就很有可能成为“预测机器”。

这几乎是生命的一个标志性特征：生物系统能够改变自身状态，以响应环境发出的某些驱动信号，从而提高生存概率。有事情发生，你就做出反应。植物向阳生长，在有病原体出现时产生毒素作为响应。这些环境信号通常是不可预测的，但生物系统会从经验中学习，储存与所在环境相关的信息，并利用这些信息指导未来的行为。它们必须暗中简洁表征此前遭遇的一切，进而预测未来会发生什么。人类有时也会有意识地这样做，例如在大脑中暗暗绘制周围环境的地图。不过，即使是单细胞生物也有某种形式的表征。生物学家丹尼斯·布雷说：“你身体内的每个细胞都携带着所在局部环境（由诸多原子构成）的抽象信息。”可以这么说，细胞找到了编码它那个世界的“公交时刻表”的方法。事实上，即使是像蛋白质这样的单个功能性生物分子，也会在某种意义上表征其所在环境，比如多肽链折叠的“设计”方式正是基于它们会在水中折叠的前提，而酶的活性部位则在某种意义上“预期”了各自的目标配体。大部分此类信息是在进化过程中学到的，并存储在基因中。

2012 年，物理学家苏珊·斯蒂尔、加文·克鲁克斯及其同事提出，在随机波动的环境中，预测未来的能力对任何节能系统来说都是至关重要的。为了达到最高效率，即与环境实现最优关联，这样的系统必须对其收集到的信息有所选择。存储信息需要消耗能量，因此，一方面，如果它不加选择地记住所有经历，就会产生巨大的能量成本；另一方面，它如果根本不存储任何环境信息，就会疲于应对各种意外情况。因此，从热力学的角度来看，最优的生命机器必须在存储信息和预测未来的能力之间取得平衡，具体方式则是尽量减少它存储的有关过去的无用信息。再次强调，关键还是它必须擅长获取有意义的信息，即那些很可能对未来生存有用的信息。

是什么造就了能动性主体？

能动性的关键在于主体本身充当了变革的真正起因：主体是代表自身行事的。麦克斯韦妖实实在在地把众多分子按“热”和“冷”分隔开来，如果没有麦克斯韦妖，这种分隔是不可能自发发生的。更严格地说，在没有麦克斯韦妖的情况下，这种分隔极不可能自发发生，而且这种分隔肯定不是一种可预测的结果。

不过，什么才算得上是事件的“起因”？这是一个非常棘手的哲学问题，一些哲学家甚至怀疑这种因果关系是否存在：如果粒子的一种构型必然要由之前的构型通过它们之间毫无目的性的相互作用产生，那么真正的因果关系究竟在何处？然而，因果关系并非某种神秘的自然力量。我们可以测量并理解因果关系，而且在复杂的系统中，因果关系可以通过因果涌现出现在更高的组织层级上，并不是从最原子化、最还原论的描述中向上流动。

这种“因果力”在主体中涌现、集中，正是主体与机器的区别所在，后者只是把某个事件或信号从一个位置传递到另一个位置。请让我以内燃机的活塞为例。在某种意义上，活塞的运动“导致”了车辆的轮子转动，即它提供了驱动曲轴转动的动力。然而，相比燃料燃烧时热气体的膨胀，活塞在“起因”方面的作用是否更大呢？毫无疑问，我们通常不会认为活塞具有“能动性”，但为什么不会呢？

生物学有时会因过度沉溺于“能动性思维”而受到批评，有时也会因不怎么容许“能动性思维”而受到批评。举例来说，我们已经在前文中看到，我们是怎么以隐喻的方式赋予基因和蛋白质能动性的，以及是怎么把进化描述为具有目标和“欲望”的。有些人认为，应该完全在生命科学中摒弃这类语言，例如不应该将非人类生物体拟人化为具有内在世界的实体，而应该视它们为对外界刺激以特定方式做出反应的自动装置。我认为这是错误的，不仅因为我们现在有充分的理由看到人类和其他物种之间的认知连续性，还因为否认生物学具备任何程度的能动性就是在否认生物学的本质。理论生物学家约翰内斯·耶格尔表示：“由于现在学界普遍不信任涉及目的性概念的机械主义，我们不具备以恰当的方式将真正的生物体能动性纳入进化动力学模型需要的概念工具和数学工具。这就是为什么我们宁愿假装这种现象不存在，也不愿严肃对待它。”

然而，假装能动性不存在就是在自找麻烦。能动性隐喻在生物学中不断出现的原因恰恰在于，它是真实存在的。实际上，它甚至可能是生命的决定性特征。哲学家安涅·克劳福德说：“生物之所以活着，是因为它的目的性过程：独一无二的生物体为成为自身、维持自身而构成的一种物质形式（我们或许更应该称其为‘物质模式’）。”然而，我们因为不理解能动性，不知道将其置于何处，所以总是倾向于以一种临时性的方式调用能动性来描述我们看到的现象，有时还会把它错误归因（比如归因于基因和基因组）。我们本可以做得更好。

遗传学家亨利·波特和神经科学家凯文·米切尔试图定义什么样的系统才能行使主体权利，也就是判断什么样的实体拥有自主性的因果力。他们罗列了判断是否真正具备能动性的几大标准，但没有声称这些就是全部标准。首先，具备能动性的系统必须与其所在环境处于非平衡状态，换句话说，它必须在热力学上与周围环境不同。我们已经在前文中看到薛定谔是怎么把这点认证为生物体一大特征的，以及为什么这意味着生物体必须吸收能量并将其中的一部分以热量的形式耗散。这就是生物体的温度往往与周围环境的温度不同的原因（除非出现巧合）。始终与环境处于热力学平衡状态的实体一定不是活的。

波特和米切尔表示，照此推论，这类实体必须有某种形式的边界，即必然存在某种方法来界定生物体能够自主决定热力学性质的区域。在细胞膜的包裹下，细胞可以保持一种在热力学上区别于膜外环境的状态，比如创造并维持离子和其他成分化学浓度的差异。波特和米切尔还提出，能动性主体必须持续存在一段时间，而且这段时间要有意义。这是一个看似显而易见的要求，但它提醒我们，决定生物体特征的并非它包含的原子（组成生物体的原子会不断地与环境交换），而是更高层级上的组织模式。能动性的作用不是瞬间产生的，而是在一段时间内发挥的。

此外，能动性主体必须具备波特和米切尔所说的“内源性活动”。也就是说，能动性主体的行为一定是出于自身的原因，而不仅仅是以刺激–反应的方式进行。活塞就没有内源性活动，它只是被动地、可预测地对腔室中的气体压力变化做出反应。换句话说，能动性主体内部的活动受到外部事件的影响，但并非完全由外部事件决定。即使是表面上类型相同的单个细胞，对相同的刺激也可能产生不同的反应。细胞不只是装着惰性分子的袋子，不是直到有信号到达细胞表面这些惰性分子才开始行动。它们一直在相互作用、相互反应以维持细胞的完整性，而外部信号只是推动了这种活动。大脑也是如此，就算没有外部刺激（如在感官剥夺的情况下），神经网络也绝不是静止的；相反，大脑里到处都是背景活动。这些活动并非无意义的“噪声”，而是大脑运作方式的内在组成部分，尽管我们仍然不太清楚这些活动究竟是“关于”什么的。米切尔表示，与特定任务相关的大脑活动通常仅占该任务相关脑区总活动的1%~2%。[①]

这条标准的一个推论是，能动性主体必须具有某种内在复杂性。基因不可能具备真正的能动性，正是因为它缺乏这种“内在活动”。蛋白质可能是某种弱能动性的更好候选者，因为它们的行为取决于内部的自由

① 功能性磁共振成像（fMRI）扫描大脑产生的彩色图像显示，大脑在执行特定任务时某些部分会“点亮”，这其实会让公众产生一种误导性的印象。通常，“明亮”的区域代表的是过度活动，只有在背景活动被平均处理后才会显现出来。

度，比如多肽链各部分之间的分子振动和相互作用可能会传递别构活性。在一定程度上，基因组的能动性虽然仍很微弱，但比蛋白质更胜一筹，因为基因组的行为与细胞其余部分发生的事件紧密耦合，依赖程度非常高。实际上，只有在细胞层面，生物才会启动真正的能动性。

能动性主体还必须表现出“整体融合”的特征，也就是大于其各个组成部分的简单加和。我们可以有效地分解一个生物体，观察其组成部分，但除非把它们重新组装起来，否则就无法真正理解其功能。正如波特和米切尔所说，在这一点上，生物体与完全由其组成部分推动的机器存在区别。有时，生物体的情况看上去似乎和这类机器差不多，但我们也看到这种观点如何日渐式微，比如原本认为对特定行为至关重要的基因，在移除后可能不会产生任何显著影响。而特定组成部分的影响（如基因表达）可能取决于整个细胞是如何“设置”的，即细胞的其他所有组成部分处于何种状态。波特和米切尔说：“你无法通过横向简化这类系统找出决定系统下一时刻状态的特定部分，因为这个组成部分的活动是由整个系统中的其他所有部分决定的。”

不过，能动性主体的最重要特征是“它们有理由”：其他所有标准都是达成目的的手段。当然，这并不意味着细菌会像人类一样通过自我反思和自我意识来思考自身的行为，但确实意味着细菌对它关注的事物是有选择的，因为有些环境刺激具有生存价值，另一些则没有。细菌会游向营养物质浓度更高的区域，但会忽略那些没有营养价值的物质的浓度梯度（只要这种物质不会威胁到它们的生存）。这种选择能力可以通过进化，即自然选择养成，但也可以通过学习养成。举例来说，即使是植物也可以表现出习惯化的特征，即证明最初触发植物反应的外部刺激对生存没有威胁后，植物便会忽略这种刺激，不再做出反应。简易机械就不可能这样，它们只会以同样的方式一次又一次地自动响应。我们可以凭借一些巧思在计算机算法中融入这种习惯化机制，但计算机往往不会自发表现出这种特性。我经常错按键盘右上角的“屏幕锁定”键，然后又马上解锁，但无论我犯多少次这样的错误，计算机都不会突然问我是否真的有意锁定屏幕。

如果能动性主体有更高层级的理由（目的性和目标），它就可能摆脱无意识的刺激–反应行为。如果某个低层级事件有可能引发某种反应，但这种反应与更高层级的目标冲突，主体就可能忽略这个事件。我们在看到或闻到新鲜美味的甜甜圈时，可能会分泌口水，但如果我们正在节食，或者知道自己没钱买，又或者对生产这些甜甜圈的公司的行为规范有意见，就可能抑制吃它的冲动。我们拥有自上而下支配行为的理由。同样的道理，因为能动性主体内部状态不同，相同的刺激就可能会产生不同的结果。①

因此，波特和米切尔说：

> 如果仅关注物理系统的瞬时状态，那么任何理解或解释生物体行为起因的尝试都注定会失败。只解释生物体在感知到某些外部刺激或生理状况时的行为是不够的，因为这些只是“触发原因”。我们还必须理解为什么系统以这种方式运行，即“结构原因”。

换句话说，历史对能动性主体很重要。能动性主体保有对过去事件的记忆，而这些记忆可能会决定未来的行动。历史塑造并启动了能动性主体，使它们既包含目标，又包含一种实用性的“世界知识”，这些知识指导着它们的行动。在这个过程中，历史赋予能动性主体一种因果力，而这种能力无法归结为其各个组成部分的简单加和。能动性主体把自身对世界的体验编织成一张真正的意义之网，用可供性（用途提示性）术

① 决定论者可能会争辩说，在分子层面上没有任何两种刺激是完全相同的，并且可能会提出，行为上的差异可能是这些刺激的微观差异造成的，而我们目前的检测水平无法检测到这些差异。然而，生物体在感知和辨别能力上是受限的，总的来说，进化并没有赋予生物体分子级别的敏感度。我们已经充分证明，包括纤毛虫等单细胞生物在内的许多生物体，都会对给定刺激表现出本质上随机的反应。这种行为变化本身并非能动性的标志，但正是它创造了一系列可能性，因而是产生能动性的必要条件。

语表示就是：鉴于这种状况，我怎样才能最好地实现目标？为了实现目标，我应当如何改造自身、改造环境？在实现目标的过程中，什么对我有用？

如此说来，能动性主体听起来可能非常人类中心主义，但以这种方式列举其特征有助于我们看到如何处理、应用能动性，如何将它们还原为可量化和可测量的组成部分。这类概念框架中有一个由神经科学家卡尔·弗里斯顿等人提出的自由能原理：能动性主体的行为旨在减少与其目标相对应的状态和它们在给定时刻体验到的状态之间的差异。它们可能会使用一种名为“梯度下降”的方法实现这一点，这种方法寻找的是到达期望状态的最快路径，例如一个朝着营养物质浓度上升方向游动的细菌会选择浓度梯度最陡的路径。另外，我们可以通过神经科学家朱利奥·托诺尼等人提出的“集成信息论”探索能动性主体体现信息整体集成的想法。集成信息论会根据系统各个组成部分之间相互作用网络的形状，表现这个系统整合信息的能力。

无论如何，要想真正理解生命的运作方式，必然要更好地理解能动性，并将其接纳为核心概念，也要理解能动性与生物体内信息同环境信息交换的关系。尤其是，生命的能动性观点迫使我们掌握一个棘手的问题，这个问题始终笼罩在我们对生命的认识之上，那就是：目的性的本质。

赋予生物学目的性

讲述生物学历史的一种方式是避而不谈生命存在终极目的、“终点”或目标之类的概念。目的论是亚里士多德宇宙观的核心，不仅在生物世界之中如此，在生物世界之外也是如此。在亚里士多德看来，重物落地是它们的天性使然，正如天体按圆形轨道运行是其天性使然一样。当西欧的自然哲学开始扎根于基督教神学时，目的论就有了一个显而易见的来源：上帝的意志和设计。19 世纪的英国神学家威廉·佩利将这点上升为上帝存在的论据。他在 1802 年的论文《自然神学，或从自然现象中收集的关于上帝存在和属性的证据》中指出，我们在生物世界中发现的非凡设计，比如眼睛，绝对不是诞生于偶然或毫无目的性的物理定律，一定是出于有目的的造物主之手。他写道："眼睛是为了视觉而造，这与我们为了辅助眼睛而制造望远镜一模一样，相关证据也完全相同。实际上，只有通过展现智慧，上帝才能向他的理性造物展示自身的存在、作为和智慧。"

查尔斯·达尔文的进化论则彻底驳斥了这个观点。进化论解释说，只要有足够长的时间，自然选择就会敏锐地筛选出生物体中微小的随机变化，从而形成看似精心设计的形态和功能，然而这并不意味着生命有任何规划或预见。用理查德·道金斯那句颇有表现力的话来说，进化是一个"盲眼钟表匠"：它能够创造出像怀表（佩利书中的一个核心比喻）那样看似经过精心设计的巧妙装置，但其实根本没有任何智慧或目的性。进化走过的道路并非预先设定的，也没有任何目标，只是随机基因突变（最终为自然选择提供了多样性）给进化过程注入了偶然性。

如今，生物学仍未完全放弃为神的存在寻找角色，最常见的方式是借助智能设计的理念。这种理念的支持者（其中包括极少数主流科学家）坚持认为，进化的部分产物太复杂，不可能是通过突变和自然选择偶然产生的，一定源于某种具有引导功能的能动性主体。这类论点通常几乎没有任何实质性的证据，其支持者只能质疑："得了吧，自然选择怎么能做到这些？"然而，实际上，到目前为止，我们在自然界中发现的一切都符合"原子层面上只有毫无目的性的物理定律在起作用"这一观点。

因此，生物学坚持要从整个解释体系中剔除目的性和目标，部分原因无疑是为了与达尔文主义之前的残余神学观念保持距离。生物学中的某些还原冲动（在生命的组成部分中寻求解释）可能源于这样一种认知，即所有自上而下的解释系统都有可能指向危险的目的论。生物学通过各种"假设"来规避这种危险：我们可以"假设"存在目的性、意图和目标（实际上，如果不做这种假设，我们几乎无法研究生物学），但同时必须坚称这只是一种讨论问题的方式。[①]这与丹尼尔·丹尼特提出的“意向性立场”非常接近。丹尼特是这样描述意向性立场的：“这是一种策略，假设某个实体是一个理性的能动性主体，即它能通过‘思考’其‘信念’和‘欲望’，支配其‘选择’和‘行为’，以此解释这个实体的行为。”从这个意义上说，可以认为生物学是在践行“目的性”立场。

然而，我们不应该混淆能动性主体的目标与创造能动性主体的进化过程中的“目标”。就我们目前所知，进化本身真的没有目标。（这不一定意味着所有进化变化都是随机的。）不过，至少我们人类肯定有目标！我想在一周内写完这一章，我想今晚吃顿大餐，等等。对一个信奉达尔文进化论的唯物主义者（就是我）来说，除了进化本身，这种制定目标的能力还能从哪里来？我们大概可以颇为高兴地声称，进化让我们拥有了真正的手臂、腿脚、对生拇指、视觉、大脑、情感，而且我们不会认为有必要将其中任何属性定性为“表象”。那么，为什么不把目的性也归于此类？事实上，赋予生物体目的性和目标是极其强大的适应策略。这种策略武装了生物体，让它们能够作为能动性主体行动。

进化生物学家恩斯特·迈尔也认同这一点，他表示：“具有明确目标导向的有目的行为在动物中广泛存在，尤其是在哺乳动物和鸟类中。”并且，生物学家不必对此有所忌讳。[②]迈尔说，这类行为体现了某种形式的目的论，他称之为“目的性”。目的性行为是“一种将目标导向性归因于进化程序影响的行为”。他确定了两种类型的进化程序：一种是封闭型，其中“基因型DNA中设有完整指令”；另一种是开放型，“在整个生命周期内可能会融入额外信息”（例如通过学习和环境条件作用）。迈尔表示，前者是昆虫和低等脊椎动物（及任何“低于”它们的生物）的典型特征，

---

① 这并不是一种很能让人信服的策略。正如哲学家安涅·克劳福德所说：“那些科学家……认为他们的隐喻仅仅是装饰性点缀，完全可以从具体含义中抽象出来。他们似乎对语言的本质思考得不够深入……隐喻确实能执行真正的概念性工作。”

② 值得一提的是，迈尔早先始终认为，应该把目的性排除在行为讨论之外。在度过漫长的一生后，他在晚年改变了看法。

后者则是高等动物的典型特征。

尽管迈尔的目的性观点确实有用，他对目标导向性起源的认识却是错误的。正如我们在前文看到的，即使是单个细胞，其基因型也没有囊括完整且封闭的行为指令。你没有办法未卜先知地找到一组刺激物，然后在基因组中查看细胞会如何反应。要知道，具体反应往往取决于细胞的经历。我们在基因组中发现的结果，最多是一张能够创造行为可能性的成分配方。

与其讨论计算隐喻中的“程序”，不如使用认知的语言来讨论目的性的生物起源。迈尔其实是在说开放式程序本身可以创建“躯体程序”，这些程序可以在各种层面上独立运行，比如在大脑的运作中。然而，思维只是一种特别复杂的表达，它阐述了一种所有生物都拥有的能力：利用自身的遗传资源达成目标，但生物本身不应由这些资源定义。

对身处复杂环境的生物体来说，拥有思维是一种很好的适应策略。另一种选择是给生物体配备一座合适的自动反应库（有助于自保的反应），以回应它可能遭遇的外界刺激。这种策略对细菌来说可能相当有效，因为细菌所处的环境往往没有太丰富的多样性。但一旦越过复杂性坐标的某个节点，应对所有可能发生的偶然事件需要付出的成本就会变得过于高昂。在这样的情况下，赋予生物体思维就是一种好得多的策略：一套能够接收信息并以非预设方式产生响应的系统，让生物体通过学习、记忆和想象未来结果等特征回应环境刺激。我们不是唯一拥有此类系统的生物体，但我们这套系统的某些特性是其他生物体没有的（反过来同样成立）。

将思维描绘成一种由基因协调和控制的强大生存机器，在本质上就是对思维的误解。在《自私的基因》中，理查德·道金斯对大脑（思维）“甚至具有反抗基因指令的能力”（例如人类选择少生孩子，甚至不生孩子）表达了一种近乎冒犯的惊讶态度，他误解了大脑（思维）的目的。当然，大脑（思维）的出现源于其适应性优势，基因及发育和环境无疑也会以某种方式影响大脑（思维）的运作方式。然而，关键在于，基因让渡控制权正是思维的本质特征，否则它就不是思维，只不过是自动装置的某种花哨机制。因此，道金斯称还没有任何物种将思维发展到逻辑能力的极致，能够自行颁布指令——“做任何你认为最有可能让我们活命的事”——其实是绘制了错误的画面。因为在某种意义上，这正是基因已经“做到”的事情，只不过基因在个体思维的形成过程中仍然保留着一定的发言权，所以它们能够影响思维中“何为最有可能”这一概念的形成。这就像是父母知道孩子未来的经历完全未知、充满变数，无法事事都替孩子做主，于是转而选择教导子女根据过往经验自主决策。“但要记住，”父母严厉地说，“你们的目标是生存和繁衍。”多年后，父母发现孩子在研究量子引力理论，便愤怒地诘问：“这对我们为你规划的目标有什么好处？”孩子回答：“但是，除了生存与繁衍，你们给我的资源还能做很多事情。而此刻，量子引力理论就是我选择使用这些资源的方式。”进化过程把思维塑造得越复杂，进化本身对思维的目标和目的性的控制就越少。

我认为我们应该把目的性视为一种类似思维的进化创新。可以这么说，目的性的出现时间与第一个真正生物体（具有能动性）的出现时间完全吻合，而且即使是在我们知道的最简单的单细胞生物体中，也必然在某种程度上存在目的性。没有思维，目的性也可以存在；但我们还不清楚如果没有目的性，思维要怎么存在。①

面对目的论思想的入侵，生物学如此忧心的真正原因在于，这些思维再次暴露了生物学的根本缺陷：生物学无法系统性地处理能动性，因此不得不将其作为一种魔法般的能力注入实体。我甚至要进一步指出，关于人类自由意志的争论之所以一直喋喋不休（而且往往相当乏味），是因为我们完全没有解释能动性的产生方式，以至于有些人认为它只能是一种玩弄因果关系的魔粉，以欺骗的方式渗入并存在于无生命的原子和

① 在这一点上，我不想太过武断。我对思维的想象和直觉完全可能太过受限。不过，我要指出，思维和目的性至少很有可能是相伴相生的。

分子之间，从而引导它们的运动。

照此推论，生命的定义总是等同于一系列必备属性的清单。我们很难决定这些属性中哪些是生命的必要条件，哪些是充分条件。（生命一定要具备自我复制能力吗，或者说，生命必须能够实现达尔文式进化吗？）不过，我们完全可以说，能动性是生命的基本特征：目标导向性及对自身与环境采取行动的能力，正是所有生命系统都具备且有所展现的。有些研究人员提出，当病毒（处于化学物质与生物物质的边界，而这条边界本身就有争议）位于宿主细胞内时，可以视其为“生命”，当它位于宿主细胞之外时则视其为“非生命”（只是一种复杂的分子系统）。不过，这种系统可以根据环境不同而在“有生命”和“无生命”之间切换的观点似乎与我们的直觉相悖。病毒感染细胞时真正获得的正是能动性。

不借助进化的适应

目标从何而来？我们可以合理地假设，因为进化总是倾向于选择适应性最强的生物体，所以也在这个过程中选出了目标，即目标是达尔文式生物体的一种涌现性特征。这无疑是正确的，但还有一种可能：看似具有目的性的适应过程（“结构 X 之所以存在，是因为它实现了功能 Y”）甚至先于自然选择出现。

达尔文的进化论存在一个哲学上的难题：除了根据既定事实回溯，没有办法定义什么是适应性强的生物体。“适应性最强”的生物体是那些最终在生存和繁殖方面表现更为出色的生物体，但这是根据结果判断的，你无法事先预测适应性强意味着什么。鲸和浮游生物都很适应海洋生活，但彼此的适应方式几乎没有任何明显的关系（除了鲸以浮游生物为食）。

然而，我们在前文中看到，可以用适用范围更广的热力学术语来描述适应性：通过与不可预测的随机变化环境相关联，适应性强的生物体能够更有效地从环境中汲取能量。这就像是在一艘颠簸的船上，有人能在其他人摔倒时保持平衡，是因为更能适应甲板的晃动。2016 年，物理学家杰里米·英格兰提出，这种适应环境的现象甚至在复杂的非生命系统中也能发生。英格兰说，复杂系统往往会极为轻松地稳定在那些具有良好适应性的状态："热涨落物质往往会自发塑造成善于从时变环境中吸收功的形状。"英格兰和他的同事们提出了一种理论模型，阐述了系统如何响应环境中的随机驱动力，找到最有利的能量状态。这样的系统可能根本不是生物体。想象一下，一束粒子以某种方式结合在一起，并在温度固定的环境中受到周围分子的推挤。由于这些粒子会不断地与环境交换能量，它们永远不会进入稳定的平衡状态。那么，它们会采用什么样的构型？

热力学第二定律指出，系统吸收能量的时候，其中一些能量必须以热的形式耗散，从而产生熵。系统耗散热的能力越强，它就越能适应环境。想象一下，你有一塑料盒的沙子，现在请上下摇晃盒子。盒中的沙粒会跳动并相互碰撞，在这个过程中吸收并耗散能量。不过，它们跳动的频率是随机的吗？答案是否定的。相反，它们往往会形成一种与驱动沙粒运动的振动频率协调的振荡模式，也就是相互关联的共振模式。这类共振会使系统吸收并耗散的能量最大化。因此，沙粒不会退化为完全无序的状态，反而会自组织形成有规律的运动和相互作用模式，这种模式与驱动场高度协调，因而特别适合吸收能量（功）并以热的形式耗散部分吸收的能量。这个例子中不存在目标，并且每一颗沙粒都没有规划，它们的"行为"单纯是由物理定律决定的。

英格兰和他的同事表明，系统通常会从所有可能的状态中精选出这种高效状态。他们说："如果高度有序的（动态）稳定结构在远离平衡的状态下形成，一定是因为它们在形成过程中稳定且高效吸收了功并加以耗散。"在这个过程中，没有任何东西通过复制、突变和遗传特征等达尔文式机制逐渐适应周围环境。根本不存在什么复制，所有粒子纯粹出于热力学原因调整构型。

英格兰表示："当我们用物理学解释某些看似主动适应环境的结构的起源时，这些结构并不一定具有寻常生物学意义上的亲本。"只要我们讨论的系统足够复杂、足够多样，并且对环境中的波动足够敏感，“即使在没有自我复制因子和达尔文式进化逻辑失效的有趣情况下，我们也可以用热力学解释进化适应现象”。

这种物理适应过程与达尔文式适应过程之间不存在冲突。实际上，可以把后者看作前者的一个特例。如果这些复杂系统能够自我复制，我们就会期待出现特定状态，这些状态因自身的有序性而最适合吸收并耗散能量——正如薛定谔设想的那样。英格兰和他的同事写道，按照这种观点，“达尔文对适应过程的解释和（我们给出的）热力学解释就合二为一、完全一致了”。

也就是说，就一个具有复制能力的系统而言，自然选择很可能是它掌握吸收环境中有用能量（薛定谔所说的负熵）这种能力的途径。实际上，自我复制是一种能让复杂系统稳定下来的极好机制，所以生命采用这种方式也就不足为奇了。不过，在通常不发生复制的非生命世界中，适应性强的耗散结构往往高度有序，比如随风扬起的沙粒在随机舞动中形成沙纹和沙丘。从这个角度看，我们可以把达尔文式进化看作支配着非平衡系统的普遍物理原理的一个具体实例。达尔文式进化通过形成有序结构，与环境保持协调，进而推动能量耗散并产生熵。因此，生命非但没有逃避对熵的需要，反而可能特别善于满足这些需要。生物物理学家埃里克·史密斯和哈罗德·莫罗维茨认为，正是出于这个原因，纯粹从热力学角度出发，生命极有可能出现在任何具有必要化学成分（无论它们是什么！）和高度集中的能量储备的环境中。

生物学不只是物理学（但它确实有点儿像物理学）

杰里米·英格兰的非达尔文式（或许我们应该称其为“亚达尔文式”）环境适应是否在生命过程中发挥了作用，或者在生命的起源过程中发挥了作用？无人知晓答案。不过，此类研究传递出一种更深层次的信息。一直以来，我们常常认为，生物学从无到有地创造了一切。按照这种观点，大自然本来是一张白纸，是一堆无生命的原子，必须以某种方式把这些原子圈养起来并排列组合成生命赖以出现的复杂形式和相互作用模式。然而，物理世界根本不是这样。它提供了生命可以利用的所有种类的组织、过程和结构，比如相分离、动力学景观、自组织的图灵结构，以及睿智地利用信息遏制甚至逆转熵增的能力。如果生命不开发利用这些特征，那才是怪事。从事实角度看，我们知道生命也的确开发利用了这些特征。

恩斯特·迈尔在他的《是什么让生物学独一无二？》（*What Makes Biology Unique?*）一书中为其研究对象确立了特殊地位。他认为，生物学之所以如此独特，是因为生命世界的科学并非决定论式的，因为生命不屈从于还原论，还因为生物学不存在通用的自然法则。此外，生物系统极其复杂，并且“富含涌现特征”。它们“受到双重因果关系的支配……不仅受自然法则的控制，还受遗传程序的约束”；它们依赖历史和路径，并且在很大程度上受偶然性的影响。最后，迈尔补充道，生物学发生在“中宇宙”，它的作用尺度介于原子和星系之间。因此，他总结道：“据我所知，物理学在20世纪取得的重大发现中，没有一个能对我们认识生物世界有一丝一毫的贡献。”

当然，迈尔的部分说法很有问题。正如我们已经看到的，在生物学中，因果关系在多个层级上出现，而不仅仅是两个层级（并且对复杂生物体来说，因果关系在基因层级上不那么明显）。另外，不能仅凭还原论理解生物学的观点，这并没能阻止一些人尝试将生物学全部归因于基因。迈尔强调这些特征是生物学特有的，只能证明他十分不熟悉现代物理理论。现代物理理论已经掌握了处理偶然性、随机性、复杂性、涌现性、中尺度事件及路径依赖过程的工具（大部分都是在20世纪开发的）。

迈尔的态度——认为生物学在某种程度上脱离了物理学——在生命科学领域很常见。主流观点（也许没有那么主流，但八九不离十）认为，生命中的一切都是定制的，每一种机制都是通过进化以独一无二的方式临时拼凑起来的，每一个细节都必不可少，同时也是随心所欲的。这种观点多少可以理解，不仅因为生命的运作方式确实非常复杂，还因为历史上出现过诸多笨拙且过分简单的“物理化”生物学的尝试。然而，我们现在有充分的理由相信，生命在各个尺度上都会利用物理原理为自身谋利。说到底，我们还是需要根据这些物理原理理解能动性。能动性是生命的关键，但我们目前仍把它当作一种现代活力论处理。

第 10 章

故障排除：重新思考医学

幸运的是，拯救生命不需要我们对生命的运作方式有多么深入的认识。数千年来，我们一直在拯救生命，而且往往是以一种不成体系的方式，甚至对干预措施的效果（或者究竟是否见效）知之甚少。认为从分子层面了解生命内部过程就能让医学理性化、系统化，即设计药物和治疗方案来执行特定任务，在很大程度上是 20 世纪的发明。在此之前，内科医生、外科医生和药剂师也会用各种解释证明他们的疗法、处方是合理的，但这些解释通常是异想天开且错误的，因而他们的治疗往往徒劳无功，有时甚至会适得其反。

医学是古老的艺术。在传统上，古希腊把医学的起源归功于阿斯克勒庇俄斯。阿斯克勒庇俄斯是太阳神阿波罗在人间的儿子，他从半人半马的喀戎那儿学会了如何使用药物治疗疾病。因此，在古希腊，医学是在阿斯克勒庇俄斯神庙里教授的。据说，“西方医学之父”希波克拉底就是在那里学会了医术。古希腊医学的基本观点是：人体健康由 4 种体液控制，当它们处于平衡状态时，人体就处于健康状态。

这种观点完全没有科学依据，所以古代的许多医学手段毫无疗效也就不足为奇了。例如，为了排除所谓杂质、平衡体液而故意放血的常见做法只能给病人带去危险和虚弱。但更让人意外的其实是，古代医学的某些方面确实有作用。有时，通过反复试验发展起来的“土方子”真的会用到确实具有医疗功效的天然物质，比如用作止痛药的柳树皮提取物，这种物质与如今的知名药物阿司匹林中所含的化学物质相关。即使是现在，现代医学为寻找潜在的药物疗法，也常常研究各种“土方子”。例如，20 世纪 70 年代，中国药学家屠呦呦正是在研究传统中药方的过程中发现了抗疟疾药物青蒿素，并因此获得了 2015 年诺贝尔生理学或医学奖。

如今，通过试错发现药物本身就是一种现代技术，由自动化机器系统具体执行。这类系统能够合成各式各样的化合物，并在细胞培养物上测试，查看是否有出现预期效果的迹象。不过，医学追求更加系统、更加合理的东西：设计能够击中特定分子靶点的药物，以期遏制我们认为会致病的一系列事件。然而，这非常困难，失败远多于成功。例如，一种能够与特定蛋白质结合并抑制这类蛋白质的化学制剂对健康的影响往往很难预测。我们现在对分子尺度上生命运作方式的认识已经足以解释这类现象背后的原因。简单来说，试图通过切断生物化学网络中的某个连接点来实现特定的生理效果，这种方式甚少成功，因为其底层模式往往都是错的。在以基因为靶点的尝试上，情况也是如此，这其实相当于在早期阶段施加类似的干预：不是阻止某种蛋白质发挥作用，而是通过干扰编码这种蛋白质的基因来改变或抑制这种蛋白质的生成。

就许多病症而言，基因及其蛋白质产物根本不是合适的干预切入点，正如我们在本书中看到的，它们并非“病因”。出于同样的原因，煊赫一时的“个性化医疗”理念，即根据个体的特征制订治疗方案不可能仅凭基因信息就获得成功。要从根本上治疗疾病，我们必须确定疾病的根源究竟处在整个生命结构中的哪个层级。我们必须让治疗方案适应病灶本身。

遗传医学

人类基因组计划的关键动因之一就是为医学研究创建一座数据库。随着人类基因组测序速度越来越快，成本越来越低，我们也越发能识别与特定疾病相关的基因突变（等位基因）。不过，请记住，真正与疾病相关的并不是基因：进化不会偏爱那些正常蛋白质产物会导致疾病的基因。相反，那些可遗传、因而有遗传基础的疾病往往与特定基因的特定等位基因有关，而这些等位基因只有某些个体才会遗传。这些与疾病相关的等位基因中有一部分可能在整个人类种群中都很少见，所以只有当我们掌握大量可以研究的基因组数据时，才有可能发现携带某种等位基因的人与相应疾病之间存在统计学上的显著相关性。等位基因越罕见，我们需要测序的基因组数量就越多，因为只有这样才能确保得到可靠的相关性，也就是只有这样才能确保某个患有目标疾病的人拥有特定等位基因不是出于巧合。

基因组测序成功地认证了基因突变与疾病之间的多种新关联。正如我们在前文中看到的，这些关联通常是在全基因组关联分析中发现的。在全基因组关联分析中，与疾病相关的等位基因通常是通过单个核苷酸的突变来区分的，这种变化被称为“单核苷酸多态性”（图 10–1）。

只与一种基因相关的单基因病在整个人类群体中往往相当罕见。对单基因病来说，只有当相关等位基因高度外显时，基因与疾病之间的关联才会变得清晰，这意味着携带这种等位基因的个体几乎总是会患上相应疾病。囊性纤维化就是一个这样的例子，尽管它是隐性遗传的：孩子必须从父母双方各遗传一个异常突变（发生在名为 *CFTR* 的基因中）才会患上这种疾病。相比之下，马方综合征（负责将各类器官固定在身体上的结缔组织没有正常发育）就是一种显性遗传的单基因疾病：只要从父母那儿遗传一个有缺陷的基因，就足以引发这种疾病。马方综合征可能会危及生命，患者往往长得又高又瘦，四肢异常修长。马方综合征与 *FBN1* 基因的突变有关，这个基因编码一种叫作“原纤维蛋白–1”的蛋白质。正是原纤维蛋白–1 形成了赋予皮肤、韧带和血管延展性的弹性纤维。[①]

① 你大概可以想象为什么有缺陷的原纤维蛋白–1 可能造成结缔组织发育异常，但它为什么会导致四肢不正常地过度生长呢？这一结果体现了生长反馈过程有多么微妙，它能对骨骼和组织的机械特性做出响应。

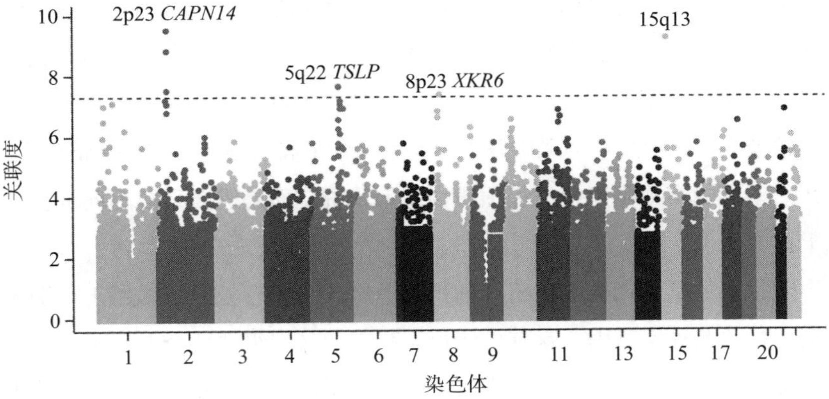

图 10–1　从全基因组关联分析数据中识别疾病相关基因。每个点代表一组特定的等位基因，因为它们位于染色体的同一个部位，所以往往一起遗传——这就是“单倍体基因型”（简称单体型、单倍型）。灰度的深浅表示不同的染色体。每个点的高度则表示与未患病的对照组相比，具有特定单体型的个体与患有目标疾病的个体之间的关联程度。虚线表示阈值，关联程度超过阈值，则认为单体型与目标疾病之间的关联不是偶然，即具有统计学显著性。在本图中，研究人员寻找的是与“嗜酸性食管炎”相关的单体型。图中显示，有四块染色体区域具有显著相关性（已标记出相应的基因），还有几块区域显示出稍弱但仍然可能具有意义的关联。我们称这类图为“曼哈顿图”，因为它看上去像纽约城的天际线

图片来源：根据科蒂安等人 2014 年的研究重新绘制。

基因组技术极大程度地提升了我们识别疾病相关基因突变的能力，而且目前看来，最终至少有部分此类疾病可以通过基因疗法得到治疗。在基因治疗过程中，我们会剪掉致病突变基因，并代之以健康基因（要么从成年人的相关细胞中提取，要么在胚胎发育阶段就施加基因干预），这意味着患者的后代会遗传这种基因变化。如果已知父母携带与某种疾病相关的等位基因，也可以在胚胎着床前对体外受精的胚胎做基因筛查，保证胚胎不会遗传到那些“不良”等位基因，从而避免婴儿患上相应疾病。然而，对大多数有遗传组分的常见疾病（比如心脏病、类风湿性关节炎、2 型糖尿病）、许多癌症及某些严重时会危及生命的疾病（比如肥胖和精神疾病）来说，这类策略通常不起作用。这些疾病通常是高度多基因的：牵扯众多基因，其中大多数基因功能复杂且并非独一无二。因此，这些疾病可能存在数百个“风险”等位基因，每个等位基因对患病风险的统计学影响都很小，而且它们在整个人群中通常很普遍：人人都会携带一些，但患病的风险并不会比平均水平高出很多。在这类情形中，几乎不可能实施基因疗法和预防性基因筛查，而是需要采取不同类型的干预措施。

尽管如此，人类基因组计划仍然承诺，只要有充足数据用于识别与疾病相关的等位基因，就有可能根据我们的基因组评估个人罹患各种疾病的风险。鉴于对多基因疾病的预测是基于统计学分布的，这种方法不可能准确预测个体健康状态，这点和马方综合征这样的单基因疾病不同。针对单基因疾病，我们可以颇有信心地称，那些携带相关等位基因的人很可能会患上这类疾病。此外，多基因疾病往往还会受到环境因素（比如饮食）的影响。不过，这种基于概率的风险评估仍然有其价值，它们能够识别出可以通过选择恰当生活方式来规避的风险。举个具体的例子，我们可以建议那些患高血压风险高的人尽量保持低盐饮食习惯。

全基因组关联分析还可以为个体确定最佳治疗方案，从而实现个性化医疗。图 10–1 展示了针对嗜酸性食管炎这种自身免疫性炎症性疾病所做的全基因组关联分析。大约每 200 人中就有 1 人罹患嗜酸性食管炎，患者会对特定类型的食物产生过敏反应。不过，并非所有嗜酸性食管炎患者都携带这项研究识别出的所有风险等位基因：对这种多基因病来说，不同的基因型可以产生相同的表型。举例来说，有些患者可能携带与疾病相关的 *TSLP* 基因（编码一种参与免疫反应的细胞因子蛋白的等位基因），而其他患者可能不携带。我们如果知道某人携带哪些候选风险等位基因，或许就能为他定制药物疗法，使疗法仅针对这些风险等位基因，而不针对其他对别人可能更重要的等位基因。嗜酸性食管炎的一些遗传风险因素也与其他炎症性疾病有关，因此，我们也可以把为这些疾病开发的药物疗法用于治疗嗜酸性食管炎，比如一种为治疗严重哮喘而阻断 TSLP 蛋白的疗法。

虽然个性化医疗尚未达到预期水平，但随着基因组数据库的不断扩大，愿景成真的概率会越来越高。目前面临的诸多障碍之一是，当下的数据库通常偏向于整个人类群体中的某些亚群，特别是西方白人，因为他们是基因测序技术的主要消费群体（通常是为了家族谱系而测序）。因此，这些技术提供的数据并不一定能够代表整个人类群体。另外，到目前为止，在寻找新的疾病治疗方法一事上，还没有证据证明基因组数据非常有用。要生产一种能够纠正基因突变所导致的问题的药物，通常不仅需要识别相关基因突变，而且需要对这种突变导致某种问题的原因有一定了解。例如，如果问题在于某种基因产物（蛋白质）做了不该做的事情，我们就应该寻找一种能够与出错蛋白质结合并抑制它的药物。

在某些情况下，这种策略已经取得了成效。举个例子，我们已经知道，*CTLA4* 和 *IL6R* 基因与类风湿性关节炎相关。CTLA4 蛋白是一种“免疫检查点”：它在名为“T 细胞”的免疫细胞中产生，有助于抑制免疫反应。如果 CTLA4 蛋白不能正常工作，就可能导致关节炎。IL6R 蛋白也在免疫机制中发挥作用，除了类风湿性关节炎，IL6R 蛋白调控异常还与其他自身免疫病及某些癌症有关。在我们确认 *CTLA4* 和 *IL6R* 是类风湿性关节炎的遗传因素后，截至目前已经开发了两种相应的治疗药物。

此外，确定与某种疾病相关的基因还可能帮助我们确定这种疾病的成因，因为我们可以通过基因了解哪些细胞或哪些类型的组织参与了发病过程——某些基因可能只在某些类型的组织中表达。例如，2011 年的一项研究表明，与类风湿性关节炎相关的基因突变会在记忆 T 细胞（一种特定类型的免疫系统细胞）中特异性表达。现在，单细胞 RNA 测序技术为提升我们对组织特异性遗传效应的理解做出了极大贡献。

然而，这类成功案例相当罕见。更多时候，确定疾病相关基因并不能带来新的治疗方法。正如心脏病专家埃里克·托波尔所说：“现在，距第一次人类基因组测序计划完成已过去 20 多年，但这项工作在临床实践中的成果还是相对较少。”人们常说，问题在于揭示因果关系，即基因突变究竟是怎么导致疾病的。然而，很多这类研究很可能最终都走进了死胡同，因为这些基因根本不是真正的致病因素，或者至少不是最重要的致病因素。近年来，部分成功的药物研发案例压根儿就没有用到基因数据。不仅如此，我们还有理由认为，基因数据本就不可能推动此类研究：全基因组关联分析中并未体现药物靶点，有一类针对类风湿性关节炎的有效药物就是如此。这类药物的靶点是一种名为“肿瘤坏死因子”的细胞因子，这种蛋白质也与炎症有关。然而，在基因筛查结果中，对应的基因并不在风险基因之列。免疫学家罗伯特·普伦格及其同事表示，有时候“基于人类遗传学的研究方法甚至可能会拖慢药物研发项目的进度，尤其是当人类遗传学在理论上找到了一个药物靶点，但我们又没有充分了解其生物学特性的时候”。

另一个令人困惑的因素是，在全基因组关联分析中，最常见的与疾病风险联系在一起的基因组区域（位点）并不具备寻常意义上的编码功能：它们编码的不是蛋白质，很可能是参与调控的RNA分子。对自身免疫病来说，全基因组关联分析中识别的所有单核苷酸多态性中有90%符合上述情况，凸显了ncRNA在人体运作方式中的核心地位。我们认为，这些基因组区域大部分都与调控过程相关，比如改变启动子或增强子（控制基因表达）的活性，或者破坏转录因子的结合。我们如果想干预这些区域以治疗疾病，就需要更好地了解那些调控机制的运作方式。考虑到它们往往性质微妙且组合工作，还常常涉及非特异性分子相互作用，相关干预措施是否能达到有效水平绝不是一个容易判断的问题。

遗传疾病并非由基因决定

因此，只有我们在某种程度上确定了基因确实会控制人体健康，遗传医学才能真正见效，这个程度介于“有一点儿”与“相当程度”之间。如果我们想干预某些异常生理过程，就要尽力确定其因果关系最集中地体现在哪个层级上。正如埃里克·托波尔所说，根本问题在于，人类基因组计划暗示（不，应当说是“假设”）基因组序列是我们的“操作指令”，但实际上它只是“描绘人类独特性的一个层级，并不能揭示源自转录物组、蛋白质组、表观基因组、微生物组、免疫组、生理组、解剖结构组和暴露组（环境）等其他所有层级的信息的深度”。此外，托波尔还说，这些层级中有许多是针对身体中的某些特定细胞、组织类型和位点的。事实是，没有任何疾病是真正意义上的“遗传疾病”，因为从某种意义上说，疾病总是在整个组织、整个器官或整个身体的层级上表现出来；如果不是这样，我们根本不会注意到它。因此，疾病是一种生理学现象。

即便在基因看似是疾病主因的例子中，比如那些单基因疾病，它们也并不一定就是全部原因。镰状细胞贫血就是这样一种疾病，其标志性特征是红细胞变成新月形或镰刀形，这也是它名字的由来。畸形红细胞会阻碍乃至阻塞正常的血液流动，进而引发贫血，即各类细胞组织的氧气供应不足。除了与贫血相关的疲劳，镰状细胞贫血还会导致剧烈疼痛，并增加感染的风险。目前我们还没有任何治愈这种疾病的方法。

镰状细胞贫血与 11 号染色体上 *HBB* 基因的突变有关，*HBB* 基因编码一种名为“β–珠蛋白”的蛋白质。这种蛋白质与另一种名为“α–珠蛋白”的蛋白质结合形成血红蛋白。*HBB* 基因突变会产生异常的血红蛋白。这类有缺陷的等位基因是隐性遗传的，所以只有两条染色体上同时携带 *HBB* 基因致病变体的人才会容易患上这种疾病。①

导致镰状细胞贫血的细胞损伤实际上并非由有缺陷的血红蛋白引起，而是由未与 β–珠蛋白结合的 α–珠蛋白的累积导致。然而，如果携带 *HBB* 基因突变的人同时拥有抑制 α–珠蛋白生成的基因或是增强某些基因（编码能与 α–珠蛋白结合的蛋白质）表达的基因，就可能抵消这些未与 β–珠蛋白结合的 α–珠蛋白的影响。换句话说，至少存在两种能在某种

---

① 对那些只携带一个突变等位基因的人来说，他们不仅不会患上镰状细胞贫血，而且事实证明，他们对疟疾的抵抗力会有所增强。现在认为，在疟疾流行的地区，人群中携带疾病相关 *HBB* 等位基因的比例相对较高正是因为这种优势，这也解释了为什么非裔人群罹患镰状细胞贫血的风险更高。这个例子很好地说明了，我们不能简单地给某种等位基因贴上“好”或“坏”的标签。

程度上相互抵消的因素。引发*HBB*基因表达问题的也可能不是基因本身的突变（*HBB*基因本身有多种突变，影响各不相同），而是其调控序列。也就是说，结果很复杂，仅仅根据某个人碰巧拥有哪种*HBB*等位基因并不一定能得到可靠的预测结果。换言之，这种疾病的确是由红细胞形状的改变引起的，并且*HBB*基因突变的确可能是其中一个致病因素，但这之间不存在必然性。

即使是囊性纤维化这种经典的单基因病，遗传相关性也比乍看起来复杂得多。与这种疾病相关的*CFTR*基因编码一种离子通道，如果相应蛋白质的功能因突变受损，肺部可能就无法清除内壁上的黏液。但携带囊性纤维化基因突变的影响可能存在巨大的个体差异：在某些情况下，携带缺陷等位基因的男性只会不育。因此，突变的影响取决于遗传环境和物理环境两方面的因素。囊性纤维化这种疾病本身是由肺部的状态引起的，而不是基因组导致的。

不过，我们要明确一点，在囊性纤维化的情况中，基因也会起作用，而且是非常重要的作用。只要你携带一种疾病等位基因，就有罹患相应疾病的重大风险——这种风险可以通过体外受精期间胚胎植入前的基因筛查来消除。如果未来有一天，生殖基因组编辑技术能够安全地从胚胎中去除这样的疾病等位基因，将提供一种有效治疗方法。尽管如此，对那些携带囊性纤维化基因突变的人来说，基因之外的其他因素也会影响健康结果。总的来说，在所有可能导致严重疾病的非基因风险因素中，影响最大的是社会经济地位低下，这个因素往往会带来诸如吸烟、营养不良和压力等健康负担。因此，虽然“修复基因”对囊性纤维化这种疾病来说意义重大，但我们也不应该忘记，最终决定生理功能障碍是否出现的，还是基因因素与其他致病因素（这些因素可能更容易干预）的综合效应。

另一个挑战“基因是生理结果决定性因素”观念的例子是，Y染色体上的*SRY*基因在决定男性性征方面的作用。在人类胚胎中，两性的生殖腺最初以相同的方式发育，只有在发育后期，*SRY*基因才会介入，引导XY胚胎（拥有一条X染色体和一条Y染色体的胚胎）形成睾丸，而不是沿着默认的卵巢发育途径继续。乍看起来，*SRY*基因似乎确实“产生”了男性性征，例如如果*SRY*基因因突变而失活，那么XY个体将发育为女性，而且生殖器官发育不全。

然而，这仍不意味着*SRY*基因对男性表型特征来说是必要或充分的。就目前所知，至少还有另外两个关键基因参与其中：一个是我们的老朋友*SOX9*基因；另一个则是*SF1*基因，它编码“类固醇生成因子–1”这种蛋白质。真正决定性别的工作似乎是由*SOX9*基因完成的，SRY蛋白质和*SF1*基因（其蛋白质产物会同*SOX9*基因的增强子区域结合）则会促进*SOX9*基因的表达。（实际情况远比这里介绍的复杂，因为*SOX9*基因还会以自催化方式自我激活。）因此，只要在正确的时间出现在正确的位置，由*SRY*基因以外的其他因素导致的*SOX9*基因表达变化，就足以引导发育朝着形成睾丸的方向发展。某些显然完全没有*SRY*基因的XX个体出现了影响*SOX9*基因调控过程的突变，比如仅仅是复制基因组中的*SOX9*基因，也会产生男性表型特征，同时往往伴有一些发育问题，如学习障碍。对XX个体来说，如果一部分父源Y染色体转移到X染色体上，就有可能发生其他类型的性腺发育异常。

此外，一些*SRY*基因正常运作的XY个体发生了与“雄激素不敏感综合征”（AIS）有关的基因突变，导致胎儿在发育过程中无法对引导身体向男性特征发展的性激素睾酮做出反应。正常XY胎儿应当发育出睾丸并产生睾酮，但在AIS患者身上，正常情况下应该响应激素的细胞无法做出回应，因为它们没有用于识别雄激素的雄激素受体蛋白。于是，身体就可能基本发育成女性形式，但没有子宫或卵巢，同时阴茎要么发育不全，要么完全没有发育。因此，真正决定形体构型性别的是激素，而不是基因。下面这个例子也可以说明这一点：如果在兔子胚胎发育的早期阶段移除产生激素的性腺，那么无论染色体构成是XX还是XY，兔子胚胎都会发育成默认的雌性形式。

这些情况之所以可能出现，是因为生物在发育过程中，性腺及其他身体部位的形成并不要求细胞直接查阅基因组以知晓“它们必须制造什么”；相反，细胞通常由诸如激素之类的信号分子引导，而这些信号分子的水平可能会受到其他因素的影响。那么，到底是什么决定了人的性别？答案并不总是简单的“染色体”。根据是否拥有阴茎或是别的器官来判断呢？可是，发育过程太过复杂，最后发育出性别模糊（完全不能以“男性”或“女性”来区分）的性器官的情况谈不上罕见。就生殖器而言，生物性别并不总是二元的，这提醒我们，人类发育过程中的身体形式存在可塑性。[①]

那么，“身为男性”仅仅是一种感觉吗？那些坚持认为生理性别存在于身体中而非头脑中的人必须认识到，使个体倾向于“感觉”自身是男性或女性的大脑发育结果，同样无法由细胞中的染色体究竟是XX还是XY一锤定音。一方面，对睾酮不敏感（AIS的标志性特征）会影响大脑发育：对患有AIS的XY男性来说，男性对他们的吸引力很可能与XX女性相当。神经科学家凯文·米切尔解释说，大脑似乎有两套不同的发育设定，我们可以合理地称之为“男性化设定”和“女性化设定”，它们都受到激素水平的影响。对大鼠的实验表明，出生前后体内的睾酮水平会影响它们之后的性行为。

无须多言，这个领域一定充满争议，容易被两性行为差异的简化刻板印象影响。至少就平均水平而言，男性和女性的大脑无论在解剖学（物理尺寸）还是在行为学（攻击倾向）方面都存在一些有充分证据支持的差异。然而，这些只是统计学结果，对个体来说，细节很重要，相关细节相当多变且带有偶然性。关键在于，尝试将所有这些特征划分为“男性”和“女性”，期望这种划分适用于从性取向到体型的方方面面，而且认为所有特征都源自XX和XY染色体组成之间的差异，这在生物学上是错误的。人体的可塑性远比这强大。

---

① 从更一般的角度说，我们是否认为生物性别是二元的，可能取决于我们通过染色体、配子、激素、解剖结构等定义它的方式。

换句话说，基因型并不能保证表型——即使我们期望如此。因为表型是发育的结果，达成相关结果的路径很有可能不止一条。所以，声称性别是由生物学决定的，其实是在说一些相当微妙和复杂的事情，因为发育过程当然不必根据自身染色体的构成一成不变地展开。最常见和最“典型”的身体形态未必是唯一可能出现的，将任何特定结果归结为“正常”或“正确”仅仅是社会惯例。

疾病的渠限化

我第二次感染新冠病毒时，一度确信自己得的是流感。我感到疲倦，打喷嚏、咳嗽、全身疼痛。幸运的是，一次侧流检测揭示了这些不适症状的真正原因，于是我开始了自我隔离。

疾病的症状通常比其病因要少得多。这正是全基因组关联分析经常证实的情况，即使是针对单一疾病的研究也倾向于证实这一点：在整个人群层面与某种疾病相关的基因组位点数量多于可能与特定个体相关的位点数量。这表明，人类身体的“故障/反应模式”数量相对有限，而触发这些模式的因素则可能多种多样。喉咙痛、疲劳、疼痛、高烧、流鼻涕等典型的新冠病毒感染症状也是许多疾病相当普遍的症状，毕竟一些与新冠病毒相关的冠状病毒确实会引发普通感冒。疾病的诊断往往具有挑战性，因为多种不同的疾病在表现上可能相当相似。医生和护士可能会留意某些特定的常见症状组合，也就是说，疾病诊断往往是一个组合问题。

鉴于新冠病毒的绝大多数攻击方式并不新颖，上面提到的这一切都不足为奇。这种病毒的行为与其他致病病毒并无不同，也是通过相似的细胞和分子路径致病的。然而，我们并不知晓如何在治疗上尽可能利用这些共性。研究过新冠病毒变异株分子感染机制的系统生物学家内万·克罗根认为：“我们应该把所有疾病看作相互关联的。”

克罗根说：“在癌症中发生突变的基因与新冠病毒劫持的基因完全

一样。”他还补充说明，这就是为什么我们现在正研究如何把一些抗癌药物重新开发成治疗新冠肺炎的药物：“因为，归根结底，它们涉及的生物学原理并无不同。”这是更具普遍意义的模式的一部分。例如，克罗根表示：“阿尔茨海默病中发生突变的基因与寨卡（病毒）劫持的基因相同。有什么不可以的？这些基因正是细胞的阿喀琉斯之踵。”克罗根还说，在新冠疫情暴发之后，“我们就一直在重新定义看待疾病的方式。我们已经看到，这么多层级都相互关联，这将彻底改变对所有疾病的研究”。

疾病路径和疾病生理反应的渠限化，即不同病症会聚成共同的“疾病通道”，意味着许多不同的疾病可以产生极为相似的影响。病理学家和系统生物学家约翰·希金斯及其同事发现，无论患者是从新冠病毒感染、心脏病发作、败血症、手术创伤还是其他多种病症中恢复，急性炎症反应中产生的白细胞和血小板（促进血液凝固）随时间推移的数量变化都遵循相同的轨迹。以合适单位表示的血小板与白细胞计数图，基本上都呈现相同的曲线：一种“普遍的恢复轨迹”。这些疾病截然不同，为什么产生的影响会具有普遍性？

在物理学中，不同系统的“普遍”行为往往标志着它们背后的过程存在更深层级的共性，这类共性产生的效应超越了具体细节的差异。疾病的情况也是如此吗？实际上，希金斯怀疑，渠限化现象反映了众多疾病的生理反应背后存在共同基础。他说：

> 我认为，不同病理过程利用细胞和组织生理学中的相同弱点上升到疾病水平，这个猜测很有价值。现在看来，最有可能的结论是，无论这些系统多么复杂（它们确实很复杂），都不会存在太多种完全不同的反应路径。如果我们的系统以常见的方式对细胞损伤做出响应并受其影响，那就可能存在一些适用于不同疾病的通用方法，可以监测那些反应、修复缺陷并增强（治疗）效果。

这个观点凸显了医学研究中个性与共性之间的根本矛盾，即各种疾病之间的差异何时重要，何时不重要？基因组学往往强调个性：这些基因突变在这种疾病中发挥重要作用。然而，全基因组关联分析往往显示，同样的突变也可能在其他多种疾病中起作用。最后，计算生物学家詹姆斯·格莱齐尔表示："重要的是细胞行为，而实现相同细胞行为的路径往往数以百万计。"

免疫学家丹尼尔·戴维斯也赞同这种观点。他说："许多（普遍存在的）细胞过程贯穿多种疾病。"因此，戴维斯认为，从事不同疾病研究的研究人员之间多多交流可能非常有价值，尽管这些通用途径能否被针对性地用于治疗特定疾病是另一回事。我们既需要研究细微且独特的疾病细节，又需要认识到这些细节可能并不总是与找到疾病治疗方法相关，即我们需要在这两者之间找到恰当的平衡点。这里不得不再一次提到，挑战在于确定系统的哪个层级会产生真正的影响。

自 20 世纪初德国医生保罗·埃尔利希开发出第一种针对特定靶点的合成药物（一种治疗梅毒的抗菌药物，名为"撒尔佛散"）以来，"灵丹妙药"医疗模式就开始成为主流。在某种意义上，针对新冠病毒感染的治疗凸显了这种模式的局限性：旨在针对特定分子的药物并不总能命中真正病因。同样，如果两种病症背后的致病原理相同，那么对其中一种疾病有效的药物可能对另一种疾病也有效。这就是如今常见的"药物再利用"背后的思路，即测试原本为某种用途开发的药物是否对另一种用途有效。候选者可以是那些之前未能通过某项临床试验的药物，因为进入临床试验阶段就意味着这种药物一定至少具备某种程度的前景，而且你永远不知道它们会在其他地方体现多大价值。一旦发现这些原本开发失败的药物对某种新疾病有效，它们通常就立刻具备了一项优势，例如已经通过了一些评估安全性的临床试验，甚至有可能已经获得了监管机构的使用批准。

期望为一种疾病开发的药物对另一种疾病有效，这听起来可能多少有些奇怪，甚至有点儿疯狂，除非我们承认疾病的渠限化。新冠疫情期间的医疗实践同样能证明这一点。我们在疫情初期启动了多项计划，测试已有药物对新冠病毒的疗效，探索了大量候选药物。一般来说，这些候选药物不会是像从药店货架上随便拿几个瓶子那样随机选择的。相反，每种候选药物都已知具有某种活性，可能对治疗新冠病毒感染有效。例如，有些候选药物是抗炎药物，可以缓解身体在感染病毒后可能出现的致命"细胞因子风暴"反应；其他药物则已知能破坏冠状病毒的复制；还有些药物则可能抑制人体细胞表面上与病毒结合的蛋白质受体的表达。这样的例子还有很多。在这些测试中，我们找到了一些看起来很有希望的药物，值得进一步做全面的临床试验。[①]其中一种药物叫作"瑞德西韦"，此前曾作为抗病毒药物用于对抗包括其他冠状病毒和埃博拉病毒在内的多种病原体。一开始，瑞德西韦似乎对治疗新冠病毒感染足够有效，因而获得了美国、英国和欧盟的紧急使用授权，但后来我们发现它没有显著的临床益处。2020 年 11 月，世界卫生组织建议不要将瑞德西韦用于治疗住院的新冠肺炎患者。

此外，我们已经证明，在英国寻找抗新冠病毒药物的"复苏计划"中被认定为有效治疗手段的抗炎类固醇药物地塞米松能够降低新冠肺炎患者的死亡率——对那些需要机械通气、出现急性症状的患者来说，地塞米松可以将死亡率至少降低 1/3。据估计，到 2021 年 3 月，地塞米松在全球范围内挽救了大约 100 万人的生命。地塞米松这个成功案例的寓意很清楚：拯救、治疗和治愈病人的更好方式往往不是在分子层面上攻击所谓的致病因子，而是针对疾病显现的生理通道。

① 药物再利用带来了一些相当意外的怪异结果，其中之一是某些候选药物收获了狂热的拥趸，其中最值得注意的是此前用于对抗蠕虫（尤其是马身上的蠕虫）等寄生虫的伊维菌素。测试伊维菌素对新冠病毒感染是否有效完全合理，但这种药物的拥趸拒绝接受表明它对治疗新冠病毒没有显著影响的测试结果，这就有点儿不合理了。这种情况同样发生在抗疟疾药物羟氯喹上，在时任美国总统唐纳德 · 特朗普吹捧其为神奇疗法之后，羟氯喹就收获了无数狂热拥趸。

最佳防御

约翰·希金斯发现白细胞对疾病的反应具有普遍性，第一种针对新冠病毒感染的有效再利用药物也涉及炎症反应，即免疫系统对病毒挑战的反应，这肯定不是偶然。因为免疫系统及其引发的炎症反应是抵御各种病理和生理影响的第一道防线。如果我们想要以不那么针对特定疾病的更统一的方式认识人类健康，那么从免疫系统开始是明智之举。

免疫学家在听到“人类大脑是目前所知宇宙中最复杂的实体”这一常见说法时，往往会翻个白眼，仿佛在说：“你懂什么。”大脑远不只是由诸多相互连接的神经元构成的密集网络，但也可以说，大脑没比这复杂太多。大脑包含各种类型的神经元及各种类型的细胞，但它们的复杂性主要来自那个在大脑中密度极大且在本书中一次又一次以讨厌方式出现的东西：连接一个神经元和另一个神经元的突触，人类大脑中大约有千万亿个这样的突触。不过，大脑和突触更多的还是规模的问题，而在免疫系统中有诸多截然不同的成分同时执行诸多截然不同的功能。用科学作家埃德·扬的话来说：“直觉在这里失效。”扬说，免疫学“甚至让不是免疫学家的生物学教授都感到困惑”。我觉得这个评价对免疫学家来说未免有点儿太客气了。

不过，别灰心。你很可能已经知道免疫系统的关键功能了，那就是保护我们的细胞和身体免受体内本不该存在的事物的伤害。这些事物可能是致病的细菌、病毒或癌细胞。免疫系统面临的挑战（对免疫系统来说，各种威胁的挑战难度并不总是相当，这就是我们出现过敏和自身免疫病的原因）在于，从诸多没有危险的实体（比如花粉、移植器官、共生细菌，甚至是自身的健康细胞）中区分出此类威胁。学会识别属于自身的无危险物质（并对其置之不理）是免疫系统的头等大事，也是生命令人啧啧称奇的一大壮举，即便免疫系统并不总能完美执行这项关键任务。

事实上，我们有两套免疫系统，或者说得更确切一些，我们有两种免疫反应模式。一套是先天性免疫系统，从进化角度来看是最古老的：植物、真菌及其他一些原始多细胞生物都依靠这套系统抵御威胁。当生物觉察到体内存在某种会损伤细胞的外来颗粒物时，先天性免疫系统就会启动，促使细胞释放化学物质，进而导致相应组织出现局部炎症。通过扩张血管，就能增加这部分组织的血液流动和氧气供应，外在特征就是出现炎症反应特有的发红现象。这种反应会触发名为“细胞因子”的微小蛋白质的生产。细胞因子相当于一类分子警报信号，负责召集名为淋巴细胞的“杀伤细胞”。淋巴细胞能够摧毁威胁生物健康的病原体，还有一些细胞因子则可以充当抗病毒药物，干扰病毒的复制。

作为抵御病原体的第一道防线，先天性免疫系统的动员速度很快。然而，脊椎动物还有一套启动较慢的适应性免疫系统。这套系统能够根据威胁的性质更好地调整机体反应。适应性免疫系统有两个关键组成部分：一是B细胞，这种细胞产生名为“抗体”的蛋白质，而抗体能够识别抗原并附在其上；二是T细胞，这种细胞表面携带一类不同的能与抗原结合的“黏性”蛋白质，并且能够学会识别并杀死受感染细胞（见第364页知识拓展10–1）。一些T细胞会召集其他具有特殊功能的免疫细胞到感染部位。

先天性免疫系统拥有一套预先确定的受体蛋白，这套受体蛋白能够识别一系列常见病原体的特征。与先天性免疫系统不同，适应性免疫系统即使面对之前从未遭遇过的威胁，也能产生高度特异性的反应。适应性免疫系统的缺点是它需要数天时间才能识别出问题，而先天性免疫系统的反应时间只有几小时，甚至几分钟。不过，适应性免疫系统有一个很重要的优点，就是身体可以保留对这类感染的记忆（具体方式是通过保留一些参与免疫的T细胞——“记忆细胞”）。这样一来，当机体再次感染同一种病原体时，适应性免疫系统只要启动就做好了恰当响应的准备。这正是疫苗的作用原理：适应性免疫系统利用病原体的某些部分（比如一段病毒蛋白的片段）进行训练，这些部分虽然本身无害，却能教会免疫系统识别真正的病原体并对其做出反应。①（那些拒绝接种疫苗、声称“我宁愿依靠自己的天然免疫系统”的人，显然不知道疫苗是怎么起作用的。）

T细胞能够区分朋友（成熟的体细胞）和敌人，这点至关重要。这项功能的实现要借助一种名为“调节性T细胞”的特殊T细胞。一旦T细胞分辨敌我的能力失常，就可能导致自身免疫病，比如类风湿性关节炎和 1 型糖尿病。

以上就是免疫系统发挥作用的基础。然而，细节极其复杂，涉及一系列相互作用的分子，它们在嘈杂的分子环境中相互调控，以保证可怕的“杀手”T细胞锚定在正确的靶点上，并且在需要时正确开启和关闭，同时还要与身体的其他过程保持通信。免疫系统必须反应适度，这点非常重要，因为免疫反应会造成大量伤害，杀死其认定的受感染细胞或受损细胞，并在组织中造成一定程度的（局部）破坏。在重症新冠肺炎病例中出现的可能致命的严重并发症，并不是因为病毒肆虐，而是因为免疫系统不受控制的反应，也就是“细胞因子风暴”。这就是“免疫系统误触发”的情况，它可能会伤害心脏和肺部。事实上，新冠病毒感染可能导致各种器官损伤，伤害大脑、肾脏、胰腺和肝脏。这些损伤中有一些在长新冠人群中有所体现，并且意味着发轫于 2020 年的新冠疫情结束之后，仍会出现持续的健康负担。按照医生悉达多·穆克吉的说法，新冠疫情暴露出一个事实，即我们对免疫反应仍然知之甚少，“免疫系统究竟有多复杂？在一定程度上，我们对这个问题的认识又退回了黑箱里”。

因此，我们或许可以认为，免疫系统与大脑类似，它们虽然都以遗传资源为基础，但执行任务需要的都是自主性。同样和大脑类似的是，

① 大多数疫苗都包含名为“佐剂”的辅助剂，它们能刺激免疫反应。一般来说，它们都通过引发更严重的炎症反应来发挥作用，就像是在向身体强调：“这真的是个问题！”一种常见的佐剂是矿物质明矾（硫酸铝钾），它会引发温和的局部组织损伤。

免疫系统的任务本质上是有目标的，而实现这个目标的方式不可能是任何预设策略。和大脑一样，免疫系统必须拥有学习、适应、创新和即兴发挥的能力。

免疫系统与身体各个部位之间的信号传递路径使其成为决定健康状况的核心因素。例如，免疫系统与心脏病和肥胖症有关。丹尼尔·戴维斯说："如果你将与许多疾病相关的所有基因突变加以排名，在影响你健康状况的榜单上，排名靠前的基因就是免疫系统基因。"当然，正是出于这个原因，免疫疗法（增强免疫反应的治疗方法）在过去几年中得到了发展，尤其是在治疗某些癌症方面。粗略地说，无论威胁健康的具体是什么，找到解决威胁的答案都是免疫系统的职责。戴维斯表示："免疫系统与人体的其他各个方面都是相互关联的。"它甚至似乎与心理健康和精神分裂症等疾病有关。戴维斯说："神经系统和免疫系统之间可以对话，但我们对此的了解属实不多。"

我以阿尔茨海默病为例，说明免疫反应在应对疾病方面的作用。在英国，大约有 50 万人患有阿尔茨海默病，它是最常见的痴呆。虽然罹患阿尔茨海默病的风险通常随着年龄增长而上升，但仍有成千上万的人在 65 岁之前患病。此外，目前我们还没有发现治愈这种疾病的方法。某些药物可以缓解阿尔茨海默病患者丧失记忆的症状并有助于他们集中注意力，但这些药物能做的也只是缓解症状或提升大脑中未受影响区域的神经元功能，完全无法阻止或减缓神经系统变性疾病杀死大脑细胞的行径。

针对阿尔茨海默病的药物开发存在的部分问题在于，这种疾病的病因仍不完全清楚。此外，这种疾病难以治疗，也因为它和癌症一样不是由外界入侵的病原体引起的。阿尔茨海默病的成因似乎是我们自身的生理机制，是一些我们的细胞容易出现的行为。正如我们在前文中看到的，阿尔茨海默病可能与某些蛋白质的异常行为有关。其中一种蛋白质叫作"β淀粉样蛋白"，它可以错误地折叠成一种"黏性"形式，然后在大脑中聚集成名为“黏着斑”的聚合体，这些斑块对神经元来说有毒。[①]发生这类错误折叠的风险会随着年龄增长而上升，但对*APP*（代表“淀粉样前体蛋白”，即一种后续会变成β淀粉样蛋白的蛋白质）基因出现某种特定显性突变的人来说，这种错误折叠也可能在生命早期发生。遗传了这类*APP*等位基因的人几乎肯定会患上阿尔茨海默病，而且通常是在 40 岁或 50 岁时发病。

一些治疗阿尔茨海默病的方法旨在清除细胞中的淀粉样斑块，还有一种目前看来颇有希望的方法则从免疫系统入手。这种免疫疗法的工作原理与疫苗相同，即帮助免疫系统识别并攻击受感染的细胞。能够触发针对淀粉样斑块的免疫攻击（被动免疫）的候选药物，目前正处在人类临床试验阶段，还需要仔细考察它们是否安全、有效。然而，这种疗法需要患者定期静脉注射药物，因此管理难度和成本都相当高。目前医药界还在努力研发一种真正的抗阿尔茨海默病疫苗，这是一种“主动”的一次性治疗手段。

免疫反应也可能与疾病的起源有关。研究人员在因神经系统变性疾病而死亡的患者大脑内发现了攻击牙龈的牙龈卟啉单胞菌，便提出牙龈疾病和阿尔茨海默病之间可能存在联系。[②]感染牙龈卟啉单胞菌的小鼠也可能出现类似阿尔茨海默病的症状，而那些能够阻止牙龈卟啉单胞菌分泌的破坏性蛋白质“牙龈蛋白酶”发挥作用的药物为小鼠神经元提供

---

① 目前还不清楚究竟是否可以把这些蛋白质的错误折叠视作阿尔茨海默病的病因，毕竟还可能存在其他基因方面的影响，环境因素和生活方式因素也不能排除。2022 年的一项研究总结说，根本原因可能是功能性β淀粉样蛋白（β淀粉样蛋白 42）水平过低。一直以来，医学界的主流观点都认为β淀粉样蛋白与阿尔茨海默病有关，但近来整套假说都受到了质疑。淀粉样斑块形成的另一种可能其实就是免疫系统对病毒（比如疱疹病毒）感染的回应，新冠病毒也会诱发类似的反应。进化生物学家李·阿尔滕贝格说，按照这种观点，“试图通过清除淀粉样斑块来遏止阿尔茨海默病，就像试图通过抢救战场上的伤员来结束战争”。这些争论反映出我们对阿尔茨海默病及其他神经系统变性疾病的认识仍处于相当初级的阶段。

② 在那些出现了极早期阿尔茨海默病指征的人群中也检测到了这种细菌，这意味着，出现这种与牙龈疾病相关的细菌不只是因认知能力下降而导致的口腔卫生状况不佳。

了一定的保护。乍一看，神经系统变性疾病竟然与口腔卫生相关，这似乎很奇怪，但一旦我们了解疾病是如何通过身体的弱点（其中之一就是免疫系统）进入人体的，事情就不那么奇怪了。

一些研究人员希望能够实时追踪个体的免疫系统，寻找即将爆发危机的迹象。詹姆斯·格莱齐尔等人呼吁开展一项堪比“登月”的项目：为每个人打造一个计算机模拟的“数字双胞胎”，输入实时监测[①]生理状况获得的数据，从而追踪我们的健康状况、预测并实时监测我们对治疗的反应。整套体系的开发可能需要5~10年，而且必然涉及庞大的跨领域合作。不过，如果最后真的能实时监测感染和身体反应，进而在诸多应用场景中实践（比如应对疫情），那么这项投资可以收获数倍的回报。

实际上，医学领域现在正兴起一项涵盖面极广的运动：开发可以在细胞、组织、器官乃至全身层面模拟人类身体的个体数字双胞胎。上面提到的只是这场运动中的一个例子。格莱齐尔认为，这样的计划为医学设定了一个截然不同的目标。他说：“我们现在做的不是调控结果，而是等待事情发生，然后做出反应。”而他所说的健康工程或者说“闭环医学”则试图通过持续不断的生理监测和指导来维持身体的现状，为这种指导提供信息的则是预测疾病和干预效果的计算机模型。这与其说是一种疾病疗法，不如说是一种健康管理。

1962年，英国癌症放射疗法的先驱戴维·沃尔德伦·史密瑟斯颇有预见性地捕捉到了这幅图景背后的核心精神。他写道：

> 目前我们最需要的是发展一种关于生物组织的自主科学，即关于人体的社会科学。它不会天真地假设，组成身体的各个单位在孤立状态下的行为会与它们作为整体的一部分时完全相同，并且愿意

① 这些数据可以通过类似Fitbits这样具备Wi-Fi功能的可穿戴式监测设备收集，但侵入性或许没那么强。一些研究人员正在开发可以直接打印在皮肤上的柔性电子设备。

承认以整体形式充分发挥作用的生物体才是这门科学真正应该关心的对象。

丹尼尔·戴维斯说，利用来自生命各个层级（基因层级、表观遗传层级、免疫学层级、生理学层级）的实时数据建立个性化模型，并借此预测我们的健康结果，“目前还是科幻小说里的情节，但确实是未来的发展方向”。他预计，未来“我们身边会有这样的数据云，它会实时指示我们对疾病的易感性”。戴维斯还认为，这是医学领域即将迎来的一场革命，它将要求每个人不断根据自身健康状况做出决定，随之而来的便是关于个人选择的社会经济限制、数据隐私等问题。“在生物学领域，我们正处于一切都轰轰烈烈启动的阶段，”戴维斯说，“由于当下正在发生的生物学进步，原本不可思议的事情即将成真。”

把癌症看作疯狂错乱的发育过程

如果说有一种疾病是我们一直期待能发生“不可思议之事”的，那一定是癌症。数十年的研究改变了癌症患者的生存概率，例如在英国，被诊断出患有前列腺癌、乳腺癌或甲状腺癌的人中，近 90% 的患者获得了 5 年以上的生存期，而且其中任何一种癌症的患者预计至少还能再活 10 年。然而，有些类型的癌症仍然残忍无情：仅有 13% 的脑癌或肝癌患者，以及区区 7.3% 的胰腺癌患者能与癌症抗争超过 5 年。

医疗保健专业人士理所当然地谴责“抗击癌症”之类的军事化比喻，但现在越来越清楚的是，人类在这场斗争中无论如何都不可能收获真正的胜利。我们可以而且肯定会继续在应对癌症和延长癌症患者寿命方面取得进展。然而，天花、脊髓灰质炎，甚至新冠肺炎等病毒性疾病，原则上都可以根除，癌症则不同。因为癌症看起来越来越不像是一种寻常意义上的疾病（甚至不能算是一类疾病），反而越来越像是多细胞生物不可避免的后果。

目前最常见的观点认为，癌症是由细胞不受控制地增殖引起的。1914年，德国胚胎学家特奥多尔·博韦里最早提出了这个观点。起初，我们认为出现这种调控异常现象的原因是病毒感染细胞后，把它的遗传物质注入了细胞基因组，从而产生了错误的基因。1910年，美国病理学家弗朗西斯·佩顿·劳斯将一只鸡的癌组织细胞转移到另一只鸡体内，结果发现那只原本健康的鸡也得了癌症，这表明癌症是由一种传染性病原体引起的。由于这种病原体无法通过过滤器（能阻挡细菌）提取出来，劳斯得出结论：它一定是病毒。他也凭借发现这类病毒诱发癌症现象获得了1966年的诺贝尔生理学或医学奖。

现在，我们把诱发癌症的病毒基因称为“癌基因”（oncogenes），这个名字的本源是古希腊语中一个表示肿瘤的单词。（没错，与常见的错误认知相反，癌症并非现代才有的疾病，古代世界也有。）但很快我们就发现，人类基因组中本就存在发生突变后会引发肿瘤生长的类似基因。在正常情况下，这些基因往往会参与调控细胞分裂，即“原癌基因”。① 只有在发生致命的突变后，它们才会使细胞癌变。在20世纪剩余时间里最为主流的观点认为，肿瘤特有的过度细胞增殖现象是由体细胞的基因突变引起的，即“体细胞突变学说”。由此发展出的说法是，这类突变把细胞改造为一种增殖不受约束的“流氓”形式。

这揭示了癌基因是何种基因。目前已知人类有70多种癌基因，它们通常编码生长因子及其受体、信号转导蛋白、蛋白激酶和转录因子。换句话说，它们都具有调节功能，而且这些功能无法归因于任何特征性的表型功能，只是深深地嵌在细胞的分子网络中。正如我们已经看到的，这类基因产物功能障碍的后果可能极难预测或理解，因为它们可能高度依赖所在环境，并可能在分子相互作用的数条不同路径中产生连锁反应。

与此同时，所有癌基因的存在都可以算作疾病渠限化的又一个实

---

① 这里其实用到了一种怪异的目的论，即根据突变后可能产生的危害程度给基因贴上“正常”“健康”乃至“必要”的标签。

例。因为癌症的表现形式在任何组织或器官中都非常相似：细胞以不应有的方式发育，产生肿瘤，而且这些肿瘤能够消耗并破坏身体资源，甚至达到致命的程度。一般来说，癌症源于细胞调控周期（细胞分裂和增殖的过程）的变化。基因突变引起的诸多调控分子功能障碍都会扰乱细胞周期。

这类基因突变可能会被遗传，进而增加携带者的患癌风险，例如与乳腺癌相关的*BRCA1*和*BRCA2*这两个等位基因就是如此。但致癌突变也可能由环境因素引发，如化学物质或能够破坏DNA的电离辐射。最早在癌症与环境中的化学制剂之间建立联系的是与香烟烟雾有关的研究，其中尤为重要的是英国流行病学家理查德·多尔和布拉德福德·希尔在20世纪50年代的研究。[①]因此，许多癌症并不与任何预先存在的基因易损性有关，而是与“基因健康”组织中的随机突变相关。例如，只有一小部分乳腺癌患者的发病与*BRCA1*和*BRCA2*突变体的可遗传风险有关。

即使是最谨慎且最健康的人，也会接触到致癌物质。正如媒体急不可耐地告诉我们的那样，致癌物质存在于多种食物中，而且我们不可避免地不断受到诸如宇宙射线和X射线等电离辐射的轰击。但我们的身体有办法抑制致癌物质带来的危险并修复其造成的伤害。总的来说，只有在接触过量致癌物质时才会出现问题。实际上，一些与癌症相关的基因在预防此类问题方面发挥着作用，它们就是所谓的“抑癌基因”。因此，抑癌基因的突变可能导致癌症，因为突变可能会抑制相关基因产物发挥预防作用。*BRCA1*就是这样一种基因，它是一类以集体形式修复受损DNA的基因。具有讽刺意味且极其令人困惑的是，*BRCA1*的得名，是因为其功能失常的等位基因乳腺癌 1 号基因（BReast CAncer type 1）具有致癌性。于是，我们又一次看到，将基因同相关表型联系起来的做法，

---

① 多年以来，烟草产业始终在质疑这种联系。他们有时会使用散播错误信息和选择性引用证据的策略，这一点与化石燃料产业在近些年否认人类活动导致气候变化时采用的策略几乎一模一样。科学史学家娜奥米·奥雷斯克斯贴切地称使用此类策略的人为“兜售质疑的商人”。

并不能帮助我们理解基因的工作方式。

细胞凋亡，即细胞在特定情况下自发死亡的能力是另一种在进化过程中产生的抵御肿瘤形成的保护机制。某些癌症正是在细胞应该凋亡却没有凋亡时（比如细胞DNA遭受了太多破坏）出现的，而有些癌症疗法的目的就是诱使癌细胞凋亡。从某些方面来说，细胞凋亡是人体细胞的一种默认状态：细胞如果在培养皿中孤立地生长，不与其他细胞接触，通常就会凋亡，因为只有邻近细胞发出信号告知它们不要凋亡，它们才不会进入凋亡这个默认程序。

鉴于癌症与基因突变之间的关联已经相当明确，我们逐渐把这类疾病看作一种异常现象，认为寻找其基因源头并开发抑制相关基因的治疗方法是认识并缓解这种异常现象的最佳途径。然而，我们以这幅图景为基础努力了数十年，却几乎没有在癌症治疗上有任何收获。我们对抗癌症的防御手段仍然原始得令人沮丧：通过手术切除肿瘤，以及用化学疗法和放射疗法轰炸癌细胞。可是，化学物质和辐射不仅可以杀死癌细胞，同样可以杀死火力覆盖范围内的健康组织，这也是传统癌症治疗方案对身体损害极大的原因。

近年来，我们越来越淡化将癌症视为“应当从基因根源治愈的疾病”的想法。讽刺的是，这个观点遭遇的最大挑战恰恰来自基因组学。在21世纪初，积累和筛选海量基因组数据集的愿景促使美国国家癌症研究所和美国国家人类基因组研究所于2006年共同创建了“癌症基因组图谱”计划，旨在编目所有与癌症相关的重要基因突变。我们曾希望，一旦确定了癌症患者体内与癌症相关的特定突变，就有可能开出治愈癌症所需的准确药物处方。然而，尽管投入了高达2.5亿美元的资金，这番努力在癌症治疗方法方面的成果依然乏善可陈。此类靶向治疗中以肺癌为目标的一项重大试验名为“BATTLE-2”，临床结果很是令人失望，完全没有找到任何有效的新疗法。2013年，癌症科学家迈克尔·亚夫得出结论：寻找与癌症相关的基因并非正确的策略；之所以采用这一策略，更多的是因为科学家当时掌握了相关研究技术，而不是因为他们有充分的理由认为这行得通。他写道："就像数据成瘾者一样，我们仍旧将目光投向基因组测序技术，与此同时，真正有用的临床信息却可能藏在其他地方。"如果不是藏在基因组中，那么到底藏在哪里？亚夫认为，癌细胞的分子相互作用网络会是一个不错的研究起点。但肿瘤学家悉达多·穆克吉则认为，我们需要关注更宏大的图景，也就是生命等级中的更高层面。他说：

> 我们搜索的位置是癌细胞携带的基因突变与细胞自身特性之间的交汇点，包括癌细胞所在的环境、细胞的类型（归属于肺、肝、胰腺？）、它所在的位置和生长的位置、它的胚胎起源和发育途径、赋予细胞独特性的特定因素、维持它的营养物质、它依赖的邻近细胞。

也许到最后，我们还是需要重新定位有关癌症因果关系的整个概念。一个令人不快的真相是：肿瘤的形成是我们的细胞干的，更应该把它看作我们的细胞能够自发进入的一种状态，就像"错误折叠"的蛋白质就是细胞不可避免的一种吸引子状态一样。可以这么说，如果细胞要作为能够复制并自我调节的群体实体存在（也就是在像我们这样的多细胞生物的集体中生存），它们就必然可能癌变。① 发展成肿瘤是多能干细胞特有的一大风险，这恰恰是因为它们具备了丰富的多功能性。这给在再生医学中使用干细胞提出了挑战。正是因为我们的细胞可能会自然地变成癌细胞，我们才进化出了（不完美的）相应的防范机制。同样，一般来说，有人做坏事并不代表人类大脑存在某种异常或故障。可悲的是，像人类这样的生物的确会出现大脑异常或障碍，而且这只是诸多不良后

---

① 然而，在多细胞动物中，癌症并非完全不可避免。鲸、大象和裸鼹鼠等动物很少或根本不会得癌症。目前，我们还未完全理解这个现象背后的原因，但部分原因似乎不是它们的细胞不会癌变，而是它们对癌症有更强的防御能力。例如，相比其他哺乳动物，鲸的抑癌基因占比更高。

果之一。但我们已经发展出了对应的防范性社会机制（虽然不完美），没有人会不切实际地期望“根除”所有不良行为。

一些研究人员认为，癌症是一种进化上的倒退：细胞退回到一种还没有学会在多细胞生物体中协调生长的古老状态。这种观点是否正确尚不清楚，[①]但可以肯定的是，在癌细胞中最为活跃的基因往往也是进化角度上“最古老”的基因：那些在原始生命形式中就有类似物的基因。例如，*p53* 基因（其突变与至少 50% 的癌症都有关联）的类似物可以在“动物总界”这个演化支（按现在的观点，起源于大约 10 亿年前）的某些单细胞成员中发现。

癌症揭示了多细胞生物有多么脆弱。就细胞而言，大量增殖本来就是最佳的达尔文式策略：这正是我们期望它们做的，而细菌在这方面表现得极其出色。但正如我们想在社会中生活就需要抑制一些本能，例如必须共享资源，做出妥协，抑制掠夺、欺骗和与他人伴侣私通的冲动。同样，当细胞是多细胞生物体的一部分时，它们也必须抑制复制的倾向，必须知道何时停止复制。我们已经看到，多细胞生物的这种能力背后存在相当复杂的分子交换系统，尤其是涉及促使细胞行为适应环境和“邻居”的复杂调控机制。这些系统有时会崩溃，同时我们的细胞也会回到霍布斯式的“自然状态”，这并不令人惊讶。

然而，这并不意味着癌症只是细胞中的一个简单故事，是“自私的个人主义”对抗“利他的集体主义”。1962 年，戴维·沃尔德伦·史密瑟斯警告说，以过于还原论的观点看待癌症是危险的。他说：

> 就像交通堵塞不是汽车的疾病一样，癌症也不是细胞的疾病。任何人研究一辈子内燃机，也无法理解我们的交通问题。造成交通

① 我们知道，在有些以合作为基础的生态系统中，有些生物是“骗子”。例如，我们都知道蜜蜂会窃取植物的花蜜却不为植物授粉，也就是吃白食。无论怎么说，癌细胞都不是这样的“骗子”。因为癌细胞不会将基因无限地传递给后代，所以它们的“自私”策略中不会进化出任何与精明的生存智慧有关的东西。

> 堵塞的原因可以有很多，总体而言是由于汽车与周遭环境之间的正常关系破裂。这一点与汽车本身是否正常运行无关。

史密瑟斯批评说，基于单个细胞内的活动解释癌症或生物体行为的任何其他方面都是片面的，并将其称为“细胞中心论”（cytologism）。而如今，我们把这种逻辑推进到了一种更加原子化的程度，即把所有事件都归因于特定基因活动的变化。要是史密瑟斯看到这个现象，肯定会大感沮丧。

交通堵塞这个类比或许比史密瑟斯认为的还要好。因为交通堵塞可以由单个个体的行为触发，比如某辆车急刹车。然而，我们很难确定这是不是造成交通堵塞的真正原因，因为交通堵塞只有在正确（或者说错误）的环境中才会发生，即车辆密度超过某个阈值。无论如何，交通堵塞肯定是一种集体现象，无法根据单个司机的行为推断或预测。正如史密瑟斯所说：“癌症是一种结构性疾病，而不是细胞的疾病。”他提出，是否发展出癌症的关键标准是组织的结构状态。

基于这种观点，一些研究人员甚至呼吁摒弃“癌细胞”的概念。生物学家卡洛斯·索南夏因和安娜·索托提出：“正常发育和癌症都属于生物结构中的组织层面。”这一观点得到了最近一些研究的支持。这些研究表明，癌症不是一种遗传病，而是发育过程中的一种（有问题的）变化。也就是说，癌症是细胞构建组织的方式出问题后产生的一种病理现象。[①]认为癌细胞屈从于某种以个体主义为核心的放纵状态是错误的，因为它

---

① 实际上，目前尚不清楚癌症是否完全由基因引起。即便在完全没有任何有利于生成肿瘤的基因突变的情况下，有些癌症还是可以发生。例如，2014 年，两组研究人员对取自小鼠中枢神经系统癌变的细胞做了基因组测序，结果发现这些细胞的基因并没有任何常见的致癌突变。在许多肿瘤细胞中，这类驱动癌症的基因突变通常都很明显。不过，对部分儿童癌症，这类突变倒是相当罕见，甚至看起来完全没有突变。那么，到底是什么推动这些细胞走上了形成肿瘤的道路？似乎有可能是因为细胞的表观遗传程序出现了缺陷。2014 年的一项研究发现，DNA 甲基化对某些基因的化学修饰程度异常高。驱动力不同，结果却相同——这又是一个渠限化的例子。

们仍然是人类细胞，具备所有必要的调控功能，并且不像我们通常认为的那样“自私”。癌症其实并不是“流氓”细胞失控增殖导致的结果，我们或许应该视其为一种新型组织或器官的生长过程。

2014年，病理学家布拉德利·伯恩斯坦及其同事利用单细胞RNA测序技术仔细研究了脑瘤。结果令伯恩斯坦惊愕：在所有肿瘤个体中，起作用的都不是某种类型的癌细胞，而是多种类型的细胞。回忆一下前文提到的内容，单细胞RNA测序技术向我们展示了样本内每个细胞正在转录的内容，以及每个细胞内哪些基因组区域处于活跃状态。伯恩斯坦的研究表明，恶性肿瘤是由不同类型的细胞组成的嵌合体，其中包括大量显然是被迫协助癌细胞生长的非恶性“健康细胞”。肿瘤更像是结构松散的器官，而非无序增殖的细胞团：癌症以疯狂错乱的方式重演正常发育过程。

这不能完全算是新闻。此前就有研究表明，在任何脑瘤个体中，都可能存在四种截然不同的癌细胞中的一种，从而发展成四类不同的肿瘤，每一类需要的治疗方法都不同。然而，伯恩斯坦用单细胞分析方法研究了一种名为“胶质母细胞瘤”的恶性程度极高的脑瘤，结果显示，在他和同事观察的每一个肿瘤中，通常都存在全部四种类型的癌细胞，只不过比例不同。所以如果从整体角度研究脑瘤，只会看到那类占主导地位的癌细胞。

这些不同类型的癌细胞是由一种癌症“干细胞”分化产生的，就像正常胚胎干细胞分化成各类组织一样。区别在于，癌细胞并未完全进入功能良好的成熟状态：它们困在一种持续增殖的形式中。然而，癌细胞仍然有某种计划，而且似乎是一种发育计划，就好像它们“想要”成为一种分化的多细胞组织或生物体，还要与宿主生物体无缝对接。肿瘤发展过程中的某些方面看起来类似于器官在发育过程中出现的现象，其他方面则更接近某些组织（比如血管或骨骼）响应身体其他变化时自我重组和自我恢复的方式。

在沿着这些路径发育的过程中，肿瘤可能会利用周围的健康细胞。

在一项关于头颈部癌症的研究中，伯恩斯坦和他的同事们发现，一些肿瘤会吸收大量似乎普通的成纤维细胞——结缔组织细胞。有些肿瘤中真正的癌细胞可能只占到总数的 5%~10%，其余的都是存在于肿瘤生态系统中的非恶性细胞。肿瘤似乎能够重新利用这些细胞以满足自己的需求。举例来说，肿瘤可以把健康的上皮细胞重编程为可以移动的间充质细胞，这些细胞会从肿瘤中分离出来，在转移过程中推动癌细胞分散、扩散——这正是癌症极难治愈的原因。在另一项研究中，癌症生物学家莫兰·阿米特和他的同事们发现，癌细胞可以重编程正常神经元，使其促进肿瘤生长。

癌细胞具有不同寻常的可塑性：相比正常细胞，癌细胞更容易在不同状态之间转换。例如，癌细胞可以稍稍分化，然后又逆转分化过程。一方面，这种可逆性和可塑性向针对单一类型细胞的疗法提出了挑战，因为癌细胞可以通过在多种状态之间切换来逃脱治疗。另一方面，这类状态流动性为癌症治疗提供了一种引人瞩目的新方法。与其目标单一地杀死癌细胞，不如通过引导它们以温和方式回到非恶性状态来实现“治愈”的目标，就像成熟的体细胞可以重编程为干细胞一样。这就是“诱导分化疗法”，一些研究人员正在寻找能够触发这种转变的化学制剂。用这种方式治疗“急性早幼粒细胞白血病”（一类特别顽固的白血病），初步结果令人鼓舞。

这一策略能否取得成功还有待观察，但它很好地证明了“在正确层级上施加干预以治疗疾病”的哲学理念：让方案与问题匹配起来。如果癌症在本质上就是细胞陷入“错误”状态（错误的吸引子），我们真正要实现的目标或许就是让细胞从错误状态中返回。相比针对分子靶点的药物开发策略，这种治疗思路可能与干细胞研究涉及的那种细胞状态工程更相似。它的目标是将生命重新定向到新的目的地。

不过，我们一定不能忘记那个限制条件：疾病是一种生理状态，往往无法还原到分子层面，更不用说细胞层面了。正如波兰肿瘤学家埃娃·格日博夫斯卡指出的那样，大多数癌症患者并非死于原发肿瘤的生长，而是死于癌细胞通过转移在全身的扩散。一般来说，真正致命的就是癌细胞转移，因为它会破坏身体的重要生理功能。格日博夫斯卡说："整个系统中，越来越多的元件出现故障，当达到临界点时，整个生物体开始停止运转。我们现在使用的方法非常原始：清除肿瘤块并杀死每一个癌细胞，哪怕这样做的成本极高且会造成附带损害。"她指出，因果涌现概念或许可以帮助我们更好地在最为紧要的层级上定义新的治疗目标，即出现在较低层级上的并发症转变为更高层级上的故障。这是一个寻找正确研究视角的问题。

知识拓展 10-1

学会杀戮

适应性免疫系统通过树突状细胞（常常长出分支，因看起来有点儿像神经元而得名）的介导，受先天性免疫系统的刺激而发挥作用。适应性免疫系统会产生各种各样的细胞，我们统称其为"B细胞"。B细胞在骨髓中生成，其表面的抗体蛋白具有各种类型的结合位点。其中一些可能碰巧具有可以同入侵者（比如抗原，可以是病毒或细菌的一部分）表面结合的合适形状，进而识别出入侵者并将其同机体自身的健康细胞区分开来。当发生这种情况时，一个信号会传入B细胞，触发其分化：要么分化为表面具有相同抗体的记忆B细胞，要么分化为可以分泌可溶性抗体蛋白的浆细胞。只有两种类型的蛋白质链可以产生这些抗体，但这些细胞中的酶可以通过随机组合，重新排列相应的基因序列，进而编码大量的不同蛋白质结构。抗体通常不具有任何可以同抗原紧密结合的特殊位点，它们通过几种相对较弱的相互作用与抗原结合，这再次表明，有选择性的蛋白质结合并不一定是锁钥模式。

与此同时，适应性免疫系统中的另一类细胞——T细胞——开始发挥作用。这些细胞表面有一种叫作“T细胞受体”的蛋白质，能够识别一小部分潜在的抗原并与之结合。T细胞受体不能识别游离的抗原，只有在其他细胞（比如树突状细胞或名为“巨噬细胞”的白细胞）将抗原“呈递”给T细胞时才能与之结合。T细胞还携带名为CD4和CD8的受体蛋白，在它们的帮助下，T细胞与巨噬细胞或树突状细胞结合。以这种方式结合的T细胞成熟后就成了杀伤T细胞，能够摧毁并消化被抗原感染的细胞。如果T细胞不与诸如巨噬细胞这样的抗原呈递细胞结合，它们就会通过细胞凋亡自发死亡，而免疫系统会清理掉它们死亡后产生的碎片。

第 11 章

制造与劫持：重新设计生命

在美国哈佛大学皮博迪博物馆的藏品中，有一类奇特生物的木乃伊遗骸。它的头部（经处理后收缩了）、躯干和手臂像猴子，但腰部以下看起来像鱼。波士顿博物馆创立者摩西·金博尔从一位船长的家人那里购买了这具怪异的混合生物标本。那位船长曾在 1842 年将这具标本租给马戏团经纪人P. T. 巴纳姆，用于后者在纽约开办的著名“美国博物馆”。巴纳姆当时声称这具标本是在斐济发现的美人鱼遗骸。实际上，这个生物似乎是由一只真猴子和一条真鱼拼接而成的，制作者很有可能是一个日本渔夫。当时，日本存在制作此类手工艺品的家庭产业。

像美人鱼、半人半马怪和奇美拉（狮子、山羊和蛇的嵌合体）这类神话中才有的杂交生物说明，一直以来，我们都对生物形态的可塑性颇为痴迷。我们始终认为，自然界的生物可以变异和重构。从乔治·威尔斯发表于1896年的小说《莫罗博士的岛》到2009年的电影《人兽杂交》，无论是在传说中还是在小说中，我们都倾向于把生物体想象成由可以随意打乱、重新排列的部件捏合起来的组装体。不过，像制造皮博迪博物馆“美人鱼”这类生物体所用的原始缝合技术，不太可能产生所有部件完美契合、协同工作的可靠生物体。生物体不能被随意构造。

不过，身体也并不完全由所谓的蓝图决定。正如我们在前文中看到的，在各类组织、细胞生产规则的约束下，身体作为相应的解决方案涌现。在这些规则的引导下，细胞找到了可行的解决方案。现在，一门名为“合成形态学”的新兴学科正在探索如何及能在多大程度上根据实际情况调整、修改这些结果，以改变生命物质的形状和形式。合成形态学的目标不是创造美人鱼或其他怪异生物，而是更好地理解自然形态学的规则，并通过活组织工程制造有用的结构和设备，它们在医学、机器人等领域都具有潜在应用前景。

虽然合成形态学的起源是出于实际应用方面的考虑，但它也提出了一些足以挑战传统生物学观念的深刻问题。生物形态从哪里来？进化是怎么发展出控制生物形态的规则的？当我们为了利用、扩展生物可塑性而修改这些规则时，会发生什么？

限制这些问题答案的因素似乎只有我们的想象力。“你可以想象开发出目前还不存在的器官。”生物工程师罗杰·卡姆说。例如，我们可以设计一种能分泌特定生物分子以治疗疾病的器官，就如同胰腺分泌胰岛素一样。就像已经用于给药的人工控释植入物一样，这类器官可以配备能够监测血液中疾病分子标志物的传感细胞，但这些传感细胞并不是死物，而是活的，且与身体融为一体。卡姆说，我们也可以想象制造出“超级器官”，它们能实现现有器官的所有功能，但效果更好，比如能够感知红外线或紫外线的眼睛。

除了这些生物医学应用，这类生物改造还可以融入传统工程。研究人员已经将活组织用作机器人中的活动部件，形成一种有机生物材料与纯无机材料的混合体。最后，我们完全可以想象创造出全新的生物体，它们不是由进化塑造的，而是由人类设计产生。“研究自然生物体时，我们只是在探索所有可供生物体选择的形态空间中的一小部分。”生物学家迈克尔·莱文说道，“而现在，我们有机会真正探索整个空间。”他还补充道，生命物质的可塑性“令人难以置信”。这个领域的研究表明，大自然塑造的生物形态或许与“必然”二字丝毫不沾边，这彻底颠覆了我们对身体、自我和物种的传统观念，即颠覆了我们对生命自身的认识。

改造生物体

将生物体视为一种可以随意塑形、改造的物质是19世纪末出现的一个革命性想法，实际上，这个想法兴起的时间大约就是皮博迪博物馆得到金博尔的那具“美人鱼”标本的时候。在此之前，动物学家始终认为生物形态是天生的（如达尔文的名言所说，也是“无穷无尽的”）。达尔文提出，自然选择塑造了生物形态，以便生物适应环境。

然而，在19世纪中叶，生物学家开始猜测，是否存在一种通用形式的“生命物质”，可以构成像单细胞生物那样的原始生命形式，比如托马斯·亨利·赫胥黎提出的原生质。德裔生理学家雅克·洛布在于1912年出版的《生命的机械观》（*The Mechanistic Conception of Life*）一书中提出，我们能够从工程原理的角度理解生命，也应该这么做。洛布发现，将海胆的卵放在简单无机盐的溶液中，便可诱导海胆孤雌生殖（无性繁殖）。他因此确信，生物体的自然塑造方式并非让生物体成为现在这个样子的唯一途径。洛布写道：“现在，我的脑海中盘旋着一个想法，即人类也可以扮演造物主，即使是已经生机盎然的自然界，我们最终也能按照自己的意愿加以改造……人类至少能够在生命物质的技术方面取得成功。”

大约在同一时期，法国医生亚历克西·卡雷尔开发了在培养基（一种未成形的活体材料）中培育活组织的技术。他希望，在我们的器官老化后，不仅有可能保留它们，还可能在体外培育出用于移植的器官。更进一步，通过不断更换身体部件，人类甚至有望实现永生。[①]目前，我们还无法通过这种方式制造新的器官，但组织培养这项技术已经相当成

---

① 卡雷尔对组织工程学领域做出了开创性贡献，但其背后是对西方文明即将消亡的偏执种族主义的恐惧。卡雷尔和与他偶有合作的飞行员查尔斯·林德伯格都认同纳粹政权的所谓“理想”。卡雷尔既是诺贝尔生理学或医学奖得主，也是人种改良计划的狂热分子，生前被指控与战时法国的维希政府勾结。1944年，他在等待接受审判期间离世。

熟，应用也很多，比如制造测试药物的细胞培养物或合成用于移植的皮肤。在培养皿中培养活细胞（包括人类组织细胞在内）已成为常规操作，为它们提供代谢、复制和生长所需的必要营养物质就能保证它们活着，就像培养细菌或霉菌菌落一样。

要想实现洛布通过工程手段改造生命的梦想，我们就必须更深入地认识生命的各个组成部分。1953 年，在詹姆斯·沃森和弗朗西斯·克里克的划时代发现之后，人们开始将基因组视为生命的蓝图或脚本。我们顺理成章地想象，像修改计算机程序那样重写生物体“代码”，便能改变它们的外形和形态。20 世纪 70 年代，科学家发现了能够执行这番操作的合适工具，基因工程由此兴起。具体来说，这样的工具有两种：一是能够根据DNA序列识别、编辑和粘贴DNA片段的酶；二是能够将DNA注入细胞的人为修饰病毒，这些DNA进入细胞后就可能整合到基因组中，经过表达，便能生产宿主细胞原来没有的蛋白质。这种切除、重组基因组片段的方法就是“DNA重组技术”。

在某些任务中，基因工程表现得非常出色。例如，将一段生产胰岛素的基因插入细菌基因组，就能通过在容器中培养的微生物制造治疗糖尿病必需的化合物，无须从牛或猪身上提取。基因工程菌已经被广泛应用，它们堪称“生命工厂”[①]，可以制造包括激素、生长因子、酶和抗体在内的各种蛋白质类药物。

CRISPR/Cas9 系统（一种更精准的基因编辑分子系统）的发现更是极大程度地拓展了基因工程的可能性。CRISPR/Cas9 系统利用的是一种名为Cas9 的DNA切割酶。这种酶天然存在于细菌中，并且在经过编程后能够可靠地在DNA链中找到特定的目标序列。Cas9 携带一段包含目标位点序列信息的RNA。这种酶在找到与其RNA参考链匹配的DNA序列后，便会将DNA双螺旋结构剪成两段。之后，其他酶就可以将另一段DNA插入断裂处。

---

① 你现在肯定意识到了，这是一个需要进一步拆解的比喻。

CRISPR/Cas系统是原核生物进化出的一种抵御病毒的防御机制。有了这个系统，细胞就能够操纵并储存病毒DNA的片段，从而让免疫系统做好抵御病毒的准备。2012年，生物化学家珍妮弗·杜德纳和微生物学家埃马纽埃勒·沙尔庞捷率先描述了这一系统。华裔美籍生物化学家张锋几乎在同一时间阐述了CRISPR/Cas系统，但最后与诺贝尔奖失之交臂，2020年的诺贝尔化学奖仅颁给了杜德纳和沙尔庞捷这两位女性科学家。CRISPR（成簇规律间隔短回文重复）基因编辑技术诞生后，凭借其前所未有的精准度，开始迅速改变"定制"基因组的可能性。借助这项技术，我们就能更轻松地推断出切除生物体某个基因的效果，这有助于确定潜在的基因药物靶点。此外，我们还可以借助CRISPR基因编辑技术改造微生物，使其制造自然情况下不会生产的蛋白质。

某些干预生物体化学过程的措施要求添加不止一两个基因。以抗疟疾药物青蒿素的生产为例。青蒿素分子是我们目前找到的最佳抗疟疾保护剂，甚至对顽固疟原虫菌株（已经对大多数抗疟疾药物产生耐药性）也能有效发挥作用。为了提取青蒿素，人们专门种植了一种灌木，但整个过程相当漫长，而且成本高昂。在过去的10年里，化学工程师杰伊·凯斯林和他的同事们一直在尝试将植物的青蒿素生产机制植入酵母细胞，以便通过发酵过程降低生产这种药物的成本。这个方案很复杂，因为青蒿素的生产过程分为多个步骤，其中涉及多种酶。这些酶必须一步接一步地把初始原料改造成复杂的终端分子，每一步都必须按照正确的顺序执行。实际上，这意味着为酵母配备全新代谢通路所需的一整套基因过程和相应的调控过程。这种方法名为"代谢工程"，相当于有目的地为生物体重新设定发育方向。在代谢工程中，我们要做的不只是少许编辑生命，而是彻底改写生命。

绘图板上的生命

我们常把在酵母中合成青蒿素视为"合成生物学"领域的典型案

例。按照一贯的宣传，合成生物学是“真正有效的基因工程”，采用的是与传统成熟领域相同的剪切–粘贴式生物技术，但更加精巧、复杂，成果远不止于给细菌增添一两种新技能。

例如，合成生物学家设想，细菌或酵母经过改造后，就能在容器中培养，以植物废料为原料制造出氢气或乙醇这样的“绿色”燃料，这样一来，我们就不用再挖掘、燃烧煤和石油了。他们还设想，利用活细胞而非石油生产可生物降解的塑料。合成生物学这门新科学的语言是工程师和设计师的语言，也就是匠人的语言，而非发现自然运作方式的自然哲学家的语言。合成生物学将牛顿式机械论哲学应用于生命的基本物质，即活细胞的基因和酶。按照合成生物学的观点，我们可以把这些生命的分子组件视作可以锉削、加载弹簧、上油并组装成全新生命机器的齿轮和部件。

在实践中，我们并不把合成生物学的工作比喻成机械或时钟，而是比作那些最新的前沿技术——电子电路和计算技术。基因组中的不同组件连接成回路，在传递各个单位之间的信号时由反馈回路和开关调节。这种思路确实有效。2000 年，在合成生物学诞生之初收获的一项重大胜利便是迈克尔·埃洛维茨和斯坦尼斯拉斯·莱布勒从零开始设计了一条基因回路（以雅克·莫诺和弗朗索瓦·雅各布发现的乳糖操纵子原型基因调控回路为基础），使大肠埃希菌能够以振荡的方式表达一种荧光蛋白。这样一来，大肠埃希菌就能闪烁起来，每个细胞都像萤火虫一般忽明忽暗。其他研究人员则利用这种工程技术，创建了可以通过外部信号开关或者能够自主控制菌群密度的基因回路。

大肠埃希菌的基因组大约有 4 000 个基因，因此重新设计起来相当复杂。一些合成生物学家希望找到可供研究的更简单的系统：一种足够简单的生物体，简单到有望绘制出它的整个基因网络，全面了解其运作机制，然后将其用作一种通用底盘，在此基础上设计各种生物装置。2010 年，美国马里兰州罗克维尔的J. 克雷格·文特尔研究所（以这家研究所创始人的名字命名，部分用于人类基因组测序的技术就是由J. 克雷格·文特尔开创的）的科学家以丝状支原体的天然基因组为基底，使用组装DNA分子的成熟化学技术添加、删除某些基因序列，合成了一个完整的微生物基因组。这个“合成基因组”中的基因数量不到500个，编码在大约100万个碱基对长的DNA链中。随后，研究人员从一种与丝状支原体关系密切的细菌中取出细胞，提取它们的原始DNA，插入人工替代物，并且像启动装了新操作系统的计算机那样“启动”这些人为修饰后的细胞。结果，这些细胞在定制的新DNA作用下依然表现出色。文特尔和他的同事（不无夸张地）称它们是“地球上第一个亲本为计算机且能自我复制的物种”。

这些工程的目标并不是傲慢地展示我们可以控制生命，而是证实将新指令（可能是相应自然指令的精简版本）嵌入细菌细胞的构思。即使是现在，即使是最简单的细菌，我们也还没有完全理解它们的全部基因运作机制；但如果可以简化它们的基因组，移除非生存必需的所有元素和功能，设计新遗传路径和过程的任务就会变得简单许多。2016年，J. 克雷格·文特尔研究所的团队就描述了这样一个“极简”版本的支原体细菌。

通过基因工程手段改造生命的概念一直存在争议。20世纪70年代中期，参与基因工程这门新兴科学的科学家争论，是否应该实施自我管控，即自我限定应该用这项强大的新技术做什么和不应该做什么。因为合成生物学在扩展生命可能性、点亮生命发展前景的同时，也增加了风险。例如，如果我们开发出能力前所未有之强的新型菌株（也许是致病性大大增强，也许是能够比任何自然物种复制得更快），要如何控制它们？

一种方法是内置保护机制。例如，可以在设计细菌时让其天然具备通过改变复制率响应高种群密度的能力（这个特征就是“群体感应”），即当感染细菌的人过多时，细菌就会激活自毁机制。或者，我们可以在设计细菌时内置功能类似计算机逻辑门的基因回路，用于计算细胞分裂的次数，并且在达到一定次数后触发一个开关，使细胞自行死亡。又或者，我们还可以在设计时让这类生物的蛋白质生产依赖某些自然环境中不存在的物质（比如人造氨基酸），这样一来，一旦失去我们的主动介入，它们就无法茁壮成长。然而，随着合成生物学不断发展，很难预测所有可能出现的问题——无论是恶意导致的，还是偶然出现的。“未来10 年的可能性是无限的。”生物恐怖主义领域的专家乔治·波斯特说。谁知道我们在 20 年后能够制造出什么？“生物学即将失去它的纯真。”

用细胞构筑生命

合成生物学家喜欢引用传奇物理学家理查德·费曼在去世前不久写下的话：“我无法理解我不能创造的东西。”对合成生物学家来说，设计并创造新生物体（至少是拥有“非自然”新功能的生物体）的能力证明的，与其说是他们掌握了浮士德式的技术，不如说是他们知晓了神一般[①]的知识。仅仅制造出能正常运转的东西却不知道它们的工作原理是不够的。实际上，要是不知道工作原理，或许根本就不可能制造出能够正常运转的东西。科学史学家索菲娅·鲁斯说，这正是合成生物学家与传统基因工程师的区别所在：

> 最近这些机械和电气工程师兼生物学家构想的生物体……与生物技术专家创造的生物体完全不同：虽然有些生物体是为了实现特定的制药功能或农业功能，但也有许多生物体是为了从理论上解释生物学现象而制造的。

---

① “扮演上帝”这种令人厌烦的陈词滥调很容易被应用在合成生物学中。2007 年，当 J. 克雷格·文特尔的团队首次谈及他们打算制造“合成细胞”时，美国《新闻周刊》的头版头条便是《扮演上帝：科学家如何创造可能改变世界的生命形式或“生物设备”》。一些合成生物学家刻意避免使用“创造”这个概念，为的就是与这个词背后的类宗教内涵划清界限（同时避免与智能设计运动发生纠葛）。他们坚称自己的工作是构建。

然而，合成生物学中存在一个很少被提及的空白：几乎所有的合成生物学努力都集中在重新设计细菌细胞上，具体方式也如出一辙，那就是重新设计它们的基因组。从设计师的角度来看，这完全合理。既然存在简单得多且可预测性强得多的系统，为什么还要尝试修饰像真核生物这样复杂的系统呢？当合成生物学家尝试重新设计真核生物时，他们的设计对象往往局限于最简单的真核生物，比如杰伊·凯斯林在生产青蒿素时使用的酵母。即便如此，整个设计过程也非常困难。2018 年，一个中国研究团队称，他们利用CRISPR基因编辑技术将酵母细胞的全部 16 条染色体缝合在一起，形成了一条巨大的单染色体。这番重新设计酵母的尝试相当引人注目，但从本质上说终归还是相当基础。令人相当惊讶的是，这种单染色体酵母能够存活并生长，只不过生长速度比普通酵母慢，竞争力也较弱。

合成生物学有一个未言明的假设：未来在人类细胞上执行合成生物学操作也会遵循相同的基本原理，只是难度会提升许多，因为人类细胞的活动要复杂得多。然而，我们已经在前文中看到，事实并非如此。大象不是简单的复杂版的细菌，决定其行为的主要因果因素可能位于截然不同的地方。

在基因层面系统性操纵人类细胞确实是有可能的，毕竟这是基因疗法的全部基础，而基因疗法的目标是通过“纠正”相关错误基因突变来治疗或消除遗传病。但正如我们在前文中看到的，在基因层面治疗疾病的难度很大，而且很少能产生我们期望的结果。对某些仅由一个或少数几个基因引起的遗传病，这类干预措施是可行的，但最常见的遗传病是多基因病（通常都是高度多基因性的）。认为我们可以将一些预先设计好的简易基因模块插入人类细胞并实现可预测的效果，比如让某些蛋白质的表达发生振荡，这种想法的实现难度比在细菌中要高得多，而且合成生物学家才刚刚开始这项研究。那些已经勇敢尝试过的学者已然认识到，要想实现这个目标，需要理解并掌握另一个层面上的内容，即生命在更高级的控制系统、基因调控机制、表观遗传学、细胞间通信层面上的运作原理。简言之，这类生物合成学努力要产生预期的结果，就必须在正确的因果层级上完成设计，而这通常是高于单个基因的层级。

特别是，我们在前文中看到，哺乳动物细胞的发育方向由调控回路控制，其中只有少数几个关键基因协同作用，就能通过在动力学景观中切换吸引子来决定细胞的整体状态。迈克尔·埃洛维茨及其合作者已经通过基因工程手段把这类人工回路植入哺乳动物细胞，它们可以诱发多种不同的细胞状态。研究人员使用的是名为“锌指”的预设计转录因子，它们能够有选择性地与其他基因的启动子区域结合，并激活这些基因的转录过程。这些因子可以抑制或增强合成回路中其他因子的生产。

为了产生数种不同的细胞状态，埃洛维茨和同事采用了一种组合策略：他们使用的转录因子会配对形成具有不同效果的二聚体。在只有两种不同因子的回路中，含有相同因子的二聚体会在正反馈过程中增强同一种因子的生产，而由两种不同因子配对而成的二聚体则处于非活跃状态。研究人员发现，具有这种回路的细胞有三种状态：其中两种状态是两种转录因子基因中只有一种处于活跃状态，还有一种状态则是两种基因都处于活跃状态。当他们把这种回路通过基因工程手段植入处于不同初始状态的真实（仓鼠）细胞时，这些细胞便能实现这三种目标状态中的每一种，并且持续数日。当他们向这种组合回路中添加第三种转录因子时，稳定的细胞状态数量增加到了 7 种。埃洛维茨和他的研究生朱荣辉（音译）估计，原则上，仅使用 11 种转录因子，他们就能产生 1 000 多种细胞状态。

与此同时，2022 年，美国斯坦福大学的一个团队基于细菌中的DNA结合蛋白设计了合成蛋白质。这些蛋白质能够充当植物细胞转录过程中的激活剂和抑制剂，与作为启动子的合成DNA序列协同作用，以控制基因表达。研究人员利用这些元件，以可预测的方式改变了拟南芥（俗名鼠耳芥，一种拟南芥属植物）的根部形状。他们表示，这类基因回路或许可用于控制植物对干旱的反应，从而调整植物获取水分或养分的能力，使其能够应对极端环境状况。这是一个令人瞩目的例证，表明真核生物虽然复杂，但终究没有超越“工程学”方法的使用范畴。

然而，问题仍然存在：这幅机械论图景可以在多大程度上推广到多细胞生物领域，从而在基因层面预先确定特定的表型和形态结果？这个问题的难点在于，一般来说，我们想要的那些结果根本不是由基因确定的。正如我们已经看到的，基因型和表型之间不存在一一对应关系。因此，生物学哲学家马尔滕·布德里和马西莫·皮柳奇说：“根据期望得到的表型实施逆向工程得到其遗传‘指令’，这个方案的问题在于，除了针对最简单表型的操作，这样的操作很可能十分困难。”这并不是要否认某些调整措施可以产生可靠乃至可预测的结果，但得到这个结果的方法很可能是经验性的，而不是工程师青睐的理性设计。这与其说是在设计图上规划好的，不如说是遵循了一种“试试看”的方法，通过不断微调细胞的自组织能力，看看如何能得到想要的结果。

合成形态学的目标是制造具有预设计形状和功能的人工多细胞结构，罗杰·卡姆等人称其为“多细胞工程化生物系统”。这种方法探索了许多个干预层级。虽然合成形态学可能需要借助基因工程添加或控制特定基因，但它的一大目标是调整细胞在决定组装方式和发育方向时相互发送的信号。这与传统合成生物学中基于基因的重定向策略显著不同。正如发育生物学家阿方索·马丁内斯·阿里亚斯所说，合成形态学更多的是“引导细胞去做它们想做的事情，而且往往会干预它们的设计”。

要想实现这个目标，我们就必须更好地理解是什么控制着自然系统的形态。在第 7 章中，我回顾了控制多细胞形态的基本规则，并探讨了随着胚胎的生长，身体形态是如何涌现的。细胞通过化学信号、机械信号和电信号相互交流。这些信号可以从细胞膜传递到细胞核，改变基因的调控和表达，从而决定细胞的发育方向，或许还有细胞的形状。这个过程比较微妙，涉及整个生物体与细胞内基因活动之间的信息相互作用，由细胞的调控网络介导。因此，处于生长阶段的生物体形态由“自下而上”（最终由基因决定）和“自上而下”两类信号流的复杂相互作用决定。

这个过程可能出现的稳定结果构成了一个“形态空间”，其中包括我们在自然界切实看到的各种结果，但这些结果肯定不是形态空间的全部内容。进化通常只能探索形态空间的一小部分，仅仅局限于形态空间中的少数几个吸引子。或许，在地球生命进化史上，生物形态承受的选择压力从未达到迫使进化探索更大范围的程度。也许，形态空间中的某些结果不够稳定或适应性不足，无法让生物在野外生存，例如多细胞动物在寒武纪出现期间，涌现了各种复杂生命形态，但在经自然选择筛选后，只有少数几种形体构型保留下来。也许，转动这些控制细胞信号机制的旋钮，我们就可以发现从未在进化中出现过的形态乃至生物体，毕竟，组成它们的材料已经齐备。

让细胞构建

在体外（就是在培养皿中）培养胚胎干细胞时，细胞就会展现自组织成各类组织的内在能力。细胞只要沐浴在需要的营养物质中，就会增殖并开始朝着特定的发育方向分化。通常，默认的发育方向是成纤维细胞，这种类型的细胞会形成结缔组织并促进伤口愈合。不过，我们也可以引导人工培育的干细胞朝着其他方向发育，例如使用我在第 6 章中介绍的重编程技术，这些技术涉及添加在目标细胞类型中高度表达的特定基因，或者能够干预、引导调控机制的分子。

通过这种方式，可以把胚胎干细胞改造为心脏细胞、神经元、肾脏细胞、胰腺细胞及其他高度分化的细胞。这些目标细胞也可以通过诱导多能干细胞制造，而诱导多能干细胞本身就是利用一系列在胚胎干细胞中高度活跃的基因，将完全分化的成熟体细胞重编程为干细胞状态而生产出来的。人工培养的细胞在分化过程中会逐渐获得“形态学知识”。只要有能力在三维空间中生长（不仅仅是在培养皿所在的平面上扩散），它们就会开始形成相应组织在身体中呈现的结构和形态。举个例子，在凝胶状基质中培养干细胞朝着神经元方向发育时，它们不会简单地长成一团乱麻。相反，它们可能会大致呈现胚胎大脑中的某些结构：有组织的皮质样神经元层状结构、沟槽和褶皱（脑回），甚至可能呈现发育启动阶段的脑干（在真正的胚胎中，脑干会与脊髓相连）。人工培养的上皮细胞能够自组织成类似肠道的管状结构，而且拥有能够吸收营养物质的突出物，即“绒毛”。引导这些上皮细胞朝胰腺细胞或肾脏细胞发育时，它们会像微型胰腺或肾脏那样生长。关于这类人工培育的细胞能够拥有多少形态学知识，有一个特别值得注意的例子。2022 年，两组研究人员利用人类诱导多能干细胞创建了结构。他们用信号分子处理这些诱导多能干细胞，引导它们发育成“体节”（在胚胎生长过程中通常以脊柱的形式出现，图 11–1）。研究人员的终极目标是，借助这种方式为器官衰竭的人培育出替代组织，甚至是类似器官的结构，比如新的胰腺或肾脏。如果我们利用患者自身的细胞操作，先将其重编程为诱导多能干细胞，就应该能避免在移植器官时常见的免疫排斥问题。

这些有组织的人造细胞聚集体就是“类器官”。顾名思义，它们与相应的器官类似，但往往有些粗糙，因为类器官的细胞无法像在胚胎中发育的正常细胞那样接收周围其他细胞和组织中具有提示作用的信号，而要想完全发育出正确的形状和功能，这些信号必不可少。类器官的尺寸往往比较小，因为它们通常没有血管系统，也就是缺少能够将氧气和营养物质输送到组织深处细胞的血液供应途径。正是因为没有至关重要的血管系统，如果类器官太大，组织最深处的细胞就会死亡。因此，目前的大脑类器官比一颗脱水豌豆大不了多少。不过，研究人员已经开始寻找诱导部分干细胞发育成血管的方法。如果这类结构在生物体宿主体内生长，而非在培养皿中生长，那么上述情况会自动发生，例如移植到小鼠体内的肝脏类器官会融入小鼠的血液供应系统。另一种人为构建血管网络的方法则是在预先存在的管状支架上培育类器官，这种管状支架可以由可生物降解的高分子材料制成，并且材料中植入了后续可以发育成血管的上皮细胞。

除了这些生物医学应用，类器官对基础研究来说也是价值连城。有了类器官，科学家才能研究无法轻易从人体上获取的“活器官”。这点在

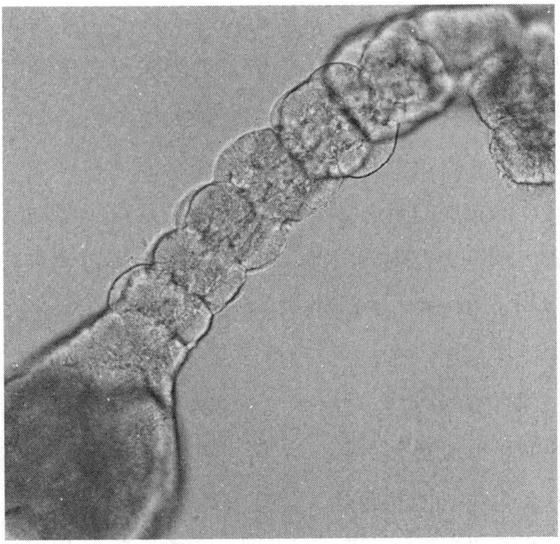

图 11–1　由人类诱导多能干细胞培育出的类器官，它发育出了人类胚胎的体节。为了触发这种发育模式，研究人员向细胞培养物中添加了能够影响 ***Wnt*****、*****BMP*** **和** ***TGF-β*** **等发育基因活性的信号分子**

图片来源：由艾比苏亚小组/巴塞罗那欧洲分子生物学实验室的玛丽娜·松宫提供（参见松宫等人，2022）。

大脑研究中体现得尤为明显。研究人员正试图通过培育大脑类器官并观察问题出现的方式，理解各类大脑疾病——从阿尔茨海默病及其他神经系统变性疾病到由寨卡病毒导致的胎儿大脑发育畸形，不一而足。这些类器官与真实器官的相似程度越高，我们就越能借助它们认识相应的医学问题。

只要研究人员制造的大脑类器官越来越逼真、尺寸越来越大，他们收获的知识就可能越发有用、实用，但与此同时，他们也必须考虑更多的伦理问题。目前，大脑类器官与真实大脑的差异还很大，不会招致关于它们是否包含某种意识或是否拥有疼痛感知能力的伦理问题。但我们如果未来有可能在培养皿中培育出栩栩如生的全尺寸人类大脑，那么肯定需要考虑这么做是否符合伦理，同时还要思考这个物体是不是能算作有思想、有感知能力的实体。不过，这一点并不适用于其他类器官：能够重编程即将衰竭的肾脏细胞，从而制造出全尺寸、全功能的肾脏替代物，对患者来说肯定是无与伦比的福音，很难从伦理角度加以指摘。我们还可以在类器官中测试新药，这样既能避免动物实验的窘境，也许还能更好地了解这些药物在人类身上的效果。

培育类器官的过程已经涉及形态工程学的元素，需要以此引导它们的生长和形成。即使是细胞生物学家于尔根·克诺布利希和玛德琳·兰开斯特在2013年培育出第一个大脑类器官后，[①]二人也将这项成果归功于一种名为“人工基膜”的生长培养基。这种培养基的机械特性恰好能让细胞在三维空间中实现自组织。神经元如果在培养皿表面粘得太紧，就根本不可能形成类似大脑的结构。在真正的胚胎中，形态发生素浓度梯度等因素构建了控制胚胎大尺度发育模式的相关机制。这类机制为胚胎发育提供了“全局视野”，而类器官没有这样的视野。阿方索·马丁内斯·阿里亚斯认为，构成类器官的细胞仅仅依赖于“基因编码的自组装”局部过程。因此，类器官的发育结果与胚胎发育结果稍有不同也就很正常了。而且，人们常说类器官是“不完美”的器官：类器官与真正的器官相似，但因为类器官在人工环境中生长，所以它们在设计和概念上存在缺陷。你如果正在为研究人体生物学而寻找某种替代器官或模型，那么这样看待类器官是很自然的。不过，构成类器官的细胞没有做“错”任何事，它们只是以契合自身所在环境的方式践行了它们掌握的形态学知识。类器官真正向我们展示的是这些形态学原理的可塑性，是细胞能够生成的一种可能形式。与其纠结类器官的仿真程度如何，不如问问这些形式到底有多大的变化空间，以及它们所在的形态空间是什么样的——这个空间是由约束自组装过程的基本规则定义的。

一些研究人员已经在思考，如何通过操纵生长条件（与真实胚胎的

---

① 这项成果的大部分基础工作是日本生物学家笹井芳树在2008年前后完成的。笹井芳树在体外培育出了神经元结构，这就是大脑类器官的前身。不幸的是，笹井芳树在2014年的一起丑闻曝光后自杀身亡（他本人并未被指控有不当行为，但他觉得对此事负有部分责任）。

生长条件完全不同）在体外重新设计各类组织和器官。例如，我们如果能够培育大尺寸的大脑类器官，再用信号诱导它大幅提高大脑海马（与空间记忆相关的区域）或负责“高级”认知处理过程的大脑皮质的发育程度，会怎么样？当然，如果真的有可能做这样的实验，在实际操作过程中一定会遇到严重的伦理问题。不过，可以这么说，作为一种思想实验，它有助于我们认识到人体及其各个部分的形态并不一定一成不变，有关细胞的形态学知识也不一定局限于它们在胎儿中碰巧创造的东西。活体组织充斥着成为各种形态的潜力，而人类只是它们可以创造的诸多形态中的一种。

当我们意识到研究人员正在开发的类器官中有一部分是通过胚胎干细胞或诱导多能干细胞人工培育出的完全成熟胚胎结构时，上述可能性就变得更加令人难以置信，更不用说令人担忧了。如果是在子宫外培育，那么胚胎干细胞团不能获取有助于定位、引导胚胎生长的信号，而细胞仍然会继续分化为更特化的类型，最终形成皮肤、肌肉、血液和神经等组织。然而，没有了信号引导，这种分化相当随机，仅靠这些细胞自身并不能形成任何类似胚胎的东西。不过，2014 年，干细胞生物学家阿里·布里万洛及其同事表明，只是把人类胚胎干细胞的生长范围局限在对细胞有“黏性”的圆形斑块区域中，就足以给它们的生长过程引入一些秩序。如此操作之后，这些干细胞就分化成三个同心环，即真正的胚胎在即将进入原肠胚形成阶段之前出现的标志性的外胚层、中胚层和内胚层。

各种类型的细胞排列成类似靶子的扁平形状，这显然不太像真正的胚胎，而且无法进一步发育。不过，布里万洛和其他研究人员正在想办法使胚胎更接近真实的样子。胚胎学家玛格达莱娜·泽尼卡-戈茨和她的同事已经证明，与另外两种类型的胚胎细胞（名为“滋养层干细胞”和“胚外内胚层细胞”）一起培养的小鼠胚胎干细胞，会自组织成一种形似花生壳的中空结构，类似真实胚胎的中央羊膜腔。在正常的胚胎发育过程中，滋养层干细胞形成胎盘，胚外内胚层细胞参与卵黄囊的形成。换句话说，如果发育必需的各种类型的细胞都存在，那么它们似乎还是能大致“知道”胚胎的样子，不仅能相应地自组织起来，而且能开始分化成正确的特化组织。

2022 年，泽尼卡–戈茨的团队及独立开展研究的巴勒斯坦细胞生物学家雅各布·汉纳及其同事都展示了这种令人惊叹的可能性。两支团队都报告称，他们培育的这类合成胚胎模型能够完成原肠胚形成阶段的发育，直至形体构型及原始器官（包括大脑的雏形和有心跳的心脏）开始显现。当然，他们在研究中使用的是小鼠细胞（发育大约 8.5 天后达到上述阶段），但将相同的操作应用到人类胚胎干细胞或诱导多能干细胞上没有什么明显的阻碍，而且研究人员已经开始这么做了。为了让胚胎合成模型存活到原肠胚形成阶段之后，研究人员先把它们放在营养液罐中，再把营养液罐放到一种特殊的孵化设备内并转动起来。

泽尼卡–戈茨说：“这些结构能发育到什么程度还有待观察。”目前来看，它们至少能发育到这样一个阶段：若是在自然发育过程中，它们会开始依赖胎盘的发育——当然，这些合成胚胎模型并不具备胎盘。泽尼卡–戈茨表示，这就是下一个重大挑战：想办法构造或替代可以执行胎盘功能的结构。到目前为止，这一愿景还没有实现，但其实现可能只是时间问题。①

关于出于研究目的使用真正的人类胚胎做实验，哪些操作被允许，哪些不被允许，规定相当严格。正如我们之前看到的，大多数国家规定，体外培养和研究人类胚胎的时间不得超过 14 天。不过，没人确切知道胚胎模型的研究应遵守哪些规定，因为它们很可能没有长足发育的潜力，当然也就不具备我们认为真正胚胎拥有的“成为人类的潜力”。②大多数

① 汉纳的团队已经能够在这种转动孵化器中将真正的小鼠胚胎培育长达 12 天，达到小鼠完整妊娠期的一半，这充分证明这样的愿景完全可以实现。

② 至于我们是否“应该”这么认为就是另一码事了。大多数体外受精产生的胚胎即便植入子宫，也肯定无法发育成胎儿。实际上，大多数通过常规途径在体内孕育的胚胎最后也无法发育成胎儿。

国家禁止将这种人类胚胎模型植入子宫并观察其发育情况，而且这么做无论怎么说都是一种极其不负责任的行为。

然而，事实上，我们目前就是不知道如何从生物学、哲学或伦理的角度界定这类实体。具体来说，我们不能想当然地认为合成胚胎模型一定会完全遵循真实胚胎的常规发育轨迹，因为合成胚胎模型可能会走上或是被诱导上截然不同的路径。胚胎模型是否应该遵循与人类胚胎研究相同的规则和法规？它们是真正的“人类”吗，还是某类虽然同样由人类细胞构成，但发育方式截然不同的实体？决定合成胚胎模型最终形态的形态学规则是什么，我们又可以如何引导并改变这些规则？

嵌合胚胎是另一类能体现细胞多功能性的合成实体，这类胚胎也存在类似的伦理和哲学难题。嵌合胚胎的细胞来自不止一种生物体。因为不同物种之间通常无法杂交——这几乎就是“物种”的定义——从生物学角度说，很难想象存在神话中奇美拉这样的杂交怪物。制造像皮博迪“美人鱼”这样的生物体的唯一方法就是在生物死亡后把尸块粗糙地缝合在一起。但在单个细胞层面，物种间的屏障并不像我们可能认为的那样重要。所有细胞都使用非常相似的语言，不同物种的细胞在同一个胚胎中似乎相处得相当融洽。许多跨物种嵌合胚胎是通过对早期发育阶段的干细胞进行人工操作而创造的，有些确实会发育成能存活且健康的生物体，例如小鼠和大鼠的嵌合体，或者绵羊和山羊的嵌合体。[①]然而，杂合生物的物种进化关系越远，嵌合体就越不稳定。一些研究人员目前正在开展实验，观察由人类干细胞（胚胎干细胞与诱导多能干细胞均可）制成的器官能否在猪和牛等家畜体内生长，以提供用于移植的器官。这个目标目前还未实现，但人类细胞被注入猪囊胚中之后，至少在胚胎的后续发育过程中存活了下来。

---

① 在绵羊和山羊的嵌合体中，绵羊、山羊的细胞（基因组不同）完全混合，我们不能把这种嵌合体与跨物种杂交产生的杂交体混淆——如果两个物种在进化关系上相当密切，就有可能实现这种杂交。与嵌合体不同，杂交体的所有细胞基因组都相同。令人困惑的是，“山绵羊”这个合成词有时可以指代这两种实体中的任何一种。

嵌合生物体暴露了发育蓝图图景的谬误。它们并不是两个物种发育蓝图互相竞争产生的某种结果，而是由具有不同基因组的细胞构成的单一生物体。尽管这些细胞在基因组上存在差异，但仍然能朝着同一个目标一起努力，进而形成功能正常的生物体。嵌合体的存在证明，只要发育过程中面对的挑战不是太过困难，细胞就能自行找到出路。进化需要的只是赋予细胞能动性、自主性，以及能够让它们在合适的环境中自行找到问题解决方案的相互作用规则。就像韦斯利·克劳森和迈克尔·莱文指出的那样，嵌合现象打破了陈旧的既有观念，即基于“我们熟悉的生物形式（具有狭隘的偶然性）”判断生物学允许哪些形式出现。

一旦环境变化，同样的规则就会产生截然不同的最终结果。类器官和嵌合体的存在表明，细胞确实能够创造出自然界常见生物以外的其他稳定实体。细胞生物学家玛尔塔·沙赫巴齐表示：“我们绝对能够迫使细胞产生非自然形态，而且这种情况在细胞和组织层面都可以发生。”

新生命形式

像人类这样的复杂动物是在各种多层级原理的约束下产生的，目前看来，这些原理确实可以产生某些与人体迥然不同的结果。这一点在迈克尔·莱文、计算机科学家乔舒亚·邦加德及他们同事的惊人发现中得到了体现。他们发现，蛙的细胞可以组装成多细胞结构，甚至可以认为这些结构完全具备了成熟生物体的特征——但与蛙完全不同。这支团队称这类实体为“异种机器人”（xenobot）。这个词的前缀得自细胞的来源物种非洲爪蟾（*Xenopus laevis*），恰如其分，因为它与古希腊语中的*xeno*（意为“陌生”）关系紧密。这类实体也确实是奇怪的“机器人”。

莱文与其他生物学家交谈时喜欢播放异种机器人的影片，并让观众猜猜影片的主角是什么。“观众会说：‘这是你在池塘里找到的动物。’”莱文说。等到他揭晓这些生物的基因组和非洲爪蟾100%相同后，生物学家观众都惊呆了。乍一看，这些生物很可能会被误认成微小的水生动物，比如某些昆虫的幼虫或浮游生物，它们到处游动，明显具备能动性。有些在轨道上移动；有些在水中颗粒物附近的轨道上游动；还有一些前后巡游，像是在警惕什么东西。在培养皿中，这些生物大多一起行动，行为很像是一个社群，对彼此的存在做出反应并参与集体活动。

莱文和同事在一次“假设”实验中发现了异种机器人，当时他们想知道，如果将蛙胚胎细胞从制造蛙胚胎身体的限制中“解放”出来，会发生什么。莱文问道：“如果我们给它们重新构想形成何种多细胞生物的机会，它们最终会搭建出什么？”实验非常简单。研究人员从正在发育的蛙胚胎中取出已经分化的上皮细胞（皮肤型的细胞），将它们彼此分离。这些细胞的第一个动作并不特别：它们聚集成了由数十乃至数百个细胞组成的团块（图 11–2）。研究人员此前就知晓细胞的这种行为，这反映了皮肤细胞在组织受损后尽量减少表面积的倾向，因为这么做有助于伤口愈合。

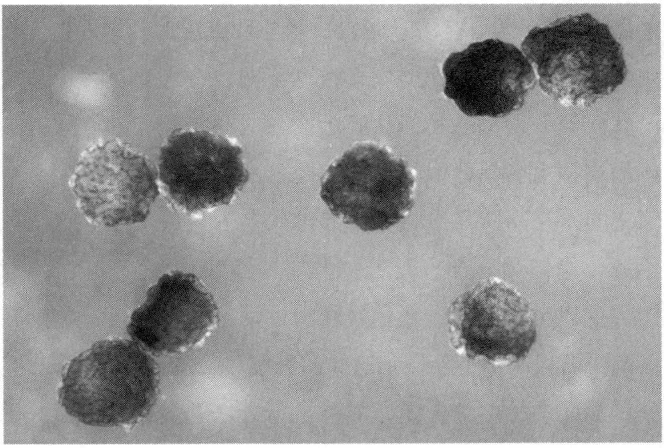

图 11–2　由蛙胚胎组织片段自发形成的异种机器人

图片来源：由塔夫茨大学的道格拉斯·布莱基斯顿和迈克尔·莱文提供。

然而，随后发生的事就变得奇怪起来。蛙皮肤表面通常覆盖着一层保护性黏液，以保持皮肤湿润。为了确保黏液均匀覆盖皮肤，皮肤细胞上有一种名为“纤毛”的小毛发状突起，它们可以像我们肺部和呼吸道内壁的纤毛那样移动和摆动。不过，蛙皮肤细胞群很快就会开始用纤毛做不一样的事情：通过形成整齐划一的摆动，实现游动。一些细胞群形成了一条中线，中线一侧的细胞向左“划动”，另一侧的细胞向右“划动”，借此游动起来。可是，这个异种机器人是怎么决定中线位置的？又是什么“告诉”它这样做有用？目前我们还不太清楚。

这些实体不仅会移动，似乎还会对周遭环境做出反应（尽管很难确切解释是什么引发了这些复杂行为）。它们有时会直线移动，有时又会打转。如果水中有一个游离粒子，它们就会围着该粒子打转。它们甚至能自行导航穿过迷宫，拐弯时不会撞到迷宫壁。莱文猜测它们能做很多研究人员尚未发现的事情。他说：“我们有机会在 48 小时内创造出以前从未存在过的生物。”

异种机器人通常能存活约一周，靠从受精卵中获取的营养物质维持生命。莱文的研究团队通过给它们“喂食”合适的营养物质，已经能够让它们生存超过 90 天。存活时间较长的异种机器人开始发生变化，仿佛处于一条新的发育路径上，但发育目标不明。在发育过程中，这些异种机器人没有任何一种形态类似从胚胎发育成蝌蚪的青蛙。异种机器人采用的身体形式相当简单，但很稳固，并且能够在损伤后再生。在一项实验中，莱文的研究团队几乎将一个异种机器人切成两半。这两截身体原本参差不齐，像铰链一样打开着，但如果任其发育，铰链会再次关闭，两截身体会重建出原来的形状。这样的运动需要在铰链结合处施加相当大的力，皮肤细胞通常不会遇到这样的情况，但它们显然可以适应。

另一种显而易见的情况是，异种机器人之间会相互交流。把三个异种机器人排成一排且互相保留一定空间，然后用精细的镊子夹住其中一个，这个异种机器人就会激活并释放出一股钙离子脉冲。几秒之后，这股脉冲就会出现在另两个异种机器人中。这类钙信号传导模式大致类似神经元之间的信号传递，它们都是一种电信号交流。

莱文认为，这些实体采用的身体形式由嵌入细胞分子网络的各类

“目标”引导。举例来说，细胞会试图把“惊喜”最小化，即尽可能降低遇到意外情况的可能性，而做到这一点的最佳方式就是让周围布满自身的复制品。塑造异种机器人外形的其他集体目标中，可能有一部分源自机械和几何方面的要求，比如最小化细胞团簇的表面积。

毫无疑问，异种机器人并非死物，但很难称它们是青蛙。就像由干细胞制成的合成胚胎模型一样，它们与我们原来的分类系统格格不入，而这恰恰是因为我们常常以错误的方式思考生命的运作方式：将其视为一种以动物学家熟悉的最终形态为目标的驱动机制，而不是细胞自身的迫切需求产生的一系列可能结果。

异种机器人彻底颠覆了一些传统发育生物学观点。在进化生物学家伊娃·雅布隆卡看来，它们就是一种新型生物，其定义取决于它们的功能，而不是它们在发育和进化上属于哪个谱系。异种机器人超出了所有既定分类范畴。或许，我们通过异种机器人看到的是有关多细胞生命起源的线索。雅布隆卡猜测，异种机器人可能揭示了复杂真核细胞集合体的基本自组织模式。它们的出现基于生物形式受到的限制最少，但环境提供的资源和机会也同样最少。异种机器人告诉了我们“某些有关处于发育过程中的多细胞生物系统的物理知识：具有黏性的动物细胞如何发生相互作用”。

异种机器人是真正的生物体吗？莱文认为，它们绝对是生物体，但前提是我们要采用“生物体”这个词的正确含义：生物体是一种边界清晰的细胞集合，这些细胞以目标为导向，集体完成定义明确的活动。当异种机器人相互接触并短暂互相粘连时，它们不会融合，只是维护并尊重各自的自我。异种机器人天然具有边界，正是这种边界将它们与世界的其他部分分隔开来，并使它们能够表现出逻辑自洽的功能性行为。诚然，异种机器人大概无法以正常方式繁殖，但话说回来，骡子也不能正常繁殖。另外，异种机器人可以通过非正常方式繁殖。莱文的研究团队发现，C形异种机器人（看起来有点儿像古早电子游戏中的吃豆人）会席卷其他游离细胞并把它们聚合成球形的细胞团，莱文的研究团队称其为“运动式自我复制”产生的某种后代。

这与达尔文式繁殖截然不同，因为不存在遗传物质从亲本到子代的传递。莱文的同事道格拉斯·布莱基斯顿这样类比异种机器人的繁殖：人类身体的各个部分松松垮垮地四处漂浮着，我们把它们找齐，然后拼凑在一起形成一件复制品。显然，以这种方式繁殖的异种机器人不太可能进化。不过，原则上我们仍然可以想象诱导异种机器人细胞复制，并在亲本捕获这些复制出来的新细胞以构建新的异种机器人之前就把它们剥离，它们最终会变成什么呢？

生长的规则

相比只是究明如何利用基本组件（像乐高积木那样具备特定的组装规则）构筑目标，理解约束合成形态学的规则要困难得多，因为当使用细胞构建生物体时，组装规则本身会随着过程的推进不断变化。玛尔塔·沙赫巴齐说：“在简单的机械世界中，你可以找到各种部件，它们按照一系列规则发生相互作用，从而构建更复杂的结构。但在生物世界中，构建结构的过程会改变基本组件的性质。在整个发育过程中，不同生物组织层级上发生的过程之间不断地相互影响。”沙赫巴齐还补充道，这正是发育的美妙之处，也是发育过程如此复杂的原因。

因此，合成形态学需要一种新的工程学视角：我们不是按照某种蓝图，以简单的流水线模式把各种基本组件组装成目标物件，而是利用相互作用的规则，促使期待中的生物结构涌现。可以这么说，我们利用的似乎就是细胞的共识。法国计算生物学家勒内·杜尔萨称此为“形态工程”，并且指出了这项工程包含的四类过程：

> 构建：各个主体以程序化方式相互连接。
>
> 聚合：各个主体以类似群体的方式聚集在一起。
>
> 发育：随着各组成部分的生长、增殖，形态结构逐渐涌现。

生成：结构在某些算法（类似产生植物分形的那些）的反复展开中涌现。

我个人建议在上述四类原则性过程中加入第五类过程：

改造：各类主体同其所在环境及邻近主体相互作用，进而发展出全新的行为能力——原则上说，这个过程是开放式的。

从某些角度上说，这就是细胞构建多细胞系统方式的决定性特征。

杜尔萨说，挑战在于找到在这些原则性过程中产生结果的方法，而且期待中的结果要足够稳健、可靠，这样它们才能在某些特定的环境中稳定出现，不会被微小的扰动破坏；又要具备适应性，这样系统才能在环境变化时找到新的解决方案，完成工作。这套体系与我们创建城市和社会的方式有许多共同点：我们对希望看到的结果有一些想法，但又无法自下而上地完全控制最后出现的结果。相反，我们只能尝试引导自组织过程沿着正确的方向发展。

杜尔萨和他的同事提出了以这种方式用细菌构建生物结构的理论方案。他们给细菌"灌输"了相互作用规则。在这些规则的作用下，可以产生由许多细胞构成的简单几何元素，比如链和环。之后，这些元素可能会以分层的方式组装成更高级结构。这是一个开始。实际上，我们在前文已经看到，一些细菌确实天然具备转换能力，可以切换到能够以端对端的方式连接成链的状态。不过，通过工程学手段将这类组装规则植入人类细胞（可以分化成许多状态），难度很可能要大得多。

创建罗杰·卡姆提出的"多细胞工程化生物系统"的一大关键问题是：有多少定位工作是"手工"（自上而下）完成的，又要在多大程度上编程细胞，让其自组装成目标结构（自下而上）。举例来说，假设你想用上皮细胞制作一个简易流动阀，进而形成一根类似血管的管子，管上的某个点被一圈可以收缩并夹住管子的肌细胞包裹（图 11–3）。一种方法是用某种合成支架（比如可生物降解的某种高分子材料）制作这两种形状，并且用两种类型的细胞播种，这样它们就能在相关成分上定植。另一种方法是从一团干细胞开始，我们可以调整并引导这些干细胞以正确的方式分化、移动、合作，以便它们自发产生相同的结构。第二种方法与人体的自我构建方式更为相似，杜尔萨这样描述这种方法："并不直接构建系统，而是塑造系统的基本组件，让它们为你打造系统。"

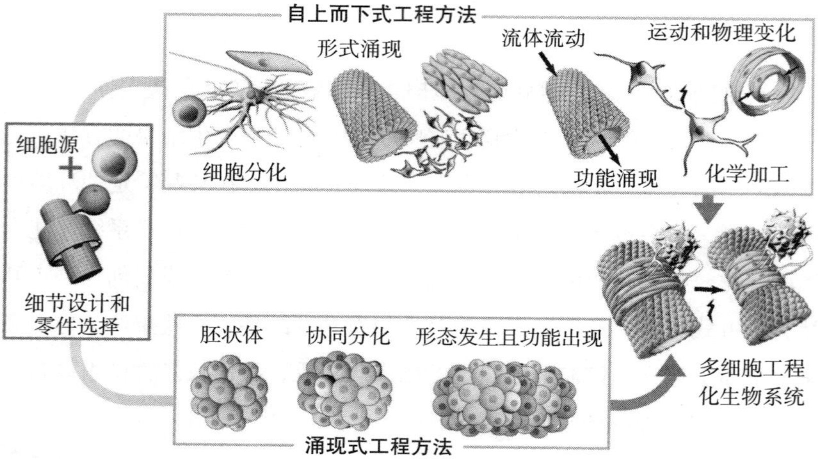

图 11–3 制造多细胞工程化生物系统的两种方法。在自上而下式方法中，我们在设备的每个组件中（或许是在某种已塑形的支架上）"手动"定位细胞，然后把这些细胞组装成各种基本组件。在自下而上式（涌现）方法中，我们编程细胞，使其分化并自行排列，从而自发地形成目标结构（在本图中是一个收缩管子的阀）

图片来源：经罗杰·卡姆等人（2020）授权使用并改编。

第一种方法可能更简单，可能要用到生物打印等技术，即通过一种喷墨式设备将细胞"喷涂"到指定位置。一方面，使用第一种方法，要想保持结构稳定、受控可能更加困难：如果各种类型的细胞想要融合在一起或是发育成其他组织，要怎么办？另一方面，自下而上式方法产生的结构对干细胞的非自然发育进程来说可能太过坚实稳定了，这类结构即使受损，也能继续维持甚至自我修复。不过，我们目前还没有掌握任何能够可靠产生并预测这类结果的工具——无论是实验工具还是理论工具。

“光遗传学”技术或许就是一种符合要求的工具。这种技术要求将光控开关连接到基因组中的特定基因上，以便能够按要求打开或关闭它们。接着，可以用精细激光束瞄准细胞团中的特定个体，通过激活、关闭基因，为它们选择特定的发育轨迹。另外，或许也可以通过机械方式（在不同位置戳细胞，或者把光束用作精细“镊子”拉扯细胞）、热方式（加热细胞）和生物电方式（比如使用微小的电极改变指定位置的膜电位）有选择地激活和分化细胞。我们目前还不知道约束这类操作的规则，但它们很可能超出我们的直觉，需要由旨在预测细胞团行为的计算机模拟程序指导操作顺序。

有生命的机器人

机器人工程师已经开始培育工程化的塑形组织，用作机器人设备的组件。到目前为止，大多数方案使用肌细胞诱导机器运动。举例来说，人工培育的这些组织可以通过电信号实现收缩或放松，恰如它们收到大脑发出的神经信号后触发的行为模式。在某些方面，这种催生运动的方式比使用活塞或马达等传统方法更好，因为组件出现阻塞、卡紧或其他故障的概率更小。（但生物组织制成的机器组件会面临组织死亡的问题，而传统方法就没有这个困扰。）有时，通过工程学手段将活组织制成致动器，能产生用纯人造材料和设备难以实现的行为。例如，生物工程师基特·帕克、航空工程师约翰·达比里与生物工程师让娜·纳夫罗特合作，制造了一种他们称之为“类水母”的“水母机器人”。这种水母机器人的主体是硅聚合物，但这种材料上附有大鼠的心肌组织。正是借助这些组织，水母机器人能像真正的水母那样以收缩、扩张身体的方式游泳。

这些研究人员的设计模板是颇为常见的海月水母。成年水母的身体呈圆顶状，但在完全成熟之前，即仍然处于“碟状幼体”阶段时，它们收缩身体上的 8 条触手形成圆顶状结构以产生推力，然后放松，在反复收缩和放松中实现游动。为了制造一种基于这个原理的人工游泳装置，研究人员模仿碟状幼体，将一种柔性硅聚合物制成硬币大小的八臂星形，并在其表面覆上用干细胞培养得到的大鼠肌细胞。这些细胞形成肌纤维，并且按照收缩时整体（“类水母”）呈现圆顶形的方式排列。研究人员只需在水箱两侧放置两个电极，产生一个可以通过水“感知”到的电场，就能为水箱中的类水母提供动力。类水母感知到电场后，一系列电压脉冲诱使肌纤维收缩，进而触发整体结构的周期性变化，同时产生推力。

帕克和同事还在另一种机器人中使用了大鼠心肌细胞。这种机器人通过模仿鳐鱼实现游动，尽管它的大小只有鳐鱼的 1/10。在设计上，这个“类鳐鱼”机器人比“类水母”更加巧妙：鳐鱼游动时，身体两侧宽大的鱼鳍起伏运动，这种运动像波浪一样从前向后传播。在完全人造的装置中创造这样的起伏运动确实颇有挑战性，但活的肌细胞会自动完成这项工作。帕克和同事用光启动波浪运动。他们使用光遗传学技术改造肌细胞，使其内置一种吸收蓝光时会激活的离子通道。通过有选择地激活“类鳐鱼”生物机器人的两侧，研究人员便能控制它的游动速度和方向，引导它越过游动路线上的障碍。

其他研究人员则在尝试完全用活细胞制造类似机器人的结构。迈克尔 · 莱文和他的同事们启动异种机器人研究之前，首先制造出了这种人造结构。乔舒亚 · 邦加德和计算机科学家萨姆 · 克里格曼开发了一种算法，能够将蛙的皮肤细胞和肌细胞塑形成特定的排列，并模拟两种类型的细胞如何排布才能实现有组织的运动。这种算法可以尝试各种不同的排布结构，找出其中切实有效的。举个例子，算法找到的一种方案是细胞排布在底部形成两条类似腿的残肢，残肢的抽搐可以促使整个结构运动。

莱文和同事让细胞团按计算机设计的比例组装，然后使用微操作工具移动或去除细胞。本质上，他们就是通过戳弄、雕琢，使细胞团尽可能接近算法推荐的形状，也可以使用细玻璃针或热金属丝有选择性地杀死细胞。最后产生的结构就像莱文团队预测的那样，能以非随机方式在物体表面上移动。

这类合成结构发展到什么程度就会成为真正的生物体？异种机器人肯定不是死物，但类水母到底算不算生物？如果现在还不算，那么给它装上由神经元制成的控制电路，并将电路与传感设备或光敏组织连接起来，算不算生物？可以“训练”大脑类器官，让它控制组织吗？[①]如果这些组织以推动细胞适应人造环境的方式分化会怎样？当它们开始与“天然”生物体发生相互作用时，又会发生什么？届时，我们是否需要重新思考生物体和动物（及机器）的概念，思考设计与进化、合成与自然之间的区别？

与生命合作

迈克尔·莱文认为，所有这一切只是合成形态学的开端。他说：“我推测，细胞集体是通用的构造器。”也就是说，给定一套特殊的生物组成，你可以让它们做任何物理定律许可的事。“我认为，如果我们知道自己在做什么，细胞本质上可以构造任何东西。”

然而，要实现这一目标，我们需要在工程学领域引入一套新的思维模式。这套模式适合处理的材料不仅在传统意义上“智能”（能对环境做出合适的反应），而且具有真正的认知能力。这将是工程师与智能材料之间的合作。莱文说：“实现这个目标的方式不是微观管理，而是与细胞的集体智慧交流。”例如，用督促和奖励作为刺激手段鼓励符合我们期望的行为，很像是我们在引导、管理社会系统时做的那样。这与其说是设计，不如说是协商，即允许系统在认可目标的前提下自主行动、分散管理。

① 答案是很有可能。2022 年，澳大利亚的研究人员训练大脑类器官（由人类诱导多能干细胞制成并在微电子网格上培育）玩电脑游戏《乒乓球》。结果表明，它比人工智能算法学得更快。另外，玛德琳·兰开斯特和她的同事已经把大脑类器官同会因响应神经信号而抽搐的肌细胞连接了起来。

这也意味着放弃一些我们原本珍视的差异，比如机器、机器人和生物体之间的区别。“生物工程已经向我们证明，可以创造出介于生物与非生物之间的事物。”莱文说，“那些二元术语并不能体现这个世界上任何真实的东西。”

如果我们在未来真的变得擅长设计生命形态，那么我们可能还需要意识到，我们同时也在修补认知。因为正如我们之前看到的，细胞和人类一样，本质上都是具有认知能力的能动性主体，都在努力适应所处的世界——不论这个世界究竟是什么样子。另外，所有认知都是具象的，受到（容纳认知的）物理形式制约。我们的认知模式由我们的身体类型塑造，即我们基于对自身身体能力的假设干预世界。如果我们重塑人体形态，那么也需要重塑思维。《千钧一发》中的那位六指钢琴家需要在大脑中具象化额外的那根手指，才能有效地使用它。即使对大脑和神经系统不像人类这般复杂的生物体来说，上述结论也同样适用：任何生物体拥有的干预手段都受到自身形状和形态的限制。重组后的生命不仅能够做新的事情，而且在某种意义上能想到可以做什么新的事情。莱文说：

> 所有涌现产生的思维都会发现，自己身处全新的“世界”，必须适应身体结构和外部环境。合成生物体的非凡之处在于，正是因为有了它们，我们才能观察到首次出现于这个星球之上的全新生物形式的认知结果——它们没有漫长的进化背景。一旦全新的生命形式诞生，它们会展现出什么样的思维？

因此，通过合成形态学，我们最后关注的可能不仅是“生命本可以是什么样子”，还有“心智本可以是什么样子”。在合成形态学研究之路上前行，我们最终可能发现自己在重新思考思维本身。

结　语

我们可能已经在过去10年中的某个时候跨过了"基因高峰"。至少，谷歌词频统计器显示的"基因"和"遗传"这两个词的历年使用情况（图12–1）似乎表明了这一点。词频统计器显示，这两个词的使用频率在人类基因组计划提出、启动、实施、完成、纪念前后达到峰值。

现在就断言基因热度已经消退或许为时尚早，但重点不在这里。以这种方式利用语言数据做研究的可能性是最近才出现的，它利用了如今存在于网上的大量数字化文本，其中一部分文本可以追溯至古希腊的作品。寻找单词、短语使用趋势和相关性的研究就是"文化组学"。这个词及其研究的内容明显类比了基因组学。在基因组学研究中，我们寻找的

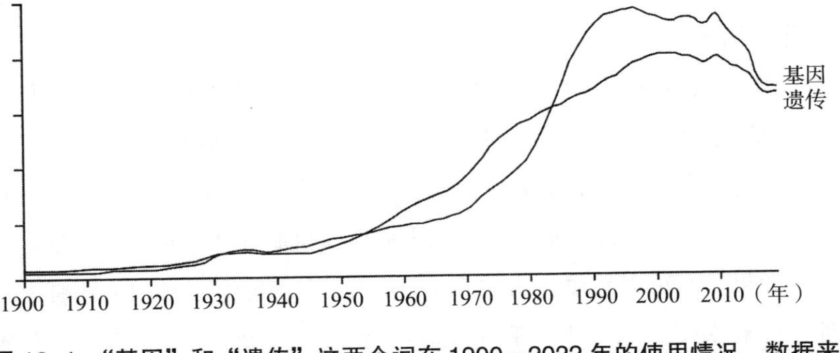

图12–1　"基因"和"遗传"这两个词在1900—2022年的使用情况，数据来自谷歌词频统计器

是基因组数据与性状或疾病之间的相关性。文化组学则为分析人类文化和社会提供了一个新工具。

关于文化组学揭示的内容，我们有很多可以讲述的故事。举例来说，我选择用文化组学内容暗示“基因”一词的使用与人类基因组计划之间存在因果联系。这样做对吗？光靠数据是找不到答案的。时间上的重合可能仅仅是巧合。要真正查明“基因”一词的使用频率为什么似乎略有下降，需要做大量工作，而且最后或许只能提出一些看似合理但很难检验的假设。我们很可能需要研究“基因”这个词出现在文本中的具体语境，并将其与其他趋势做比较（比如，“基因组”是否已经在一些语境中取代了“遗传”一词）。答案肯定不在语言学中，而在于过去几十年间的社会、医疗和科学发展趋势。“基因”一词使用频率的变化并没有太大的内在意义，它只是暗示了社会内部更高层级上发生的某些更有意思的事情。

前一段的大部分内容，稍作修改就可以转而用于论述基因组学本身。挖掘基因组数据的趋势和相关性可以引导我们发现有趣的事情，但光凭它们很难解释我们看到的现象。而这恰恰是因为和文化组学的情况一样，我们研究的单位（基因和单词）太小、太简化，无法阐明整个机制。因此，正如我们看到的，虽然越来越多的证据表明“大数据”基因组学有助于识别携带疾病相关等位基因的高危个体，是诊断疾病的完美工具，但事实证明，它在开发相应疗法方面价值不大，因为它并没有为我们指明因果关系。

语言学是遗传学的一个常见类比：DNA碱基就像字母，基因就像单词，基因组就好比一本书。因此，掌握大量文本（基因数据集）能让我们看到它们之间的联系和相关性。不过，这样类比还有一个更好的理由：语言或许是人类掌握的唯一一种同生命运作机制存在某种相似之处的技术（如果我们可以称语言为技术）。这在一定程度上当然因为语言是一种“有机技术”，看上去几乎就和血肉、思想、文化一样，是我们生物本性的一部分。语言之所以能很好地隐喻生命运作机制，是因为它也在多个层级上发挥作用，而如果你将其还原成各个组成部分，就完全不明白其整体意义了。我们可以这么想，查尔斯·狄更斯的作品也有一种“基因组”（我们可以称其为“词汇组”），由他所有作品中的所有单词组成，我们可以收集这些单词出现频率的统计数据（就像在准备现在大家非常熟悉的“词云”时所做的那样）。同理，简·奥斯丁的作品也有一个词汇组，它与狄更斯的词汇组有所不同，但有大量重合；它与荷马的古希腊语词汇组有很大差异，但即使是这两个在诞生时间上相距甚远的文本之间也存在各种各样的同源词。

然而，仅从这样的词汇组清单中，我们究竟能对这些作家的文学作品有多少了解？在《荒凉山庄》或《傲慢与偏见》这样的作品中，单个词起不了多大作用，如果只是简单地堆砌，这些词汇就会毫无生气地躺在那里。语言之所以能够发挥作用，是因为它具有多个层级、能够自我指涉，并且与具体情境相关。这就是语言与简单、刻板的动物叫声（目的是示警或求偶）的区别所在。相比词汇，句子的分析张力和语义张力更强，但真正能吸引并打动我们的终究还是更大篇幅的文本，在达到这个层级之前，故事无从谈起。我们需要把词汇放在具体情境中看待，这样的情境包括地理环境和历史环境的影响。我们会发现，同样的词汇在不同情境中和不同时间点发挥的作用截然不同。

更重要的是，语言也会进化。或许，甚至可以用自然选择做粗略类比，当我们发现某些词汇变得不那么“契合”文化时，它们就会过时；如果我们发现某些词汇变得更加“契合”文化，它们就会获得新的含义。另外，语言结构有时会在高于词汇个体的层级上获得某种自主性。举例来说，我们无法仅根据口语化表达的短语、习语的各个组成部分推断出整体的真正含义，比如“那艘船已经开走了”（that ship has sailed，意为“时机已过”）和“厨子太多了”（too many cooks，意为“人多手杂”）。

看到这里，你应该明白了语言学与遗传学的相似之处。同时，我们也应该清楚，任何类比都经不起太过细致的推敲。这里的关键词，就是我在前文中提到的“意义”。或许，相比能动性和目的性等概念，意义在生物学中承载着更多问题和责任，因而你很少能在生物学主题的学术文本中看到这个词。但意义确实是一个至关重要的概念，因为在所有能区分生命与其他物质状态的内容中，意义传达了很大一部分。正如我们在前文中看到的，能动性要求主体在其所处环境中筛选信息，确切地说是有助于实现主体目标的信息，以找到那些有意义的事物。如果我们接受（我认为我们必须接受）进化赋予主体目标和目的性这一观点，我们就必须认识到进化创造了一种意义感。尽管这种意义感与具体情境相关，并且因主体而异，但它仍然真实。意义的概念将生命嵌入环境，使两者深度交融。意义就是“生命运作方式”的一个方面，再怎么强调也不为过：生命只有在与其所在环境发生关联的情况下才能真正运作。同样的道理，荷马①的作品对我们的意义，与对他彼时的读者的意义并不相同。

“因果关系”和“意义”这两大议题是生物学的核心，但它们被忽视了。我认为，生物学中部分争议最大的问题之所以会出现并迟迟没有定论，就是源于这种忽视。我们在多大程度上由先天决定，后天的养育方式又在多大程度上影响我们？围绕这个问题的争论尤为激烈，目前仍没有答案。从我在本书中提出的视角看，这并不奇怪。如果争议的源头就涉及错误的内容，解决争议就无从谈起。我们几乎总是把“先天与后天”这组拮抗关系还原为“基因与环境”，仿佛这就是生物学议题的一切。然而，事实显然并非如此。现在，和稀泥的方案一般称这两个方面都很重要，而且它们相辅相成：环境可以通过表观遗传机制等方式对基因产生反馈。然而，这仍然没有抓住重点，因为如果基因不是生物性状和行为的主要因果所在，那谁会在乎它呢？

神经科学家凯文·米切尔在其作品《天生我材》中指出，我们大脑中所谓与生俱来的东西不可能完全由基因决定，也取决于发育过程中遭遇的种种怪事。发育这个过程相当嘈杂，我们的大脑可能只是碰巧以某

① 学者们仍在争论是否真的存在这个名为“荷马”的作者，也许这个名字背后不只是一个人。

种方式连接起来（尽管我们清楚，基因肯定会对大脑的连接产生影响）。这只是决定我们“先天”的多个因果层级中的一个，实际上，考虑到“先天”也是动态的且依赖具体情境，这个概念本身并无太大意义：除非神经元收到某种输入信号，否则它们根本无法正常工作。简而言之，将“是什么造就了我们”这个问题框定为“先天与后天”，甚至是某种角度上更狭隘的“基因与环境”，会扭曲生物系统的因果图景，使其偏离真实状况，以至于我们再也无法看清生物系统真实的样子。和许多棘手的问题一样，解决“先天与后天”争论的方法不是具体回答，而是认识到这个问题本身就是错误的。

生命涉及诸多方面

我已经指出，雅克·莫诺提出的“适用于大肠埃希菌的东西也适用于大象”的论断只是在有限程度上正确。诚然，大肠埃希菌和大象都由原子构成，元素构成也非常相似，主要都是碳、氢、氧、氮、磷和硫。诚然，大肠埃希菌和大象都包含编码在DNA分子中的信息，而且这些信息可以代代相传，可以细分成为生产蛋白质提供信息资源的基因。诚然，大肠埃希菌和大象都是生物，其最小生命单位都是细胞。这些相似之处意义深远，而且其成因当然就是这两种生物的进化起源相同。

这个论断的错误之处在于，认为这些相似性涵盖了细菌和哺乳动物生命运作方式中所有最重要的内容，没有涵盖的只是细节。从原核生物到真核生物，从单细胞生物到多细胞生物，最后再到脊椎动物、哺乳动物等生命形式的重大创新，从某种意义上说，整个地球生物变迁的过程中，进化是在用几乎完全相同的基本成分不断提升进化产物的复杂程度。然而，这种传统观点忽略了另一个关键变化。为了支持进化产物的复杂性，进化就必须将生物体内决定因果关系的中心转移到更高层级的组织中。这反过来又要求引入新的信息处理方式，以及完全不同的生物自主模式。仅仅依靠基因的固有连接不足以维持强大多细胞生物系统的运行。另外，我在前文中提过，思考这些替代方案的最佳方式是视它们为认知模式。

即便是原核生物，我们也可以认为它们的分子网络（介导刺激与反应）中嵌入了某种程度的认知。不过，整合诸多信息源、根据不可预见的情况即兴发挥、调和相互冲突的目标、基于有限信息做临时决定，所有这些能力在多细胞真核生物身上明显得多。对大脑发达的智人来说，这些挑战并不陌生，但上述能力甚至在中枢神经系统、大脑、思维出现之前就存在了。也就是说，中枢神经系统、大脑、思维只是增强了多细胞动物快速、灵活认知事物的能力。

在某种程度上，随着生物体的认知能力越来越强，生命在实际运作过程中依赖基因的程度越来越低。可以这么说，基因将决策、维护和行为的责任委托给了更高级的系统。毕竟，进化的学习和适应过程极其缓慢，但认知系统可以在几秒钟内完成学习和适应。正如迈克尔·莱文和神经科学家拉斐尔·尤斯特所说："现在看来，与其说进化的目标是给出答案，不如说是创造能够解决问题的灵活主体，它们能够直面新的挑战，并自行解决问题。"当然，基因不能也不会委托一切，因为它们才是遗传的基础。因此，引导认知系统侧重印刻于基因组中的长期经验教训仍然很重要，即鼓励生命采取那些已被进化经验证明能够促进生存和繁殖的行为。

从这个角度说，人类很可能是异类。我们与其他动物的显著区别之一，就是我们构建了复杂的文化。人类文化在很大程度上依赖一代又一代人之间通过非基因方式传递信息和学习能力（进而传递因果影响）的系统与技术。然而，所有这一切实际上只是生命通过向上转移权力和权限以挣脱基因束缚的另一种方式。人类或许是生命通过认知挣脱基因束缚的最重要例子：我们的思维能够极大程度地助长适应性逆转行为，比如年纪轻轻就自杀或选择单身。[①]面对这样的现象，进化生物学家的第一反应是寻找达尔文式解释，即寻找理由说明为什么这类行为确实有某

① 与我们的其他行为一样，这两种行为必然也与基因相关，但这并不意味着基因以任何形式导致了这两种行为。

种优势——哪怕不是对生物体本身有益，也许只是对其基因有益。或许，这些现象背后有时确实有这样的原因，毕竟进化的方式即使不一定神秘，也可能相当违反直觉。然而，期待甚至偏执地认为这类适应角度的解释一定存在，就是误解了认知的本质，也忽略了基因许久以前就开启了转授因果能力过程的事实。认知有时会催生非适应性行为，这可能是因为认知的本质就是一个对整合后的信息做即兴猜测反应的系统。去问为什么自然选择没有淘汰非适应性行为，就如同问为什么自然选择没有让我们摆脱癌症或由“错误折叠”的蛋白质导致的疾病。其实，它们都是生命以正常方式运转时可能出现的结果。

生命充满创造力

我认为，我们现在正处于深刻反思生命运作方式的起点。这绝不是某种威胁达尔文主义，或者更广泛地说，绝不是威胁进化论的新范式，而是达尔文主义的极大延伸（见第 402 页知识拓展 12–1）。坦率地说，我认为我们低估了进化。我们一次又一次狭隘地把进化看成同一种无聊的东西，但实际上，进化远比我们认为的更有创造力。在长达近 40 亿年的时间跨度中，进化发明了许多创造生物的新方法。如果我们自大地认为进化做不到这一点，真的荒谬至极。找到一种讨论这些关键进化策略的优秀方式才是难点所在。还原论不能算优秀：它是一种坚实可靠且极其有用的方法论，但只是罗列各种生物组件无法揭示真正的生命运作机制。正如理论生物学家杰里米·古纳瓦德纳所说：“在理想的理论框架中，无论从组件个体出发，还是从系统整体出发，都能同等有效地阐明问题，但我们现在显然还没有找到这样一种框架。”我希望这本书能为我们寻找理想框架提供一些思路。

基于传统观点的争论令人疲倦，并且往往会变得无比尖刻。倘若新的理论框架能把它们一扫而空，绝对是一件幸事。先天与后天、基因与环境、个体与群体、适应论与偶然论、目的论与无目的论……或许，我们最后找到的理论框架会证明，如此种种都只是在生物学大厦布满灰尘的角落里发生的，远离真正的核心场所。不过，我怀疑事情不会这么简单，因为生物学从来就没有简单过，总是会有各种例外、复杂情况和棘手的细节。但我确实认为，我们会慢慢看到这种新思维方式的好处，它要求我们承认生命层级组织的自主性，承认各级生命组织同等重要，并且承认生命运作模式的有机独特性。它能让我们了解我们能够治愈什么、能够制造什么，以及能够理解什么。

知识拓展 12-1

这一切对进化意味着什么？

查尔斯·达尔文的进化论通过自然选择，把关注重点放在了生物体上：生物个体为了能在与其他物种、其他个体的竞争中存活、繁衍，不断改造自身，从而涌现“最为美丽的无穷形态”。现代综合论将达尔文主义与遗传学结合在一起，提出了不同看法。正如理论生物学家约翰内斯·耶格尔所说，现代综合论“完全将生物体排除在外”，转而从种群中基因突变（等位基因）频率变化的角度思考进化。这种观点解释了许多生物学现象，但耶格尔认为，它同时“几乎完全没有公正、公平地对待进化背后的各种复杂原因”，包括生物体为什么会变成现在这个样子，以及为什么会有现在的种种行为。

本书就关注了这些原因，因此似乎有必要探讨它们在诠释进化论方面的意义。当然，完整的答案至少还需要一本书的篇幅，而且可以这么说，其中的很多内容尚无结论：就我在本书中讨论的部分观点而言，我们尚不清楚它们在帮助理解进化方面的意义。

不过，我必须明确指出，我在本书中介绍的内容及今后可能阐述的任何理论，都没有明显抵触达尔文主义（或者应该说新达尔文主义，即达尔文理论的现代解释）的核心原理。达尔文本人也意识到他的宏大理论中有许多漏洞，他相信一些我们今天不再相信的东西，比如猜测芽球就是遗传因子，进而相信拉马克式遗传可能存在。进化通常是在许多代生物个体的逐渐变化中发生的，受到自然选择筛选的影响——这一点毫无疑问，我们只是尚未对这个过程的渐进程度、均一程度达成一致。进化变化可能对生物适应性毫无帮助，这一点也没有任何争议，只不过这种非适应性变化的重要程度仍存在争议。有些学者认为，对生物适应性没有影响的中性进化是分子尺度变化的重要来源。

尽管如此，一些研究人员现在认为，需要全面修正新达尔文进化论。生物学家凯文·拉兰德及其同事表示，标准进化论的传统重点是“以基因为中心”：

> 但这并没有涵盖引导进化的所有过程，缺失的部分包括：物理发育如何影响变异的发生（发育偏差），环境如何直接塑造生物体形状（可塑性），生物体如何修正环境（生态位构建），以及生物体如何在代际传递基因以外的东西（核外遗传）。

拉兰德和同事正试图建立一种新的进化发生观，他们称之为“扩展进化综论”（EES）。这个观点承认，在实际过程中约束进化变化的因素比标准新达尔文理论意识到的多得多。其他学者认为，这些想法算不上什么革命性理论，只是对达尔文和阿尔弗雷德·拉塞尔·华莱士开启的这项未竟事业的自然延伸（大多数观点本就存在）。进化生物学家格雷戈里·雷和同事表示：“拉兰德等人强调的进化现象已经很好地融入了进化生物学，并且一直在为这个领域提供有用的见解。实际上，所有这些概念都可以追溯到达尔文本人。”

因此，这场辩论的主题可能只是重点问题：相比那个因素，这个因素的影响有多强。不过，因果关系同样处于这场争论的核心。拉兰德及其同事认为，虽然标准进化论忽视的那些现象确实没有完全从这套理论中消失，但标准进化论只是把这些现象看作进化的结果，而扩展进化综论把它们视为原因。人们甚至可能会问，究竟是进化创造了生物体，还是正因为生物体现在的样子，进化才有可能发生（所以我们必须首先回答这个问题）。

我个人并不觉得现在迫切需要推崇任何“新的进化论”。科学认识本就在不断演变，20 世纪初提出的现代综合论不能成为解释进化过程的终极理论，这并不奇怪。尽管如此，我认为，本书讨论的观点确实能为重新审视进化变化的叙事提供依据，这种叙事通常出现在进化生物学学术圈之外。以下是部分原因。

*

在进化遗传学中，一旦有了基因，我们就经常会把生物体视为理所当然：基因组是制造生物体的程序，只需要将其“读出”即可。然而，一旦我们意识到这样的蓝图根本不存在，基因组和基因仅仅是创造各种备选表型的组件，等式就变了。

正是因为制造生物体（或表型）的工具包具有许多层级，并且充满创造潜力，基因层级上微小到几乎无关紧要的变化才能在某些情况下使表型的形式和功能产生显著的差异。我们可以粗略地用标点符号的微小变化对语句含义的影响来类比。在这类情形中，语句含义的变化并不是因为标点符号的固有内容发生了变化，而是因为标点符号改变了单词和短语之间的关系。这也是思考由基因调控过程的微调所驱动的进化变化的正确方式。

近几年的几个例子或许足以说明这一观点。2022 年，遗传学家西蒙·费希尔及其同事做了一项全基因组关联分析，旨在探寻人类大脑皮质表面积的遗传影响，以及大脑白质中神经元连接程度的遗传影响。这两项指标均通过神经影像学数据推导得出。他们的整体思路是寻找可能导致皮质解剖学结构改变（与现代人类的出现同时发生）的遗传变化，这些变化可能从认知角度促进了这种发展。费希尔的团队最后找到的强关联之一并不在基因中，而是在一个增强子区域内。这个区域调控名为*ZIC4*的基因，我们已经知道这个基因与大脑发育和神经元生长过程有关。这项研究强化了这样一条信息：无论是何种遗传变化助推了现代人类特有的认知流动性，它们都不太可能来自“制造大脑”的基因的某些关键突变。相反，细微调整相关基因网络的调控过程，可能就足以产生思维的这类转变。还可以对比一下我在知识拓展5–1（第197页）讨论的发现，仅仅是某个基因的表达时间发生变化，就可能足以解释现代人类和尼安德特人大脑之间的一些解剖学差异。

Wnt蛋白质家族在发育过程中发挥了众多作用，其中一些最引人注目的作用可以在蝴蝶身上看到。对蛱蝶科（最大的蝴蝶科）蝴蝶来说，翅膀上的斑纹由*WntA*基因控制。这种基因在不同物种之间的差异不大。真正重要的是与之相关的调控元件，这些调控元件通过与转录因子结合实现开关。与*WntA*基因有关的调控元件众多，其中有一部分在不同物种之间高度保守：它们似乎支撑着所谓的蛱蝶基本身体模式，也就是许多不同种类的蝴蝶翅膀图案的基本配色设计。然而，尽管袖蝶属的各种蝴蝶共享数个这样的保守调控元件，但它们还有专属于自己物种的调控元件，而且这些元件似乎正是不同蝴蝶物种翅膀斑纹差异的原因。换句话说，翅膀图案似乎确实是许多相关物种共同拥有的基因调控工具包的可靠产物，但只要稍微减少或增加其中某些调控元件，就能引发相当突然且深刻的表型变化。这个结论似乎不仅适用于翅膀图案这种表面特征（尽管从适应角度说相当重要），很可能还适用于动物形体构型和外在形态的变化。

在这类情况中，倘若把关注点局限在物种之间的基因差异，那就像是盲人摸象，无法很好地了解实际情况，因为发育中真正的构建过程是由一套各个物种共有的工具包完成的，正是这套工具包产生了一系列可能的结果。一些微调就可能打破平衡，但它们本身并不是真正意义上决定结果的因素。另外，它们对生物表型的作用可能也不是独一无二的。我们在前文中见过类似的现象：产生鱼鳍的形态发生模式过程可以很容易地重新定向，最后产生手臂。就蝴蝶翅膀图案这个案例而言，这种转变可能是突然发生的，没有中间形态，这与传统达尔文进化论的渐进观点不同。传统达尔文进化论认为，进化是通过突变和选择缓慢积累微小的效应而产生的。生物表型之所以能快速变化，恰恰是因为它们对基因本身的要求很低。

*

于是，呈现在我们面前的理论是：至少对多细胞动物来说，与其说基因的进化变化定义了生物表型，不如说是完善了生物表型。组织形态和身体形状受更高层级的相关原理控制，比如细胞之间的相互作用或形态发生素扩散的影响。这些原理有助于创造特定的发育清单：一种形态发生学景观。自然选择的作用不是构建这些形状和模式，而是从中做选择，淘汰那些“不起作用”或不够好的。

斯图尔特·纽曼认为，这些形态发生学原理的一个例子就是，多细胞动物之所以能从先于它们诞生的单细胞动物中起源，至少有部分原因是介导细胞间黏附作用的钙黏蛋白（这种蛋白质叫这个名字，是因为生产它的前提是有钙离子存在）的进化。单细胞种群相当牢固地黏附在一起之后，就成了纽曼所说的“液体组织”：一种黏稠的胶状物，形态和形式由表面张力和弹性等普遍存在的物理力决定。这种物质不仅可以变成没有形状的团块形式，而且可以拉伸、弯曲成早期胚胎的标志性外形，如薄片、空心球体、管状和褶皱等（它们也是海绵等最原始的多细胞动物的结构元素）。纽曼说：“液体组织的出现似乎是动物起源的一个基础步骤。”和许多进化创新一样，钙黏蛋白的诞生不必刻意发明，只需重新利用。这些蛋白质及名为“钙黏组”的细胞黏附装置的其他分子成分出现在最早的单细胞真核生物中（如一种变形虫），源自具有其他功能的“原始钙黏蛋白”。要实现形态上的重大转变，进化只需要稍作修改。

*

跳出以基因为中心的模型，视角更广阔的生命观呼吁深化和丰富进化论，这样一来，进化论便回归为某种更接近达尔文已经有所认识的东西。出于某些目的将进化还原为种群中等位基因频率的变化可能有助益，但终究不能让我们知晓进化的真正因果结构，即进化究竟是怎么发生的？一方面，达尔文进化论必不可少的一大要素是复制，但正如我们在前文中看到的，基因不能在物理层面上复制，它们就没有复制的能力。基因只有在作为组件嵌入更大的系统后才会被复制，而且只有具备那种我们在生物体中见过的具有层级组织的系统，才有较大可能拥有这种复制手段。

更重要的是，“只要能让承载信息的实体实现复制和突变，适应性进化就必然发生”的假设实在太过天真，这种情况似乎只有在特定类型的信息、发育和形态发生学景观中才有可能成立。因此，我们需要探究是什么因素塑造了我们在自然界看到的种种情形。例如，理论化学家曼弗雷德·艾根和彼得·舒斯特在20世纪70年代指出：除非与基因组相伴而生的还有一种检查和纠正错误的方法，否则基因组就会迅速积累复制错误，完全无法保持稳定。不过，正是因为存在某种程度的错误，进化才成为可能：突变释放了自然选择可以作用于其上的可变性。换句话说，进化需要的不只是可遗传的突变，更是数量恰当的突变，这样才能避免过于稳定或过于不稳定——这两种情况都会阻碍进化。另外，你显然也不可能仅通过进化就得到拥有进化能力的实体。

或许，正是这种可进化性支撑着人类这样的大型生物的生命运作原理。正如我们在前文中看到的，可进化性可能是一般真核生物（尤其是多细胞动物）分子相互作用松散且杂乱现象的核心。我在序言中提出，稳健性是生物系统的一个关键特征，但这带来了一个问题："稳健究竟是相对什么来说的？"生命运作需要在随机性和不可预测性面前具有稳健性，尤其是在分子尺度上，而大型动物尤其明显地需要对其一生中必然出现的紧急情况和压力具有稳健性。不过，物种要做到世代延续，还需要对其所在环境的变化具有稳健性，包括干旱和饥荒、气候变化、新掠食者的出现，等等。进化能力对这样的稳健性至关重要。

这需要的不仅仅是标准新达尔文主义要素，即随机基因突变和对突变产生的各种表型的自然选择。诚然，大多数突变要么有害，要么对表型不产生任何影响。但是，如果要进化，就必须在各组织层上将基因突变同表型隔离开来——如果放任不管，组织总是会把它们整合成一个整体。想想达尔文的著名发现加拉帕戈斯雀，它们的喙似乎非常适合它们在不同进化生态位中必须履行的特定功能。乍一看，要进化出喙的形状并保持其功能并非易事，比如要怎么避免下喙相对上喙来说过大？怎么让小幅度渐变的喙与独立变化的头部和肌肉的尺寸保持比例协调？然而，发育机制消除了这种潜在的不一致现象：一种信号分子（就鸟类的喙而言，是一种BMP蛋白）会影响整个喙的大小。细胞生物学家马克·基施纳表示，多亏了发育过程的实际运作方式，"你已经有了整合信息以实现某种一致性变化的机制，于是进化出新事物没那么困难了"。基施纳指出，处于较高层级的组织结构提供的缓冲作用降低了基因变化可能产生的杀伤力。与此同时，这些较高层级还提供了一些方法，让调控通路中的微小基因变化（弗朗索瓦·雅各布所说的“修补”）诱发表型的显著变化，而不只是形态上的相应微小改变，也就是说，它们储存了潜在的形态变异。

基施纳和他的同事约翰·格哈特提出，这类变异涉及基因组内“核心系统”的调整，正是这个核心系统为所有高等动物的解剖学发育提供了基本成分。该系统提供的工具包并不会指定特定的身体形状，而是让细胞能够发育成协调统一的组织系统。最关键的是，这些核心过程的稳健性很大程度上源自其调控连接的薄弱。因为分子在网络中发生相互作用时的专一性不强，所以基因组内的核心系统可以适应新的调控模式，从而产生可靠且一致的发育结果，整个过程对分子交流的细节并不敏感。举例来说，四肢总是由血管化组织构成，总是由骨骼强化，末端也总是会长出指头。四肢可以是手臂、鱼鳍、翅膀，但绝不会是一堆杂乱无章的肉、血、骨混合物。

格哈特和基施纳表示，这种产生解剖学结构的核心系统在多细胞动物中高度保守：不同物种之间的差异不大，纯粹只是因为如果差异太大，结果会是灾难性的。他们写道：“实际上，这些DNA区域根本不在基因突变的目标清单上，基因不会选择在这里突变以产生供选择的可存活表型变异。这些区域无法被‘修补’。”如果一定要修补，那也只能发生在这些区域的边缘。

因此，可进化性不仅要求基因序列的复制（及突变），还要求存在具备一致性的实体——这在很大程度上适用于所有生物，甚至细菌。生物哲学家詹姆斯·格里塞默称其为“繁殖者”。我们可以把这类实体看作所有生物的基本可进化单位，粗略地将其等同于细胞。它们具有层级组织结构，能够承受并适应意外情况。约翰内斯·耶格尔说，繁殖者视角提供了“一种从自然选择角度描述进化过程的组织理论，它将生物体及其为了生存的努力重新置于理论核心，就像最早的达尔文理论那样”。

你可能会想，难道还可以不这样？一个旨在理解我们发现的自然现象的理论，怎么可能会忽略生物体？然而，事实就是如此。一些进化生物学家现在提到“生物体悖论”，就充分说明他们把生物体变成了谜题。理查德·道金斯说，这个悖论的关键在于，生物体“没有被相互冲突的复制因子撕裂，而是保持完整，以一个有目的的实体形式发挥作用”。当然，肯定有一些既有趣又重要的问题值得探讨，比如多细胞生物的细胞如何合作？它们的达尔文式竞争倾向如何抑制？然而，只有当我们从错误的角度观察生命时，生物体才会成为真正的悖论。另外，在错误观察的过程中，我们还会错误地定位那些（完全杜撰出来的）“复制因子”的能动性。事实上，我们完全有理由认为，如果你的理论让它本应解释的东西产生了“悖论”，那么你的第一反应应该是自问：“我是不是哪里做错了？”

*

于是，我们又回到了能动性。约翰内斯·耶格尔说：“任何正确的进化单位、任何可以进化的系统，都必须包含某种能动性。”确实如此，而且回想起来，这一点自始至终都显而易见。以基因为中心的达尔文进化观使得生物体显得异常被动。诚然，当生物体像我们说的那样在这个世界上横行霸道、肆意妄为时，它们看上去一点儿也不被动。然而，按照以基因为中心观点，在通常情况下，生物体要么拥有“正确基因”得以存活，要么没有“正确基因”而被淘汰——生存竞争是一场严酷考验。不过，部分支持扩展进化综论的人指出，真实情况恰恰相反，生物体具有主动塑造其所在环境和生命轨迹的能动性和能力，这让生物体与环境之间产生了双向因果关系。没错，至少有一些此类考量因素长期在传统进化论中发挥作用，但我们在真正理解生物体能动性的本质及其起源之前，肯定无法公正地看待这些因素。

无论如何，像以基因为中心的现代综合论那样忽视生物学中的能动性，就是忽视让生物体有别于仅具有整体复制能力的分子团块的核心因素。生物哲学家丹尼斯·沃尔什尖锐地指出：

> 从广义上说，生物体发育可以通过多种方式对构成遗传的相似性和差异性模式做出贡献。用现代综合论解释遗传现象的最明显缺陷，恰恰在于它没有考虑到这些方式。生物体作为有目标、具备适应性的能动性主体，会主动参与这种模式的维持。正是因为忽视了它们，我们最后得到的是失去活力的扭曲遗传概念……将生物体的能动性纳入进化思维，就会形成一个与达尔文主义完全一致的进化概念，但也会给现代综合论对进化的解释造成相当大的压力。

这种同化现象可能引发的问题之一在某些方面近乎异端邪说。如果能动性确实在进化过程中发挥作用，它是否会让这个过程产生方向性——让其感知某种目的或目标？作为自然选择的对象，生物体的能动性是否至少能让进化产生能动性的表象？这个问题不需要任何神秘之处，它不是为智能设计论而开的后门。在某种意义上，进化终究还是具有某些类似目标的东西，这一点没有争议。我们可以从有充分证据支撑的趋同进化现象中看到这一点。在趋同进化中，不同的进化谱系独立地找到了通往眼睛、大脑、翅膀等相同解决方案的路径。人们普遍认为，之所以会出现趋同进化，是因为某些特性或结构是解决常见问题的优秀“工程”方案，比如如何充分利用光传递的信息、如何飞行，等等。我们可以视其为一个颇为有用的吸引子的例子：进化被导入由环境及物理定律创造的吸引子状态。同样的道理，我们可以想象，生物体的能动性是否可以创造出由进化的内在性质塑造的进化吸引子呢？

进化论已经成了一个在科学界内外都充满严重分歧的战场。然而，我们不应害怕提出令人尴尬甚至“离经叛道”的问题。正如耶格尔所说："我们需要的是更加多样化、更加有效的观点，而不是某种被误导的综合理论。后者是进化生物学早期（现在已经彻底过时）实证主义观点的遗存。"生命给我们上了一课：多样性是繁荣昌盛的秘诀。

致　谢

2019年初夏，我来到哈佛医学院，满脑子都是若隐若现的忧虑。倒不是因为我即将成为系统生物学系教职团队的一员——这压根儿没什么好担心的，进哈佛医学院是一生难得的机会。我的忧虑是在此前30年中逐渐累积的，并且与我们讲述的生物学故事有关，即那些关于生命运作方式的问题。生物学家根据混乱且变幻莫测的生命物质，努力地洞察生命的本质及生命自我维系的方式，他们总是能令我感到惊讶与钦佩。与生物学家面对的挑战相比，研究量子物质的复杂性或探索宇宙深处的现象似乎还算相对简单。然而，在我看来，与此类研究需要的独创性和精湛技艺形成鲜明对比的是，公众领域涉及基因、细胞、进化和我们自身的描述越来越简单直白，甚至可能有简化到脱离生物学实际的危险。

2013年，我在《自然》期刊上撰文阐述了这些问题，尤其强调了有关遗传学的问题。一位科学哲学家回应："虽然过于简单地科普遗传学知识确实可能有炒作生物学研究重要性的嫌疑，并且可能会让公众产生基因决定一切的印象……但问题的答案（并不）是让公众知道生物学有多么复杂。"与此同时，一位科学传播领域的学术专家对我的文章提出了质疑，他问道："这里真的有什么需要我们重视的问题吗？把故事讲得简单确实可能有风险，但鲍尔完全没有说明向大众科普生物学知识时直面复杂性到底有哪些好处。"

我必须承认，这确实令人困惑。没错，这些人表达的是，过于简单地讲述遗传学故事确实可能有产生误导的危险，但这并不意味着我们一定要讲述更接近真相，同时也更加复杂的故事。坦率地说，我认为，公众完全应该听到更好的故事。

就这样，我怀揣着对围绕生物学的公众讨论的忧虑来到了哈佛医学院，同时肩负着一个令人羡慕的目标：在之后的几个月里，与系统生物学系的成员交流有关生命运作方式的诸多繁杂细节。这些人都是真正的专家，或许他们的观点能让我安心？恰恰相反，几乎所有和我交谈过的专家都告诉我，现实情况甚至比我担心的还要糟糕。之前只是因为无知，我才没有变得更加忧心忡忡！当然，这并不是说生物学家总是在误导公众，更不是说“你认为你了解的有关生物学的一切都是错的”。相反，现在有许多书籍可供我们选择，它们出色、通俗、准确地描述了生命科学和医学的某些方面，其中一部分就列在参考文献里。我认为，更难找到的是有关这一切究竟如何运作的解释：基因做什么、不做什么，细胞为什么会做它们现在在做的事，是什么让生命成了一种特殊且不同寻常的物质状态。

也许这并不奇怪，因为一旦你深入探究诸如转录因子、信号通路及细胞分化等细节，就会发现很难从中找出任何模式或一致之处。所有问题的答案似乎都不简单，实验结果相互冲突，研究人员争论不休。尽管如此，我在结束哈佛医学院之旅后，还是确信了两点：第一，一定要试着找到某种全新的生物学叙事方式；第二，这样的叙事方式确实存在。甚至，提及“叙事”这个词就意味着发出警告，表明我们意识到这类描述与“真相”存在差异。我在哈佛医学院同许多专家有过相当具有启发性和深入思考的讨论，杰里米·古纳瓦德纳就是其中之一。他提醒说：“有些科学家，也许是很多科学家会声称他们‘如实’介绍了真相，但更准确地说，他们只是提供了更好的比喻。”杰里米是对的，我在这本书中所做的很大一部分努力就是提供更好的比喻——相比如今常用的那些虽然简洁但有误导性的比喻来说更好。当然，我的这些比喻也绝对没有给相关问题盖棺论定。

我花了一些时间才意识到，正是我在哈佛医学院的那段经历让我担起了撰写这本书的责任。毫无疑问，我有过一段抗拒的时期，因为撰写这样一本书实在太艰难了——可以肯定的是，这大概是迄今为止我写过的最难写的书。其中一个重大挑战在于，对于生物学，实在很难找到任何形式的普遍描述。任何论断都可能招致来自某个方向的反对乃至愤怒。或许，唯一一个没有任何争议的论断就是：生物学仍然有太多内容是我们未知的。这也是我在下笔时面临的另一个艰巨的挑战。

尽管如此，这部作品现在就放在你面前。我希望它至少能让你相信，深入探究生命的运作方式终究是有益的。在撰写本书的过程中，我获得了许多人的慷慨帮助，他们为我提供了灵感、建议和支持，让我无比感激。他们是拉丽莎·阿尔班塔基斯、李·阿尔滕贝格、巴兹·鲍姆、布拉德利·伯恩斯坦、尤安·伯尼、道格拉斯·布莱基斯顿、乔舒亚·邦加德、马修·科布、斯蒂芬·柯里、丹尼尔·戴维斯、安杰拉·德佩斯、斯特凡诺·迪塔利亚、阿尔内·埃洛夫松、迈克尔·埃洛维茨、瓦尔特·丰塔纳、詹姆斯·格莱齐尔、杰里米·格林、埃娃·格日博夫斯卡、杰里米·古纳瓦德纳、约翰·希金斯、埃里克·赫尔、罗伯特·英索尔、罗杰·卡姆、马克·基施纳、阿隆·克莱因、海迪·克鲁姆佩、内文·克罗根、黛比·马克斯、尼克·莱恩、迈克尔·莱文、詹姆斯·林顿、克雷格·洛、阿方索·马丁内斯·阿里亚斯、肖恩·梅加森、凯文·米切尔、斯图尔特·纽曼、丹尼尔·尼科尔森、丹尼斯·诺布尔、罗希特·帕普、约翰·保尔松、戴维·兰德、安德鲁·雷诺兹、玛尔塔·沙赫巴齐、詹姆斯·夏普、杰伊·什杜尔、戴维·沃尔珀特、玛格达莱娜·泽尼卡-戈茨和朱梦（音译）。他们的观点都很有价值，但我无法调和一切，希望我已经在这本书中合理地平衡了它们。

不过，我最要感谢的是哈佛医学院的贝基·沃德和加利茨·拉哈夫。没有他们，就没有我（和家人）的这次哈佛之行，同时还要感谢他们在我访问期间慷慨、热情地款待了我。

我还要感谢我的编辑，芝加哥的卡伦·梅里坎加斯·达林和皮克多出版社的拉维·米尔查达尼，感谢他们的支持和指导。一如既往，还要感谢我的经纪人克莱尔·亚历山大，她的建议总是那么睿智、亲切且鼓舞人心。我因为专注于本书的创作而减少了陪伴家人的时间，希望他们在波士顿过得充实且快乐，这样我也算是多少做了些补偿。从各个角度来说，这部作品的出版都有他们的一份功劳。

菲利普·鲍尔

2022 年 11 月于伦敦

参考文献

Ågren, J. A. 2021. *The Gene's-Eye View of Evolution*. Oxford: Oxford University Press.

Alagöz, G., B. Molz, E. Eising, D. Schijven, C. Francks, J. L. Stein, and S. E. Fisher. 2022. "Using neuroimaging genomics to investigate the evolution of human brain structure." *Proceedings of the National Academy of Sciences of the USA* 119:e2200638119.

Alberti, S. 2017. "The wisdom of crowds: Regulating cell function through condensed states of living matter." *Journal of Cell Science* 130:2789–96.

Alberts, B. 1998. "The cell as a collection of protein machines." *Cell* 92: 291–94.

Allen, M. 2015. "Compelled by the diagram: Thinking through C. H. Waddington's epigenetic landscape." *Contemporaneity* 4:120–42.

Amadei, G., C. E. Handford, C. Qiu, J. De Jonghe, H. Greenfield, M. Tran, B. K. Martin, et al. 2022. "Synthetic embryos complete gastrulation to neurulation and organogenesis." *Nature* 610:143–53.

Andrecut, M., J. D. Halley, D. A. Winkler, and S. Huang. 2011. "A general model for binary cell fate decision gene circuits with degeneracy: Indeterminacy and switch behavior in the absence of cooperativity." *PLoS ONE* 6:e19358.

Antebi, Y. E., J. M. Linton, H. Klumpe, B. Bintu, M. Gong, C. Su, et al. 2017. "Combinatorial signal perception in the BMP pathway." *Cell* 170:1184–96.

Apolonia, L., R. Schulz, T. Curk, P. Rocha, C. M. Swanson, T. Schaller,

J. Ule, and M. H. Malim. 2015. "Promiscuous RNA binding ensures effective encapsidation of APOBEC3 proteins by HIV-1." *PLoS Pathogens* 11:e1004609.

Arendt, D. 2020. "Elementary nervous systems." *Philosophical Transactions of the Royal Society B* 376:202020347.

Aristizabal, M. J., I. Anreiter, T. Halldorsdottir, C. L. Odgers, T. W. McDade, A. Goldenberg, S. Mostafavi, et al. 2020. "Biological embedding of experience: A primer on epigenetics." *Proceedings of the National Academy of Sciences of the USA* 117:23261–69.

Arney, K. 2020. *Rebel Cell: Cancer, Evolution, and the New Science of Life's Oldest Betrayal*. Dallas: BeBella.

Badugu, A., C. Kraemer, P. Germann, D. Menshykau, and D. Iber. 2012. "Digit patterning during limb development as a result of the BMP-receptor interaction." *Scientific Reports* 2:991.

Bailles, A., E. W. Gehrels, and T. Lecuit. 2022. "Mechanochemical principles of spatial and temporal patterns in cells and tissues." *Annual Review of Cell and Developmental Biology* 38:321–47.

Balázsi, G., A. van Oudenaarden, and J. J. Collins. 2011. "Cellular decision-making and biological noise: From microbes to mammals." *Cell* 144:910–25.

Balcerak, A., A. Trebinska-Stryjewska, R. Konopinski, M. Wakula, and E. A. Grzybowska. 2019. "RNA-protein interactions: Disorder, moonlighting and junk contribute to eukaryotic complexity." *Open Biology* 9:190096.

Ball, P. 2023. "What distinguishes the elephant from *E. coli*: Causal spreading and the biological principles of metazoan complexity." *Journal of Biosciences* 48:14.

——. 2022. "DeepMind has predicted the shape of every protein known to science. How excited should we be?" *Prospect*, August 8. https://www.prospectmagazine.co.uk/science-and-technology/deepmind-has-predicted-the-shape-of-every-protein-known-to-science-how-excited-should-we-be.

——. 2021. "Biologists rethink the logic behind cells' molecular signals." *Quanta*, September 16. https://www.quantamagazine.org/biologists-rethink-the-logic-behind-cells-molecular-signals-20210916/.

———. 2020a. "Life with purpose." *Aeon*, November 13. https://aeon.co/essays/the-biological-research-putting-purpose-back-into-life.

———. 2020b. "How does a cell know what kind of cell it should be?" *Chemistry World*, December 8. https://www.chemistryworld.com/features/how-does-a-cell-know-what-kind-of-cell-it-should-be/4012667.article.

———. 2019. *How to Grow a Human*. London: William Collins.

———. 2011. *Unnatural: The Heretical Idea of Making People*. London: Bodley Head.

———. 2009. *Nature's Patterns: Shapes*. Oxford: Oxford University Press.

———. 2004. "Starting from scratch." *Nature* 431:624–26.

Ballouz, S., M. T. Pena, F. M. Knight, L. B. Adams, and J. A. Gillis. 2019. "The transcriptional legacy of developmental stochasticity." Preprint, bioRxiv. https://doi.org/10.1101/2019.12.11.873265.

Baltimore, D. 1984. "The brain of a cell." *Science* 84 (November): 149–51.

Banani, S. F., H. O. Lee, A. A. Hyman, and M. K. Rosen. 2017. "Biomolecular condensates: Organizers of cellular biochemistry." *Nature Reviews Molecular Cell Biology* 18:285–98.

Banavar, S. P., E. K. Carn, P. Rowghanian, G. Stooke-Vaughan, S. Kim, and O. Campàs. 2021. "Mechanical control of tissue shape and morphogenetic flows during vertebrate body axis elongation." *Scientific Reports* 11:8591.

Barandiaran, X. E., E. Di Paolo, and M. Rohde. 2009. "Defining agency: individuality, normativity, asymmetry, and spatio-temporality in action." *Adaptive Behavior* 17:367–86.

Bartas, M., V. Brázda, J. Cerven, and P. Pecinka. 2020. "Characterization of p53 family homologs in evolutionarily remote branches of holozoan." *International Journal of Molecular Sciences* 21:6.

Barton, N. H. 2022. "The 'new synthesis.'" *Proceedings of the National Academy of Sciences of the USA* 119:e2122147119.

Batut, P. J., X. Y. Bing, Z. Sisco, J. Raimundo, M. Levo, and M. S. Levine. 2022. "Genome organization controls transcriptional dynamics during development." *Science* 375:566–70.

Bellazzi, F. 2022. "The emergence of the postgenomic gene." *European Journal for Philosophy of Science* 12:17.

Benito-Kwiecinski, S., S. L. Giandomenico, M. Sutcliffe, E. S. Riis, P. Freire-Pritchett, I. Kelava, et al. 2021. "An early cell shape transition drives evolutionary expansion of the human forebrain." *Cell* 184:P2084–2102.

Berk, A. J. 2016. "Discovery of RNA splicing and genes in pieces." *Proceedings of the National Academy of Sciences of the USA* 113:801–5.

———. 2005. "Recent lessons in gene expression, cell cycle control, and cell biology from adenovirus." *Oncogene* 24:7673–85.

Bhowmick, A., D. H. Brookes, S. R. Yost, H. J. Dyson, J. D. Forman-Kay, D. Gunter, M. Head-Gordon, et al. 2016. "Finding our way in the dark proteome." *Journal of the American Chemical Society* 138:9730–42.

Bickmore, W. A., and B. van Steensel. 2013. "Genome architecture: Domain organization of interphase chromosomes." *Cell* 152:1270–84.

Bischof, J., J. V. LaPalme, K. A. Miller, J. Morokuma, K. B. Williams, C. Fields, and M. Levin. 2021. "Formation and spontaneous long-term repatterning of headless planarian flatworms." Preprint. https://doi.org/10.1101/2021.01.15.426822.

Bizzarri, M., D. E. Brash, J. Briscoe, V. A. Grieneisen, C. D. Stern, and M. Levin. 2019. "A call for a better understanding of causation in cell biology." *Nature Reviews Molecular Cell Biology* 20:261–62.

Blackiston, D., E. Lederer, S. Kriegman, S. Garnier, J. Bongard, and M. Levin. 2021. "A cellular platform for the development of synthetic living machines." *Science Robotics* 6:abf1571.

Blackiston, D., S. Kriegman, J. Bongard, and M. Levin. 2022. "Biological robots: Perspectives on an emerging interdisciplinary field." Preprint. http://www.arxiv.org/abs/2207.00880.

Blin, G., D. Wisniewski, C. Picart, M. Thery, M. Puceat, and S. Lowell. 2018. "Geometrical confinement controls the asymmetric patterning of Brachyury in cultures of pluripotent cells." *Development* 145: dev166025.

Bondos, S. E., A. K. Dunker, and V. Uversky. 2021. "On the roles of intrinsically disordered proteins and regions in cell communication and signaling." *Cell Communication and Signaling* 19:88.

Bongard, J., and M. Levin. 2021. "Living things are not (20th century) machines: Updating mechanism metaphors in light of the modern science of machine behavior." *Frontiers in Ecology and Evolution* 9:650726.

Boudry, M., and M. Pigliucci. 2013. "The mismeasure of machine: Synthetic biology and the trouble with engineering metaphors." *Studies in History and Philosophy of Biological and Biomedical Sciences* 44: 660–68.

Boyle, E. A., Y. I. Li, and J. K. Pritchard. 2017. "An expanded view of complex traits: From polygenic to omnigenic." *Cell* 169:1177–86.

Brangwynne, C. P., C. R. Eckmann, D. S. Courson, A. Rybarska, C. Hoege, J. Gharakhani, F. Jülicher, and A. A. Hyman. 2009. "Germline P granules are liquid droplets that localize by controlled dissolution/condensation." *Science* 324:1729–32.

Brangwynne, C. P., T. J. Mitchison, and A. A. Hyman. 2011. "Active liquid-like behavior of nucleoli determines their size and shape in *Xenopus laevis* oocytes." *Procceedings of the Natioinal Academy of Sciences of the USA* 108:4334–39.

Bray, D. 2009. *Wetware: A Computer in Every Living Cell.* New Haven: Yale University Press.

———. 1995. "Protein molecules as computational elements in living cells." *Nature* 376:307–12.

Briggs, J. A., C. Weinreb, D. E. Wagner, S. Megason, L. Peshkin, M. W. Kirschner, and A. M. Klein. 2018. "The dynamics of gene expression in vertebrate embryogenesis at single-cell resolution." *Science* 360:eaar5780.

Briscoe, J., and S. Small. 2015. "Morphogen rules:Design principles of gradient-mediated embryo patterning." *Development* 142:3996–4009.

Brophy, J. A. N., K. J. Magallon, L. Duan, V. Zhong, P. Ramachandran, K. Kniazev, and J. R. Dinneny. 2022. "Synthetic genetic circuits as a means of reprogramming plant roots." *Science* 377:747–51.

Brouillete, M. 2022. "Embryo cells set patterns for growth by pushing and pulling." *Quanta*, July 12. https://www.quantamagazine.org/embryo-cells-set-patterns-for-growth-by-pushing-and-pulling-20220712.

Bruce, A. E. E., and R. Winklbauer. 2020. "Brachyury in the gastrula of basal vertebrates." *Mechanisms of Development* 163:103625.

Brun-Usan, M., C. Thies, and R. A. Watson. 2020. "How to fit in: The learning principles of cell differentiation." *PLoS Computational Biology* 16:e1006811.

Brunet, T. D. P., and W. F. Doolittle. 2014. "Getting 'function' right." *Proceedings of the National Academy of Sciences of the USA* 111:E3365.

Buehler, J. 2021. "The complex truth about 'junk DNA.'" *Quanta*, September 1. https://www.quantamagazine.org/the-complex-truth-about-junk-dna-20210901.

Carey, N. 2011. *The Epigenetics Revolution: How Modern Biology is Rewriting Our Understanding of Genetics, Disease and Inheritance*. London: Icon.

Carroll, S. B. 2005. *Endless Forms Most Beautiful: The New Science of Evo Devo*. New York: W. W. Norton.

Castle, A. R., and A. C. Gill. 2017. "Physiological functions of the cellular prion protein." *Frontiers in Molecular Biosciences* 4:19.

Cavalli, G., and E. Heard. 2019. "Advances in epigenetics link genetics to the environment and disease." *Nature* 571:489–99.

Chakrabortee, S., J. S. Byers, S. Jones, D. M. Garcia, B. Bhullar, A. Chang, et al. 2016. "Intrinsically disordered proteins drive emergence and inheritance of biological traits." *Cell* 167:369–82.

Chan, C. J., C.-P. Heisenberg, and T. Hiragi. 2017. "Coordination of morphogenesis and cell-fate specification in development." *Current Biology* 27:R1024–35.

Cheetham, S. W., G. J. Faulkner, and M. E. Dinger. 2020. "Overcoming challenges and dogmas to understand the functions of pseudogenes." *Nature Reviews Genetics* 21:191–201.

Chen, L., D. Wang, Z. Wu, L. Ma, and G. Q. Daley. 2010. "Molecular basis of the first cell fate determination in mouse embryogenesis." *Cell Research* 20:982–93.

Chen, Q., J. Shi, Y. Tao, and M. Zernicka-Goetz. 2018. "Tracing the origin of heterogeneity and symmetry breaking in the early mammalian embryo." *Nature Communications* 9:1819.

Chen, Y., and Y. Shao. 2022. "Stem cell-based embryo models: *En route* to a programmable future." *Journal of Molecular Biology* 434:167353.

Chen, Z., S. Li, S. Subramaniam, J. Y.-J. Shyy, and S. Chien. 2017. "Epigenetic regulation: A new frontier for biomedical engineers." *Annual Reviews of Biomedical Engineering* 19:195–219.

Cheng, R. R., V. G. Contessoto, E. Lieberman Aiden, P. G. Wolynes, M. Di Pierro, and J. N. Onuchic. 2020."Exploring chromosomal structural heterogeneity across multiple cell lines." *eLife* 9:e60312.

Cho, N. H., K. C. Cheveralls, A.-D. Brunner, K. Kim, A. C. Michaelis, P. Raghavan, et al. 2022. "OpenCell: Endogenous tagging for the cartography of human cellular organization." *Science* 375:1143.

Chou, K.-T., D.-y. D. Lee, J.-g. Chiou, L. Galera-Laporta, S. Ly, J. Garcia-Ojalvo, and G. M. Süel. 2022. "A segmentation clock patterns cellular differentiation in a bacterial biofilm." *Cell* 185:145–57.

Christ, W., S. Kapell, G. Mermelekas, B. Evertsson, H. Sork, S. Bazaz, et al. 2022. "SARS-CoV-2 and HSV-1 induce amyloid aggregation in human CSF." Preprint. https://doi.org/10.1101/2022.09.15.508120.

Clawson, W. P., and M. Levin. 2022. "Endless forms most beautiful 2.0: Teleonomy and the bioengineering of chimaeric and synthetic organisms." *Biological Journal of the Linnaean Society* 2022:blac073. https://doi.org/10.1093/biolinnean/blac073.

Cobb, M. 2022. *The Genetic Age: Our Perilous Quest to Edit Life*. London: Profile.

———. 2015. *Life's Greatest Secret: The Race to Crack the Genetic Code*. London: Profile.

Cohen, M., B. Baum, and M. Miodownik. 2011. "The importance of structured noise in the generation of self-organizing tissue patterns through contact-mediated cell-cell signalling." *Journal of the Royal Society: Interface* 8:787–98.

Collinet, C., and T. Lecuit. 2021. "Programmed and self-organized flow of information during morphogenesis." *Nature Reviews Molecular Cell Biology* 22:245–65.

Comolatti, R., and E. Hoel. 2022. "Causal emergence is widespread across measures of causation." Preprint. http://www.arxiv.org/abs/2202.01854.

Cook, N. C., G. B. Carvalho, and A. Damasio. 2014. "From membrane excitability to metazoan psychology." *Trends in Neurosciences* 37:698–705.

Copeland, B. J., ed. 2004. *The Essential Turing*. Oxford:Oxford University Press.

Corson, F., and E. D. Siggia. 2017. "Gene-free methodology for cell fate dynamics during development." *eLife* 6:e30743.

——. 2012. "Geometry, epistasis, and developmental patterning." *Proceedings of the National Academy of Sciences of the USA* 109:5568–75.

Cortese, M. S., V. N. Uversky, and A. K. Dunker. 2008. "Intrinsic disorder in scaffold proteins: Getting more from less." *Perspectives in Biophysics and Molecular Biology* 98:85–106.

Coveney, P., and R. Highfield. 2023. *Virtual You: How Building Your Digital Twin Will Revolutionize Medicine and Change Your Life*. Princeton: Princeton University Press.

Crawford, A. 2020. "Metaphor and meaning in the teleological language of biology." *Communications of the Blyth Institute* 2 (2): 55.

Crick, F. H. C. 1970. "Central dogma of molecular biology." *Nature* 227:561–63.

——. 1958. "On protein synthesis." *Symposia of the Society for Experimental Biology* 12:138–63.

Dance, A. 2022. "Revealing chromosome shape, one dot at a time." *Nature* 602:713–15.

Das, R. K., K. M. Ruff, and R. V. Pappu. 2015. "Relating sequence encoded information to form and function of intrinsically disordered proteins." *Current Opinion in Structural Biology* 32:102–12.

Dasgupta, A., and J. D. Amack, 2016. "Cilia in vertebrate left-right patterning." *Philosophical Transactions of the Royal Society B* 371:20150410.

Davies, J. A. 2014. *Life Unfolding*. Oxford: Oxford University Press.

——. 2008. "Synthetic morphology: prospects for engineered, self-constructing anatomies." *Journal of Anatomy* 212:707–19.

Davies, J. A., and F. Glykofrydis. 2020. "Engineering pattern formation and morphogenesis." *Biochemical Society Transactions* 48:1177–85.

Davies, J. A., and M. Levin. 2023. "Synthetic morphology with agential materials." *Nature Reviews Bioengineering* 1:46–59.

Davies, P. 2019. *The Demon in the Machine*. London: Allen Lane, 2019.

Davis, D. M. 2022. *The Secret Body*. Princeton: Princeton University Press.

Dawkins, R. 1990. "Parasites, desiderata lists and the paradox of the organism." *Parasitology* 100:S63–73.

——. 1982. *The Extended Phenotype*. Oxford: Oxford University Press.

——. 1976. *The Selfish Gene*. Oxford: Oxford University Press.

De Gomensoro Malheiros, M., H. Fensterseifer, and M. Walter. 2020. "The leopard never changes its spots: Realistic pigmentation pattern formation by coupling tissue growth with reaction-diffusion." *ACM Transactions on Graphics* 39 (4): 63.

de Laat, W., and F. Grosveld. 2003. "Spatial organization of gene expression: The active chromatin hub." *Chromosome Research* 11:447–59.

Dennett, D. 2009. "Intentional systems theory." In *The Oxford Handbook of Philosophy of Mind*, edited by B. McLaughlin, A. Beckermann, and S. Walter, 339–50. Oxford: Oxford University Press.

Desai, R. V., X. Chen, B. Martin, S. Chaturvedi, D. W. Hwang, W. Li, et al. 2021. "A DNA-repair pathway can affect transcriptional noise to promote cell fate decisions." *Science* 373:abc6506.

Dias, B. G., and K. J. Ressler. 2014. "Parent olfactory experience influences behavior and neural structure in subsequent generations." *Nature Neuroscience* 17:89–96.

Diderot, Denis. 2014 [1796]."D'Alembert's Dream." Translated by Ian Johnston. http://johnstoniatexts.x10host.com/diderot/dalembertsdream.html.

Dill, K. A., and J. L. MacCallum. 2012. "The protein folding problem, 50 years on." *Science* 338:1042–46.

Dituri, F., C. Cossu, S. Mancarella, and G. Giannelli. 2019. "The interactivity between TGFβ and BMP signaling in organogenesis, fibrosis, and cancer." *Cells* 8:1130.

Djenoune, L., M. Mahamdeh, T. V. Truong, C. T. Nguyen, S. E. Fraser, M. Brueckner, J. Howard, and S. Yuan. 2023. "Cilia function as calcium-mediated mechanosensors that instruct left-right asymmetry." *Science* 379:71–78.

Doolittle, W. F. 2013. "Is junk DNA bunk? A critique of ENCODE." *Proceedings of the National Academy of Sciences of the USA* 110:5294–300.

Doursat, R. 2008. "Organically grown architectures: Creating decentralized, autonomous systems by embryomorphic engineering." In *Organic Computing*, edited by R. P. Würtz, 167–99. Berlin: Springer.

Doursat, R., and C. Sánchez. 2014. "Growing fine-grained multicellular robots." *Soft Robotics* 1:110–21.

Doursat, R., H. Sayama, and O. Michel. 2013. "A review of morphogenetic engineering." *Natural Computing* 12:517–35.

Duboule, D. 2022. "The (unusual) heuristic value of *Hox* gene clusters; a matter of time?" *Developmental Biology* 484:75–87.

———. 2010. "The evo-devo comet." *EMBO Reports* 11:489.

Dupré, J. 2005. "Are there genes?" In *Philosophy, Biology and Life*, edited by A. O'Hear, 193–210. Cambridge, UK: Cambridge University Press.

Ebrahimkhani, M. R., and M. Levin. 2021. "Synthetic living machines: A new window on life." *iScience* 24:102505.

Ecker, J. R., W. A. Bickmore, I. Barroso, J. K. Pritchard, Y. Gilad, and E. Segal. 2012. "ENCODE explained." *Nature* 489:52–55.

Economou, A. D., A. Ohazama, T. Porntaveetus, P. T. Sharpe, S. Kondo, M. A. Basson, et al. 2012. "Periodic stripe formation by a Turing mechanism operating at growth zones in the mammalian palate." *Nature Genetics* 44:348.

Economou, A. D., and J. B. A. Green. 2014. "Modelling from the experimental developmental biologist's viewpoint." *Seminars in Cell and Developmental Biology* 35:58–65.

———. 2013. "Thick and thin fingers point out Turing waves." *Genome Biology* 14:101.

Egeblad, M., E. S. Nakasone, and Z. Werb. 2010. "Tumors as organs: Complex tissues that interface with the entire organism." *Developmental Cell* 18:884–901.

Eisenhaber, F. 2012. "A decade after the first full human genome sequencing: When will we understand our own genome?" *Journal of Bioinformatics and Computational Biology* 10:1271001.

Eldar, A., and M. B. Elowitz. 2010. "Functional roles for noise in genetic circuits." *Nature* 467:167–73.

Ellis, J. D., M. Barrios-Rodiles, R. Çolak, M. Irimia, T. Kim, J. A. Calarco, et al. 2012. "Tissue-specific alternative splicing remodels protein-protein interaction networks." *Molecular Cell* 46:884–92.

Elmore, S. 2007."Apoptosis: A review of programmed cell death." *Toxicologic Pathology* 35:495–516.

Elowitz, M. B., and S. Leibler. 2000. "A synthetic oscillatory network of transcriptional regulators." *Nature* 403:335–38.

Emmert-Streib, F., R. de Matos Simoes, P. Mullan, B. Haibe-Kains, and M. Dehmer. 2014. "The gene regulatory network for breast cancer: Integrated regulatory landscape of cancer hallmarks." *Frontiers in Genetics* 5:15.

ENCODE Project Consortium. 2012. "An integrated encyclopedia of DNA elements in the human genome." *Nature* 489:57–74.

Engels, F. 1940. *Dialectics of Nature*. Translated by C. P. Dutt. New York: International Publishers.

Engreitz, J. M., J. E. Haines, E. M. Perez, G. Munson, J. Chen, M. Kane, et al. 2016. "Local regulation of gene expression by lncRNA promoters, transcription, and splicing." *Nature* 539:452–55.

Erdel, F., and K. Rippe. 2018. "Formation of chromatin subcompartments by phase separation." *Biophysical Journal* 114:2262–70.

Erwin, J. A., M. C. Marchetto, and F. H. Gage. 2014. "Mobile DNA elements in the generation of diversity and complexity in the brain." *Nature Reviews Neuroscience* 15:497–506.

Espeland, M., and L. Podsiadlowski. 2022. "How butterfly wings got their pattern." *Science* 378:249–50.

Fabrizio, P., J. Dannenberg, P. Dube, B. Kastner, H. Stark, H. Urlaub, et al. 2009. "The evolutionary conserved core design of the catalytic activation step of the yeast spliceosome." *Molecular Cell* 36:593–608.

Fankhauser, G. 1945. "Maintenance of normal structure in heteroploidy salamander larvae, through compensation of changes in cell size by adjustment of cell number and cell shape." *Journal of Experimental Zoology* 100:445–55.

Farh, K. H., A. Marson, J. Zhu, M. Kleinewietfeld, W. J. Housley, S. Beik, et al. 2015. "Genetic and epigenetic fine mapping of causal autoimmune disease variants." *Nature* 518:337–43.

Farrell, J. A., Y. Wang, S. J. Riesenfeld, K. Shekhar, A. Regev, and A. F. Schier. 2018. "Single-cell reconstruction of developmental trajectories during zebrafish embryogenesis." *Science* 360:eaar3131.

Fica, S. M., and K. Nagai. 2017. "Cryo-EM snapshots of the spliceosome: Structural insights into a dynamic ribonucleoprotein machine." *Nature Structural and Molecular Biology* 24:791–99.

Fica, S. M., C. Oubridge, W. P. Galej, M. E. Wilkinson, X.-C. Bai, A. J. Newman, et al. 2017. "Structure of a spliceosome remodelled for exon ligation." *Nature* 542:377–80.

Fields, C., and M. Levin. 2022. "Competency in navigating arbitrary spaces: Intelligence as an invariant for analyzing cognition in diverse environments." Preprint. https://doi.org/10.31234/osf.io/87nzu.

Fitch, W. T. 2021. "Information and the single cell." *Current Opinion in Neurobiology* 71:150–57.

Folkmann, A. W., A. Putnam, C. F. Lee, and G. Seydoux. 2021. "Regulation of biomolecular condensates by interfacial protein clusters." *Science* 373:1218–24.

Forgacs, G., and S. A. Newman. 2005. *Biological Physics of the Developing Embryo*. Cambridge, UK: Cambridge University Press.

Foy, B. H., T. M. Sundt, J. C. T. Carlson, A. D. Aguirre, and J. M. Higgins. 2022. "Human acute inflammatory recovery is defined by co-regulatory dynamics of white blood cell and platelet populations." *Nature Communications* 13:4705.

Francia, S., F. Michelini, A. Saxena, D. Tang, M. de Hoon, V. Anelli, et al. 2012. "Site-specific DICER and DROSHA RNA products control the DNA damage response." *Nature* 488:231–35.

Friedmann, H. C. 2004. "From 'butyribacterium' to 'E. coli': An essay on unity in biochemistry." *Perspectives in Biology and Medicine* 47:47–66.

Fulda, F. C. 2020. "Biopsychism: Life between computation and cognition." *Interdisciplinary Science Reviews* 45:315–30.

Fuxreiter, M. 2022. "Protein interactions in liquid-liquid phase separation." *Journal of Molecular Biology* 434:167388.

———. 2020. "Classifying the binding modes of disordered proteins." *International Journal of Molecular Sciences* 21:8615.

Gabriele, M., H. B. Brandao, S. Grosse-Holz, A. Jha, G. M. Dailey, C. Cattoglio, et al. 2022. "Dynamics of CTCF- and cohesin-mediated chromatin looping revealed by live-cell imaging." *Science* 376:496–501.

Gamliel, A., S. J. Nair, D. Meluzzi, S. Oh, N. Jiang, E. Destici, et al. 2022. "Long-distance association of topological boundaries through nuclear condensates." *Proceedings of the National Academy of Sciences of the USA* 119:e2206216119.

Gavagan, M., E. Fagnan, E. B. Speltz, and J. G. Zalatan. 2020. "The scaffold protein axin promotes signaling specificity within the Wnt pathway by suppressing competing kinase reactions." *Cell Systems* 10:515–25.

Garbett, D., and A. Betscher. 2017. "The surprising dynamics of scaffolding proteins." *Molecular Biology of the Cell* 25:2315–19.

Garcia-Pino, A., S. Balasubramanian, L. Wyns, E. Gazit, H. De Greve, R. D. Magnuson, et al. 2010. "Allostery and intrinsic disorder mediate transcriptional regulation by conditional cooperativity." *Cell* 142:101–11.

Geddes, L. 2022. "DeepMind uncovers structure of 200m proteins in scientific leap forward." *The Guardian*, July 28. https://www.theguardian.com/technology/2022/jul/28/deepmind-uncovers-structure-of-200m-proteins-in-scientific-leap-forward.

Gerhart, J., and M. Kirschner. 2007. "The theory of facilitated variation." *Proceedings of the National Academy of Sciences of the USA* 104:8582–89.

Gershman, S. J., P. E. M. Balbi, C. R. Gallistel, and J. Gunawardena. 2021. "Reconsidering the evidence for learning in single cells." *eLife* 10:e61907.

Gerstein, M. B., C. Bruce, J. S. Rozowsky, D. Zheng, J. Du, J. O. Korbel, et al. 2007. "What is a gene, post-ENCODE? History and updated definition." *Genome Research* 17:669–81.

Gierer, A., and H. Meinhardt. 1972. "A theory of biological pattern formation." *Kybernetik* 12:30.

Gilbert, S. F. 2015. "DNA as our soul: Don't believe the advertising." *Huffington Post*, November 18. https://www.huffingtonpost.com/scott-f-gilbert/dna-as-our-soul-believing_b_8590902.html.

Gilmour, D., M. Rembold, and M. Leptin. 2017. "From morphogen to morphogenesis and back." *Nature* 541:311–20.

Glass, D., and U. Alon. 2018. "Programming cells and tissues." *Science* 361:1199–200.

Glover, J. D., Z. R. Sudderick, B. B.-J. Shih, C. Batho-Samblas, L. Charlton, A. L. Krause, et al. 2023. "The developmental basis of fingerprint pattern formation and variation." *Cell* 186:1–17.

Gong, L., Q. Yan, Y. Zhang, X. Fang, B. Liu, and X. Guan. 2019. "Cancer cell reprogramming: A promising therapy converting malignancy to benignity." *Cancer Communications* 39:48.

Good, M. C., J. G. Zalatan, and W. A. Lim. 2011. "Scaffold proteins: Hubs for controlling the flow of cellular information." *Science* 332:680–86.

Goodsell, D. S. 1996. *Our Molecular Nature: The Body's Motors, Machines and Messages*. New York: Copernicus.

———. 1993. *The Machinery of Life*. New York: Springer.

González-Foutel, N. S., J. Glavina, W. M. Borcherd, M. Safranchik, S. Barrera-Vilarmau, A. Sagar, et al. 2022. "Conformational buffering underlies functional selection in intrinsically disordered protein regions." *Nature Structural and Molecular Biology* 29:781–90.

Grau-Bové, X., G. Torruella, S. Donachie, H. Suga, G. Leonard, T. A. Richards, et al. 2017. "Dynamics of genomic innovation in the unicellular ancestry of animals." *eLife* 6:e26036.

Graur, D., Y. Zheng, N. Price, R. B. R. Azevedo, R. A. Zufall, and E. Elhaik. 2013. "On the immortality of television sets: "Function" in the human genome according to the evolution-free gospel of ENCODE." *Genome Biology and Evolution* 5:578–90.

Green, J. B. A. 2021. "Computational biology: Turing's lessons in simplicity." *Biophysical Journal* 120:4139–41.

Gregor, T., D. W. Tank, E. F. Wieschaus, and W. Bialek. 2007. "Probing the limits to positional information." *Cell* 130:153–64.

Gregory, T. R. 2009. "The argument from design: A guided tour of William Paley's *Natural Theology* (1802)." *Evolution Education Outreach* 2:602–11.

Guerra-Almeida, D., and R. Nunes-da-Fonseca. 2020. "Small open reading frames: How important are they for molecular evolution?" *Frontiers in Genetics* 11:574737.

Gunawardena, J. 2013. "Biology is more theoretical than physics." *Molecular Biology of the Cell* 24:1827–29.

Gursky, V. V., L. Panok, E. M. Myasnikova, Manu, M. G. Samsonova, J. Reinitz, and A. M. Samsonov. 2011. "Mechanisms of gap gene expression canalization in the Drosophila blastoderm." *BMC Systems Biology* 5:118.

Haase, K., and B. S. Freedman. 2020. "Once upon a dish: Engineering multicellular systems." *Development* 147:dev188573.

Hadjantonakis, A.-K., and A. Martinez Arias. 2016. "Single-cell approaches: Pandora's box of developmental mechanisms." *Developmental Cell* 38:574–78.

Hamada, H. 2012. "In search of Turing in vivo: Understanding Nodal and Lefty behavior." *Developmental Cell* 22:911–12.

Harris, M. P., S. Williamson, J. F. Fallon, H. Meinhardt, and R. O. Prum. 2005. "Molecular evidence for an activator-inhibitor mechanism in development of embryonic feather branching." *Proceedings of the National Academy of Sciences of the USA* 102:11734–39.

Harrison, S. E., B. Sozen, N. Christodoulou, C. Kyprianou, and M. Zernicka-Goetz. 2017. "Assembly of embryonic and extra-embryonic stem cells to mimic embryogenesis in vitro." *Science* 356:eaal1810.

Harround, A., and D. A. Hafler. 2023. "Common genetic factors among autoimmune diseases." *Science* 380:485–90.

Hattori, D., Y. Chen, B. J. Matthews, L. Salwinski, C. Sabatti, W. B. Brueber, et al. 2009. "Robust discrimination between self and non-self neurites requires thousands of Dscam1 isoforms." *Nature* 461:644–48.

Heller, E., and E. Fuchs. 2015. "Tissue patterning and cellular mechanisms." *Journal of Cell Biology* 211:219–31.

Helm, M. S., T. M. Dankovich, S. Mandad, B. Rammner, S. Jähne, V. Salimi, et al. 2021. "A large-scale nanoscopy and biochemistry analysis of postsynaptic dendritic spins." *Nature Neuroscience* 24:1151–62.

Henrikson, A. K. 1994. "The power and politics of maps." In *Reordering the World: Geopolitical Perspectives on the Twenty-First Century*, edited by G. J. Demko and W. B. Wood. Boulder, CO: Westview Press.

Hierholzer, A., C. Chureau, A. Liverziani, and P. Avner. 2022. "A long noncoding RNA influences the choice of the X chromosome to be inactivated." *Proceedings of the National Academy of Sciences of the USA* 119:e2118182119.

Hill, R. E., S. J. H. Heaney, and L. A. Lettice. 2003. "Sonic hedgehog: Restricted expression and limb dysmorphologies." *Journal of Anatomy* 202:13–20.

Hilser, V. J., and E. B. Thompson. 2007. "Intrinsic disorder as a mechanism to optimize allosteric coupling in proteins." *Proceedings of the National Academy of Sciences of the USA* 104:8311–15.

Hirschi, K. K., S. Li, and K. Roy. 2014. "Induced pluripotent stem cells for regenerative medicine." *Annual Review of Biomedical Engineering* 16:277–94.

Hittinger, C. T., and S. B. Carroll. 2007. "Gene duplication and the adaptive evolution of a classic genetic switch." *Nature* 449:677–81.

Hnisz, D., K. Shrinivas, R. A. Young, A. K. Chakraborty, and P. A. Sharp. 2017. "A phase separation model for transcriptional control." *Cell* 169:13–23.

Hobbs, R. M., and J. M. Polo. 2014. "Reprogramming can be a transforming experience." *Cell Stem Cell* 14:269–71.

Hodge, J., and G. Radick. 2009. "The place of Darwin's theories in the intellectual long run." In *The Cambridge Companion to Darwin*, 2nd ed., edited by J. Hodge and G. Radick, 246–73. Cambridge, UK: Cambridge University Press.

Hoel, E. P., L. Albantakis, and G. Tononi. 2013. "Quantifying causal emergence shows that macro can beat micro." *Proceedings of the National Academy of Sciences of the USA* 110:19790–95.

Hoel, E., B. Klein, A. Swain, R. Grebenow, and M. Levin. 2020. "Evolution leads to emergence: An analysis of protein interactomes across the tree of life." Preprint. https://doi.org/10.1101/2020.05.03.074419.

Hoel, E., and M. Levin. 2020. "Emergence of informative higher scales in biological systems: A computational toolkit for optimal prediction and control." *Communicative and Integrative Biology* 13 (1): 108–18.

Hopwood, N. 2022. "'Not birth, marriage or death, but gastrulation': The life of a quotation in biology." *British Journal for the History of Science* 55 (1): 1–26.

Hove, J. R., R. W. Köster, A. S. Forouhar, G. Acevedo-Bolton, S. E. Fraser, and M. Gharib. 2003. "Intracardiac fluid forces are an essential epigenetic factor for embryonic cardiogenesis." *Nature* 421:172–77.

Howe, J., J. Rink, B. Wang, and A. S. Griffin. 2022. "Multicellularity in animals: The potential for within-organism conflict." *Proceedings of the National Academy of Sciences of the USA* 119:e2120457119.

Huang, S. 2012. "The molecular and mathematical basis of Waddington's epigenetic landscape: A framework for post-Darwinian biology?" *BioEssays* 34:149–57.

Huang, S., G. Eichler, Y. Bar-Yam, and D. E. Ingber. 2005. "Cell fates as high-dimensional attractor states of a complex gene regulatory network." *Physical Review Letters* 94:128701.

Huang, S., I. Ernberg, and S. Kauffman. 2009. "Cancer attractors: A systems view of tumors from a gene network dynamics and developmental perspective." *Seminars in Cell and Developmental Biology* 20:869–76.

Huang, S., Y.-P. Guo, G. May, and T. Enver. 2007. "Bifurcation dynamics in lineage-commitment in bipotent progenitor cells." *Developmental Biology* 305:695–713.

Huebsch, N. 2022. "Collective organization from cellular disorder." *Biophysical Journal* 121:1–3.

Huxley, T. H. 1868. "On the physical basis of life." *Fortnightly Reviews* 5:129. http://alepho.clarku.edu/huxley/CE1/PhysB.html.

Hwang, B., J. H. Lee, and D. Bang. 2018. "Single-cell RNA sequencing technologies and bioinformatics pipelines." *Experimental and Molecular Medicine* 50:1–14.

Hyman, A. A., C. A. Weber, and F. Jülicher. 2014. "Liquid-liquid phase separation in biology." *Annual Review of Cell and Developmental Biology* 30:39–58.

Itoh, M., J. C. Nacher, K.-i. Kuma, S. Goto, and M. Kanehisa. 2007. "Evolutionary history and functional implications of protein domains and their combinations in eukaryotes." *Genome Biology* 8:R121.

Jacob, F. 1998. *The Statue Within: An Autobiography*. Cold Spring Harbor, NY: Cold Spring Harbor Laboratory Press.

———. 1977. "Evolution and tinkering." *Science* 196:1161–66.

———. 1973. *The Logic of Life: A History of Heredity*. London: Allen Lane.

Jaeger, J. 2021. "The fourth perspective: Evolution and organismal agency." Preprint. https://doi.org/ 10.31219/osf.io/2g7fh.

James, L. C., and D. S. Tawfik. 2003. "Conformational diversity and protein evolution: A 60-year-old hypothesis revisited." *Trends in Biochemical Sciences* 28:361–68.

Jansen, W. J., O. Janssen, B. J. Tijms, S. J. B. Vos, R. Ossenkoppele, P. J. Visser, et al. 2022. "Prevalence estimates of amyloid abnormality across the Alzheimer disease clinical spectrum." *JAMA Neurology* 79:228–43.

Jennings, H. S. 1924. "Heredity and environment." *Scientific Monthly* 19:225–38.

Jenuwein, T., and C. David Allis. 2001. "Translating the histone code." *Science* 293:1074–80.

Jiang, Y., R. Kelly, A. Peters, H. Fulka, A. Dickinson, D. A. Mitchell, et al. 2011. "Interspecies somatic cell nuclear transfer is dependent on compatible mitochondrial DNA and reprogramming factors." *PLoS ONE* 6:e14805.

Joerger, A. C., and A. R. Fersht. 2010. "The tumor suppressor p53: From structures to drug discovery." In *Additional Perspectives on the p53 Family*, edited by A. J. Levine and D. Lane. Cold Spring Harbor, NY: Cold Spring Harbor Laboratory Press.

Jumper, J., R. Evans, A. Pritzel, T. Green, M. Figurnov, O. Ronneberger, et al. 2021. "Highly accurate protein structure prediction with AlphaFold." *Nature* 596:583–94.

Kamm, R. D., R. Bashir, N. Arora, R. D. Dar, M. U. Gillette, L. G. Griffith, et al. 2018. "The promise of multi-cellular engineered living systems." *APL Bioengineering* 2:040901.

Kampourakis, K. 2021a. "Should we give peas a chance? An argument for a Mendel-free biology curriculum." In *Genetics Education*, edited by M. Haskel-Ittah and A. Yarden, 3–16. London: Springer Nature.

———. 2021b. *Understanding Genes*. Cambridge, UK: Cambridge University Press.

———. 2020a. "Students' 'teleological misconceptions' in evolution education: Why the underlying design stance, not teleology per se, is the problem." *Evolution: Education and Outreach* 13:1.

———. 2020b. "Why does it matter that many biology concepts are metaphors?" In *Philosophy of Science for Biologists*, edited by K. Kampourakis and T. Uller, 102–22. Cambridge, UK: Cambridge University Press.

———. 2015. "Myth 16: That Gregor Mendel was a lonely pioneer of genetics, being ahead of his time." In *Newton's Apple and Other Myths about Science*, edited by R. L. Numbers and K. Kampourakis, 129–38. Cambridge, MA: Harvard University Press.

Katoh, T. A., T. Omori, K. Mizuno, X. Sai, K. Minegishi, Y. Ikawa, et al.

2023. "Immotile cilia mechanically sense the direction of fluid flow of left-right determination." *Science* 379:66–71.

Keller, E. F. 2020. "Cognitive functions of metaphor in the natural sciences." *Interdisciplinary Science Reviews* 45:249–67.

———. 1995. *Refiguring Life*. New York: Columbia University Press.

Kellis, M., B. Wold, M. P. Snyder, B. E. Bernstein, A. Kundaje, G. K. Marinov, et al. 2014. "Defining functional DNA elements in the human genome." *Proceedings of the National Academy of Sciences of the USA* 111:6131–38.

Kilmister, C. W. 1987. *Schrödinger: Centenary Celebration of a Polymath*. Cambridge, UK: Cambridge University Press.

Kim, C., and G. Giaccone. 2016. "Lessons learned from BATTLE-2 in the war on cancer: The use of Bayesian method in clinical trial design." *Annals of Translational Medicine* 4:466.

Kirschner, M. 2013. "Beyond Darwin: Evolvability and the generation of novelty." *BMC Biology* 11:110.

Kirschner, M., J. Gerhart, and T. Mitchison. 2000. "Molecular 'vitalism.'" *Cell* 100:79–88.

Kirschner, M., L. Shapiro, H. McAdams, G. Almouzni, P. A. Sharp, R. A. Young, et al. 2011. "Fifty years after Jacob and Monod: What are the unanswered questions in molecular biology?" *Molecular Cell* 42:403–4.

Klinge, S., and J. L. Woolford Jr. 2019. "Ribosome assembly coming into focus." *Nature Reviews Molecular and Cell Biology* 20:116–31.

Klumpe, H., M. A. Langley, J. M. Linton, C. J. Su, Y. E. Antebi, and M. B. Elowitz. 2022. "The context-dependent, combinatorial logic of BMP signaling." *Cell Systems* 13:388–407.

Kluyver, A. J., and H. L. Donker. 1926. "Die Einheit in der Biochemie." *Chemie der Zelle und Gewebe* 13:134–90.

Knott, C. G., ed. 1911. *Life and Scientific Work of Peter Guthrie Tait*. Cambridge, UK: Cambridge University Press.

Koch, A. J., and H. Meinhardt. 1994. "Biological pattern formation: From basic mechanisms to complex structures." *Reviews of Modern Physics* 66:1481.

Kondrashov, F. A. 2012. "Gene duplication as a mechanism of genomic adaptation to a changing environment." *Proceedings of the Royal Society B* 279:5048–57.

Kopp, F., and J. T. Mendell. 2018. "Functional classification and experimental dissection of long noncoding RNAs." *Cell* 172:393–407.

Kottyan, L. C., B. P. Davis, J. D. Sherrill, K. Liu, M. Rochman, K. Kaufman, et al. 2014. "Genome-wide association analysis of eosinophilic esophagitis provides insight into the tissue specificity of this allergic disease." *Nature Genetics* 46:895–900.

Kozlowski, L. P., and J. Bujnicki. 2012. "MetaDisorder: A meta-server for the prediction of intrinsic disorder in proteins." *BMC Bioinformatics* 13:111.

Kramer, B. A., J. Sarabia del Castillo, and L. Pelkmans. 2022. "Multimodal perception links cellular state to decision making in cells." *Science* 10.1126/science.abf4062.

Kriegman, S., D. Blackiston, M. Levin, and J. Bongard. 2021. "Kinematic self-replication in reconfigurable organisms." *Proceedings of the National Academy of Sciences of the USA* 118:e2112672118.

Kruger, R. P. 2014. "Biological code breaking." *Cell* 159:1235–37.

Kute, P. M., O. Soukarieh, H. Tjeldnes, D.-A. Tréegouët, and E. Valen. 2022. "Small open reading frames, how to find them and determine their function." *Frontiers in Genetics* 12:796060.

Laland, K., T. Uller, M. Feldman, K. Sterelny, G. B. Müller, A. Moczek, et al. 2014. "Does evolutionary theory need a rethink?" *Nature* 514:161–64.

La Mettrie, J. O. de. 1912 [1747]. *Man, a Machine*. Translated by G. C. Bussey. Chicago: Open Court.

Lancaster, M. A., and J. A. Knoblich. 2014. "Organogenesis in a dish: Modeling development and disease using organoid technologies." *Science* 345:283, suppl. 1247125.

Lander, A. D. 2007. "Morpheus unbound: Reimagining the morphogen gradient." *Cell* 128:245–56.

———. 2004. "A calculus of purpose." *PLoS Biology* 2:0712–14.

Lander, E. S. 2011. "Initial impact of the sequencing of the human genome." *Nature* 470:187–97.

Latos, P. A., F. M. Pauler, M. V. Koerner, H. B. Senergin, Q. J. Hudson, R. R. Stocsits, et al. 2012. "Airn transcriptional overlap, but not its lncRNA products, induces imprinted Igf2r silencing." *Science* 338:1469–72.

Lauressergues, D., J.-M. Couzigou, H. San Clemente, Y. Martinez, C. Dunand, G. Bécard, et al. 2015. "Primary transcripts of microRNAs encode regulatory peptides." *Nature* 520:90–93.

Lazebnik, Y. 2002. "Can a biologist fix a radio? Or, what I learned while studying apoptosis." *Cancer Cell* 2:179–82.

Leclerc, G. L. (Comte de Buffon). 1829–33. *Oeuvres completes de Buffon.* Paris: F. D. Pillot.

Lee, R., R. Feinbaum, and V. Ambros. 2004. "A short history of short RNA." *Cell* S116:S89–92.

Lenne, P.-F., and V. Trivedi. 2022. "Sculpting tissues by phase transitions." *Nature Communications* 13:664.

Levin, M. 2021a. "Bioelectric signaling: Reprogrammable circuits underlying embryogenesis, regeneration, and cancer." *Cell* 184:P1971–89.

———. 2021b. "Life, death, and self: Fundamental questions of primitive cognition viewed through the lens of body plasticity and synthetic organisms." *Biochemical and Biophysical Research Communications* 564:114–33.

———. 2021c. "Unlimited plasticity of embodied, cognitive subjects: A new playground for the UAL framework." *Biology and Philosophy* 36:17.

———. 2020. "The biophysics of regenerative repair suggests new perspectives on biological causation." *BioEssays* 42:1900146.

Levin, M., and D. C. Dennett. 2020. "Cognition all the way down." *Aeon*, October 13. https://aeon.co/essays/how-to-understand-cells-tissues-and-organisms-as-agents-with-agendas.

Levin, M., R. L. Johnson, C. D. Stern, M. Kuehn, and C. Tabin. 1995. "A molecular pathway determining left-right asymmetry in chick embryogenesis." *Cell* 82:803–14.

Levin, M., and A. Martinez Arias. 2019. "Reverse-engineering growth and form in Heidelberg." *Development* 146:dev177261.

Levin, M., A. M. Pietak, and J. Bischof. 2019. "Planarian regeneration as a model of anatomical homeostasis: Recent progress in biophysical and computational approaches." *Seminars in Cellular and Developmental Biology* 87:125–44.

Levin, M., and R. Tjian. 2003. "Transcription regulation and animal diversity." *Nature* 424:147–51.

Levin, M., and R. Yuste. 2022. "Modular cognition." *Aeon*, March 8. https://aeon.co/essays/how-evolution-hacked-its-way-to-intelligence-from-the-bottom-up.

Levo, M., J. Raimundo, X. Y. Bing, Z. Sisco, P. J. Batut, S. Ryabichko, et al. 2022. "Transcriptional coupling of distant regulatory genes in living embryos." *Nature* 605:754–60.

Lewontin, R. 1974. *The Genetic Basis of Evolutionary Change*. New York: Columbia University Press.

Li, H., J. Janssens, M. De Waegeneer, S. S. Kolluru, K. Davie, V. Gardeux, et al. 2022. "Fly cell atlas: A single-nucleis transcriptomic atlas of the adult fruit fly." *Science* 375:991.

Li, N., B. Long, W. Han, S. Yuan, and K. Wang. 2017. "MicroRNAs: Important regulators of stem cells." *Stem Cell Research and Therapy* 8:110.

Licatalosi, D. D., and R. B. Darnell. 2010. "RNA processing and its regulation: Global insights into biological networks." *Nature Reviews Genetics* 11:75–87.

Liebermann-Aiden, E., N. L. van Berkum, L. Williams, M. Imakaev, T. Ragoczy, A. Telling, et al. 2009. "Comprehensive mapping of long-range interactions reveals folding principles of the human genome." *Science* 326:289–93.

Liu, J., and R. Nussinov. 2016. "Allostery: An overview of its history, concepts, methods, and applications." *PLoS Computational Biology* 12:e1004966.

Liu, M., and A. Grigoriev, 2004. "Protein domains correlate strongly with exons in multiple eukaryotic genomes: Evidence of exon shuffling?" *Trends in Genetics* 20:399–403.

Liu, Z., and Z. Zhang. 2022. "Mapping cell types across human tissues." *Science* 376:695–96.

Loeb, J. 1912. *The Mechanistic Conception of Life*. Chicago: University of Chicago Press.

Lorch, Y., B. Maier-Davis, and R. D. Kornberg. 2010. "Mechanism of chromatin remodeling." *Proceedings of the National Academy of Sciences of the USA* 107:3458–62.

Lord, N. D., T. M. Norman, R. Yuan, S. Bakshi, R. Losick, and J. Paulsson.

2019. "Stochastic antagonism between two proteins governs a bacterial cell fate switch." *Science* 366:116–20.

Losick, R. M. 2020. "*Bacillus subtilis*: A bacterium for all seasons." *Current Biology* 30:R1146–50.

Losick, R. M., and C. Desplan. 2008. "Stochasticity and cell fate." *Science* 320:65–68.

Lowe, C. B., M. Kellis, A. Siepel, B. J. Raney, M. Clamp, S. R. Salama, et al. 2011. "Three periods of regulatory innovation during vertebrate evolution." *Science* 333:1019–24.

Lynch, M. 2007. "The frailty of adaptive hypotheses for the origins of organismal complexity." *Proceedings of the National Academy of Sciences of the USA* 104:8597–604.

Lyon, P. 2015. "The cognitive cell: Bacterial behavior reconsidered." *Frontiers in Microbiology* 6:264.

Lyon, P., F. Keijzer, D. Arendt, and M. Levin. 2020. "Reframing cognition: Getting down to biological basics." *Philosophical Transactions of the Royal Society B* 376:20190750.

Ma, J. 2011. "Transcriptional activators and activation mechanisms." *Protein and Cell* 2:879–88.

Ma, Y., K. Kanakousaki, and K. Buttitta. 2015. "How the cell cycle impacts chromatin architecture and influences cell fate." *Frontiers in Genetics* 6:19.

MacArthur, B. D. 2022. "The geometry of cell fate." *Cell Systems* 13:1–3.

Mack, S. C., H. Witt, R. M. Piro, L. Gu, S. Zuyderduyn, A. M. Stütz, et al. 2014. "Epigenomic alterations define lethal CIMP-positive ependymomas of infancy." *Nature* 506:445–50.

MacPherson, Q., B. Beltran, and A. J. Spakowitz. 2020. "Chromatin compaction leads to a preference for peripheral heterochromatin." *Biophysical Journal* 118:1479–88.

Malinovska, L., S. Kroschwald, and S. Alberti. 2013. "Protein disorder, prion propensities, and self-organizing macromolecular collectives." *Biochimica Biophysica Acta* 1834:918–31.

Mallo, M., D. M. Wellik, and J. Deschamps. 2010. "*Hox* genes and regional patterning of the vertebrate body plan." *Developmental Biology* 344:7–15.

Manrubia, S., J. A. Cuesta, J. Aguirre, S. E. Ahnert, L. Altenberg, A. V. Cano, et al. 2021. "From genotypes to organisms: State-of-the-art and perspectives of a cornerstone in evolutionary dynamics." *Physics of Life Reviews* 38:55–106.

Mantri, M., G. J. Scuderi, R. Abedini-Nassab, M. F. Z. Wang, D. McKellar, H. Shi, et al. 2021. "Spatiotemporal single-cell RNA sequencing of developing chicken hearts identified interplay between cellular differentiation and morphogenesis." *Nature Communications* 12:1771.

Manu, M., S. Surkova, A. V. Spirov, V. V. Gursky, H. Janssens, A.-R. Kim, et al. 2009a. "Canalization of gene expression in the *Drosophila* blastoderm by gap gene cross regulation." *PLoS Biology* 7:e1000049.

——. 2009b. "Canalization of gene expression and domain shifts in the *Drosophila* blastoderm by dynamical attractors." *PLoS Computational Biology* 5:e1000303.

Marcon, L., and J. Sharpe. 2012. "Turing patterns in development: What about the horse part?" *Genetics and Development* 22:578–84.

Marklund, E., G. Mao, J. Yuan, S. Zikrin, E. Abdurakhmanov, S. Deindl, et al 2022. "Sequence specificity in DNA binding is mainly governed by association." *Science* 375:442–45.

Marshall, W., H. Kim, S. I. Walker, G. Tononi, and L. Albantakis. 2017. "How causal analysis can reveal autonomy in models of biological systems." *Philosophical Transactions of the Royal Society A* 375:20160358.

Martinez Arias, M. 2023. *The Master Builder*. New York: Basic Books.

Marx, V. 2020. "Cell biology befriends soft matter physics." *Nature Methods* 17:567–70.

Matsushita, Y., T. S. Hatakeyama, and K. Kaneko. 2022. "Dynamical systems theory of cellular reprogramming." *Physical Review Research* 4:L022008.

Mattick, J. S. 2010. "The central role of RNA in the genetic programming of complex organisms." *Annals of the Brazilian Academy of Sciences* 82: 933–39.

——. 2009. "Has evolution learnt how to learn?" *EMBO Reports* 10:665.

Mayr, E. 2004. *What Makes Biology Unique?* Cambridge, UK: Cambridge University Press.

——. 1997. "The objects of selection." *Proceedings of the National Academy of Sciences of the USA* 94:2091–94.

Mazo-Vargas, A., A. M. Langmüller, A. Wilder, K. R. L. van der Burg, J. J. Lewis, P. W. Messer, et al. 2022. "Deep cis-regulatory homology of the butterfly wing pattern ground plan." *Science* 378:304–8.

McGilchrist, I. 2021. *The Matter With Things*. London: Perspectiva Press.

McGowan, P. O., M. Suderman, A. Sasaki, T. C. T. Huang, M. Hallett, M. J. Meaney, et al. 2011. "Broad epigenetic signature of maternal care in the brain of adult rats." *PLoS ONE* 6:e14739.

McKie, R. 2013. "Why do identical twins end up having such different lives?" *The Guardian*, June 2. https://www.theguardian.com/science/2013/jun/02/twins-identical-genes-different-health-study.

McClintock, B. 1983. "The significance of responses of the genome to challenge." Nobel lecture. https://www.nobelprize.org/uploads/2018/06/mcclintock-lecture.pdf.

McNamara, H. M., H. Zhang, C. A. Werley, and A. E. Cohen. 2016. "Optically controlled oscillators in an engineered bioelectric tissue." *Physical Review X* 6:031001.

McSwiggen, D. T., M. Mir, X. Darzacq, and R. Tjian. 2019. "Evaluating phase separation in live cells: Diagnosis, caveats, and functional consequences." *Genes and Development* 33:1619–34.

Meinhardt, H. 2012. "Turing's theory of morphogenesis of 1952 and the subsequent discovery of the crucial role of local self-enhancement and long-range inhibition." *Interface Focus* 6:407–16.

——. 2009. *The Algorithmic Beauty of Sea Shells*. 4th ed. Heidelberg: Springer.

——. 1982. *Models of Biological Pattern Formation*. London: Academic Press.

Meno, C., Y. Saijoh, H. Fujii, M. Ikeda, T. Yokoyama, M. Yokoyama, et al. 1996. "Left-right asymmetric expression of the TGFβ-family member *lefty* in mouse embryos." *Nature* 381:151–55.

Menshykau, D., C. Kraemer, and D. Iber. 2012. "Branch mode selection during early lung development." *PLoS Computational Biology* 8:e1002377.

Michnick, S. W., and E. D. Levy. 2022. "The modular cell gets connected." *Science* 375:1093.

Mir, M., M. R. Stadler, S. A. Ortiz, C. E. Hannon, M. M. Harrison, X. Darzacq, et al. 2018. "Dynamic multifactor hubs interact transiently with sites of active transcription in *Drosophila* embryos." *eLife* 7:e40497. https://doi.org/10.7554/eLife.40497.

Mitchell, K. 2023. *Agents*. Princeton: Princeton University Press.

Mittnenzwieg, M., Y. Mayshar, S. Cheng, R. Ben-Yair, R. Hadas, Y. Rais, et al. 2021. "A single-embryo, single-cell time-resolved model for mouse gastrulation." *Cell* 184:2825–42.

Mocsek, A. P., S. Sultan, S. Foster, C. Lédon-Rettig, I. Dworkin, H. F. Nijhout, et al. 2011. "The role of developmental plasticity in evolutionary innovation." *Proceedings of the Royal Society B* 278:2705–13.

Monod, J. 1977. *Chance and Necessity: Essay on the Natural Philosophy of Modern Biology*. London: Penguin.

Morange, M. 2001. *The Misunderstood Gene*. Cambridge, MA: Harvard University Press.

Moreno, A. 2018. "On minimal autonomous agency: natural and artificial." *Complex Systems* 27:289–313.

Morgan, H. D., H. G. Sutherland, D. I. Martin, and E. Whitelaw. 1999. "Epigenetic inheritance at the agouti locus in the mouse." *Nature Genetics* 23:314–18.

Moris, N., C. Pina, and A. Martinez Arias. 2016. "Transition states and cell fate decisions in epigenetic landscapes." *Nature Reviews Genetics* 17:693–703.

Morowitz, H., and E. Smith. 2007. "Energy flow and the organization of life." *Complexity* 13:51–59.

Morris, K. V., and J. S. Mattick. 2014. "The rise of regulatory RNA." *Nature Reviews Genetics* 15:423–37.

Morris, O. M., J. H. Torpey, and R. L. Isaacson. 2021. "Intrinsically disordered proteins: Modes of binding with emphasis on disordered domains." *Open Biology* 11:210222.

Morris, S. A. 2017."Human embryos cultured *in vitro* to 14 days." *Open Biology* 7:170003.

Morris, S. A., and G. Q. Daley. 2013. "A blueprint for engineering cell fate: Current technologies to reprogram cell identity." *Cell Research* 23:33–48.

Moss, L. 2003. *What Genes Can't Do*. Cambridge, MA: MIT Press.

Mossio, M., L. Bich, and A. Moreno. 2013. "Emergence, closure and inter-level causation in biological systems." *Erkenntnis* 78:153–78.

Mudge, J. M., A. Frankish, and J. Harrow. 2013. "Functional transcriptomics in the post-ENCODE era." *Genome Research* 23:1961–73.

Mugabo, Y., and G. E. Lim. 2018. "Scaffold proteins: From coordinating signaling pathways to metabolic regulation." *Endocrinology* 159:3615–30.

Mukherjee, S. 2022. *The Song of the Cell: An Exploration of Medicine and the New Human*. London: Bodley Head.

Müller, P., K. W. Rogers, B. M. Jordan, J. S. Lee, D. Robson, S. Ramanathan, et al. 2012. "Differential diffusivity of Nodal and Lefty underlies a reaction-diffusion patterning system." *Science* 336:721–24.

Murray, J. D. 1990. *Mathematical Biology*. Berlin: Springer.

———. 1988. "How the leopard gets its spots." *Scientific American* 258 (3): 62.

Murray, P. S., and R. Zaidel-Bar. 2014. "Pre-metazoan origins and evolution of the cadherin adhesome." *Biology Open* 3:1183–95.

Naganathan, S. R., T. C. Middelkoop, S. Fürthauer, and S. W. Grill. 2016. "Actomyosin-driven left-right asymmetry: From molecular torques to chiral self-organization." *Current Opinion in Cell Biology* 38:24–30.

Nakamura, T., N. Mine, E. Nakaguchi, A. Mochizuki, M. Yamamoto, K. Yashiro, et al. 2006. "Generation of robust left-right asymmetry in the mouse embryo requires a self-enhancement and lateral-inhibition system." *Developmental Cell* 11:495–504.

Nakayama, T., S. Asai, Y. Takahashi, O. Maekawa, and Y. Kasama. 2007. "Overlapping of genes in the human genome." *International Journal of Biomedical Science* 3:14–19.

Nanos, V., and M. Levin. 2022. "Multi-scale chimerism: An experimental window on the algorithms of anatomical control." *Cells and Development* 169:203764.

Narlikar, G. J., R. Sundaramoorthy, and T. Owen-Hughes. 2013. "Mechanisms and functions of ATP-dependent chromatin-remodeling enzymes." *Cell* 154:490–503.

Navis, A., and M. Bagnat. 2015. "Developing pressures: Fluid forces driving morphogenesis." *Current Opinion in Genetics and Development* 32:24–30.

Nawroth, J. C., H. Lee, A. W. Feinberg, C. M. Ripplinger, M. L. McCain, A. Grossberg, et al. 2012. "A tissue-engineered jellyfish with biomimetic propulsion." *Nature Biotechnology* 30:792–97.

Needham, J. 1928. "Recent developments in the philosophy of biology." *Quarterly Review of Biology* 3 (1): 77–91.

Nelkin, D., and M. S. Lindee. 1995. *The DNA Mystique*. New York: W. H. Freeman.

Nelson, C. M., R. P. Jean, J. L. Tan, W. F. Liu, N. J. Sniadecki, A. A. Spector, et al. 2005. "Emergent patterns of growth controlled by multicellular forms and mechanics." *Proceedings of the National Academy of Sciences of the USA* 102:11594–99.

Nerlich, B., R. Dingwall, and D. D. Clarke. 2002. "The book of life: How the completion of the Human Genome Project was revealed to the public." *Health* 6:445–69.

Newman, S. A. 2020. "Cell Differentiation: What have we learned in 50 years?" *Journal of Theoretical Biology* 485:110031.

——. 2019. "Inherency of form and function in animal development and evolution." *Frontiers in Physiology* 10:702.

——. 2013. "The demise of the gene." *Capitalism, Nature, Socialism* 24: 62–72.

——. 1992. "Generic physical mechanisms of morphogenesis and pattern formation as determinants in the evolution of multicellular organization." *Journal of Bioscience* 17:193–215.

Newman, S. A., G. Forgacs, and G. B. Müller. 2006. "Before programs: The physical origination of multicellular forms." *International Journal of Developmental Biology* 50:289–99.

Nichols, S. A., B. W. Roberts, D. J. Richter, and N. King. 2012. "Origin of metazoan cadherin diversity and the antiquity of the classical cadherin/β-catenin complex." *Proceedings of the National Academy of Sciences of the USA* 109:13046–51.

Nicholson, D. J. 2020. "On being the right size, revisited: The problem with engineering metaphors in molecular biology." In *Philosophical Perspec-*

tives on the Engineering Approach in Biology: Living Machines?, edited by S. Holm and M. Serban, 40–68. London: Routledge.

——. 2018. "Reconceptualizing the organism. From complex machine to flowing stream." In *Everything Flows: Towards a Processual Philosophy of Biology*, edited by D. J. Nicholson and J. Dupré, 139–66. Oxford: Oxford University Press.

——. 2014. "The machine conception of the organism in development and evolution: A critical analysis." *Studies in History and Philosophy of Biological and Biomedical Sciences* 48:162–74.

——. 2013. "Organisms ≠ machines." *Studies in History and Philosophy of Biological and Biomedical Sciences* 44:669–78.

——. 2010. "Biological atomism and cell theory." *Studies in History and Philosophy of Biological and Biomedical Sciences* 41:202–11.

Nicholson, D. J., and J. Dupré, eds. 2018. *Everything Flows: Towards a Processual Philosophy of Biology*. Oxford: Oxford University Press.

Nijhout, H. F. 1990. "Metaphors and the role of genes in development." *Bioessays* 12:441–46.

Noble, D. 2017. "Evolution viewed from physics, physiology and medicine." *Interface Focus* 7:20160159.

——. 2006. *The Music of Life: Biology beyond the Genome*. Oxford: Oxford University Press.

Nonaka, S., Y. Tanaka, Y. Okada, S. Takeda, A. Harada, Y. Kanai, et al. 1998. "Randomization of left-right asymmetry due to loss of Nodal cilia generating leftward flow of extraembryonic fluid in mice lacking KIF3B motor protein." *Cell* 95:829–37.

Nurse, P. 2020. *What Is Life? Understanding Biology in Five Steps*. Oxford: David Fickling Books.

Nusse, R., and H. Varmus. 2012. "Three decades of Wnts: A personal perspective on how a scientific field developed." *EMBO Journal* 31:2670–84.

Nussinov, R., C.-J. Tsai, and J. Liu. 2014. "Principles of allosteric interactions in cell signaling." *Journal of the American Chemical Society* 136:17692–701.

Nüsslein-Volhard, C., and E. Wieschaus. 1980. "Mutations affecting segment number and polarity in *Drosophila*." *Nature* 287:795–801.

Oh, H. J., R. Aguilar, B. Kesner, H.-G. Lee, A. J. Kriz, H.-P. Chu, et al. 2021. "Jpx RNA regulates CTCF anchor site selection and formation of chromosome loops." *Cell* 184:6157–73.

Onimaru, K., L. Marcon, M. Musy, M. Tanaka, and J. Sharpe. 2016. "The fin-to-limb transition as the re-organization of a Turing pattern." *Nature Communications* 7:11582.

Pai, V. P., J. M. Lemire, J.-F. Paré, G. Lin, Y. Chen, and M. Levin. 2015. "Endogenous gradients of resting potential instructively pattern embryonic neural tissue via Notch signaling and regulation of proliferation." *Journal of Neuroscience* 35:4366–85.

Paley, W. 2008 [1802]. *Natural Theology*. Oxford: Oxford University Press.

Palmquist, K. H., S. F. Tiemann, F. L. Ezzeddine, A. Erzberger, A. R. Rodrigues, and A. E. Shyer. 2022. "Reciprocal cell-ECM dynamics generate supracellular fluidity underlying spontaneous follicle patterning." *Cell* 185:P1960–73.

Park, S.-J., M. Gazzola, K. S. Park, S. Park, V. Di Santo, E. L. Blevins, et al. 2016. "Phototactic guidance of a tissue-engineered soft-robotic ray." *Science* 353:158–62.

Parker, M., K. M. Mohankumar, C. Punchihewa, R. Weinlich, J. D. Dalton, Y. Li, et al. 2014. "C11orf95-RELA fusions drive oncogenic NF-κB signaling in ependymoma." *Nature* 506:451–55.

Pascalie, J., M. Potier, T. Kowaliw, J.-L. Giavitto, O. Michel, A. Spicher, et al. 2016. "Developmental design of synthetic bacterial architectures by morphogenetic engineering." *ACS Synthetic Biology* 5:842–61.

Paulsson, J., O. G. Berg, and M. Ehrenberg. 2000. "Stochastic focusing: Fluctuation-enhanced sensitivity of intracellular regulation." *Proceedings of the National Academy of Sciences of the USA* 97:7148–53.

Pauly, P. 1987. *Controlling Life: Jacques Loeb and the Engineering Ideal in Biology*. Oxford: Oxford University Press.

Payne, J. L., and A. Wagner. 2014. "The robustness and evolvability of transcription factor binding sites." *Science* 343:875–77.

Pelkmans, L. 2012. "Using cell-to-cell variability—a new era in molecular biology." *Science* 336:425–26.

Pence, C. H. 2021. *The Causal Structure of Natural Selection*. Cambridge, UK: Cambridge University Press.

Pera, M. F., G. de Wert, W. Dondorp, R. Lovell-Badge, C. L. Mummery, M. Munsie, et al. 2015. "What if stem cells turn into embryos in a dish?" *Nature Methods* 12:917–20.

Peralta, M., E. Steed, S. Harlepp, J. M. González-Rosa, F. Monduc, A. A. Cosano, et al. 2013. "Heartbeat-driven pericardiac fluid forces contribute to epicardium morphogenesis." *Current Biology* 23:1726–35.

Perica, T., C. J. P. Mathy, J. Xu, G. M. Jang, Y. Zhang, R. Kaake, et al. 2021. "Systems-level effects of allosteric perturbations to a model molecular switch." *Nature* 599:152–57.

Perkel, J. M. 2021a. "Single-cell analysis enters the multiomics age." *Nature* 595:614–16.

———. 2021b. "Proteomics at the single-cell level." *Nature* 597:580–82.

Perunov, N., R. Marsland, and J. England. 2016. "Statistical physics of adaptation." *Physical Review X* 6:021036.

Petridou, N. I., B. Corominas-Murtra, C.-P. Heisenberg, and E. Hannezo. 2021. "Rigidity percolation uncovers a structural basis for embryonic tissue phase transitions." *Cell* 184:1914–28.

Pezzulo, G., J. LaPalme, F. Durant, and M. Levin. 2020. "Bistability of somatic pattern memories: Stochastic outcomes in bioelectric circuits underlying regeneration." *Philosophical Transactions of the Royal Society B* 376:20190765.

Pezzulo, G., and M. Levin. 2016. "Top-down models in biology: Explanation and control of complex living systems above the molecular level." *Journal of the Royal Society: Interface* 13:20160555.

Phillips, J. E., M. Santos, M. Kanchwala, C. Xing, and D. Pan. 2022. "Genome editing in the unicellular holozoan *Capsaspora owczarzaki* suggests a premetazoan function for the Hippo pathway in multicellular morphogenesis." Preprint. https://doi.org/10.1101/2021.11.15.468130.

Pigliucci, M., and G. B. Müller. 2010. *Evolution: The Extended Synthesis*. Cambridge, MA: MIT Press.

Plasterk, R. H. A., and R. F. Ketting. 2000. "The silence of the genes." *Current Opinions in Genetics and Development* 10:562–67.

Plenge, R. M., E. M. Scolnick, and D. Altshuler. 2013. "Validating therapeutic targets through human genetics." *Nature Reviews Drug Discovery* 12:581–94.

Plomin, R. 2018. *Blueprint: How DNA Makes Us Who We Are*. London: Allen Lane.

Policarpi, C., M. Munafò, S. Tsagkris, V. Carlini, and J. A. Hackett. 2022. "Systematic epigenome editing captures the context-dependent instructive function of chromatin modfifications." Preprint. https://doi.org/10.1101/2022.09.04.506519.

Ponting, C. P., and W. Haerty. 2022. "Genome-wide analysis of human long noncoding RNAs: A provocative review." *Annual Reviews of Genomics and Human Genetics* 23:153–72.

Potter, H. D., and K. J. Mitchell. 2022. "Naturalising agent causation." *Entropy* 24 (4): 472.

Protter, D. S. W., B. S. Rao, B. Van Treeck, Y. Lin, L. Mizoue, M. K. Rosen, et al. 2018. "Intrinsically disordered regions can contribute promiscuous interactions to RNP granule assembly." *Cell Reports* 22:1401–12.

Protto, V., M. E. Marcocci, M. T. Miteva, R. Piacentini, D. D. L. Puma, C. Grassi, et al. 2022. "Role of HSV-1 in Alzheimer's disease pathogenesis: A challenge for novel preventive/therapeutic strategies." *Current Opinion in Pharmacology* 63:102200.

Prum, R. O., and S. Williamson. 2022. "Reaction-diffusion models of within-feather pigmentation patterning." *Proceedings of the Royal Society London B* 269:781–92.

Qiu, C., and J. Shendure. 2021. "The inner lives of early embryonic cells." *Nature* 593:200–201.

Quake, S. R. 2021. "The cell as a bag of RNA." *Trends in Genetics* 37:P1064–68.

Radick, G. 2020. "Making sense of Mendelian genes." *Interdisciplinary Science Reviews* 45:299–314.

———. 2016. "Teach students the biology of their time." *Nature* 533:293.

Rand, D. A., A. Raju, M. Sáez, and E. D. Siggia. 2021. "Geometry of gene regulatory dynamics." *Proceedings of the National Academy of Sciences of the USA* 118:e2109729118.

Rao, S. S. P., S.-C. Huang, B. G. St Hilaire, J. M. Engreitz, E. M. Perez, K.-R. Kieffer-Kwon, et al. 2017. "Cohesin loss eliminates all loop domains." *Cell* 171:305–20.

Rao, S. S. P., M. H. Huntley, N. C. Durand, E. K. Stamenova, I. D. Bochkov, J. T. Robinson, et al. 2014. "A three-dimensional map of the human genome at kilobase resolution reveals principles of chromatin looping." *Cell* 159:1665–80.

Raspopovic, J., L. Marcon, L. Russo, and J. Sharpe. 2014. "Digit patterning is controlled by a Bmp-Sox9-Wnt Turing network modulated by morphogen gradients." *Science* 345:566–70.

Ravindran, S. 2012. "Barbara McClintock and the discovery of jumping genes." *Proceedings of the National Academy of Sciences of the USA* 109:20198–99.

Reynolds, A. S. 2022. *Understanding Metaphors in the Life Sciences*. Cambridge, UK: Cambridge University Press.

——. 2018. *The Third Lens: Metaphor and the Creation of Modern Cell Biology*. Chicago: University of Chicago Press.

——. 2007. "The cell's journey: From metaphorical to literal factory." *Endeavour* 31:65–70.

Richardson, S. S., and H. Stevens, eds. 2015. *Postgenomics: Perspectives on Biology after the Genome*. Durham, NC: Duke University Press.

Rifkin, J. 2020. "Biology's mistress, a brief history." *Interdisciplinary Science Reviews* 45:268–98.

——. 2016. *The Restless Clock: A History of the Centuries-Long Argument over What Makes Living Things Tick*. Chicago: University of Chicago Press.

Romero, P. R., S. Zaida, Y. Y. Fang, V. N. Uversky, P. Radivojac, C. J. Oldfield, et al. 2006. "Alternative splicing in concert with protein intrinsic disorder enables increased functional diversity in multicellular organisms." *Proceedings of the National Academy of Sciences of the USA* 103:8390–95.

Roosth, S. 2017. *Synthetic: How Life Got Made*. Chicago: University of Chicago Press.

Ros, B. 2018. "Farewell interview: Bé Wieringa: 'We have yet to unravel the mystery of the cell.'" Radboud University, August 6. https://www.ru.nl/@1170429/farewell-interview-wieringa-we-have-yet-unravel.

Rosen, R. 1991. *Life Itself*. New York: Columbia University Press.

Rosenbaum, D. M., S. G. F. Rasmussen, and B. K. Kobilka. 2009. "The structure and function of G-protein-coupled receptors." *Nature* 459:356–63.

Ross, L. N. 2018. "Causal concepts in biology: How pathways differ from mechanisms and why it matters." *British Journal for the Philosophy of Science* 72:131–58.

Ruff, K. M., and R. V. Pappu. 2021. "AlphaFold and implications for intrinsically disordered proteins." *Journal of Molecular Biology* 433:167208.

Rutherford, S. L., and S. Lindquist. 1998. "Hsp90 as a capacitor for morphological evolution." *Nature* 396:336–42.

Sáez, M., R. Blassberg, E. Camacho-Aguilar, E. D. Siggia, D. A. Rand, and J. Briscoe. 2022. "Statistically derived geometrical landscapes capture principles of decision-making dynamics during cell fate transitions." *Cell Systems* 12:12–28.

Sáez, M., J. Briscoe, and D. A. Rand. 2022. "Dynamical landscapes of cell fate decisions." *Interface Focus* 12:20220002.

Sanaki-Matsumiya, M., M. Matsuda, N. Gritti, F. Nakaki, J. Sharpe, V. Trivedi, et al. 2022. "Periodic formation of epithelial somites from human pluripotent stem cells." *Nature Communications* 13:2325.

Sasai, Y. 2013."Next-generation regenerative medicine: Organogenesis from stem cells in 3D culture." *Cell Stem Cell* 12:520–30.

Saudou, F., and S. Humbert. 2016. "The biology of huntingtin." *Neuron* 89:910–26.

Schechter, M. S. 2003. "Non-genetic influences on cystic fibrosis lung disease: The role of sociodemographic characteristics, environmental exposures, and healthcare interventions." *Seminars in Respiratory and Critical Care Medicine* 24:639–52.

Schiebinger, G., J. Shu, M. Tabaka, B. Cleary, V. Subramanian, A. Solomon, et al. 2019. "Optimal-transport analysis of single-cell gene expression identifies developmental trajectories in reprogramming." *Cell* 176: 928–43.

Schneider, M. W. G., B. A. Gibson, S. Otsuka, M. F. D. Spicer, M. Petrovic, C. Blaukopf, et al. 2022. "A mitotic chromatin phase transition prevents perforation by microtubules." *Nature* 609:183–90.

Schrödinger, E. 2000 [1944]. *What Is Life?* London: Folio Society.

Schübeler, D. 2015. "Function and information content of DNA methylation." *Nature* 517:321–26.

Schwann, T. 1847. *Microscopic Researches into the Accordance in the Structure and Growth of Animals and Plants*. Translated by H. Smith. London: Sydenham Society.

Sebé-Pedrós, A., C. Ballaré, H. Parra-Acero, C. Chiva, J. J. Tena, E. Sabidó, et al. 2016."The dynamic regulatory genome of *Capsaspora* and the origin of animal multicellularity." *Cell* 165:1224–37.

Sebé-Pedrós, A., B. M. Degnan, and I. Ruiz-Trillo. 2017. "The origin of Metazoa: A unicellular perspective." *Nature Reviews Genetics* 18:498–512.

Sekido, R., and R. Lovell-Badge. 2008. "Sex determination involves synergistic action of SRY and SF1 on a specific *Sox9* enhancer." *Nature* 453:930–34.

Sekine, R., T. Shibata, and M. Ebisuya. 2018. "Synthetic mammalian pattern formation driven by differential diffusivity of Nodal and Lefty." *Nature Communications* 9:5456.

Shahbazi, M. N., and M. Zernicka-Goetz. 2018. "Deconstructing and reconstructing the mouse and human early embryo." *Nature Cell Biology* 20:878–87.

Shao, Y., and J. Fu. 2020. "Synthetic human embryology: Towards a quantitative future." *Genetics and Development* 63:30–35.

Shao, Y., N. Lu, Z. Wu, C. Cai, S. Wang, L.-L. Zhang, et al. 2018. "Creating a functional single-chromosomal yeast." *Nature* 560:331–35.

Shapiro, J. A. 2009. "Revisiting the central dogma in the 21st century." *Annals of the New York Academy of Sciences* 1178:6–28.

———. 2007. "Bacteria are small but not stupid: Cognition, natural genetic engineering and socio-bacteriology." *Studies in the History and Philosophy of Biological and Biomedical Sciences* 38:807–19.

Shelley, M. 2012 [1818]. *Frankenstein*. Edited by J. P. Hunter. New York: W. W. Norton.

Shendure, J., G. M. Findlay, and M. W. Snyder. 2019. "Genomic medicine: Progress, pitfalls, and promise." *Cell* 177:45–57.

Sheng, G., A. M. Arias, and A. Sutherland. 2021. "The primitive streak and cellular principles of building an amniote body through gastrulation." *Science* 374:eabg1727.

Sheth, R., L. Marcon, M. F. Bastida, M. Junco, L. Quintana, R. Dahn, et al. 2012. "*Hox* genes regulate digit patterning by controlling the wavelength of a Turing-type mechanism." *Science* 338:1476–80.

Shim, J., and J.-W. Nam. 2016. "The expression and functional roles of microRNAs in stem cell differentiation." *BMB Reports* 49:3–10.

Shin, Y., and C. P. Brangwynne. 2017. "Liquid phase separation in cell physiology and disease." *Science* 357:eaaf4382.

Shu, J., B. V. R. de Silva, T. Gao, Z. Xu, and J. Cui. 2017. "Dynamic and modularized microRNA regulation and its implications in human cancers." *Scientific Reports* 7:13356.

Shyer, A. E., T. R. Huycke, C. Lee, L. Mahadevan, and C. J. Tabin. 2015. "Bending gradients: how the intestinal stem cell gets its home." *Cell* 161:569–80.

Simandi, Z., A. Horvath, L. C. Wright, I. Cuaranta-Monroy, I. De Luca, K. Karolyi, et al. 2016. "OCT4 acts as an integrator of pluripotency and signal-induced differentiation." *Molecular Cell* 63:647–61.

Simunovic, M., and A. H. Brivanlou. 2017. "Embryoids, organoids and gastruloids: New approaches to understanding embryogenesis." *Development* 144:976–85.

Solé, R. 2016. "Synthetic transitions: Towards a new synthesis." *Philosophical Transactions of the Royal Society B* 371:20150438.

Solnica-Krezel, L., and D. S. Sepich. 2012. "Gastrulation: Making and shaping germ layers." *Annual Reviews of Cell and Developmental Biology* 28:687–717.

Sonnenschein, C., and A. M. Soto. 2011. "The death of the cancer cell." *Cancer Research* 71:4334–37.

Sorre, B., A. Warmflash, A. H. Brivanlou, and E. D. Siggia. 2014. "Encoding of temporal signals by the TGF-β pathway and implications for embryonic patterning." *Developmental Cell* 30:334–42.

Soto, A. M., and C. Sonnenschein. 2020a. "Information, program, signal: dead metaphors that negate the agency of organisms." *Interdisciplinary Science Reviews* 45:331–43.

——. 2020b. "Revisiting D. W. Smithers's 'Cancer: An attack on cytologism' (1962)." *Biological Theory* 15:180–87.

Srivastava, D., and N. DeWitt. 2016. "In vivo cellular reprogramming: The next generation." *Cell* 166:1386–96.

Srivatsan, S. R., M. C. Regier, E. Barkan, J. M. Franks, J. S. Packer, P. Grosjean, et al. 2021. "Embryo-scale, single-cell spatial transcriptomics." *Science* 373:111–17.

Stadhouders, R., G. J. Fillon, and T. Graf. 2019. "Transcription factors and 3D genome conformation in cell-fate decisions." *Nature* 569:345–54.

Statello, L., C.-J. Guo, L.-L. Chen, and M. Huarte. 2021. "Gene regulation by long noncoding RNAs and its biological functions." *Nature Reviews Molecular Cell Biology* 22:96–118.

Stern, C. D. 2022. "Reflections on the past, present and future of developmental biology." *Developmental Biology* 488:30–34.

Steventon, B., and A. Martinez Arias. 2017. "Evo-engineering and the cellular and molecular origins of the vertebrate spinal cord." *Developmental Biology* 432:3–13.

Stewart, B., and P. G. Tait. 1876. *The Unseen Universe, or Physical Speculations on a Future State.* New York: Macmillan.

Still, S., D. A. Sivak, A. J. Bell, and G. E. Crooks. 2012. "Thermodynamics of prediction." *Physical Review Letters* 109:120604.

Strodel, B. 2021. "Energy lasndscapes of protein aggregation and conformation switching in intrinsically disordered proteins." *Journal of Molecular Biology* 433:167182.

Stuchio, A., A. K. Dwivedi, T. Malm, M. J. A. Wood, R. Cilia, J. S. Sharma, et al. 2022. "High soluble amyloid-β42 predicts normal cognition in amyloid-positive individuals with Alzheimer's disease-causing mutations." *Journal of Alzheimers Disease* 90:333–48

Su, C. J., A. Murugan, J. M. Linton, A. Yeluri, J. Bois, H. Klumpe, et al. 2022. "Ligand-receptor promiscuity enables cellular addressing." *Cell Systems* 13:408–25.

Sullivan, K. G., M. Emmons-Bell, and M. Levin. 2016. "Physiological inputs regulate species-specific anatomy during embryogenesis and regeneration." *Communicative and Integrative Biology* 9:e1192733.

Sultana, J., S. Crisafulli, F. Gabbay, E. Lynn, S. Shakir, and G. Trifirò. 2020.

"Challenges for drug repurposing in the COVID-19 pandemic era." *Frontiers in Pharmacology* 11:588654.

Suntsova, M. V., and A. A. Buzdin. 2020. "Differences between human and chimpanzee genomes and their implications in gene expression, protein functions and biochemical properties of the two species." *BMC Genomics* 21:535.

Tabin, C. J. 2006. "The key to left-right asymmetry." *Cell* 127:27–32.

Tabula Sapiens Consortium. 2022. "The Tabula Sapiens: A multiple-organ, single-cell transcriptomic atlas of humans." *Science* 376:eabl4896.

Taherian Fard, A., and M. A. Ragan. 2017. "Modeling the attractor landscape of disease progression: A network-based approach." *Frontiers in Genetics* 8:48.

Takahashi, K., and S. Yamanaka. 2013. "Induced pluripotent stem cells in medicine and biology." *Development* 140:2457–61.

Tanaka, Y., Y. Okada, and N. Hirokawa. 2005. "FGF-induced vesicular release of Sonic hedgehog and retinoic acid in leftward nodal flow is critical for left-right determination." *Nature* 435:172–77.

Tang, F., C. Barbacioru, Y. Wang, E. Nordman, C. Lee, N. Xu, et al. 2009. "mRNA-seq whole-transcriptome analysis of a single cell." *Nature Methods* 6:377–82.

Tarazi, S., A. Aguilera-Castrejon, C. Joubran, N. Ganem, S. Ashouokhi, F. Roncato, et al. 2022. "Post-gastrulation synthetic embryos generated ex utero from mouse naïve ESCs." *Cell* 185:3290–306.

Tauber, D., G. Tauber, and R. Parker. 2020. "Mechanisms and regulation of RNA condensation in RNP granule formation." *Trends in Biochemical Sciences* 45:764–78.

Tay, S., J. J. Hughey, T. K. Lee, T. Lipniaki, S. R. Quake, and M. W. Covert. 2010. "Single-cell NF-κB dynamics reveal digital activation and analogue information processing." *Nature* 466:267–71.

Teich, M., with D. Needham, 1992. *A Documentary History of Biochemistry 1770–1940*. Leicester: Leicester University Press.

Terry, C., and J. D. F. Wadsworth. 2019. "Recent advances in understanding mammalian prion structure: A mini review." *Frontiers in Molecular Neuroscience* 12:169.

Thomson, W. 1879. "The sorting demon of Maxwell." *Proceedings of the Royal Institution* 9:113–14.

Tian, D., S. Sun, and J. T. Lee. 2010. "The long noncoding RNA, Jpx, is a molecular switch for X-chromosome inactivation." *Cell* 143:390–403.

Tokuriki, N., and D. S. Tawfik. 2009. "Protein dynamism and evolvability." *Science* 324:203–7.

Topol, E. 2022a. "Human genomics vs clinical genomics." *Ground Truths* (blog), September 11. https://erictopol.substack.com/p/human-genomics-vs-clinical-genomics.

———. 2022b. "More than 20 years after the 1st human genome was sequenced, there's relatively little to show for it in clinical practice." Twitter, September 11. https://twitter.com/EricTopol/status/1569057865612275712.

Tress, M. L., F. Abascal, and A. Valencia. 2017. "Alternative splicing may not be the key to proteome complexity." *Trends in Biochemical Sciences* 42:98–110.

True, H. L., I. Berlin, and S. L. Lindquist. 2004. "Epigenetic regulation of translation reveals hidden genetic variation to produce complex traits." *Nature* 431:184–87.

Tsai, T. Y.-C., M. Sikora, P. Xia, T. Colak-Champollion, H. Knaut, C.-P. Heisenberg, et al. 2020. "An adhesion code ensures robust pattern formation during tissue morphogenesis." *Science* 370:113–16.

Turing, A. M. 1952. "The chemical basis of morphogenesis." *Philosophical Transactions of the Royal Society* 237:37–72.

Turner, D. A., P. Baillie-Johnson, and A. Martinez Arias. 2015. "Organoids and the genetically encoded self-assembly of embryonic stem cells." *BioEssays* 38:181–91.

Turner, D. A., P. Rué, J. P. Mackenzie, E. Davies, and A. Martinez Arias. 2014. "Brachyury cooperates with Wnt/β-catenin signalling to elicit primitive-streak-like behaviour in differentiating mouse embryonic stem cells." *BMC Biology* 12:63.

Umair, M., F. Ahmad, M. Bilal, W. Ahmad, and M. Alfadhel. 2018. "Clinical genetics of polydactyly: An updated review." *Frontiers in Genetics* 9:447.

Umesono, Y., J. Tasaki, Y. Nishimura, M. Hrouda, E. Kawagushi, S. Yazawa, et al. 2013. "The molecular logic for planarian regeneration along rhe anterior-posterior axis." *Nature* 500:73–77.

Uversky, V. N. 2019. "Intrinsically disordered proteins and their 'mysterious' (meta)physics." *Frontiers in Physics* 7:10.

van Bemmel, J. G., G. J. Fillon, A. Rosado, W. Talhout, M. de Haas, T. van Welsem, et al. 2013. "A network model of the molecular organization of chromatin in *Drosophila*." *Molecular Cell* 49:759–71.

Vandenberg, L. N., J. M. Lemire, and M. Levin. 2013. "It's never too early to get it right." *Communicative and Integrative Biology* 6:e27155.

Vandenberg, L. N., and M. Levin. 2013. "A unified model for left-right asymmetry? Comparison and synthesis of molecular models of embryonic laterality." *Developmental Biology* 379:1–15.

van den Brink, S. C., P. Baillie-Johnson, T. Balayo, A.-K. Hadjantonakis, S. Nowotschin, D. A. Turner, et al. 2014. "Symmetry breaking, germ layer specification and axial organisation in aggregates of mouse embryonic stem cells." *Development* 141:4231–42.

Varenne, F., P. Chaigneau, J. Petitot, and R. Doursat. 2015. "Programming the emergence in morphogenetically architected complex systems." *Acta Biotheoretica* 63:295–308.

Veit, W. 2012. "Agential thinking." *Synthese* 199:13393–419.

Versteeg, R. 2014. "Tumours outside the mutation box." *Nature* 506:438–39.

Vetro, A., M. Reza Dehghani, L. Kraoua, R. Giorda, S. Beri, L. Cardarelli, et al. 2015. "Testis development in the absence of *SRY*: Chromosomal rearrangements at *SOX9* and *SOX3*." *European Journal of Human Genetics* 23:1025–32.

von Dassow, G., E. Meir, E. M. Munro, and G. M. Odell. 2000. "The segment polarity network is a robust developmental module." *Nature* 406:188–92.

Waddington, C. H. 1961. *The Nature of Life*. London: Allen and Unwin.

———. 1942. "Canalization of development and the inheritance of acquired characters." *Nature* 150:563–65.

Wagers, A. J., J. L. Christensen, and I. L. Weissman. 2002. "Cell fate determination from stem cells." *Gene Therapy* 9:606–12.

Wagner, D. E., C. Weinreb, Z. M. Collins, J. A. Briggs, S. G. Megason, and

A. M. Klein. 2018. "Single-cell mapping of gene expression landscapes and lineage in the zebrafish embryo." *Science* 360:981–87.

Walsh, D. M. 2020. "Action, program, metaphor." *Interdisciplinary Science Reviews* 45:344–59.

——. 2015. *Organisms, Agency, and Evolution*. Cambridge, UK: Cambridge University Press.

Wang, R. N., J. Green, Z. Wang, Y. Deng, M. Qiao, M. Peabody, et al. 2014. "Bone morphogenetic protein (BMP) signaling in development and human diseases." *Genes and Diseases* 1:87–105.

Warmflash, A., B. Sorre, F. Etoc, E. D. Siggia, and A. H. Brivanlou. 2014. "A method to recapitulate early embryonic spatial patterning in human embryonic stem cells." *Nature Methods* 11:847–54.

Watson, J. D., N. H. Hopkins, J. W. Roberts, J. A. Steitz, and A. M. Weiner. 1987. *Molecular Biology of the Gene*. 4th ed. Menlo Park, CA: Benjamin/Cummings.

Watters, E. 2006. "DNA is not destiny: The new science of epigenetics." *Discover*, November 2006. https://www.discovermagazine.com/the-sciences/dna-is-not-destiny-the-new-science-of-epigenetics.

Weinberg, S. 1977. *The First Three Minutes*. New York: Basic Books.

Wheat, J. C., Y. Sella, M. Willcockson, A. I. Skoultchi, A. Bergman, R. H. Singer, et al. 2020. "Single-molecule imaging of transcription dynamics in somatic stem cells." *Nature* 583:431–36.

White, D., and M. Rabago-Smith. 2011. "Genotype-phenotype associations and human eye color." *Journal of Human Genetics* 56:5–7.

Will, C. L., and R. Lührmann. 2011. "Spliceosome structure and function." *Cold Spring Harbor Perspectives on Biology* 3:a003707.

Wilson, E. B. 1923. *The Physical Basis of Life*. New Haven: Yale University Press.

Wolpert, L. 1969. "Positional information and the spatial pattern of cellular differentiation." *Journal of Theoretical Biology* 25:1–47.

Wolpert, L., and C. Tickle. 2011. *Principles of Development*. 4th ed. Oxford: Oxford University Press.

Wright, P. E., and H. J. Dyson. 2015. "Intrinsically disordered proteins in cellular signalling and regulation." *Nature Reviews Molecular Cell Biology* 16:18–29.

Wu, J., H. T. Greely, R. Jaenisch, H. Nakauchi, J. Rossant, and J. C. Izpisua Belmonte. 2016. "Stem cells and interspecies chimaeras." *Nature* 549:51–59.

Xiong, F., W. Ma, T. W. Hiscock, K. R. Mosaliganti, A. R. Tentner, K. A. Brakke, et al. 2014. "Interplay of cell shape and division orientation promotes robust morphogenesis of developing epithelia." *Cell* 159:415–27.

Xiong, F., A. R. Tentner, T. W. Hiscock, P. Huang, and S. G. Megason. 2018. "Heterogeneity of Sonic hedgehog response dynamics and fate specification in single neural progenitors." Preprint. https://doi.org/10.1101/412858.

Xiong, S., Y. Feng, and L. Cheng. 2019. "Cellular Reprogramming as a Therapeutic Target in Cancer." *Trends in Cell Biology* 29:P623–34.

Yaffe, M. B. 2013. "The scientific drunk and the lamppost: Massive sequencing efforts in cancer discovery and treatment." *Science Signaling* 6:pe13.

Yamanaka, Y., K. Yoshioka-Kobayashi, S. Hamidi, S. Munira, K. Sunadome, Y. Zhang, et al. 2022. "Reconstituting human somitogenesis *in vitro*." Preprint. https://doi.org/10.1101/2022.06.03.49462.

Yao, S. 2016. "MicroRNA biogenesis and their functions in regulating stem cell potency and differentiation." *Biological Procedures Online* 18:8.

Yasuoka, Y., C. Shinzato, and N. Satoh. 2016. "The mesoderm-forming gene *brachyury* regulates ectoderm-endoderm demarcation in the coral *Acropora digitifera*." *Current Biology* 26:2885–92.

Yong, E. 2020. "Immunology is where intuition goes to die." *The Atlantic*, August 5. https://www.theatlantic.com/health/archive/2020/08/covid-19-immunity-is-the-pandemics-central-mystery/614956.

You, L., R. S. Cox III, R. Weiss, and F. H. Arnold. 2004. "Programmed population control by cell-cell communication and regulated killing." *Nature* 428:868–71.

Zernicka-Goetz, M., and R. Highfield. 2021. *The Dance of Life: Symmetry, Cells and How We Became Human*. London: Ebury.

Zhang, Q., D.-I. Balourdas, B. Baron, A. Senitzki, T. E. Haran, K. G. Wiman, et al. 2022. "Evolutionary history of the p53 family DNA-binding domain: Insights from an *Alvinella pompejana* homolog." *Cell Death and Disease* 13:214.

Zheng, L., C. Rui, H. Zhang, J. Chen, X. Jia, and Y. Xiao. 2019. "Sonic hedgehog signaling in epithelial tissue development." *Regenerative Medicine Research* 7:3.

Zhou, Y., Y. Kong, W. Fan, T. Tao, Q. Xiao, N. Li, et al. 2020. "Principles of RNA methylation and their implications for biology and medicine." *Biomedicine and Pharmacotherapy* 131:110731.

Zhu, R., J. M. del Rio-Salgado, J. Garcia-Ojalvo, and M. B. Elowitz. 2022. "Synthetic multistability in mammalian cells." *Science* 375: abg9765.

Zimmer, C. 2020. *Life's Edge: The Search for What It Means to Be Alive*. London: Picador.

Zmasek, C. M., and A. Godzik. 2012. "This déjà vu feeling: Analysis of multidomain protein evolution in eukaryotic genomes." *PLoS Computational Biology* 8:e1002701.